无机材料性质

及其发展研究

胡晓熙　王　锋　陈世军　编著

内 容 提 要

无机材料化学是材料科学的重要分支之一，也是当今最活跃的前沿交叉学科。本书分11章对无机材料的相关知识进行阐述，内容包括无机材料成键本质、无机材料结构与性质的关系、重要的无机材料类型及其相关性能、理想晶体结构、非晶态结构及晶体结构缺陷、无机材料结构和性质相关的基本概念和理论，以及各种不同类型的材料，如玻璃材料、纳米材料、陶瓷材料、半导体材料、纤维材料等目前在国内外迅速发展的新型无机材料。

本书结合了无机材料化学领域的最新进展，力求反映无机材料学科当代发展水平。可供无机化学、材料、环境等相关专业的研究人员参考和学习。

图书在版编目(CIP)数据

无机材料性质及其发展研究/胡晓熙，王锋，陈世军编著. --北京：中国水利水电出版社，2014.8（2022.10重印）

ISBN 978-7-5170-2348-7

Ⅰ.①无… Ⅱ.①胡…②王…③陈… Ⅲ.①无机材料—研究 Ⅳ.①TB321

中国版本图书馆CIP数据核字(2014)第188559号

策划编辑：杨庆川　责任编辑：杨元泓　封面设计：崔　蕾

书　名	无机材料性质及其发展研究
作　者	胡晓熙　王　锋　陈世军　编著
出版发行	中国水利水电出版社 (北京市海淀区玉渊潭南路1号D座 100038) 网址：www.waterpub.com.cn E-mail：mchannel@263.net(万水) sales@mwr.gov.cn 电话：(010)68545888(营销中心)、82562819（万水）
经　售	北京科水图书销售有限公司 电话：(010)63202643、68545874 全国各地新华书店和相关出版物销售网点
排　版	北京鑫海胜蓝数码科技有限公司
印　刷	三河市人民印务有限公司
规　格	184mm×260mm　16开本　16.5印张　401千字
版　次	2015年4月第1版　2022年10月第2次印刷
印　数	3001-4001册
定　价	58.00元

前　言

材料是人类赖以生存的物质基础，是科技进步的核心，是一个国家科学技术和工业水平的反映和标志。可以说，没有先进的材料，就没有先进的工业、农业和科学技术。材料的制造与使用经历了由简单到复杂、由以经验为主到以科学认识为基础的发展过程。

材料科学是一门交叉学科，涉及物理、化学、工程等众多领域，由于研究的对象不同，化学方面的内容又分为高分子化学和无机材料化学。无机材料化学作为材料科学的一个极重要的分支，在材料学飞速发展的今天，有着良好的发展前景和重要的研究意义。

本书对无机材料的研究主要集中于性质和新材料两个方面。以科学理论为指导，突出对材料的研究。本书力求突出以下几个方面的特点：

(1)突出认识理论的规律性。遵循从理想到实际、从规则到不规则、从静态到动态、从宏观到微观再到宏观的原则，循序渐进地介绍无机材料的组成、结构、性能及发展。

(2)各个章节的阐述，尽可能地结合材料化学领域的最新进展。以无机材料性质理论指导为主线，紧扣组成与结构、性能及应用之间的关系，既突出了无机材料的性质理论和应用，又体现本学科的前沿和发展方向；既着重于新知识和新理论的阐述，又充分反映多学科的融合和交叉。

本书内容大致分为 11 章：第 1 章为绪论，简要介绍了无机材料的发展、特点和分类；第 2～8 章主要从价键理论、晶体结构、非晶体结构、结构缺陷、固体材料的相图、固体的动力学理论（包括扩散和相变理论）、固体材料的烧结等方面来阐述无机材料的性质；第 9～11 章重点研究各种无机材料，如玻璃材料、纳米材料、新型陶瓷、人工晶体、无机纤维等。

本书由胡晓熙、王锋、陈世军撰写，具体分工如下：

第 3 章第 2 节、第 4 章、第 5 章、第 7 章、第 9 章：胡晓熙（钦州学院）；

第 1 章、第 2 章、第 10 章、第 11 章：王锋（湖北工程学院）；

第 3 章第 1 节、第 6 章、第 8 章：陈世军（西安石油大学）。

本书在编撰的过程中参考了大量书籍，但由于作者的水平和所收集的资料有限，书中难免存在疏漏和不足之处，殷切希望广大读者批评指正。

作者

2014 年 5 月

目　　录

第1章　绪　论

1.1　无机材料的分类

无机材料是由硅酸盐、铝酸盐、磷酸盐、锗酸盐、硼酸盐等原料和(或)氧化物、氮化物、硫化物、硅化物、碳化物、硼化物、卤化物等原料经一定的工艺制备而成的材料，是除金属材料、高分子材料以外所有材料的总称。无机材料种类繁多，用途各异，目前还没有统一完善的分类方法。通常将无机材料分为传统的和新型的无机材料两大类。

1.1.1　传统无机材料

传统无机材料又称为硅酸盐材料，是指以二氧化硅及其硅酸盐化合物为主要成分制成的材料，主要有陶瓷、玻璃、水泥和耐火材料四种。其中又因陶瓷材料历史最悠久，应用甚为广泛，故国际上常称之为陶瓷材料。此外，搪瓷、铸石(辉绿岩、玄武岩等)、非金属矿(云母、石棉、大理石等)、磨料、碳素材料也属于传统的无机材料。传统的无机材料是工业和基本建设所必需的基础材料。

1. 水泥

水泥是指加入适量水后可成塑性浆体，既能在空气中硬化又能在水中硬化，并能够将砂、石等材料牢固地胶结在一起的细粉状水硬性材料。水泥的种类很多，按其所含的主要水硬性矿物，水泥可分为硅酸盐水泥、硫铝酸盐水泥、铝酸盐水泥、氟铝酸盐水泥以及以工业废渣和地方材料为主要组分的水泥。

按其用途和性能可分为通用水泥、专用水泥和特性水泥三大类。通用水泥为大量土木工程所使用的一般用途的水泥，如普通硅酸盐水泥、火山灰质硅酸盐水泥、矿渣硅酸盐水泥、粉煤灰硅酸盐水泥和复合硅酸盐水泥等。专用水泥指有专门用途的水泥，如油井水泥、砌筑水泥等。特性水泥则是某种性能比较突出的一类水泥，如抗硫酸盐硅酸盐水泥、快硬硅酸盐水泥、膨胀硫铝酸盐水泥、中热硅酸盐水泥、自应力铝酸盐水泥等。目前水泥品种已达一百多种。

2. 玻璃

玻璃是由熔体过冷所制得的非晶态材料。普通玻璃是指采用天然原料，能够大规模生产的玻璃，包括日用玻璃、建筑玻璃、微晶玻璃、光学玻璃和玻璃纤维等。

根据其形成网络的组分不同，玻璃又可分为硅酸盐玻璃、硼酸盐玻璃、磷酸盐玻璃等，其网络形成体分为二氧化硅、三氧化硼和五氧化磷。

3. 陶瓷

传统陶瓷即普通陶瓷，是指以黏土为主要原料与其他天然矿物原料经过粉碎混练、成形、煅烧等过程而制成的各种制品。包括日用陶瓷、建筑陶瓷、化工陶瓷、卫生陶瓷、电瓷以及其他工业用陶瓷。

根据陶瓷坯体结构及其基本物理性能的差异，陶瓷制品可分为陶器和瓷器。陶器包括粗陶器、普陶器和细陶器。陶器的坯体结构较疏松，致密度较低，有一定吸水率，断口粗糙无光，没有半透明性，断面成面状或贝壳状。

4. 耐火材料

尽管各国对耐火材料定义不同，但基本含义是相同的，即耐火材料是用作高温窑炉等热工设备的结构材料，以及用作工业高温容器和部件的材料，并能承受相应的物理化学变化及机械作用。

大部分耐火材料是以天然矿石（如耐火黏土、硅石、菱镁矿、白云母等）为原料制造的。采用某些工业原料和人工合成原料（如工业氧化铝、碳化硅、合成莫来石、合成尖晶石等）制备耐火材料已成为一种发展趋势。耐火材料种类很多，通常按其共性与特性划分类别。其中按材料化学矿物组成分类是一种常用的基本分类方法。也常按材料的制造方法、材料的性质、材料的形状尺寸及应用等来分类。

按矿物组成可分为氧化硅质、硅酸铝质、镁质、白云石质、橄榄石质、尖晶石质、含碳质、含锆质耐火材料及特殊耐火材料；按其制造方法可分为天然矿石和人造制品；按其形状可分为块状制品和不定形耐火材料；按其热处理方式可分为不烧制品、烧成制品和熔铸制品；按其耐火度可分为普通、高级及特级耐火制品；按化学性质可分为酸性、中性及碱性耐火材料；按其密度可分为轻质及重质耐火材料；按制品的形状和尺寸可分为标准砖、异型砖、特异型砖、管和耐火器皿等。还可按其应用分为高炉用、水泥窑用、玻璃窑用、陶瓷窑用耐火材料等。

1.1.2 新型无机材料

自20世纪40年代以来，随着新技术的发展，除上述传统无机材料以外陆续涌现出一系列应用于高性能领域的先进无机材料，也称新型无机材料。

新型无机材料是用氧化物、氮化物、碳化物、硼化物、硫化物、硅化物以及各种无机非金属化合物经特殊的先进工艺制成的材料。主要包括新型陶瓷、特种玻璃、人工晶体、半导体材料、薄膜材料、无机纤维、多孔材料等。这些新材料的出现体现了无机材料学科近几十年取得的重大成就，它们的应用极大地推动了科学技术的进步，促进了人类社会的发展。

1. 半导体材料

半导体材是指其电阻率介于导体和绝缘体之间，数值一般在 $10^4 \sim 10^{10}\ \Omega \cdot cm$ 范围内，并对外界因素，如电场、磁场、光温度、压力及周围环境气氛非常敏感的材料。半导体材料的种类繁多，按其成分，可分为由同一种元素组成的元素半导体和由两种或两种以上元素组成的化合物半导体；按其结构，可分为单晶态、多晶态和非晶态；按物质类别，可分为无机材料和有机材料;按其形态,可分为块体材料和薄膜材料;按其性能,多数材料在通常状态下就呈半导体性质,但有些材料需在特定条件下才表现出半导体性能。

2. 人工晶体

人工晶体指采用精密控制的人工方法合成和生长的具有多种独特物理性能的无机功能单晶材料,主要用于实现电、光、声、热、磁、力等不同能量形式的交互作用的转换。人工晶体可按不同方法进行分类,按化学分类,可分为无机晶体和有机晶体(包括有机—无机复合晶体)等;按生长方法分类,可分为水溶性晶体和高温晶体等;按形态(或维度)分类,可分为块体晶体、薄膜晶体、超薄层晶体和纤维晶体等;按其物理性质(功能)分类,可分为半导体晶体、激光晶体、非线性光学晶体、光折变晶体、电光晶体、磁光晶体、声光晶体、闪烁晶体等。

3. 新型陶瓷

新型陶瓷(又称为特种陶瓷)是指以精制的高纯天然无机物或人工合成的无机化合物为原料,采用精密控制的制造加工工艺烧结,具有优异特性,主要用于各种现代工业及尖端科学技术领域的高性能陶瓷,包括结构陶瓷和功能陶瓷。结构陶瓷指已具有优良的力学性能(高强度、高硬度、耐磨损)、热学性能(抗热冲击、抗蠕变)和化学性能(抗氧化、抗腐蚀)的陶瓷材料,主要应用于高强度、高硬度、高刚性的切削刀具和要求耐高温、耐腐蚀、耐磨损、耐热冲击等的结构部件,包括氮化硅系统、碳化硅系统和氧化锆系统、氧化铝系统的高温结构陶瓷等;功能陶瓷指利用其电、磁、声、光、热等直接效应和耦合效应所提供的一种或多种性质来实现某种使用功能的陶瓷材料,主要包括装置瓷(即电绝缘瓷)、电容器陶瓷、压电陶瓷、磁性陶瓷(又称为铁氧体)、导电陶瓷、超导陶瓷、半导体陶瓷(又称为敏感陶瓷).、热学功能陶瓷(热释电陶瓷、导热陶瓷、低膨胀陶瓷、红外辐射陶瓷等)、化学功能陶瓷(多孔陶瓷载体等)、生物功能陶瓷等。

4. 特种玻璃

特种玻璃(又称为新型玻璃)是指采用精制、高纯或新型原料,通过新工艺在特殊条件下或严格控制形成过程制成的具有特殊功能或特殊用途的非晶态材料,包括经玻璃晶化获得的微晶玻璃。它们是在普通玻璃所具有的透光性、耐久性、气密性、形状不变性、耐热性、电绝缘性、组成多样性、易成形性和可加工性等优异性能的基础上,通过使玻璃具有特殊的功能,或将上述某项特性发挥至极点,或将上述某项特性置换为另一种特性,或牺牲上述某些性能而赋予某项有用的特性之后获得的。特种玻璃包括二氧化硅含量在85%以上或55%以下的硅酸盐玻璃、非硅酸盐氧化物玻璃(硼酸盐、磷酸盐、锗酸盐、碲酸盐、铝酸盐及氧氮玻璃、氧碳玻璃等)以及非氧化物玻璃(卤化物、氮化物、硫化物、硫卤化物、金属玻璃等)等。根据用途不同,特种玻璃分为防辐射玻璃、激光玻璃、生物玻璃、多孔玻璃和非线性光学玻璃等。

5. 无机纤维

纤维是指长径比非常大、有足够高的强度和柔韧性的长形固体。纤维不仅能作为材料使用,而且还作为原料和辅助材料,用来制作纤维增强复合材料。根据化学键特征,纤维可分为无机、有机、金属三大类。而对于无机纤维,如按材料来源,可分为天然矿物纤维和人造纤维;

按化学组成,可分为单质纤维(如碳纤维、硼纤维等)、硬质纤维(如碳化硅纤维、氮化硅纤维等)、氧化物纤维(如石英纤维、氧化铝纤维、氧化锆纤维等)、硅酸盐纤维如玻璃纤维、陶瓷纤维和矿物纤维等);按晶体结构,可分为晶须(根截面直径约 1～20μm,长约几厘米的发形或针状单晶体)、单晶纤维和多晶纤维;如按应用．还可分为普通纤维、光导纤维、增强纤维等。其中玻璃光导纤维和先进复合材料用无机增强纤维现已在现代高科技领域发挥着重要作用。

6. 薄膜材料

薄膜材料(也称无机涂层)是相对于体材料而言,指采用特殊的方法,在体材料的表面沉积或制备的一层性质与体材料性质完全不同的物质层,从而具有特殊的材料性能或性能组合。按其功能特性,薄膜材料可分为半导体薄膜,主要有半导体单晶薄膜、薄膜晶体管、太阳能电池、场致发光薄膜等;电学薄膜,包括集成电路(IC)中的布线、透明导电膜、绝缘膜、压电薄膜等;信息记录用薄膜,如磁记录材料、巨磁电阻材料、光记录元件材料等;各种热、气敏感薄膜;光学薄膜,包括防反射膜、薄膜激光器等。

7. 多孔材料

多孔材料是指具有很高孔隙率和很大比表面积的一类材料。按照国际纯粹和应用化学联合会(IUPAC)的定义,多孔材料可以按其孔径分为三类:小于 2nm 为微孔;2～50nm 为介孔;大于 50nm 为大孔,有时也将小于 0.7nm 的微孔称为超微孔材料。多孔材料由于具有较大的吸附容量和许多特殊的性能,而在吸附、分离、催化等领域得到广泛的应用。近年来,微观有序多孔材料以其种种特异的性能引起了人们的高度重视。多孔材料包括各种无机气凝胶、有机气凝胶、多孔半导体材料、多孔金属材料等,其共同特点是密度小,孔隙率高,比表面积大,对气体有选择性透过作用。

1.2 无机材料的特点

在晶体结构上,无机材料中质点间结合力主要为离子键、共价键或离子—共价混合键。这些化学键所具有高键能、高键强、大极性的特点,赋予这类材料以高熔点、高强度、耐磨损、高硬度、耐腐蚀和抗氧化的基本属性,同时具有宽广的导电性、导热性和透光性以及良好的铁电性、铁磁性和压电性,举世瞩目的高温超导性也是在这类材料上发现的。

在化学组成上,随着无机新材料的发展,无机材料已不局限于硅酸盐,还包括其他含氧酸盐、氧化物、氮化物、碳与碳化物、硼化物、氟化物、硫系化合物、硅、锗、Ⅲ－Ⅴ族及Ⅱ－Ⅵ族化合物等。

在形态上和显微结构上,也日益趋于多样化,薄膜(二维)、纤维(一维)、纳米(零维)材料,多孔材料,单晶和非晶材料占有越来越重要的地位。

在合成与制备上,为了取得优良的材料性能,新型无机材料在制备上普遍要求高纯度、高细度的原料,并在化学组成、添加物的数量和分布、晶体结构和材料微观结构上能精确加以控制。

在应用领域上已成为传统工业技术改造和现代高新技术、新兴产业以及发展现代国防和生物医学所不可缺少的重要组成部分，广泛应用于化工、冶金、信息、通讯、能源、环境、生物、空间、军事、国防等各个方面。

1.3 无机材料的研究与发展

无机材料是当今材料科学与工程领域中发展最为迅速的一大类材料。随着科学技术的发展与工业材料需求的扩大，近年来材料科学的进展十分迅速，它已成为现代文明的支柱之一。作为材料科学与工程的基石——化学，在其中起着不可替代的重要作用。现代化学就是用最新的理论和实验手段在原子和分子水平上研究物质的组成、结构和性质以及相互的转化。由于在当今社会发展的过程中在电子信息、生物工程、材料科学、能源和环境等方面都离不开化学，而化学反应的进行又离不开结构的测定和理论的运用，因此结构化学的重要地位将不言而喻。据调查，日本无机新材料1987年产值为75亿美元，2000年增至3～6倍，升幅居各类新材料之首。下面分述各种无机材料的国内外研究现状及发展趋势。

1.3.1 各种材料趋向复合化

单一材料存在难以克服的一些缺点，但如果把不同材料进行复合以后，往往可以得到比原组分性能都要好的新材料，这是当前结构材料发展中的一个新趋势。复合材料的发展是很早的，如第一代复合材料玻璃钢，第二代复合材料碳纤维增强的树脂基等。目前正在发展的是金属基、陶瓷基、碳碳基复合材料。金属基是为了增加强度，并增加刚度；陶瓷基是为了增加韧性；碳碳基则是为了耐骤冷骤热而不致炸裂。为了减少材料的方向性采用纤维的多向编织。

复合材料中的关键在于不同材料间的界面匹配问题。由于基体与强化组元间模量的不同，在发生形变时，因应变量不同而相互脱离。此外，因各个材料的膨胀系数不同，温度改变也会造成相互脱离。所以要借助中间过渡层来改善这种情况。日本首先提出把化学中的杂化概念与材料联系在一起，他们把不同种类的有机、无机、金属材料在原子、分子水平上杂化，从而产生具有新型原子、分子集合结构的物质，含有这种结构元素的物质称为杂化材料。杂化材料可分为3类：功能杂化材料、结构杂化材料和医用杂化材料。

近年来日本对杂化材料进行了广泛的研究，包括理论探索杂化技术和应用开拓。目前杂化材料的理论、设计思想和加工技术等正日新月异地在向前发展。

1.3.2 结构化学新技术的应用

超大量信息通信网络和超高速计算机的发展，对集成电路的要求越来越高，使集成度逐年增加。从材料来看，除了半导体硅以外，化合物半导体GaAs受到愈来愈多的重视。它的运算速度比硅高几倍，并具有光电子效应，有可能使信息的产生、处理、检测与存储等不同功能在同一块集成电路上完成，可以把单层分子或原子排列在一起，成为超晶体。例如，在GaAs基片上将Ga或In与P或Sb相结合形成多层堆积，通过不同掺杂，达到控制能带结构、带隙、态密度、光吸收系数、折射率等各种参数，从而获得多功能材料。

近些年，又开发出了陶瓷的层压工艺，将多种功能集于一体的平板式氧化锆氧传感器。此传感器的制备技术基础是厚膜丝网印刷、陶瓷流延成型的多层陶瓷层压技术和共烧结技术的结合。

各层薄片通过准确定位堆叠在一起，再在一定温度和压力下压合成平板结构，将平板分割成单个片状传感元件后，送至高温炉中加热到1400℃左右并保温几个小时进行共烧结。烧结过程中特别的温度控制程序用于在各层致密化前烧除生坯和各种浆料中的有机物。这种结构的优点有：可连续测控稀薄燃烧区的空燃比A/F，节约能源；温度依赖性弱；不需参比气体；灵敏度高，反应迅速；可用于汽车台架实验。因而，这种平板式极限电流氧传感器是汽车氧传感器的重要发展方向，尤其是小型化、薄膜化、宽范围空燃比的多功能传感器，更是人们研究的热点。

1.3.3 新的化学工艺的应用

低维材料是近年来发展极快并有着广阔前景的能用于结构方面的功能材料的一种类型。

通过化学法（溶胶—凝胶）、气相沉积或激光等方法，可以制造出亚微米级的陶瓷或金属粉末，其大小在几个原子到几百个原子之间（1～100nm），通常称为纳米级超细粉末。这样大小的颗粒可以看成为原子或分子簇。

超微颗粒有很大的比表面和比表面能，晶粒所占比例就很大。由于这种材料比表面能高，所以超微粒的熔点低。作为功能材料时，其电子态由连续能带变为不连续，光吸收也发生异常现象，因此，可以成为高效吸波材料。光导纤维，由于其传输量大，中继距离长，正在代替同轴电缆在世界各国推广使用。

纤维结构材料也是极为重要的一种材料，纤维中强度和刚度最高的为晶须。长纤维中最重要的是有机高分子纤维和碳纤维。前者通过合金化、嵌段共聚及在拉力下，产生定向结晶，可以得到比冷拔钢丝的比强度和比刚度高得多的纤维；后者是碳碳复合材料的原料。

薄膜是当前发展最快的另一类材料。特别是电子器件的小型化需要薄膜状绝缘、半导体、介电及磁性材料。其中金刚石薄膜与高温超导薄膜有极其广泛的应用前景。此外LB膜是一个有序紧密排列的分子组合系统。这种分子可以是有机化合物，也可以是生物分子。由于膜中电子所处的状态和外界环境的影响，可表现出不同的电子迁移规律而成为绝缘体、铁电体、导体或半导体，从而有可能做成光学薄膜而用于非线性光学、光开关、放大或调幅；根据对不同介质敏感性的不同，可以做成传感元件，用于显示或探测器。

1.3.4 几种具体的无机材料的发展

1. 半导体材料

半导体材料主要有硅、Ⅲ－Ⅴ族和Ⅱ－Ⅵ族等化合物，包括体材料和薄膜材料两大类。

硅是最主要的半导体材料。随着大规模集成电路的发展，硅片在国外已作为常规产品，并在质量上达到无结构缺陷、无位错和高均匀性。通过对外延过程的基础研究，包括能束与基片的交互作用、系统的反应过程、质量与动量的传输、表面与界面的作用，外延层的成核与生长机理等，建立了多种外延淀积技术，其中低温淀积外延显不出更大的优点。

以砷化镓为代表的Ⅲ－Ⅴ族化合物具有高迁移率，适用于高频、大功率、低噪声微波器件。同时兼有优异的光电子性质，是优良的半导体电发光、激光器和探测器材料。加以通过同族元素置换，其能隙可在宽广的范围内调节。这些优点使Ⅲ－Ⅴ族化合物在半导体和光电子材料中占有日益重要的地位，开始进入半导体集成电路和光电子集成阶段，并出现超晶格、量子阱、应变层和原子层等一系列新材料。

Ⅱ－Ⅵ族化合物主要用于红外探测和光电子器件，其中，HgCdTe 红外焦平面列阵已成为军用核心技术。我国对Ⅱ－Ⅵ族化合物研究已有二十多年历史，在航空航天遥感、热成像方面有广泛的应用，已成功地在砷化镓衬底上生长出 HgCdTe 外延材料，但在降低点阵缺陷、提高外延层质量上，尚有大量的基础课题有待研究解决。

2. 功能陶瓷

功能陶瓷主要包括电磁功能、光学功能、生物功能、核功能及其他功能的陶瓷材料。其销量在 20 世纪 80 年代约每五年翻一番。这种陶瓷的特点是品种多、产量大、价格低、应用广、功能全、发展快。生产规模以日本居首位，以民用为主；研究力量则以美国雄厚，应用领域侧重于高技术和军用技术，如水声、电光、光电子和红外技术等。

功能陶瓷的发展与其基础研究的成就息息相关。近一二十年通过对复杂多元氧化物系统的组成、结构与性能的广泛研究，发现了一大批性能优异的功能陶瓷，并借助离子置换、掺杂改性等方法调节、优化其性能，从而使功能陶瓷研究开始从经验式探索逐步走向按所需性能进行材料设计，同时发展了溶胶—凝胶法制备细、高纯粉体及以其烧制陶瓷的新技术，并研究了原料与陶瓷制备的反应过程，表面与界面科学以及这些因素对微观结构和陶瓷性能的影响。近来，为发展功能陶瓷薄膜、多层结构、超晶格材料、复合材料、机敏材料等新材料，陶瓷薄膜制备技术、表面与界面的结构与性质、陶瓷的集成与复合、微加工技术及有关的基础研究，正日益受到重视。

近十年来，我国功能陶瓷研究也取得了较大的进展。在电容器陶瓷、半导体陶瓷、透明电光陶瓷、快离子导体陶瓷、超导陶瓷等方面均有一批成果进入国际前沿；同时研制成功一大批功能陶瓷材料。

世界功能陶瓷的发展趋势主要有：材料组成趋于复杂；超纯超细粉体将进入工业生产；采用低温烧结新工艺；净化制备环境；低维材料、多层结构和梯度功能材料日趋重要；陶瓷复合技术受到广泛重视；机敏陶瓷进入研究、开发阶段等。

3. 结构陶瓷

结构陶瓷目前主要用于耐磨损、高强度、耐高温、耐热冲击、硬质、高刚性、低膨胀、隔热等场所，它们在美国的市场销售额近十亿美元。但从发展来看，热机陶瓷将以更高的速度增长，预计在美国的市场销售额到二十世纪末将从目前数亿美元增至数十亿美元，从而在结构陶瓷中占居首位。

高纯、超细、均匀粉料及注射成形、高温等静压、微波烧结等新技术的应用，以及有关的相平衡、反应动力学、胶体化学、表面科学、烧结机理等基础研究的新成就，使结构陶瓷从根本上摆脱了落后的传统合成与制备技术。使其强度和韧性获得了显著的改善，并开始在热机中某些耐冲击、耐热震、耐腐蚀的部位应用。新材料的探索正向组成设计、微观结构设计和优化工艺设计的方向发展，并深入到纳米层次，展示出结构陶瓷的巨大潜力和崭新的研究前沿。

近十年来，我国组织了有关高温结构陶瓷的系统研究，“七五”期间，每年投入约一千万元，某些材料的实验室性能和个别产品能进入了国际先进行列。但总体上与先进国家相比，仍有相当大的差距。

展望结构陶瓷未来，将着重发展氮化物、硼化物、碳化物和硅化物，围绕各种热机及切削、耐磨等应用继续提高其性能；开发高纯超细粉料；研究开发品质均匀、尺寸精确、少缺陷甚至无缺陷、少加工甚至不需加工的成形和烧结新技术；研究使用损毁机理和无损评价新方法；开发陶瓷基复合材料。

4. 耐火材料

耐火材料是为高温技术服务的基础材料，与钢铁工业的发展关系尤为密切。20 世纪 80 年代，欧洲及美国、日本等国家和地区的耐火材料产量显著下降，原因一方面因钢铁生产停滞，另一方面因新型优质耐火材料的开发，使耐火材料消耗下降。

我国耐火材料主要问题是质量品种不能适应钢铁冶炼和其他高温技术发展的要求，尤其是关键和重要用途的高档品种矛盾更为突出。虽研究、开发了镁碳砖、铝碳砖、耐火纤维制品等，并提高了热风炉砖、水泥窑砖、焦炉砖的质量，但与国外相比，差距仍大。

我国耐火材料 1988 年高达 827 吨，仅次于前苏联居世界第二位，消耗高达 130 多千克/吨钢，比先进国家高出 3～6 倍，可见形势是十分严峻的。

今后根据钢铁冶炼技术发展需要，必须研制、开发高炉碳化硅制品复吹氧转炉综合砌砖耐火材料、铁水预处理和连铸用的含碳耐火材料，以及大型水泥回转窑优质镁质、白云石质耐火材料，并结合研究优质原料的提纯和制备。基础理论方面则着重研究高纯原料烧结机理、复合制品的高温力学性能、断裂行为和抗渣蚀性能、高温氧化物和碳的反应动力学以及浇注料的流变学等。

5. 特种玻璃

近年来，玻璃材料科学由于广泛地采用了 NMR、TEM 等多种先进研究分析手段，已从宏观进入了微观、从定性进入了半定量或定量阶段。现在已经可以利用已知晶体结构与玻璃基因的关系，或通过玻璃原始结晶和分相过程的直接观测，或运用计算机模拟与分子动力学方法，对玻璃系统的结构进行分析与推算，并进而了解玻璃的组成、结构与制备因素对玻璃的形成、分相、析晶以及性能的影响，使玻璃材料从传统硅酸盐向非硅酸盐和非氧化物玻璃领域拓展，发展成功一系列在现代科学技术中占有重要地位的新型玻璃——特种玻璃。其中以光电子功能玻璃、微晶玻璃和溶胶一凝胶、有机一无机玻璃发展最为迅速。

溶胶一凝胶是一种新的玻璃制造方法。它利用硅、钛、锆及其他金属醇盐，通过水解成凝胶在低温烧结成玻璃，从而摒弃了高温熔炼的传统工艺，也解决了诸如 ZrO_2-SiO_2 等难熔玻璃的制备问题，而且材料高度均匀。

光电功能玻璃包括光纤、基板玻璃、激光玻璃等，主要用于光通信、光存储、激光及计算技术，其中光纤已形成巨大的产业，基板玻璃产值则居第二。微晶玻璃通过受控结晶的方法形成具有不同性能的玻璃陶瓷物质，有的具有很高的机械强度或耐热、零膨胀特性，有的可供光刻、切削。微晶玻璃与碳纤维复合可取得极强的高温增强效果而成为航天新材料。

今后特种玻璃的基础研究，将主要围绕上述新材料研究组成一性质一结构及玻璃形成一分相一析晶的关系，玻璃中功能转换和失效机理，有机与无机键合材料及低维材料，并建立计算机预测、模拟系统及数据库等。

6. 人工晶体

晶体成为材料是在20世纪六七十年代半导体器件和激光技术出现之后，而在近年来迅速的发展。在新型晶体材料方面，激光晶体沿着大功率、可调谐和复合功能三个方面获得了重大的进展。YAG镓石榴石和铝酸镁镧等新型大功率激光基质正向千瓦级器件发展；掺铁白宝石等可调谐激光晶体已进入产品开发阶段；以钇稀释的硼酸铝铁和掺镁、钕的铌酸锂在受激发射同时实现了自倍频、自锁模等多种功能，有利于激光器的微小型化。我国通过对非线性光学晶体微观结构与宏观性能间相互关系的研究，建立了晶体非线性光学效应的阴离子基团理论，相继研制成功偏硼酸钡和三硼酸锂新型紫外倍频晶体。

晶体制备科学技术的进步是晶体材料科学技术发展的一个重要标志和关键环节。迄今不少晶体之所以未能成材，并非其性能不佳，而是制备问题未获解决。近几年，由于制备科学技术的突破，使一些性能优异的晶体得以产品化和实用化。在这方面，我国用坩埚下降法生长成功大尺寸锗酸铋闪烁晶体、氧化碲声光晶体和四硼酸锂压电晶体，以及生长或功铁酸钡光折变晶体和铝酸钇激光晶体等。

在晶体生长基本过程的研究方面，近来借助高分辨率电镜等先进实验技术已有可能在接近原子级水平上观察成核过程和外延生长的某些特征。此外，还建立了多种生长过程在位观测方法。但总的说来，晶体生长理论目前仍处在定性和半定量阶段，有待进一步定量化和精确化。

7. 水泥

第二次世界大战后，水泥科学在熟料形成、水化化学、微结构和性能关系、高性能水泥等方面均有重大的进展。在熟料形成方面，详细研究了熟料形成的物理化学基础，通过矿物活化、矿化剂和助熔剂的应用，降低了熟料的能耗。今后将更强调从水泥生产到混凝土进行综合考虑，研究原料选择、矿物组成匹配、工艺调整及其与水泥和混凝土性能的关系，尽可能减少能耗。

在水泥浆体微结构和性能方面，已经确定混凝土的许多重要性能取决于水泥浆一集料界面区的微结构，并提出了改进界面微结构的建议。今后将借鉴系统论的整体处理方法，研究水泥结构与客观性质的关系并建立两者关系的数学模型。

在水化化学方面，大量工作集中于水化机理、固相结构和杂质的影响及液相作用等。从杂质对矿物结构影响的角度综合研究水化结晶化学及各种高效外加剂，是重要的研究趋势。

目前高性能水泥的研制已成为水泥科学发展的最显著的特点。通过改变组成、成形工艺等途径研制出多种高性能水泥和水泥基复合材料，例如具有超高强度和低渗透性的压变水泥，可在严酷条件下使用的浸渍水泥混凝土，高韧性纤维增强水泥，可制成弹簧的MDF水泥，强度高而工艺简单的DSP水泥，革除“两磨一烧”传统工艺的CBS水泥等。

第2章　无机材料的化学键与电子结构

2.1　离子键与离子晶体的结合能

众所周知，原子由带正电的原子核和带负电的核外电子组成。单个原子的直径约为0.1nm，原子核的直径约为10^{-4} nm，但电子的质量大约只有质子或中子质量的1/1800。所以，原子核外电子质量对原子量的贡献是微不足道的，但其绕核运动（轨道）形成电荷在空间分布的结构决定着原子的大小和与其他原子相互作用的性质。

根据量子力学薛定谔方程对氢原子核外电子运动状态的计算结果可知：原子核外电子态可用四个量子数来描述，依次为主量子数n、角量子数l、磁量子数m和自旋量子数s。前三个量子数描述电子的原子轨道运动，自旋量子数则描述电子的自旋状态。主量子数n一方面规定了电子与原子核的距离（壳层），同时它还和角量子数l大体上决定了原子轨道能量（能级）的高低。当l相同时，n愈大，能级E也愈高；当n相同时，l愈大，能级E也愈高。在不存在外加磁场的情况下，n、l相同但m值不同的各态具有相同的能量，原子轨道处于简并状态。

对于一个自由、孤立的原子，由薛定谔方程可得到核外电子的径向分布函数$R_{nl}(r)$，从而可以确定不同量子态电子以较大的几率出现在核外空间的区域范围，故外层电子径向分布函数的极大值常被视为原子的轨道半径。氢原子的电子径向分布函数的极大值为0.0529nm，大约有50%的电子出现在该半径范围内。氢原子的轨道半径也称为玻尔半径，常作为描述原子和分子大小的长度单位。氢原子核外电子的分布如图2-1所示，在$r\approx0.25$nm的球体范围内，电子出现的几率为99%。

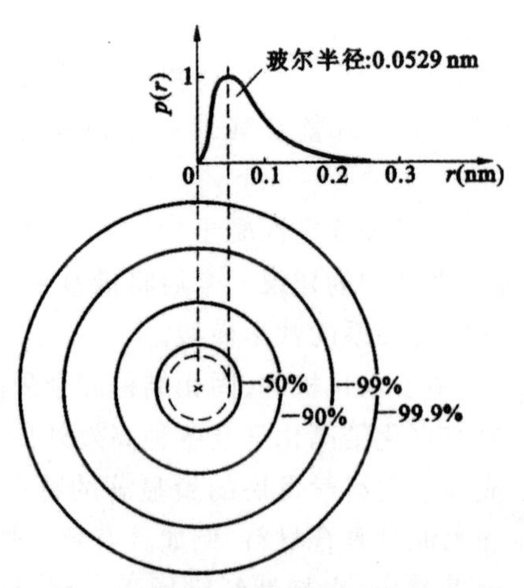

图2-1　氢原子电子径向分布示意图

然而，当分立的原子互相靠拢时，每个原子中的电子不仅受到本身原子核的作用，还受到周边其他原子的电子、原子核的作用。这种原子间的相互作用与相邻原子的电子结构、排列方式、外部条件（如温度、压力、磁场……）等因素密切相关，其结果可以使原子核外的电子结构发生改变，导致系统能量降低，与原子间的结合，从而形成具有特定结构的分子或固体。这种使原子形成分子或结合成固体的相互作用力便是化学键。根据化学键形成的方式和性质，可将化学键分为离子键、共价键、金属键、分子键和氢键等类型。前三种键是强键，后两种键是弱键。固体的许多性质不仅取决于其组成（原子结构），同时也取决于其化学键（原子间相互作用）。晶体的同质异构体性能上的巨大差异充分反映了化学键对材料性能的重要影响。

在无机材料中，大量的无机非金属材料是通过离子键或以离子键为主的化学键结合而形成的。所谓离子键是指元素周期表中各周期前部的典型金属元素的原子和接近尾部的典型非金属元素的原子分别通过失去或获得一个或几个电子，形成具有与惰性气体相似电子结构（球对称分布）的正、负离子，进而通过库仑静电作用，相互吸引而结合成晶体的化学键。NaCl 是典型的离子晶体，分立的 Na 原子和 Cl 原子的外层电子结构分别是：

$$2s^2 2p^6 3s^{-1}, 2s^2 2p^6 3s^2 3p^5 \tag{2-1}$$

在一定的条件下，当 Na 原子和 Cl 原子相互接近时，Na 原子的 $3s$ 轨道中的电子会由于相互作用而转移到 Cl 原子的 $3p$ 轨道中，形成具有球对称电子结构的 Na^+ 和 Cl^- 离子，进而借助于库仑力结合成 NaCl 晶体。如图 2-2 所示，是实验测得的 NaCl 晶体的电子密度分布。

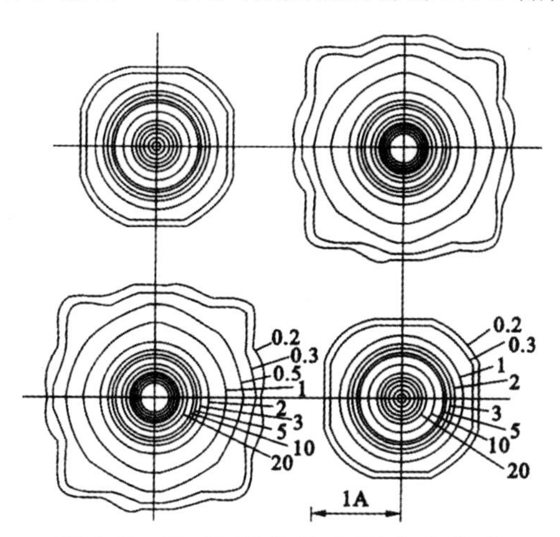

图 2-2　NaCl 晶体的电子密度分布

图 2-2 中，NaCl 晶体中的电子集中分布于原子核的周围，原子间相当大的区域内电子密度很低，几乎不存在电子云的相互交叠，因而清楚地反映了离子键中电子得失的典型特性。

2.1.1　元素电离能与亲和能

通过不同元素原子间的相互作用，有的原子失去部分外层电子，成为带正电的阳离子，有的原子则获得电子成为带负电的阴离子。元素原子失去电子或获得电子的能力取决于其电离能与亲和能。

一般说来，周期表开端的元素的最外壳层只有一个电子，其电离能 I^+ 较小，容易电离而失去电子：

$$X+I^{+}\rightarrow X^{+}+e^{-} \quad (2\text{-}2)$$

元素的亲和能则是指其原子吸纳电子而变成负离子时释放出的能量 I^{-}：

$$X+e^{-}\rightarrow X^{-}+I^{-} \quad (2\text{-}3)$$

元素周期表中各元素原子电离能与亲和能随原子序数变化的情况如图 2-3 所示。

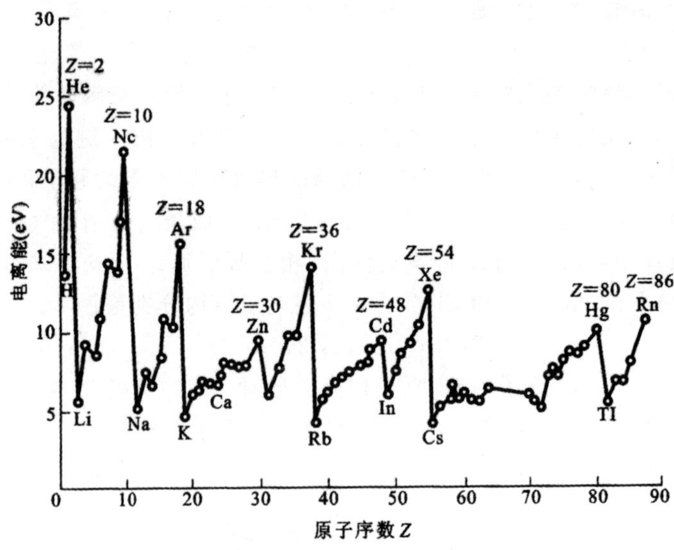

图 2-3　不同元素原子电离能与原子序数的关系

下面以 NaCl 离子晶体形成为例，简单分析由自由的 Na 原子和 Cl 原子相互作用形成 NaCl 晶体过程体系的能量变化。

Na 原子电离出一个电子：

$$Na+5.14eV\rightarrow Na^{+}+e^{-} \quad (2\text{-}4)$$

Cl 原子吸纳一个电子：

$$Cl+e^{-}\rightarrow Cl^{-}+3.71eV \quad (2\text{-}5)$$

Na^{+} 和 Cl^{-} 通过库仑作用相互结合：

$$Na^{+}+Cl^{-}\rightarrow Na^{+}Cl^{-}+7.91eV \quad (2\text{-}6)$$

即

$$Na+Cl\rightarrow Na^{+}Cl^{-}+7.91eV+3.71eV-5.14eV\rightarrow Na^{+}Cl^{-}+6.48\ eV \quad (2\text{-}7)$$

由此可见，由 Na 原子和 Cl 原子相互作用，形成 NaCl 晶体中的一个离子键后可释放的净能量为 6.5eV，体系能量较原子态大为降低，因而形成的 NaCl 晶体结构是稳定的。

2.1.2　离子键和结合能

离子键的本质是不同电荷离子之间的 Coulomb（库仑）引力，键能近似等于体系的结合能。离子晶体的结合能是指使正、负离子从相互分离的状态结合成离子晶体所释放出来的能量，或是将离子晶体瓦解成自由正、负离子所需的能量。在离子晶体中，静电能占离子键能的 90%以上，因此离子晶体的结合能可以用简单的静电相互作用来计算。根据 Coulomb 定律，电荷相反的两个离子之间的静电引力为：

$$F=\frac{Z_1 Z_2 e^2}{R^2} \tag{2-8}$$

式中，Z_1、Z_2 是离子所带的电荷，e 是电子电量(绝对值)，R 为正负离子之间的距离。

当一对正负离子从无限远逐步靠近到距离为 R 时，体系所释放的能量为：

$$u=\int_{\infty}^{R}-F\mathrm{d}R=-Z_1 Z_2\int_{\infty}^{R}\frac{1}{R^2}\,\mathrm{d}R=\frac{Z_1 Z_2 e}{R} \tag{2-9}$$

每摩尔正负离子结合所放出的总能量为：

$$E=\sum u=\frac{N_A Z_1 Z_2 e^2}{R} \tag{2-10}$$

式中，N_A 为 Avogadro(阿伏伽德罗)常数。

这里的能量 E 并不是离子化合物的结合能。当 1mol 正负离子结合成晶体时，每个离子与晶体中的所有其他离子都存在 Coulomb 相互作用，计算离子化合物的结合能要考虑离子与晶格中所有其他离子的相互作用，因此，离子化合物的结合能与化合物的晶体结构有关。

离子作用势能大小随离子间的距离缩小迅速降低，如图 2-4 所示。

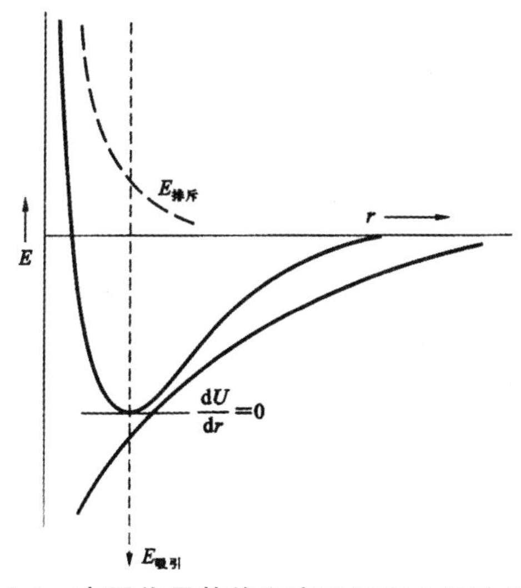

图 2-4　离子作用势能和离子间距之间的关系

当两离子间距减小到一定程度时，由于量子力学泡利不相容原理将出现正负离子核外电子云交叠而产生的排斥作用，并随距离的减小急剧增加。根据波恩的研究，这种排斥作用引起的排斥能可表达为：

$$u_r=\frac{B}{R^m} \tag{2-11}$$

式中　B——比例常数；

R——离子间距；

m——波恩系数，它反映了离子间抵抗压缩的能力，其大小与离子的电子构型有关，较大的离子具有较大的电子密度，故 m 值也较大。

当离子构型相当于 He、Ne、Ar(或 Cu^+)、Kr(或 Ag^+)、Re(或 Au^+)构型时，离子波恩系

数 m 分别为 5、7、10、12。如果正、负离子属于不同的构型，那么 m 可取各对应正负离子 m 值的平均值，如 NaCl 的波恩系数 m 值，可取 $m=(7+9)/2=8$。

考虑 NaCl 晶体中某个离子与周围离子的相互作用。从 NaCl 的晶体结构如图 2-5 所示。

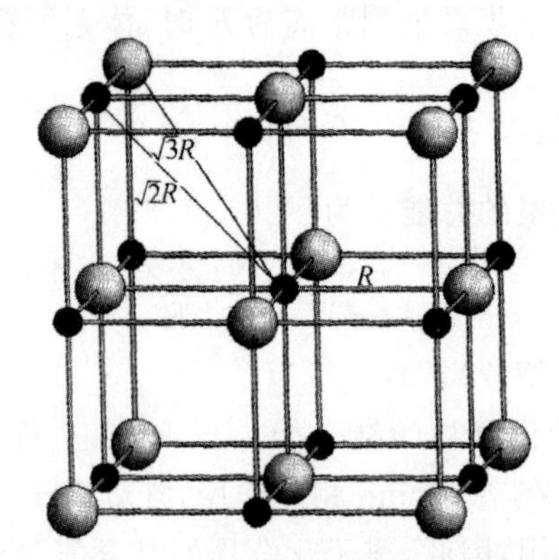

图 2-5　NaCl 结构中原子间的距离

从图中可以发现，每一个离子周围有 6 个距离为 R 的相反电荷离子，次近邻有 12 个距离为$\sqrt{2}R$ 的同电荷离子，再次近邻是 8 个距离舳相反电荷离子，依此类推。因此每个离子与周围离子的相互作用能优可以表示为：

$$u=\frac{e^2}{R}\left(\frac{6}{\sqrt{1}}-\frac{12}{\sqrt{2}}+\frac{8}{\sqrt{3}}-\frac{16}{\sqrt{4}}+\cdots\right)=\frac{e^2}{R}A \tag{2-12}$$

式中，级数 A 是与晶体结构类型有关的 Madelung（马德隆）常数。NaCl 结构 Madelung 常数为 $A=1.748$。表 2-1 列出了部分常见无机固体化合物结构类型的 Madelung 常数。

表 2-1　部分常见无机固体化合物结构类型的 Madelung 常数

结构类型	配位数	晶系	Madelung 常数
氯化钠	6∶6	立方	1.74756
氯化铯	8∶8	立方	1.76267
闪锌矿	4∶4	立方	1.63806
纤锌矿	4∶4	立方	1.64132
萤石	8∶4	立方	5.03878
金红石	6∶3	四方	4.816
刚玉	6∶4	三方	25.0312

式(2-12)表示了一个离子与晶体中其他所有离子的相互作用，假设晶体中有 N 个阳离子和 N 个阴离子，晶体总的相互作用能应当是式(2-12)的 $2N$ 倍，但每个离子的贡献被重复计算，因此，晶体的离子结合能应是式(2-12)的 N 倍，即

$$U=Nu=\frac{e^2}{R}AN \tag{2-13}$$

考虑离子间的斥力，离子化合物的结合能可以表示为：

$$U=N\left(\frac{e^2}{R}A-\frac{B}{R^m}\right) \tag{2-14}$$

进而可以推出玻恩—兰德(Born-Lander)方程

$$U=\frac{ANe^2}{R}\left(1-\frac{1}{m}\right) \tag{2-15}$$

当某一离子晶体的结构和离子间距等参数通过结构分析(如 X 射线衍射分析)确定后,便可通过波恩—兰德公式计算或估算该晶体的结合能。表 2-2 比较了部分化合物结合能的实验值和计算值。从表中可以看到,大多数化合物结合能的计算值与实验数值吻合很好,但一些体系存在较大偏差。这是由于这些化合物中除了存在离子键之外,还有相当大的共价键成分。对于共价键成分较大的体系,结合能并不能给出全部键能,实验值与计算值之间会有比较大的差别。

表 2-2 部分化合物结合能的实验值和计算值的比较

化合物	Born-Haber 循环实验值	Born-Haber 方程	
		计算值	修正值
氟化钠	218.5	215.6	218.7
氯化钠	184.1	180.1	185.9
溴化钠	174.1	171.8	176.7
碘化钠	162.7	158.5	165.4
氟化铯	177.8	172.8	178.7
氯化铯	150.5	148.8	155.9
溴化铯	146.4	143.3	151.1
碘化铯	139.7	135.8	143.7

应该指出,在上面的分析中,未考虑离子的极化作用。如果把离子极化作用、最近邻及次近邻离子间的相斥作用与零点能也考虑进去,计算结果与实际测量值的误差将会进一步减小。

2.1.3 离子键的特征

由于失去或得到电子而成正、负离子的电子结构具有与惰性气体相似的球对称电子结构,因而以库仑作用为主的离子键将在成键方向和数量上不受核外具体电子结构的限制,所以正、负离子结合常以“紧密堆积”的方式构成晶体结构,来最大程度地降低系统能量。由于正、负离子分别由位于周期表前部元素原子失去电子和位于周期表尾部元素原子获得电子而形成,负离子半径一般大于正离子,所以离子晶体中正、负离子的堆积可看成是一种不等径球的堆积。其结构应具有如下特性:

1. 高配位数

在固体结构中,每个原子或离子最近邻的原子或离子数目称为配位数。离子晶体是通过正、负离子的库仑作用结合成晶体的。为使晶体具有尽可能低的能量,每类离子周围要有尽可能多的异类离子配位，而同类离子不能相互接触，从而使结构中形成尽可能多的离子键。因此，离子晶体具有较高的配位数。

2. 电中性条件

由正负离子结合而成的离子晶体整体应具有电中性，以达到最小能量状态。为此，晶体中正、负离子数量和价数必须成一定的比例。对于二元晶体，正、负离子的数目反比于正负离子的价数。如 NaCl 晶体是由一价的 Na^+ 和 Cl^- 组成，Na^+ 和 Cl^- 的离子数之比为 1∶1。CaF_2 晶体由二价的 Ca^{2+} 和一价的 F^- 组成，因此，Ca^{2+} 与 F^- 的离子数之比为 1∶2。多元体系离子晶体的情况可依此类推。

2.2 共价键与分子轨道理论

一些元素的原子由于电离能高而难以形成具有稳定结构的离子。当这些元素的原子间距足够小而产生相互作用时，原子核外电子运动的原子轨道可以部分转变为分子轨道，使原来分别属于各原子的外层电子填入分子轨道并为两原子共享，表现在两原子间区域内电子云密度增加。这种由两个原子分别贡献出电子，在它们中间的区域形成较高的电荷密度，部分抵消了原子核间的库仑斥力，并产生静电相互作用和降低系统能量的原子键合作用即是共价键。化学键不仅决定了化合物的化学性质，而且也决定了固体材料的结构和物理性质。但是，固体材料中的化学键有时不像分子中那样直观，需要借助能带等固体电子结构的观点来理解。

2.2.1 d 轨道的能级分裂

过渡金属形成化合物时，失去价电子或一部分 d 轨道电子，形成过渡金属离子，所以可以把过渡金属化合物看作离子化合物。但过渡金属离子 d 轨道与阴离子的原子轨道间有一定的共价键成分。过渡金属化合物的性质非常丰富，有些具有金属性，有些是半导体或绝缘体，这些都与化合物中的 d 轨道与配体原子轨道相互作用强弱有关。在讨论过渡金属化合物的电子结构时，我们一般先考虑中心离子与配位的阴离子间的相互作用，了解 d 轨道的能级分裂，再考虑 d 轨道间的相互作用等问题。

在球形对称场中，d 轨道是五重简并的。在配位场中，金属离子的 d 轨道发生分裂。在八面体场中，d 轨道发生分裂，形成 e_g 和 t_{2g} 两组轨道。符号 e_g 和 t_{2g} 是 O_h 点群的不可约表示，e 和 t 分别表示轨道为两重和三重简并，下标 g 表示是对称不可约表示。过渡金属离子 d 轨道的角分布函数如图 2-6 所示。

在八面体场中，e_g 对应 d_{z^2} 和 $d_{x^2-y^2}$ 轨道，t_{2g} 则对应 d_{xy}、d_{xz} 和 d_{yz} 轨道。e_g 轨道的角度分布函数的极大值指向八面体顶点，与配体 p 轨道形成 σ 键。t_{2g} 轨道指向配位八面体棱的中心，与配体的 p 轨道形成 π 键。八面体配位场中过渡金属 d 轨道的能级将发生分裂如图 2-7 所示。金属离子 d 轨道比配体 p 轨道能量高，因此，金属离子的 d 轨道都是反键轨道，σ 和 π 成键轨道以配体 p 轨道为主。在八面体场中，e_g 是 σ 反键轨道，t_{2g} 则是 π 反建轨道，即 e_g 的能级比 t_{2g} 高，两者之间的能量差称为晶体场稳定化能(CFSE) 或晶体场分裂能(Δ)。

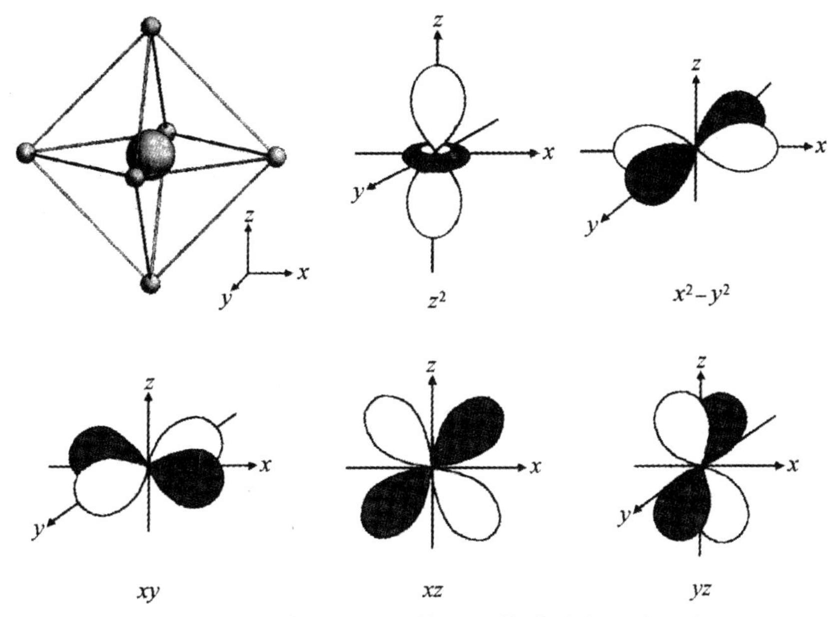

图 2-6　八面体配位多面体和 d 轨道的角分布函数

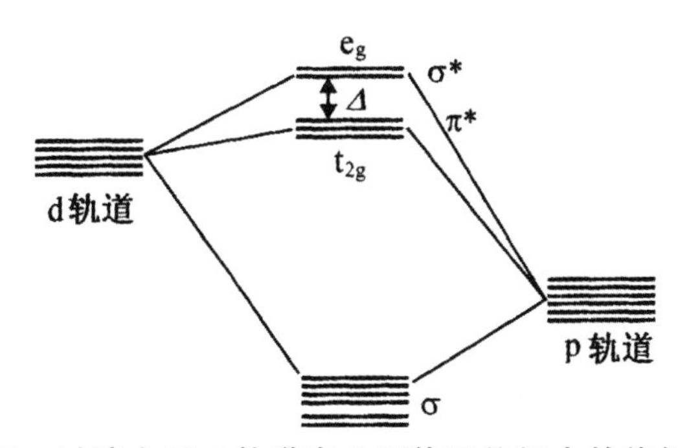

图 2-7　过渡金属 d 轨道在八面体配位场中的能级分裂

以上讨论的 d 轨道能级分裂只适用于单电子体系，在多电子体系中，还要考虑电子间的自旋一轨道耦合。通常先从单电子体系出发，再定性地引入电子间的排斥作用，从而近似的来描述多电子体系的能量状态。以八面体场为例，当电子间排斥作用比较小时，电子可以按图 2-8 所示的能级顺序依次充填到能级中。例如，d^2 体系的电子组态为 t_{2g}^2，d^4 体系的电子组态可以是 t_{2g}^4，而 d^8 应是 $t_{2g}^6e_g^2$ 等，这些体系为低自旋状态体系。4d 和 5d 轨道中的电子排斥作用较小，因此，4d 和 5d 过渡金属化合物大多以低自旋状态存在。3d 轨道中的电子间排斥作用较强，常出现高自旋状态，在考虑 3d 过渡金属化合物的能量状态时，除了考虑 CFSE 以外，还需要引入交换能(*P*)描述电子排斥作用较强的体系。在交换能较大的体系中，电子倾向于自旋平行地占据不同的轨道，构成高自旋体系。在晶体稳定化能较大的体系中，电子从 t_{2g} 到 e_g 顺序充填到相应的能级中，构成低自旋体系。

过渡金属离子的晶体场稳定化能和自旋状态对晶体结构有很大的影响。由图 2-8 可看出，过渡金属离子半径与晶体场稳定化能有很好的对应关系。随着过渡金属原子序数增加，原子核电荷对 d 轨道的束缚增强，3d 轨道的能量下降，离子半径逐步减小，但从晶体结构总结出的 3d 过渡金属离子半径随核电荷数增加是有起伏的。从 d^1 到 d^3 体系，电子顺序充填 t_{2g} 轨道。d^4 和 d^5 体系有两种可能的情况，当体系的 P 比较大时，电子充填到 e_g 反键轨道，使 M—X 键增加。4d 和 5d 过渡金属离子的晶体场稳定化能较大，离子都处于低自旋状态，因而离子半径随 d 电子数的变化较为平稳。

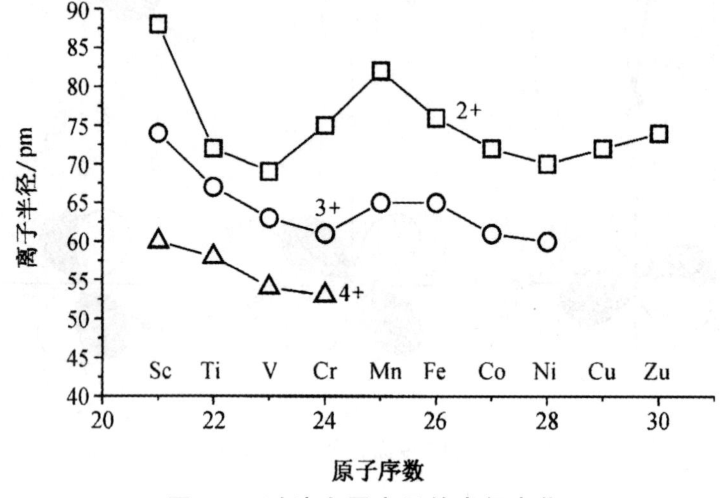

图 2-8　过渡金属离子的半径变化

高自旋 d^4 和低自旋 d^9 离子具有较强的 Jahn-Teller（姜一特勒）效应，使八面体配位多面体产生四方畸变，Jahn-Teller 畸变的几种情况如图 2-9 所示。Cu^{2+}（d^9）是一种典型的 Jahn-Teller 离子，常以四方畸变八面体或平面四方形式配位。Jahn-Teller 效应属于电子的局域效应，在一些离域的三维固体化合物中并不明显。例如，$LaNiO_3$ 中低自旋的 Ni^{3+}（d^7）虽然也应表现出 Jahn-Teller 畸变，但由于这个化合物是金属性的，这种效应并不明显。t_{2g} 能态对应于 π^* 反键轨道，Jahn-Teller 效应比较弱，常被其他为效应掩盖。e_g 轨道属于 σ^* 反键轨道，Jahn-Teller 效应较为明显。

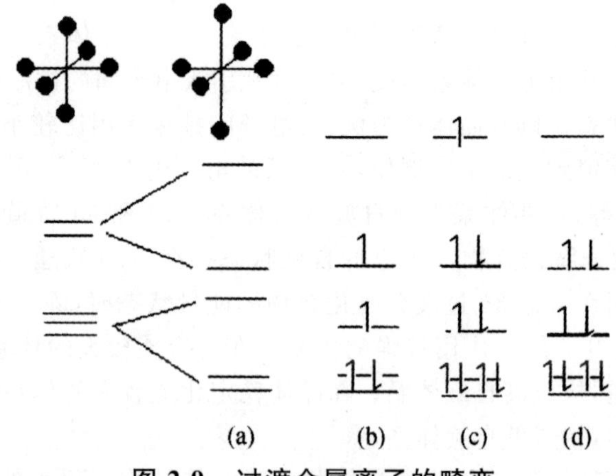

图 2-9　过渡金属离子的畸变

（a）八面体的四方畸变；（b）d^4 高自旋；（c）d^9 低自旋；（d）d^8 低自旋

配位场对晶体结构的影响还表现在离子的格位选择性。离子的格位配位状况首先是由离子半径决定的，但晶体场对其也有重要的影响。一般地说，CFSE 较大的离子倾向于占据八面体格位，高自旋和 CFSE 较小的离子则倾向于占据四面体格位。尖晶石结构有四面体和八面体两种格位，Fe_3O_4 中的三价铁离子为高自旋的 d^5 电子组态，倾向于占据四面体格位，二价铁离子为低自旋的 d^6，倾向于占据八面体格位。因此，在 Fe_3O_4 中，Fe^{3+} 离子占据四面体格位，Fe^{2+} 离子和剩余的 Fe^{3+} 离子共同占据八面体格位，Fe_3O_4 属于反尖晶石结构。

利用 d^n 过渡金属离子的能级分裂理解体系光谱和磁学性质。d^n 过渡金属化合物的吸收光谱主要对应于电子在 d 轨道之间的跃迁。过渡金属离子能级随晶体场强度的变化由 Tanabe-Sugano（田部一菅野）图表示。图 2-10 是 d^3 离子在八面体场中的 Tanabe-Sugano 图，体系的基态为 $^4A_2$。根据电子跃迁的自旋选律（$\Delta S=0$），只有多重度相同的激发态与基态之间才能发生允许电子跃迁。

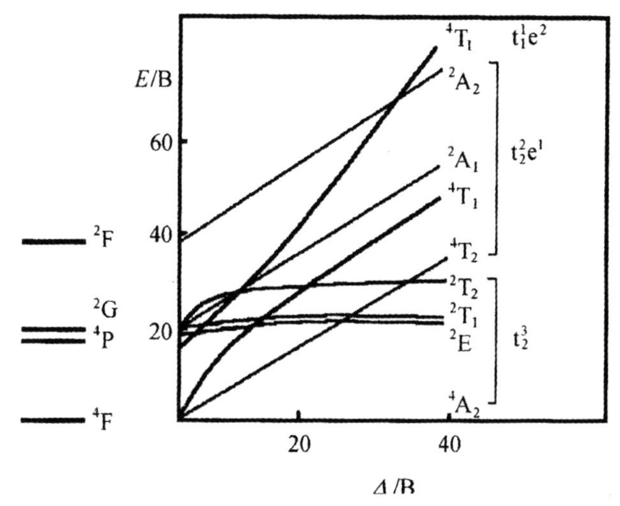

图 2-10　八面体场中 d^3 离子的 Tanabe-Sugano 图

图 2-11 是 Cr^{3+} 离子在 Al_2O_3 晶体（红宝石）中的吸收光谱，光谱可以与 Tanabe-Sugano 能级图很好地对应。

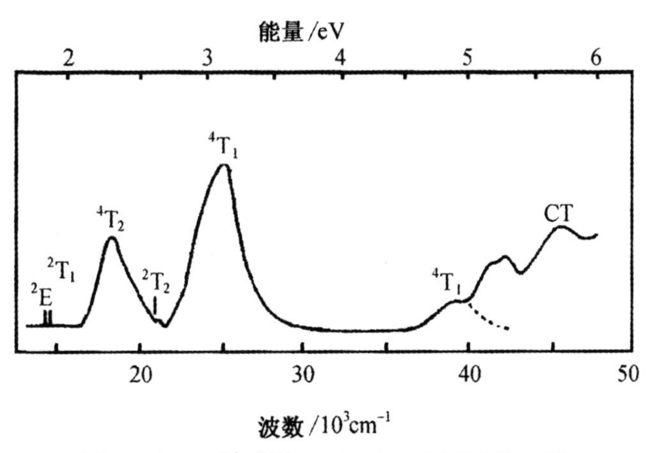

图 2-11　Cr^{3+} 离子在 Al_2O_3 中的吸收光谱

受激的红宝石晶体可以发生辐射跃迁发射，辐射跃迁发射主要是从最低激发态^2E_g跃迁到$^4A_2$基态，属于禁阻跃迁，衰减时间较长，这也是红宝石可以产生受迫发射跃迁即产生激光的原因。从Tanabe－Sugano图可以知道，过渡金属离子能级受晶体场的影响很大，当晶体场变化时d轨道能级相应改变。稀土离子的f轨道受到外层轨道的屏蔽，能级分裂主要是由轨道一自旋耦合造成的，受晶体场环境的影响很小。因此，很多稀土化合物的光谱可以与自由离子光谱很好地对应，晶体场只影响光谱的精细分裂。需要指出，很多稀土掺杂的无机固体材料具有非常好的荧光性质，人们也常利用稀土离子的精细光谱研究晶体中格位的点对称性。由于铕离子的光谱对晶体场较为敏感，因而常被用作荧光探针。另外，电子自旋共振(electron spin resonance，ESR)也是一种研究过渡金属和稀土离子在固体材料中的配位情况的重要方法。

2.2.2 共价键的基本性质

关于共价键物理本质，海特勒(Heitler)和伦敦(London)首先提出了氢分子的价键理论。用量子力学方法计算了H_2分子能量E与两个H原子核距离r之间的关系，发现根据电子自旋态的不同，H原子键合成H_2分子可分为反键和成键两种情况，如图2-12所示。当原子A和原子B的两个电子自旋平行时，体系能量随A、B相互接近而快速升高，表现出无法形成稳定H_2分子的反键轨道作用，A、B原子中间电子云密度减小，如图2-12(a)所示。当原子A、B的两个电子自旋反平行时，体系能量随A、B相互接近而快速降低，表现出形成稳定H_2分子的成键轨道作用，图2-12(b)中所示的曲线极小值则对应于成键两原子间的平衡距离。共价键的本质在于两个原子各有一个自旋相反的未成对的电子，由于原子轨道相重叠而构成价键轨道，并使体系的能量下降而达到成键。

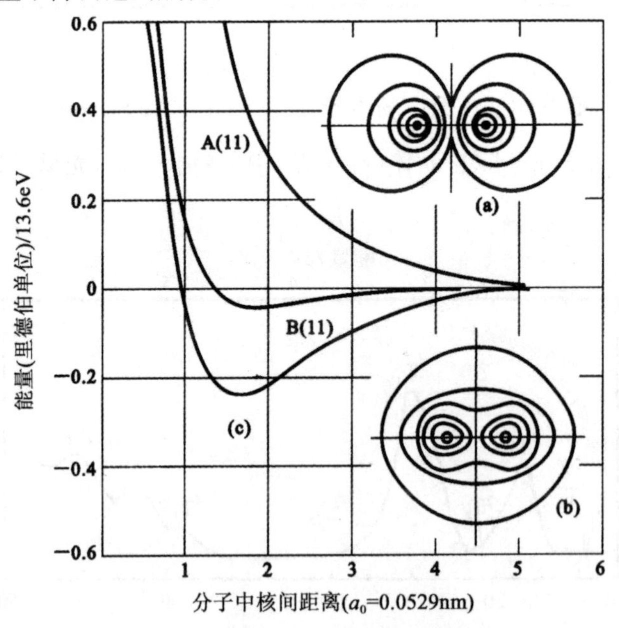

图 2-12 形成氢分子的能量曲线

(a)两电子自旋同向形成反键态；(b)两电子自旋反向形成键合态；(c)经典作用能量曲线

一个原子的最外层电子组态相比于最稳定的惰性气体原子的电子结构尚缺的电子数，决定了它可以与其他原子成键的数目，由此反映了共价键具有饱和性的性质。由于成键轨道中电子云最大重叠和对称分布结构可使体系能量最大程度地降低，因此共价键同时具有一定的方向性。

上述理论的基本概念为不同原子核外价电子对价键轨道的形成与特点，给出了明确的直观圈形，同时与化学的经验规律相符，但不便于定量的理论计算。量子化学的主流是采用即分子轨道法进行近似的计算的。该方法也是从“轨道近似”出发的，即假定体系的总波函数与单电子波函数有关，电子的运动由确定的单电子波函数规定。正如在单电子氢原子中称电子波函数为原子轨道那样，在分子的情况下，这些单电子波函数则称为分子轨道。

为了形成足够稳定的分子轨道即共价键，必须满足以下三个条件：

(1)能量近似条件

相关的原子轨道的能量差越小越好，如此可以使 ΔE 增加。这一条件表明，相同的原子轨道可形成键能高的纯共价键结合。

(2)对称性条件

成键分子轨道应使原子轨道和相对于键轴 A—B 有相同的对称性。s 轨道与 p 轨道以不同方式交叠后，因交叠积分卢的不同可以出现成键和无法成键的情况。

(3)电子云最大交叠条件

由于 ΔE 与原子轨道电子云的交叠积分 β 的平方成正比，所以成键轨道应使原子轨道尽最大可能地重叠。

根据以上分子轨道的方法与成键原则，成键原子可通过其 s、p、d 和 f 轨道相互作用形成 σ、π、δ、和 φ 等分子轨道，并分别称为 σ 键、π 键等。常见的共价键分子中往往同时有 σ 和 π 轨道。π 轨道则有点类似于 p 轨道。σ 轨道的对称性有点类似于原子的 s 轨道，却远不及 s 轨道的球形对称，呈圆柱形对称。显然，有限个成键分子轨道及其电子云最大交叠与对称确切地反映了共价键的饱和性与方向性。

由于共价键的饱和性与方向性，借助共价键结合成的共价键晶体与离子键晶体中的原子将有完全不同的排列规则。在无机材料中，金刚石是最典型的共价键晶体。碳原子核外有 6 个电子，分布于 $1s^2 2s^2 2p^2$ 等轨道中，1s 和 2s 电子的自旋成对，2p 的两个电子分布于 2p 的两个轨道中未得到配对。在一定的条件下，当 C 原子相互靠近时，其核外 $n=2$ 的电子轨道 $2s^2 2p_x^1 2p_y^1 2p_z^0$ 中的一个 2s 电子可被激发到 2p 轨道，形成 $2s^1 2p_x^1 2p_y^1 2p_z^1$ 结构。进而，它们通过“混合杂化”形成四个等同的 sp^3 杂化轨道，相邻轨道取向夹角为 $109°28'$，在空间形成四面体构型，每个 sp^3 轨道具有 1/4s 成分和 3/4p 成分，如图 2-13 所示。在轨道杂化过程中，2s 轨道上的电子激发到 2p 轨道，使系统的能量提高了 402kJ/mol，形成四面体对称结构的 C—C 键时释放出的能量为 695kJ/mol。因此，系统总的能量降低，使金刚石晶体具有稳定的结构，如图 2-13 所示。

与金刚石结构相似的共价键晶体还有 Ge、Si 和灰锡等材料。一般来说，对称于Ⅳ族元素两边的Ⅲ族和 V 族元素、Ⅱ族和Ⅵ元素可以通过共价键的方式组合形成稳定的化合物，成为具有半导体性质的材料。

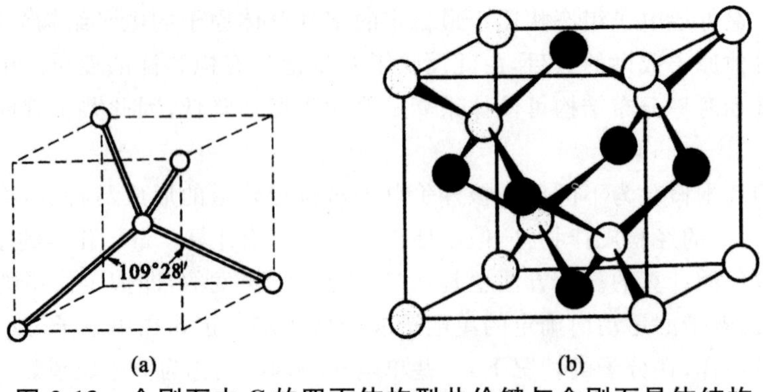

图 2-13　金刚石中 C 的四面体构型共价键与金刚石晶体结构

(a)四面体构型共价健;(b)金刚石晶体结构

与离子键相比,共价键形成对原子外层电子的强束缚,共价键晶体往往是电的绝缘体。共价键具有较高的键能,因而是强键。完全由共价键结合的晶体具有熔点高、力学强度高、硬度大等特性。例如,金刚石是天然材料中硬度最高的材料,其熔点达 3550℃。与离子晶体不同的是,共价键晶体即使在熔融状态仍然表现为绝缘体,因为它不能像离子晶体那样在高温或熔融状态下通过离子的迁移而导电。

2.2.3　分子轨道

当原子互相接近时,原子轨道之间发生相互作用形成成键和反键分子轨道,价电子进入到成键分子轨道,使体系的能量降低,形成稳定的分子。让我们从最简单的氢分子来了解分子轨道的特点。在形成氢分子时,2 个氢原子的 1s 原子轨道发生相互作用形成分子轨道。氢分子的分子轨道可以用氢原子的 1s 轨道线性组合表示

$$\Psi_b=\frac{1}{\sqrt{2}}(\psi_1+\psi_2) \tag{2-16}$$

$$\Psi_a=\frac{1}{\sqrt{2}}(\psi_1-\psi_2) \tag{2-17}$$

式中　Ψ_b——成键分子轨道波函数;

Ψ_a——反键分子轨道波函数;

ψ_1、ψ_2——分别是两个氢原子 1s 轨道的波函数。

这里我们着重考虑分子轨道的系数(相位)和能量。在扩展休克尔方法中,我们假定原子轨道重叠积分为

$$(\psi_i/\psi_j)=S_{ij} \tag{2-18}$$

对同一原子 $S_{ij}=1$,近邻原子 $S_{ij}\neq0$,更远的原子之间的轨道重叠积分等于零,即 $S_{ij}=0$。当两个氢原子的 s 轨道形成成键轨道和反键轨道时,相应的能量可以表示为

$$E_{\pm}=\frac{\alpha+\beta}{1\pm S_{ij}} \tag{2-19}$$

式中　$\alpha=(\psi_i|H|\psi_i)$——原子轨道波函数的能量本征值;

$\beta=(\psi_i|H|\psi_j)$——两个原子轨道间的相互作用能;

H——Hamiton(哈密顿)算符。

由式(2-19)可知，两个原子轨道形成分子轨道时，以原子轨道为重心，成键轨道能量下降，反键轨道的能量上升，成键轨道的能量降低小于反键轨道能量上升[图 2-14(a)]，因此，成键和反键分子轨道都被充填的分子体系是不稳定的。

当构成分子的原子的电负性相近时，原子结合以共价键为主，而当构成分子的原子的电负性差别比较大，原子之间的结合以离子键为主。我们知道，电负性比较大的原子对轨道的束缚较强，原子轨道的能量比较低，同样，电负性较小的原子轨道能量比较高。当构成分子的原子的电负性差别较小时，原子轨道之间的相互作用积分比较大，形成比较强的共价键。当原子轨道之间的能量差别比较大时，原子轨道之间的相互作用积分比较小，共价键比较弱，在形成分子时电子发生迁移，化学键具有一定的离子键成分。如图 2-14(b)所示，这时的成键分子轨道主要来源于电负性较大的原子轨道，电子充填在成键分子轨道，相当于电子从 M 向 X 迁移。

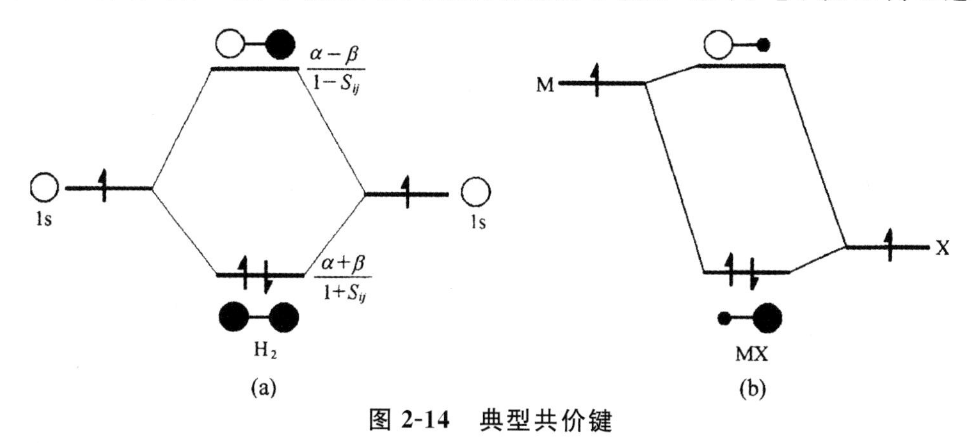

图 2-14　典型共价键

(a)和离子键；(b)分子轨道的能量状态

由更多氢原子构成的高分子的能量状态，随氢原子数目的增加，分子轨道数目随之增加，但分子轨道数目总是与原子轨道数目相同，并且，能量最低的分子轨道是成键轨道，能量最高的分子轨道是反键轨道，在两者之间的分子轨道可以是成键、非键或反键轨道。对于氢原子的 1s 轨道构成的分子轨道，成键轨道中所有原子轨道相位相同，反键轨道中相邻原子轨道相位相反。由多个氢原子形成的分子轨道如图 2-15 所示，图中带有阴影和不带有阴影的原子轨道表示不同的相位。为了不涉及体系的边界条件，在图中使用了环状分子。

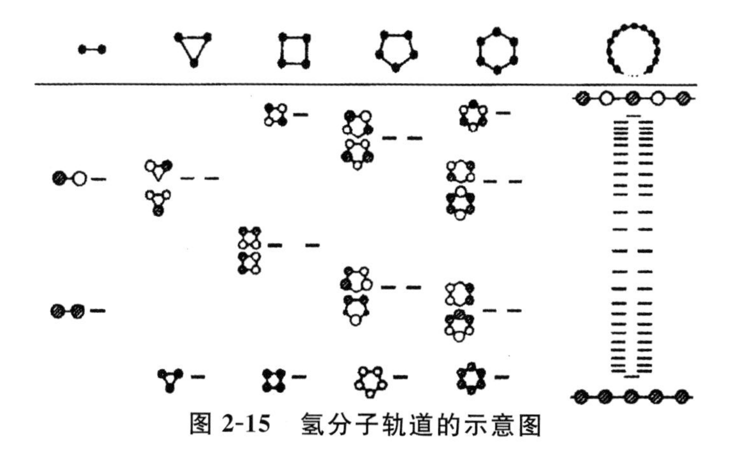

图 2-15　氢分子轨道的示意图

以四元环状氢分子为例，能量最低的是非简并的成键分子轨道，分子轨道中的所有原子轨道相位相同，表明原子轨道间存在有效的轨道交叠。能量最高的反键分子轨道中相邻原子轨道相位相反，不存在有效的轨道交叠。位于中间的是两个简并的非键分子轨道，相邻的原子轨道既有成键也有反键，总的效果相当于没有任何成键作用。

2.2.4 共价键分子与分子晶体

应该指出，在含共价键的晶体中，只有当这种共价键结合连续地遍及整个晶体时，该晶体才属于共价键晶体。如果通过共价键只结合成有限大小的分子(或原子团)，结构基元之间不存在共有电子，当这些基元作规则排列构成了晶体时，结构基元之间的结合就不是共价键，这样的晶体不能称为共价键晶体，而是分子晶体。分子晶体常是等同分子之间以范德瓦尔斯力或其他弱相互作用键合形成的，因此分子之间的键合往往是弱键。通过共价键形成分子聚集成分子材料，如液晶材料、有机高分子材料以及各种生物材料等，它们在材料领域中所占的比例越来越大，其重要性在材料科学中也日益突出。

范德瓦尔斯力，是指存在于非极性分子间的弱相互作用。以最简单的惰性气体单原子分子为例，这类原子的电子壳层正好填满，电子分布具有球对称性，因而并不存在电偶极矩。但由于不断运动的电子在空间的瞬间分布是不均匀的，瞬间电偶极子间的相互作用构成了范德瓦尔斯力的物理基础。当两原子非常接近时，电子壳层存在库仑力与泡利不相容原理将导致原子间互斥力随距离减小而迅速增加。因此，非极性分子间的弱相互作用可用如下被称为勒拿德－琼斯(Lennard-Jones)势的函数加以描述

$$\Phi(r)=-\frac{A}{r^{6}}+\frac{B}{r^{12}} \tag{2-20}$$

计算两个 H 原子和两个 He 原子间的最小势能，发现前者为 -4.6eV，而后者仅为 -0.0008eV($1\text{eV}=1.602\times10^{-19}\text{J}$)，这一结果表明范德瓦尔斯力相互作用比共价键要弱得多。

极性分子间，除了范德瓦尔斯力相互作用外，还有电偶极子之间的相互作用。特别值得注意的是，分子之间可能存在氢键。考虑 H 原子与某些处于周期表尾部的非金属元素，如 F、O、N 等原子构成分子，因此，构成共价键的电子对就会偏离 H 原子而更接近于另外的原子，使分子具有强极性，H 原子显正电，而另外的原子显负电。以 HF 与 H_2O 分子为例加以说明，如图图 2-16 所示。

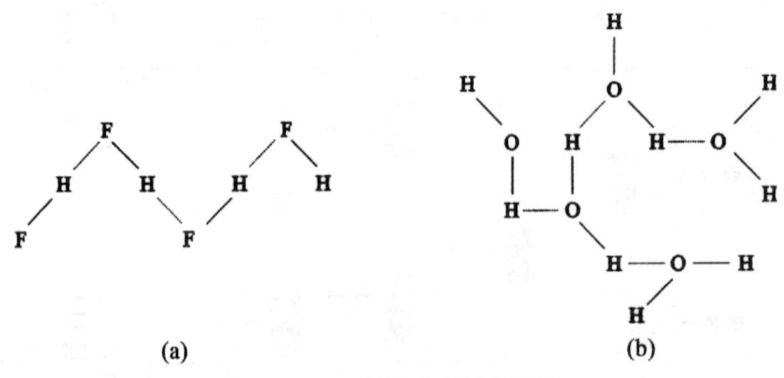

图 2-16 分子之间的氢键

(a)HF(氢氟酸)；(b)H_2O(水)

从图中可以看出，一个分子中的 H 原子与另一分子中的 F 或 O 原子形成了以虚线表示的氢键。可以说氢键是弱键中的强者，但比共价键要弱得多。大量氢键存在的集体效应常可影响到材料的性能，氢键会导致分子液体中分子之间的缔合。水的某些性能异常，如沸点高达 373K、熔点以上密度异常等均与氢键密切相关。此外，氢键在生物分子结构中起着极其重要的作用，例如，DNA 与蛋白质的螺旋结构就是靠一系列的氢键连结形成的。

2.3　金属键与固体中电子的能带结构

金属是重要的固体材料。在元素周期表中，如ⅠA、ⅡA、ⅢA、ⅠB、ⅡB、ⅢB 族中绝大多数电负性较小的元素结合成固体时，形成金属性晶体。金属的共同性质是不透明，有金属光泽，有良好的导热性、导电性和延展性等。金属所表现出的这些特性与金属键密切相关。

2.3.1　金属键的基本特性

与离子键和共价键相比，金属键的基本特点是原来分属于各个原子的核外价电子转变为归整个晶体所共有。即在金属性固体中，原子具有较小的电负性和电离能，故外层价电子很容易摆脱原子核的束缚，而成为“自由电子”，它们不再束缚在某些相邻原子所形成的分子轨道中（共价键）或特定的原子轨道中（如离子键），而是在离子实形成的空间结构势场中运动，其波函数遍及整个固体。这种金属正离子与共有电子之间的相互作用就构成了金属原子间的结合力——金属键。金属中这种离域共有化电子的存在，决定了金属具有光泽和对可见光的不透明性。

金属性晶体的结合能一方面应考虑由于共有化电子动能表现为一种排斥作用，它随电子密度的增加而增加（$\propto 1/R^2$）；另一方面取决于正电荷点阵与共有化电子间的库仑吸引力，它随晶体的摩尔体积减小而增加（$\propto -1/R$）。当相邻金属离子实接近其电子云显著交叠时，排斥作用中还包含由泡利不相容原理产生的排斥势（$\propto 1/R^n$）。因此，金属性晶体的结合能应在这些吸引与排斥相互作用达到平衡时，取系统能量的最小值。如图 2-17 所示为金属钠的结合能随原子间距离变化的关系。

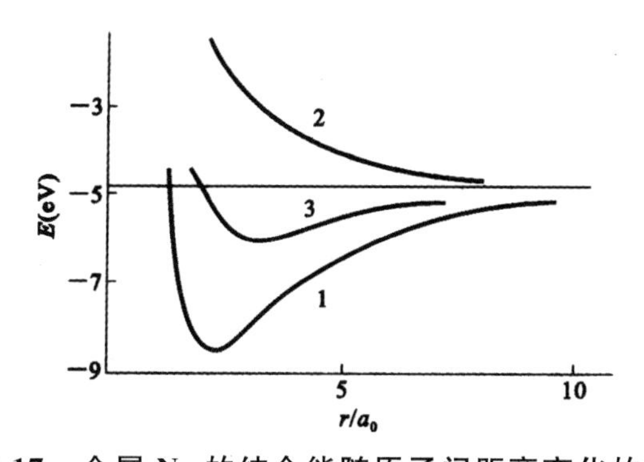

图 2-17　金属 Na 的结合能随原子间距离变化的关系

1—Na^+ 和共有化电子的相互作用能；2—共有化电子的功能；

3—结合能（以 $a_0=0.0529$nm）

金属结合主要是一种体积性的库仑作用,它不具有方向性,而离子实之间的电子云交叠排斥作用又和硬球接触行为相似。所以,金属结合的这些性质说明了金属键没有方向性和饱和性,这和大多数金属晶体都采取硬球密堆积结构(如面心立方、六角密堆积结构等)、金属晶体原子间可滑动、表现出有延展性等事实是完全一致的。

金属键是一种多原子共价键的极限情况,体系中的相互作用应该包括共有化电子和金属正离子实的空间结构所形成的势场,以及电子与电子和离子实间的相互作用。为了更加清楚地认识金属键的本质,需要对现代固体物理学中的固体能带理论有所了解。

2.3.2 固体中电子的能带结构

固体的能带理论反映了固体中电子运动状态介于分立原子中电子和自由电子之间的特征。设想固体中各原子之间没有相互作用,彼此孤立,此时分属于各个原子的一些电子可以处于相同的能级上。但当原子之间通过电子,特别是外层电子发生相互作用后,它们的能量状态将会发生改变。根据泡利不相容原理,N 个孤立原子的某个能级可扩展一个能带。固体中的电子按低能态到高能态的顺序填充能带中的能级。价电子所处的能带以及与相邻更高能态的空带间的关系决定着固体的许多物理和化学性质。能带中的能级是容许电子填充的,但能带与能带之间的能量状态是禁止电子占据的,称为禁带。

布洛赫(Bloch)于 1928 年首先利用量子力学原理分析了晶体中电子的运动状态。考虑到晶体中原子作周期性规则排列,晶体中共有化电子应该是一个周期势场中的运动,其单个电子的波函数应满足薛定谔方程。

一个与分子轨道方法相似的处理晶体中电子的方法是紧束缚近似法。该方法认为电子在某原子附近时,主要受到该原子势场的作用,其运动状态可用该原子束缚态加上其他原子的微扰作用来近似地描述。电子在晶体中做共有化运动时,其能量与孤立原子的能量有所不同,它随波矢忌而变化。这实际上是把原子间的相互影响看作为微扰。零级近似具有 N 重简并的能级,在考虑微扰后形成 N 个间隔很近能级组成的能带,其结构如图 2-18 所示。

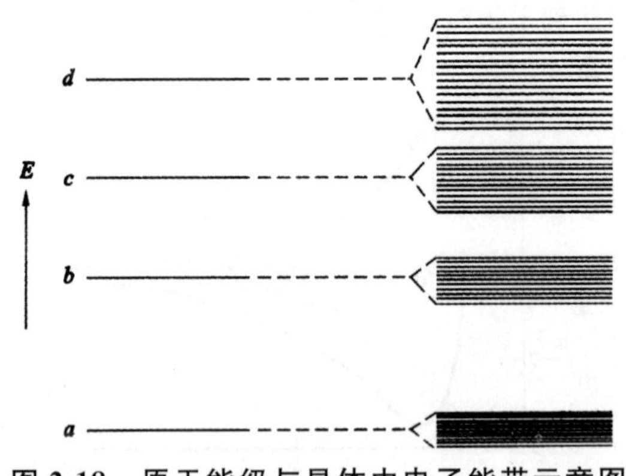

图 2-18 原于能级与晶体中电子能带示意图

能带的宽度取决于交叠积分。各原子波函数之间交叠越多,交叠积分的值越大,能带也就越宽。显然,各原子内层电子轨道之间的交叠很少,因此相应的能带很窄,近似于原来的原子能级;而外层电子轨道之间的交叠较多,故对应的能带较宽。

固体的许多物理或化学性能与其电子在能带中的填充状态密切相关，根据能带填充状态可以决定固体的导电性。如图 2-19 所示，按照电子从低能级向高能级填充的顺序将电子填入能带，如果最高填充的能带只能部分被电子填充，此时对应的晶体是导体，金属的导电性源于其导带中有可移动的电子，在电场的作用下，导带中电子获得净的动量而形成定向电流；当出现最后一个电子刚好填充完一个能带，而与其相邻的更高能带为空的情况时，对应的晶体是绝缘体，在绝缘体中，电子刚好填满价带，导带完全是空的。此时，在电场的作用下，满带中电子的动量虽然在电场方向可以发生变化，但由于波矢空间的周期性，电子的净动量变化仍然为零而不能形成净的电流。

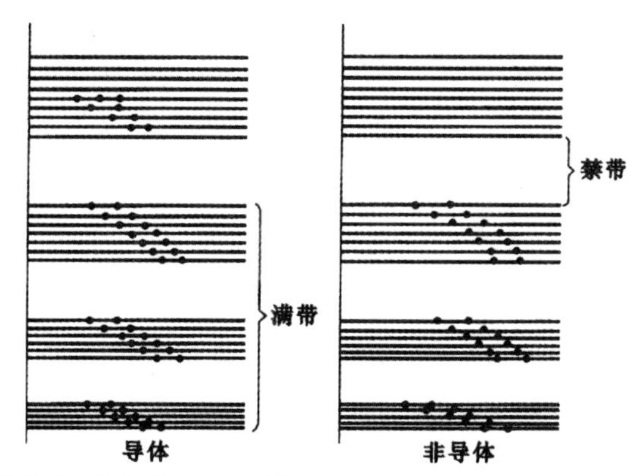

图 2-19　导体与非导体(半导体与绝缘体)中电子的能带结构示意图

半导体的能带填充情况与绝缘体相似，价带被电子完全填满，而导带完全是空的。但其导带与价带之间的禁带宽度或带隙远比绝缘体的小。因此，在半导体中，通过热激发可将其价带上的电子激发到导带上去，从而使导带的底部出现少量可移动的电子和价带的顶部出现空穴，导致价带与导带均处于未填满状态。此时，处于导带底部的电子在电场作用下形成一个正常电子电流，同时处于价带顶部的空穴则形成一个相当于带正电的电子电流。在这个意义上，半导体中存在电子导电和空穴导电，空穴则相当于带正电的载流子。

固体中电子的能带理论是 20 世纪凝聚态物理学的重大成就，是现代材料科学的重要基础理论。可以认为，几乎所有与固体中电子运动相关的材料性能都与其电子能带结构细节密切相关，能带工程便是根据固体能带理论研究材料组成一结构一性能的关系，进而达到开发新材料和提高材料性能的目的。

固体材料中的原子数目非常大(约为 10^{23})，利用分子轨道描述很不方便，也不可能完全地描述体系的电子结构。事实上，我们可以借助晶体结构的周期性(或平移对称性)描述固体中的能量状态，这可以使问题大大简化．我们借助最简单的一维分子链引入能带的概念，然后再讨论二维和三维固体的情况。

1．一维分子链的能带结构

有机和无机高分子是常见的一维分子链体系。例如，聚乙炔中的碳原子以 sp^2 与相邻的碳原子和氢原子以 σ 键构成一维分子链，碳原子上的另一个 p 轨道与相邻碳原子形成离域的 π 键(图 2-20)。无机高分子 $Pt(CN)_4^{2-}$ 也是一种典型的 d 轨道参与成键的体系。在一定条件下，$Pt(CN)_4^{2-}$ 可以从半导体转变成金属，这种性质变化可以利用一维分子链的能带结构来说明。首先以一维氢分子链说明能带理论的基本原理。在一维氢分子链中，我们只需考虑氢原子的 1s 轨道，这是最简单的假想一维分子体系，但利用这个体系可以阐明能带结构的最基本特征。

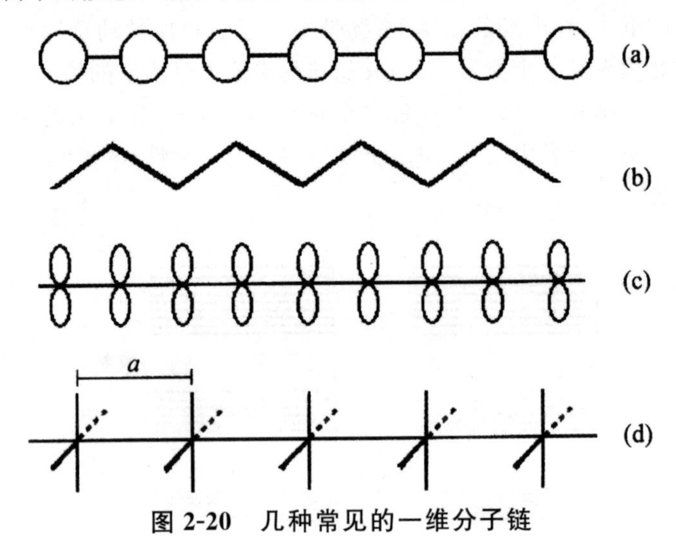

图 2-20　几种常见的一维分子链

(a)一维氢分子；(b)聚乙炔；(c)聚乙炔中的 π 键轨道；(d) $Pt(CN)_4^{2-}$

一维分子链的轨道波函数可用周期函数描述(图 2-21)，平移对称性用单胞参数 a 表示，其波函数可以利用 Bloch(布洛赫)函数描述。对于一维氢分子链体系，波函数可表示为

$$\Psi_k = \sum_n e^{ikna}\psi_n \tag{2-21}$$

式中　n——一维链中氢原子的标号；

e^{ikna}——第 n 个原子轨道在第 k 个分子轨道波函数中的贡献和相位；

k——严格定义为倒易空间矢量，我们暂且把它理解为一个描述分子轨道的标号；

a——晶胞参数；

ψ_n——位于格位 n 上原子的波函数。

$k=0$ 是第一布里渊区的原点，波函数中所有原子轨道的系数 e^{ikna} 都等于 $+1$，表明原子轨道具有相同的相位。对于一维氢分子体系而言，氢原子的 1s 轨道波函数是全对称的。$k=0$ 时的晶体轨道是成键轨道如图 2-21 所示。

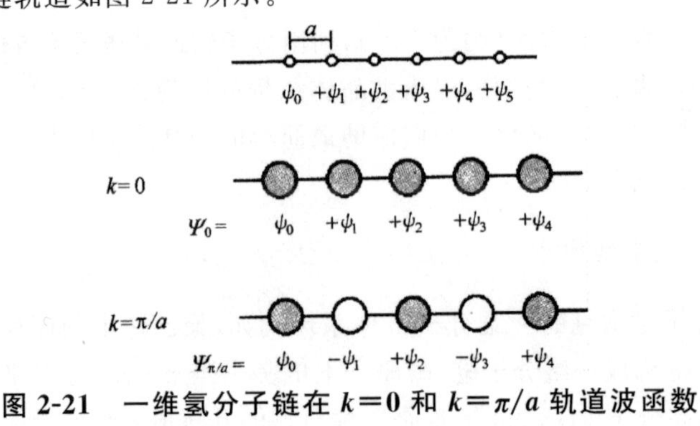

图 2-21　一维氢分子链在 $k=0$ 和 $k=\pi/a$ 轨道波函数

在第一布里渊区的边界上($k=\pi/a$)，原子轨道的系数为 $e^{ikna}=(-1)^n$。对于 n 为偶数的氢原子，原子轨道波函数的系数为+1；对于 n 为奇数的氢原子，原子轨道系数是−1。因此晶体轨道中相邻原子轨道的系数符号相反。对于氢分子链，这是一个反键分子轨道(见图 2-21)。在 $0<k<\pi/a$ 范围内，晶体轨道波函数的系数为复数，随 k 值增加，晶体轨道中的成键成分减小，反键轨道的成分增加。这样我们用式(2-21)的 Bloch 函数就可以完整地表示一维氧链的全部晶体(分子)轨道波函数。

一维体系晶体轨道的 $\boldsymbol{k}$ 空间是一维的，可以用数值表示，每个 k 值对应于一个晶体轨道。对于宏观固体材料，晶胞数目非常大，因此，能级是准连续的，大量的能级构成了能带。晶体轨道的能量是 k 的函数。对于一维氢分子链，当 k 由 $0\rightarrow\pi/a$ 时，晶体轨道从成键轨道逐步变为反键轨道。在图 2-22 中，我们给出了氢原子链能带结构的示意图。由于 k 取值的数目非常大，能带用连续的曲线表示，曲线上的每一个 k 值都与一个分子轨道对应，这条能带结构曲线代表了一维氢分子链体系中的全部晶体轨道能级。$k=0$ 时，一维氢分子链的晶体轨道能量最低，是成键轨道。随 k 值增加，晶体轨道能量上升，轨道波函数中成键轨道成分减少，反键轨道成分增加，在 $k=\pi/a$ 时，晶体轨道能量最高，是反键轨道。

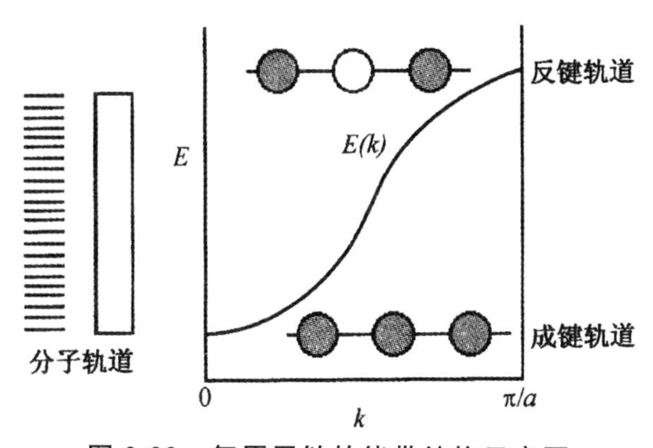

图 2-22　氢原子链的能带结构示意图

晶体轨道波函数的成键特性与原子波函数对称性有关。氢原子的 1s 轨道是全对称的，而 p 轨道是反中心对称的，因此，p 轨道的 σ 键能带在 $\boldsymbol{k}$ 空间的分布与氢分子链不同。在 $k=0$ 时，晶体轨道中的原子轨道波函数的相位相同，系数的符号也相同。但由于 p 轨道是反中心对称的，$k=0$ 的晶体轨道是反键轨道(图 2-23)，能量最高，而 $k=\pi/a$ 屈的晶体轨道为成键轨道，能量最低，这与一维氢分子链的情况正好相反。在研究复杂体系电子结构时，我们可以根据原子轨道的对称性判断晶体轨道在 $\boldsymbol{k}$ 空间中的分布，p 轨道是中心反对称的，在形成 σ 键时，晶体轨道的能量随 k 值增加下降。而在形成 π 键时，晶体轨道的能量随 k 值增加上升。d 原子轨道具有中心对称性，d 轨道形成的 σ 键和 δ 键晶体轨道的能量随 k 值增加而上升，而 π 键晶体轨道的能量随 k 的增加而下降。

能带结构中的另一个重要的参数是能带的宽度。我们知道原子轨道间相互作用越强，成键与反键轨道间的能量差值越大。固体中的情况完全相同，原子轨道间的相互作用比较强时，能带较宽，因此，$\boldsymbol{k}$ 空间中能带分布反映了化学键的强弱，变化较陡的能带所对应的化学键比较强，变化较平缓的能带对应的化学键较弱。根据这一原理，我们可以在复杂的能带结构中辨别能带的成键类型和相互作用大小。

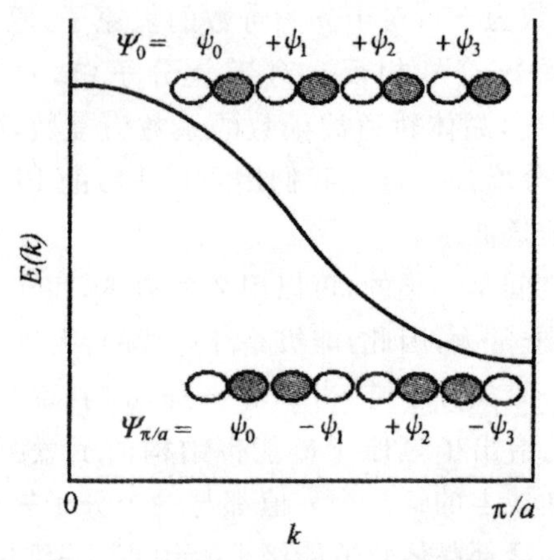

图 2-23　p 轨道的能带在 k 空间的分布

能带的另一种表达方式是能态密度(density of states,DOS),能态密度是单位能量间隔内的状态数目,即晶体轨道的数目。在 $\boldsymbol{k}$ 空间中,每个 k 值对应一个晶体轨道,因此我们可以用单位能量间隔内足值的数目表示体系能态密度。单位能量间隔内的足值数目越大,表示在此能量间隔内状态数目越多。从能带结构图可以直接得到能态密度,可以将在单位能量间隔内的状态数目(即 k 的数目)投影到能量轴上就可以得到体系的能态密度(图 2-24)。一维氢分子链能带的底部和顶部变化较平缓,单位能量间隔内的状态数目较大,对应的能态密度也较大,在能带中部变化较陡,单位能量间隔内的状态数目比较小,相应的能态密度也比较小。

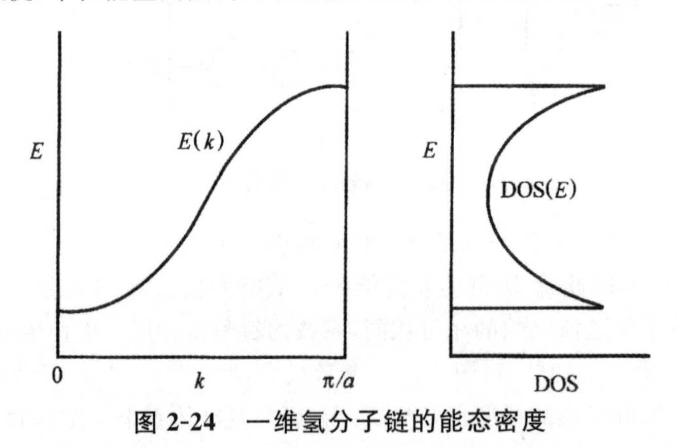

图 2-24　一维氢分子链的能态密度

下面我们考查 d 轨道形成的能带。$K_2[Pt(CN)_4]$是一维固体化合物,铂离子为平面四方配位,沿一维分子链方向铂离子之间的距离约为 3.3Å,铂离子间的相互作用比较弱。$K_2[Pt(CN)_4]$被氧化可以生成 $K_2[Pt(CN)_4Cl_{0.3}]$或 $K_2[Pt(CN)_4(FHF)_{0.25}]$,化合物仍是一维结构,但发生一定变化(图 2-25)。$K_2[Pt(CN)_4]$中的铂离子配位构型相同,氧化后四方配位多面体转动 45°,同时,铂金属离子间距缩短(2.7～3.0Å),表明铂离子间形成金属—金属键。

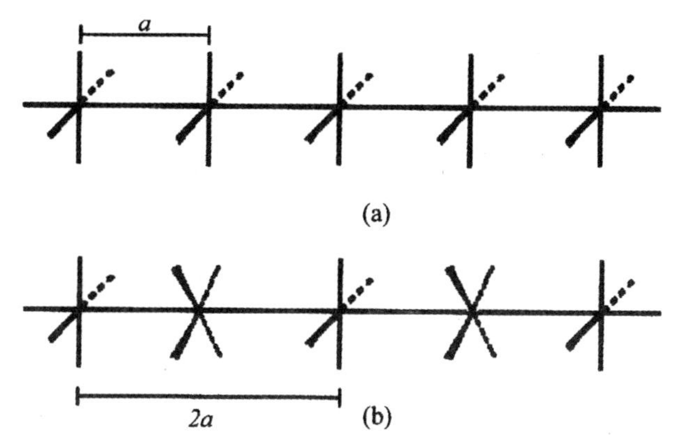

图 2-25　$Pt(CN)_4^{2-}$(a)和 $Pt(CN)_4^{1.7-}$(b)分子链示意图

2. 二维固体的能带结构

二维固体的能带结构需要在二维 $\boldsymbol{k}$ 空间中描述，通常用 2 个基向量(k_x，k_y)表示。$\boldsymbol{k}$ 空间是动量空间，我们可以在 $\boldsymbol{k}$ 空间中描述晶体轨道的能量，在实际的正空间中描述晶体轨道波函数的空间分布。两者间的关系与结晶学中的正格子和倒易空间相似。二维晶体的平移矢量为 $\boldsymbol{a}_1$ 和 $\boldsymbol{a}_2$，如某二维体系为一个正方格子，平移矢量 $\boldsymbol{a}_1$ 和 $\boldsymbol{a}_2$ 相互垂直。假设每个格点有一个氢原子的 1s 轨道，而且在 $\boldsymbol{a}_1$ 和 $\boldsymbol{a}_2$ 方向上晶体的薛定谔方程是独立的，晶体波函数可以表示为

$$\Psi_k = \sum_{m,n} e^{i(k_1 m_1 + k_2 m_2)} \psi_{n,m}$$

平面四方晶体的 $\boldsymbol{k}$ 空间仍然是四方平面格子[图 2-26(a)]。晶体波函数是 k_1 和 k_2 的函数，即 $\boldsymbol{k}$ 空间中的每一个点都对应一个晶体轨道波函数。由于晶体轨道波函数是周期函数，我们只需了解第一布里渊区内轨道波函数。在图 2-26(a)的第一布里渊区中，$\boldsymbol{k}$ 的取值可以在整个空间，取值数目与体系中原子轨道数目相等。实际上，我们只需要在第一布里渊区中沿 $\Gamma-X-M-\Gamma$ 闭合线就可以完全表达能带结构主要特征。但在计算体系的能态密度时，需要在 $\Gamma-X-M$ 三角形中均匀地选取一定数量的 k 值。我们可以先了解特殊点的晶体轨道波函数，如图 2-26(b)所示。在 Γ 点原子轨道波函数的相位相同，晶体轨道为成键轨道。X 氧是两重简并的，在 $k_x=0$，$k_y=\pi/a$ 点，相邻原子轨道沿 z 方向相位相同，沿 y 方向相位相反，$k_x=\pi/a$，$k_y=0$ 点的情况类似，只是方向相反。因此，从总体上看 X 点属于非键晶体轨道。在 M 点，相邻原子在两个方向上都有相反相位，因而是反键晶体轨道。

Γ 点是成键轨道，能级最低；X 点是非键轨道，能级次之；M 点是反键轨道，能级最高。根据这些特殊点的晶体轨道的能量，可以定性地给出二维氢网格的能带结构。图 2-26(c)给出了二维氢原子的网格在不同方向上能带分布。从 Γ 到 X，晶体轨道从成键轨道逐步转变为非键轨道，从 X 到 M，从非键轨道转变为反键轨道，从 M 到 Γ，则从反键轨道转变为成键轨道。图 2-26(c)的能带结构表示方法，广泛用于描述了二维和三维体系。

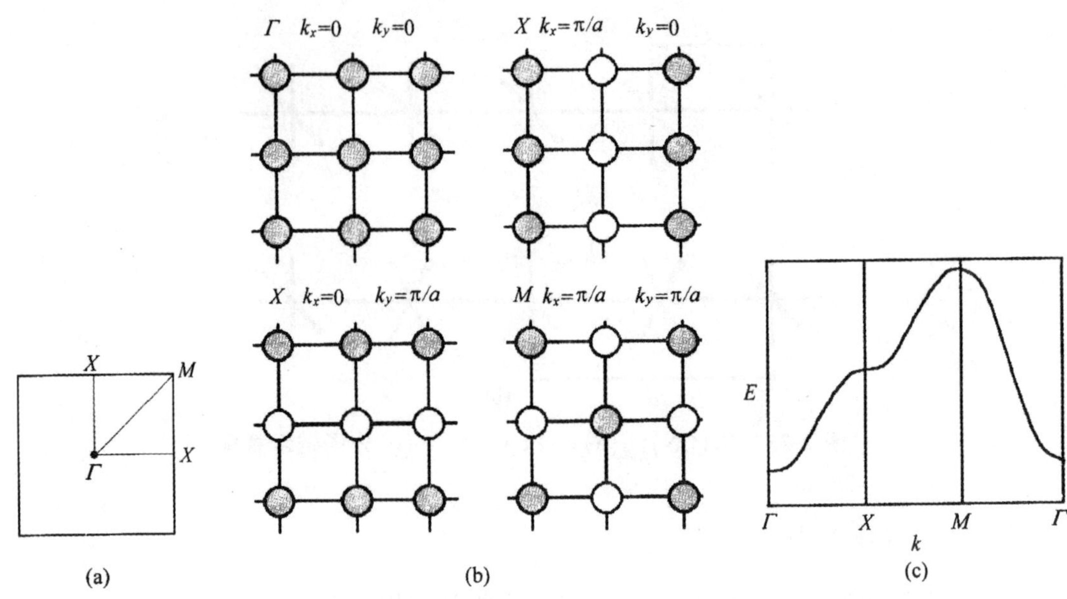

图 2-26 二维氢网络的 k 空间(a),Γ、X 和 M 点晶体

(a)轨道波函数;(b)和能带结构;(c)示意图

3. 三维固体的能带结构

我们以 ReO_3 为例讨论三维固体的能带结构。ReO_3 属于简单立方晶系,每个单胞内含有一个 ReO_3 单位,其中铼处于由氧离子构成的八面体中心,八面体共用顶点构成三维结构。简单立方晶系的倒易空间仍然是简单立方。三维固体的能带结构需要在三维 $\boldsymbol{k}$ 空间中描述,需要 3 个基向量(k_x,k_y,k_z)。图 2-27(a)给出了 ReO_3 的 $\boldsymbol{k}$ 空间中第一布里渊区的示意图,其中 Γ、X、M 和 R 分别表示空间内的一些特殊点,将这些特殊点连接起来,构成图中深色区域,这个区域代表了整个 $\boldsymbol{k}$ 空间的全部能量状态的信息,$\boldsymbol{k}$ 空间其他部分都可以从这个区域出发,利用相应的对称操作得到。

ReO_3 中的价轨道是氧原子的 2p 和铼原子 5d 轨道。在八面体场中,d 轨道分裂为 e_g 和 t_{2g}。t_{2g}为三重简并,包含 xy,yz 和 xz 和 3 个 d 轨道,e_g 为两重简并,包含 z^2 和 x^2-y^2。e_g 与氧的 p 轨道形成 σ 键,成键分子轨道以氧的 p 轨道为主,包含少量 d 轨道成分,σ 反键轨道以 e_g 轨道为主,也包含有少量氧的 p 轨道成分。t_{2g}轨道与氧的 p 轨道形成 π 键,相互作用比较弱。在描述 ReO_3 的能带结构时,我们可以在 $\boldsymbol{k}$ 空间中选择沿图 2-27(a)阴影区域边沿,计算 ReO_3 的晶体轨道的能量,这些点是体系中对称性最高的,可以代表晶体轨道能量的变化趋势。在计算体系的能态密度时,可以在图 2-27(a)阴影区域中均匀选择一些 k 值。

图 2-27(b)给出了计算得到的 ReO_3 的能带结构和能态密度(DOS)。能量比较低的能带主要是由氧 2p 轨道构成,能量比较高的能带主要来源于铼原子 5d 轨道。在 k 空间中,Γ 点对称性最高,轨道波函数保持了全部的立方对称操作,因而,e_g 和 t_{2g}轨道保持了两重和三重简并。从 Γ 到 X,能带的变化主要来源于沿 z 方向的相互作用,t_{2g}的 xy 和 xz2 个 d 轨道能量上升,yz 轨道的能量基本不变。同样,e_g 能带中的 x^2-y^2 轨道能量上升,而 z^2 轨道能量基本保

持不变，我们可以用类似的方法分析 ReO_3 的 d 轨道的变化。图 2-27(b)还给出了计算得到的能态密度。在氧的 p 轨道和铼的 d 轨道能带之间有一个能隙，铼离子为六价，体系中的氧 2p 能带完全充满，d 轨道构成的能带充填一个电子，因而 ReO_3 具有金属性。

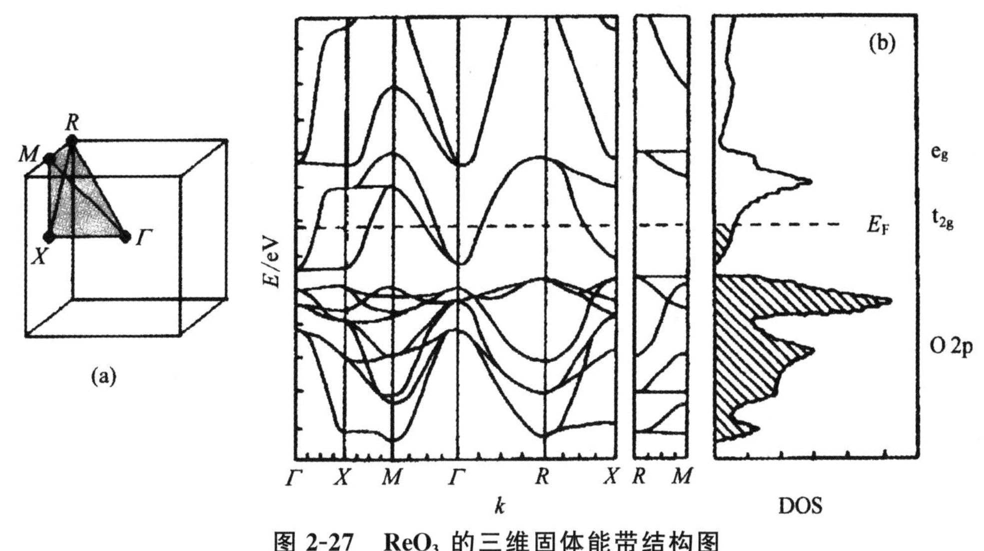

图 2-27　ReO_3 的三维固体能带结构图

(a)简单立方体系 k 空间；(b)ReO_3 的能带结构和能态密度

很多过渡金属化合物都具有金属性。一般地说，第二或第三过渡金属形成的氧化物和硫化物常具有余属性，这可以用能带模型解释。金属性化合物的能态密度可以用实验方法测量，最常用方法是光电子能谱。光电子能谱与计算得到的能态密度的基本特征是一致的(图 2-28)，两者之间的差异是由于不同能带的离化截面因子不同，因而，测量强度值与理论计算不同。

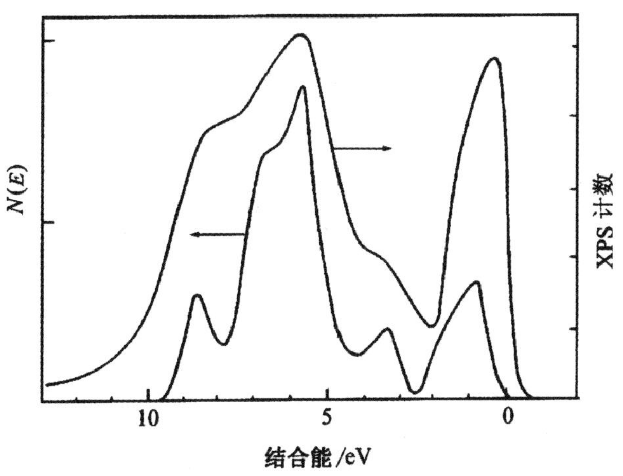

图 2-28　ReO_3 的 X 射线光电子和能态密度

图中结合能较小的峰属于 ReO_3 被电子占据的 d 能带，结合能较大的几组峰来源于氧离子 2p 轨道的能带。由于 Re 原子的离化截面比氧大，因此，铼 d 轨道能带在光电子能谱中相对强度比较大。

固体材料中的离域电子可以用能带描述，但所用近似的方法不同，能带的描述方式也不尽相同。固体物理常常从自由电子出发，考虑边界条件和晶格周期性对电子结构的影响引出能带概念，这对于阐明简单金属（如碱金属）的电子结构是非常直观和有效的。对于化学工作者来说，我们更习惯化学键的概念，并希望用能带概念处理复杂结构体系，因此从原子轨道线性组合出发引出能带概念更容易被化学工作者接受。这种方法也被称为紧束缚近似方法。

第3章　晶体与非晶体结构

3.1　晶体结构

晶体的化学组成不同，其晶体结构也往往是不相同的。即使化学组成相同，在不同的热力学条件下，它们的结构类型也常常不同，这一现象称为同质异晶。有些化学组成不同的晶体，却具有相同的晶体结构类型，这一现象称为异质同晶。晶体结构通常以某些典型的晶体结构来命名，如 MgO、KCl、NaCl 等的结构经常称为 NaCl 型结构。

3.1.1　金属晶体结构

典型的金属晶体，其原子和原子间的结合力为金属键，由于金属键没有方向性，所以每个金属原子周围可以尽量多地排列邻近原子，倾向形成最高配位数。故可把典型金属的晶体结构看作是由等径圆球紧密堆积起来的，按堆积方式不同，可分为三种类型，分别是 A_1、A_2 与 A_3 型。与 A_1、A_3 对应的是立方与六方最密堆积，配位数为 12。与 A_2 型结构相对应的是体心立方堆积，配位数为 8。它们的典型实例如下。

1. 铜(Cu)的晶体结构

Cu 的晶体结构为 A_1 型，空间群为 Fm3m，a=3.608nm，配位数为 12，晶胞中原子数为 4，呈立方最紧密堆积。其晶体结构如图 3-1 所示。

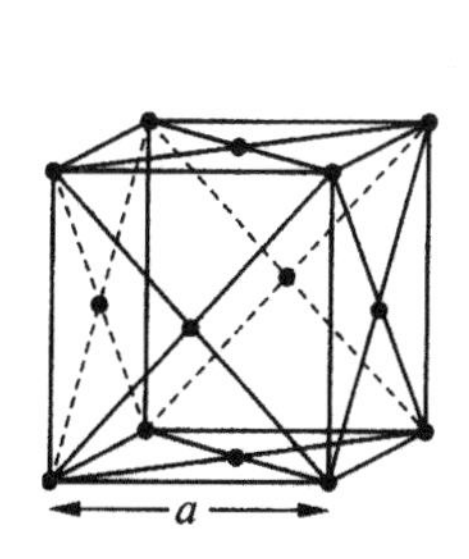

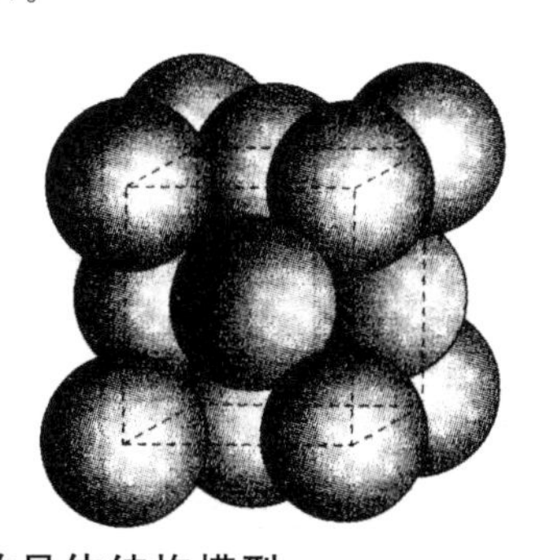

图 3-1　铜的晶体结构模型

属于铜型结构的有 Au、Ag、Pd、Ni、Co、Pt、γ—Fe、Al、Sc、Ca、Sr 等单质晶体。

2. 锇(Os)的晶体结构

锇的晶体结构为 A3 型，空间群为 $P6_3/mmc$，a=2.712nm，h=4.314nm，配位数为 12，晶胞中原子数为 2，成六方最紧密堆积。属于 Os 型结构的有 Mg、Zn、Rh、Sc、Gd、Y、Cd 等单质晶体。其晶体结构如图 3-2 所示。

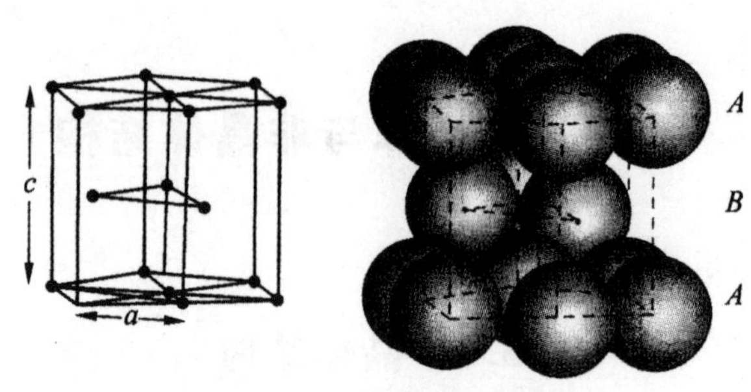

图 3-2 Os 的晶体结构模型

3. 铁(α-Fe)的晶体结构

α-Fe 的晶体结构为 A_2 型，空间群为 Im3m，a=2.860nm，配位数为 8，晶胞中原子数为 2，成立方体心紧密堆积。其晶体结构如图 3-3 所示。属于 α-Fe 型结构的有 W、Cs、Rb、Li、Mo、Ba、Na、K 等单质晶体。

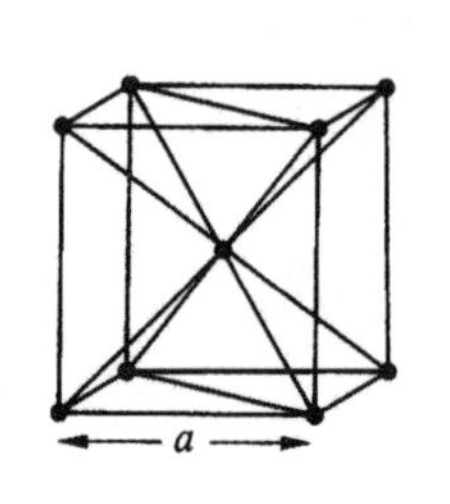

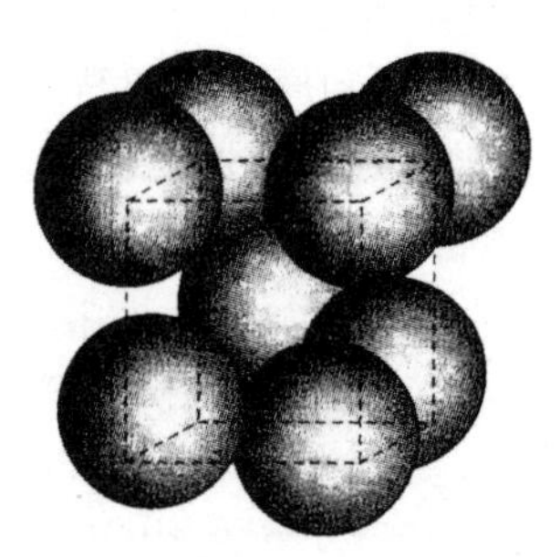

图 3-3 α-Fe 的晶体结构模型

稀土金属单质，由于最外电子层为 s 电子，所有的晶体结构均属于等径圆球的最紧密堆积。

过渡金属单质，由于 d 层电子的缘故，其晶体结构有多种变体，如 Fe 有三种变体，Mn 有三种变体等。

氢(H)与锂(Li)有类似的外层电子构型，锂是典型的金属，从理论上看，氢也应属于金属晶体，但迄今为止，尚未合成出氢的晶体。

3.1.2 非金属单质晶体结构

同种元素组成的晶体称为单质晶体，非金属单质的晶体结构包括分子晶体和共价晶体。

1. 惰性气体元素的晶体

惰性气体以单原子分子存在。惰性气体的电子层全部充满电子，在低温下形成的晶体为 A_1(面心立方)型或 A_3(六方密堆)型结构。由于惰性气体原子外层为满电子构型，它们之间并不形成化学键，低温时形成的晶体是靠微弱的没有方向性的范德华力直接凝聚成最紧密堆积的 A_1 型或 A_3 型分子晶体。

2. 非金属元素的晶体结构

根据休谟—偌瑟瑞(Hume-Rothery)规则:如果某非金属元素的原子能以单键与其他原子共价结合形成单质晶体,则每个原子周围共价单键的数目为8减去这个原子最外层的电子数(n),也即元素所在周期表的族数,即共价单键数目为8−n。这个规则又称为8−n规则。

非金属元素单质晶体的结构基元如图3-4所示,第Ⅶ族卤素原子的共价单键个数为:8−7=1,因此,其晶体结构是两个原子先以单键共价结合成双原子分子,双原子分子之间再通过范德华力结合形成分子晶体。第Ⅵ族的元素,共价单键个数为:8−6=2,故其结构是共价结合的无限链状分子或有限环状分子,链或环之间由通过范德华力结合形成晶体。

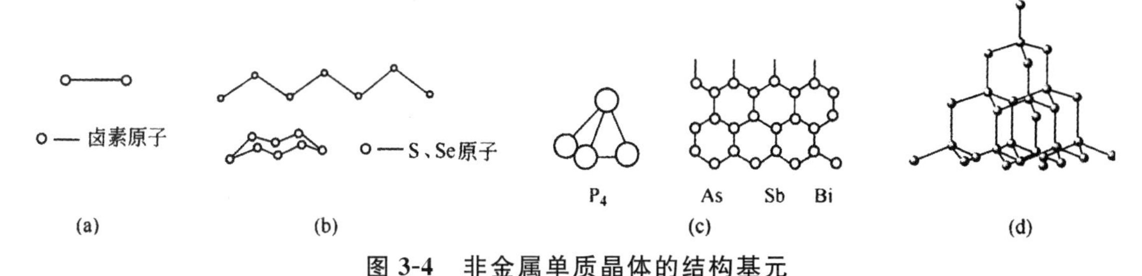

图3-4 非金属单质晶体的结构基元

(a)第Ⅶ族元素;(b)第Ⅵ族元素;(c)第Ⅴ族元素;(d)第Ⅳ族元素

第Ⅴ族的元素,共价单键个数为:8−5=3,每个原子周围有3个单键,其结构是原子之间首先共价结合形成有限四面体单元(P)或无限层状单元(As、Sb、Bi),四面体单元或层状单元之间借助范德华力结合形成晶体。

第Ⅳ族的元素,共价单键个数为:8−4=4,每个原子周围有4个单键。其中C、Si、Ge都为金刚石结构,由四面体以共顶方式共价结合形成三维空间结构。

下面讨论几种典型的非金属元素的晶体结构。

(1)石墨结构

石墨晶体结构为六方晶系,空间群为$P6_3/mmc$,$a=0.146$nm,$h=0.670$nm。图3-5为石墨晶体的结构,碳原子为层状排列。层与层之间碳原子的距离为0.335nm,同一层内,碳原子与碳原子间的距离相等,为0.146nm,但层内碳原子间为共价键连接,而层与层之间的碳原子以范德华力相连。碳原子的四个外层电子在层内形成三个共价键,配位数为3,多余的一个电子可以在层内部移动,与金属中自由电子类似,因此,石墨具有良好的导电性。

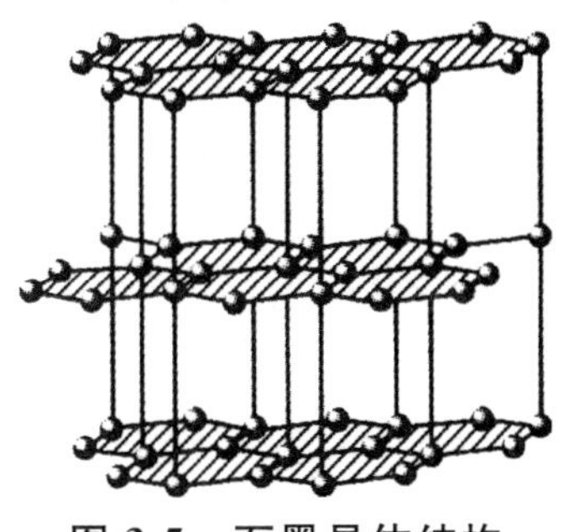

图3-5 石墨晶体结构

石墨硬度低，易加工，熔点高，有润滑感。导电性良好。可以用于制作高温坩埚、发热体和电极，机械工业上可做润滑剂。人工合成的六方氯化硼与石墨的结构相同。

(2)金刚石结构

金刚石是具有最高硬度的材料，其晶胞结构如图 3-6 所示，为立方晶系，Fd3m 空间群，$a=0.356$nm。由图可见，金刚石的结构是面心立方格子，碳原子分布于八个角顶和六个面心。在晶胞内部，有四个碳原子交叉的在四条体对角线的 1/4、3/4 处。每个碳原子配位数均为 4。在晶体中每个碳原子与四个相邻的碳原子以共价键结合，形成正四面体结构。Ⅳ族元素 Si、Ge、α－Sn(灰锡)和人工合成的氮化硼都具有金刚石结构。

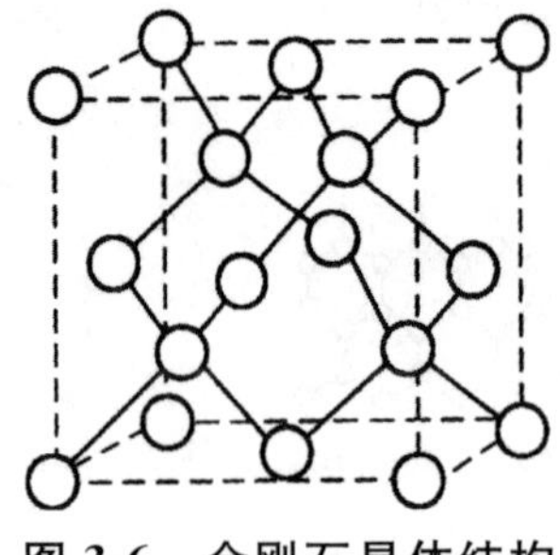

图 3-6　金刚石晶体结构

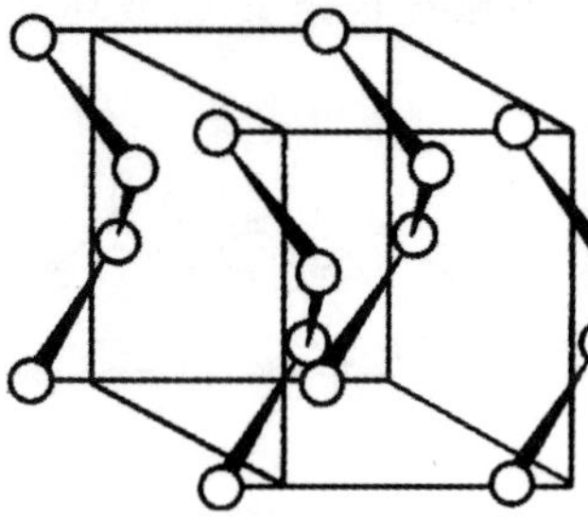

图 3-7　硒和碲的结构

金刚石是硬度最高的材料，纯净的金刚石具有极好的导热性，金刚石还具有半导体性能。因此金刚石可作为高硬度切割材料、磨料及钻井用钻头、集成电路中散热片和高温半导体材料。

(3)硒、碲的结构

第Ⅵ族元素硒、碲也属于菱方晶系，原子排列成螺旋链，因而每个原子有两个近邻原子，配位数为 2，如图 3-7 所示。显然，链内近邻原子是共价键，而链之间则是分子键。

(4)砷、锑、铋的结构

第Ⅴ族元素砷、锑、秘等属于菱方晶系。图 3-8 是用六方晶轴表示的锑的结构。在六方晶系下(0001)层的堆积层序是 ABCABC…，不过对锑来说，和简单菱形结构不同的是，各层不是等距的，而是每两层组成一个相距很近的双层，双层与双层之间则相距较远。双层之间的原子以及每一单层内的原子都是互不接触的，它们只和同一双层中的另一单层内的最近邻原子相接触，配位数是 3。图 3-8 中示出原子 1 的 3 个最近邻配位原子 2，3 和 4。由此可见，共价键存在于双层内，而双层与双层之间则是范德华力。

(5)碘的结构

第Ⅶ族元素碘的晶体结构中原子是成对地排列的，每个原子有一个最近邻原子，配位数为 1，其结构如图 3-9 所示。每对原子就是一个碘分子，分子之间的结合键是分子键。

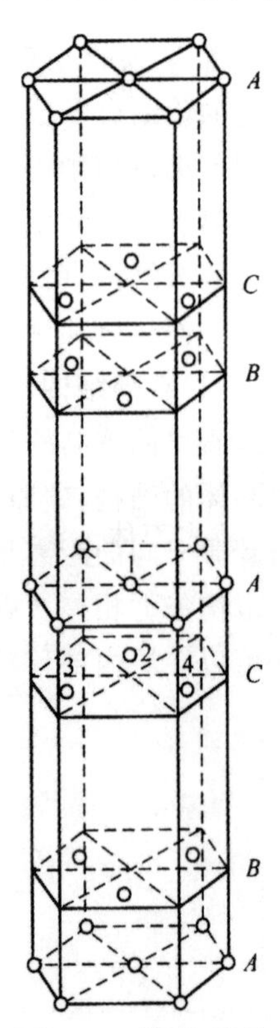

图 3-8　锑的结构

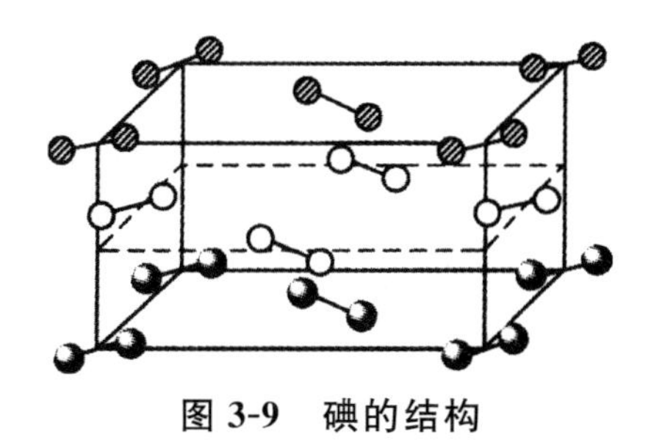

图3-9　碘的结构

3.1.3　典型无机化合物晶体结构

典型无机化合物晶体结构，按化学式可分为 AX 型、AX_2 型、A_2X_3 型、ABO_3 型、AB_2O_4 型。其晶体结构中没有大的复杂的络离子团，了解这类结构时主要从结晶学角度熟悉晶体所属的晶系，点群、空间群符号，晶体中质点的堆积方式及空间坐标，配位数、配位多面体及其连接方式，晶胞分子数，空隙填充率，空间格子构造，键力分布等；从立体和平面几何方面建立晶胞立体图和投影图的相互关系，并能实现两者的相互转换。最终建立起材料组成一结构一性能之间的相互关系的直观图像。最常用的方法有：坐标系法、密堆积法和配位多面体配置法。

1. 面心立方紧密堆积

由晶体化学基本原理可知，决定晶体结构的主要因素为：球体紧密堆积方式、r^+/r^- 值、离子的极化。此外还受到组成晶体质点的种类和相对数量的影响。由这些基本因素出发，对具有紧密堆积形式的晶体结构进行分析。

首先，确定阴离子堆积方式；其次，根据 r^+/r^- 值，确定阳离子的配位数；最后计算阳离子在四面体或八面体空隙中的填充率(P)

(1) NaCl 型结构

NaCl 属于立方晶系，空间群 Fm3m，其晶体结构如图 3-10 所示。结构中 Cl^- 离子作面心立方最紧密堆积，Na^+ 填充八面体空隙的 100%，P=1；$r^+/r^-=0.639$，两种离子的配位数均为 6；配位多面体为钠氯八面体[$NaCl_6$]或氯钠八面体[$ClNa_6$]；八面体之间共用两个顶点，即共棱连接；一个晶胞中含有 4 个 NaCl"分子"，则晶胞分子数 Z=4；整个晶胞由 Na^+ 离子和 Cl^- 离子各一套面心立方格子沿晶胞边棱方向位移 1/2 晶胞长度穿插而成。

NaCl 型结构在三维方向上键力分布比较均匀，因此其结构无明显解理，破碎后其颗粒呈现多面体形状。

常见的 NaCl 型晶体是碱土金属氧化物和过渡金属的二价氧化物，如 MgO、CaO、SrO、MnO、FeO、CoO、NiO 等晶体，其化学式可写为 MO，其中 M^{2+} 为 2 价金属离子。结构中 M^{2+} 离子和 O^{2-} 离子分别占据 NaCl 中 Na^+ 和 Cl^- 离子的位置。这些氧化物有很高的熔点，尤其是 MgO(矿物名称方镁石)，其熔点高达 2800℃左右，是碱性耐火材料镁砖中的主要晶相。

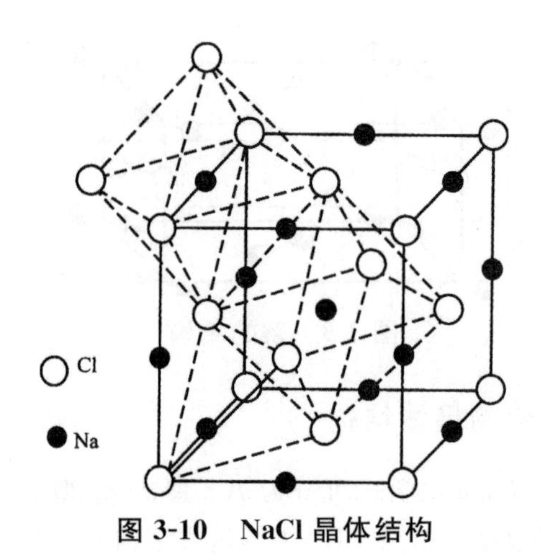

图 3-10 NaCl 晶体结构

(2)立方 ZnS(闪锌矿)型结构

闪锌矿晶体结构为立方晶系 $F\bar{4}3m$ 空间群,$a=0.540nm$,Z=4。在闪锌矿中 S^{2-} 按面心立方排列,分布于八个角顶,六个面心。Zn^{2+} 离子交错地填充于 8 个小立方体的体心,即占据四面体空隙的 50%,即填充率 $P=1/2$。正负离子的配位数均为 4。一个晶胞中有 4 个 ZnS。$r^+/r^-=0.436$,理论上 Zn^{2+} 的配位数为 6,由于 Zn^{2+} 具有 18 电子构型,而 S^{2-} 半径大,易于变形,Zn—S 键经常有相当程度的共价性质。其结构与金刚石结构相似,图 3-11(a)为闪锌矿晶胞结构图;图 3-11(b)为晶胞的投影图;图 3-11(c)为[ZnS_4]多面体配置图。

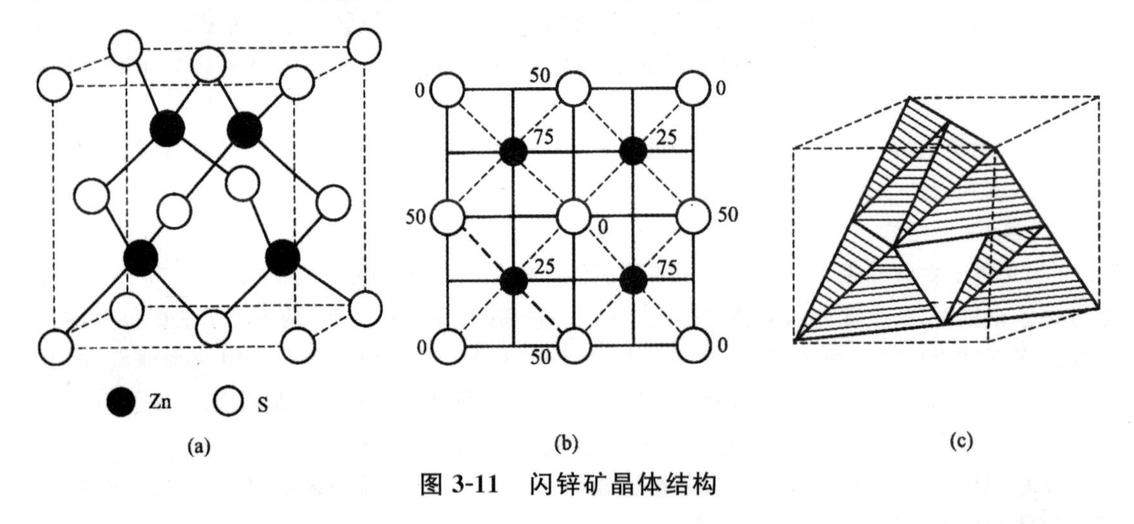

图 3-11 闪锌矿晶体结构

具有立方 ZnS 型结构的还有 β—SiC,Be、Cd、Hg 的硫化物、硒化物、碲化物及 CuCl 等。其中,β—SiC 由于质点间的键为较强的原子键,故晶体硬度大、熔点高、热稳定性好。

(3)萤石(CaF_2)型结构

萤石晶体结构为立方晶系,空间群 Fm3m,$a=0.545nm$,Z=4。CaF_2 型晶体结构中[图 3-12(a)],Ca^{2+} 位于立方晶胞的顶点及面心位置,形成面心立方堆积,F^- 填充在八个小立方体的体心。$r^+/r^-=0.975$,Ca^{2+} 的配位数为 8,Ca^{2+} 位于 F^- 构成的立方体中心。F^- 的配位数为 4,形成[FCa_4]四面体,F^- 占据 Ca^{2+} 离子堆积形成的四面体空隙的 100%。如图 3-12(b)所示。

若把晶胞看成是[CaF_8]多面体的堆积，由图 3-12(c)可以看出，晶胞中仅一半立方体空隙被 Ca^{2+} 所填充，这些立方体空隙为 F^- 以间隙扩散的方式进行扩散提供了空间，并且所有的 Ca^{2+} 堆积成的八面体空隙都没有被离子填充，因此，在 CaF_2 晶体中，F^- 的弗伦克尔缺陷形成能较低，存在阴离子间隙扩散机制。

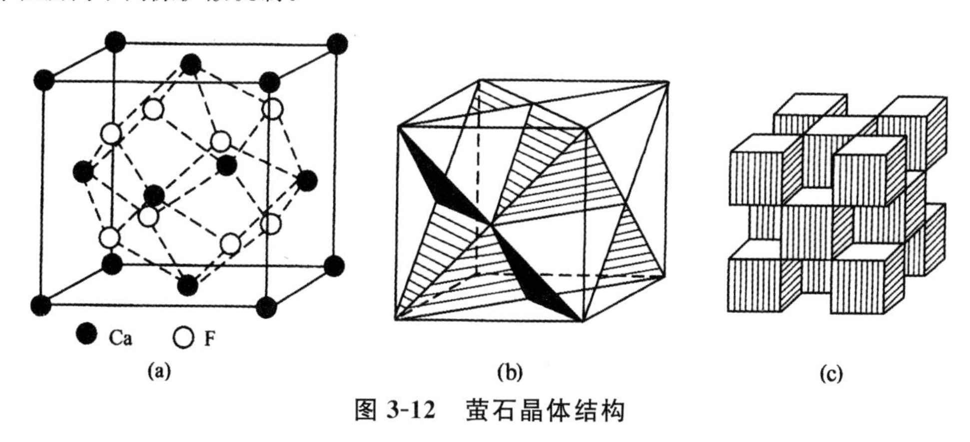

图 3-12 萤石晶体结构

属于萤石型结构的晶体有 ThO_2、CeO_2、VO_2、ZrO_2 等。萤石在水泥、玻璃、陶瓷等工业生产中作矿化剂和助熔剂。萤石晶胞中，存在面心立方格子 Ca^{2+} 一套，F^- 两套，因此存在沿(111)面的解理。

低温型 ZrO_2(单斜晶系)结构类似于萤石结构。ZrO_2 的熔点为 2680℃，是一种优良的耐火材料。氧化锆又是一种高温固体电解质，利用其氧空位的电导性能，可以制备氧敏传感器元件。利用 ZrO_2 晶形转变时的体积变化，可对陶瓷材料进行相变增韧。

碱金属氧化物 Li_2O、Na_2O、K_2O、Rb_2O 的结构属于反萤石型结构，它们的阳离子和阴离子的位置与 CaF_2 型结构完全相反，即碱金属离子占据 F^- 的位置，O^{2-} 占据 Ca^{2+} 的位置。一些碱金属的硫化物、硒化物和碲化物也具有反萤石型结构。

(4)尖晶石型结构

尖晶石型晶体结构属于立方晶系 Fd3m 空间群，$a=0.808$nm，Z=8。尖晶石结构的化学通式为 AB_2O_4，其中 A 是 2 价金属离子如 Mg^{2+}、Mn^{2+}、Fe^{2+}、Co^{2+}、Ni^{2+}、Zn^{2+}、Cd^{2+} 等，B 是 3 价金属离子如 Al^{3+}、Cr^{3+}、Ga^{3+}、Fe^{3+}、Co^{3+} 等。尖晶石结构的典型代表是镁铝尖晶石 $MgAl_2O_4$，$MgAl_2O_4$ 晶体的基本结构基元为 A、B 块[图 3-13(a)]，单位晶胞由 4 个 A、B 块拼合而成[图 3-13(b)]。在 $MgAl_2O_4$ 晶胞中，O^{2-} 作面心立方紧密排列；Mg^{2+} 进入四面体空隙，占有四面体空隙的 1/8；Al^{3+} 进入八面体空隙，占有八面体空隙的 1/2。不论是四面体空隙还是八面体空隙都没有填满。按照阴、阳离子半径比与配位数的关系，Al^{3+} 与 Mg^{2+} 的配位数都为 6，都填入八面体空隙。但根据鲍林第三规则，高电价离子填充于低配位的四面体空隙中，排斥力要比填充在八面体空隙中大，稳定性要差，所以 Al^{3+} 填充了八面体空隙，而 Mg^{2+} 填入了四面体空隙。尖晶石晶胞中有八个"分子"，即 $Mg_8Al_{16}O_{32}$，有 64 个四面体空隙，Mg^{2+} 只占有 8 个，有 32 个空隙，Al^{3+} 只占 16 个。

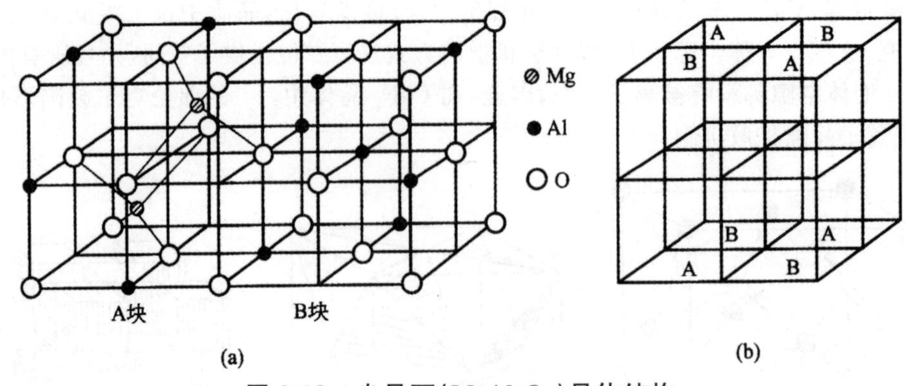

图 3-13 尖晶石($MgAl_2O_4$)晶体结构

(5)钙钛矿型结构

钙钛矿的组成为 $CaTiO_3$,化学通式为 ABX_3,其中 A 是 1 价或 2 价的金属离子,B 是 4 价或 5 价的金属离子,X 通常为 O。

以钙钛矿 $CaTiO_3$ 为例。钙钛矿有立方晶系和正交晶系两种变体,在 600℃ 发生多晶转变。高温时为立方晶系,空间群 Pm3m,$a=0.385$nm,Z=1;600℃以下为正交晶系 PCmm 空间群,$a=0.537$nm,$b=0.764$nm,$c=0.544$nm,Z=4。$CaTiO_3$ 晶胞中[图 3-14(a)]O^{2-} 按简单立方紧密堆积排列,Ti^{4+} 在 O^{2-} 的八面体中心,被 6 个 O^{2-} 包围,配位数为 6;Ca^{2+} 在 8 个八面体形成的空隙中,被 12 个 O^{2-} 包围,配位数为 12[图 3-14(b)、(c)]。据阳、阴离子的配位关系式可知,4 个 Ca^{2+}、2 个 Ti^{4+} 与 O^{2-} 相配位。

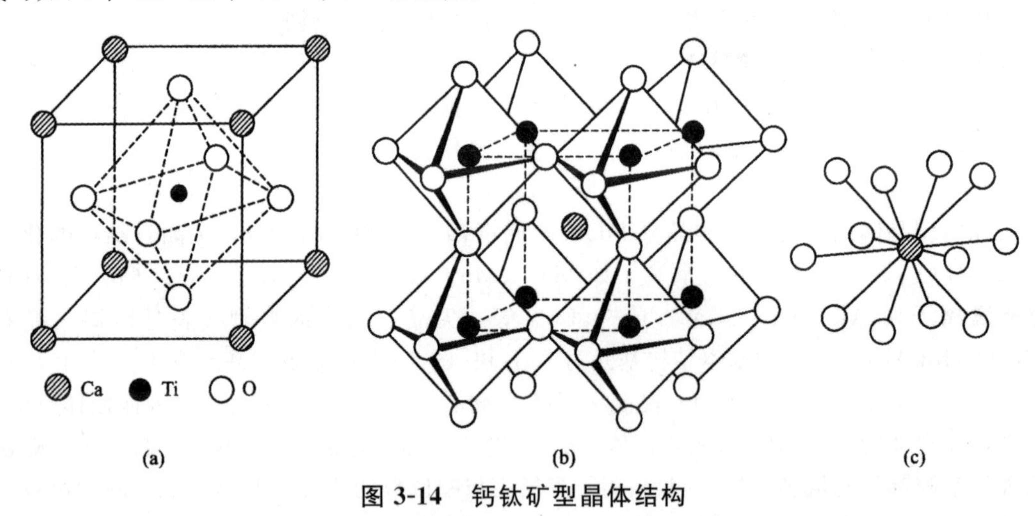

图 3-14 钙钛矿型晶体结构

一些铁电、压电材料属于钙钛矿型结构,$BaTiO_3$ 结构与性能研究得比较早也比较深入。现已发现在居里温度以下,$BaTiO_3$ 晶体不仅是良好的铁电材料,而且是一种很好的用于光存信息的光折变材料。超导材料 YBaCuO 体系具有钙钛矿型结构,钙钛矿结构的研究对揭示这类材料的超导机理有重要的作用。

一些 AX_3 型化合物把体心正离子去掉也具有类似于这种钙钛矿结构。例如 ReO_3、WO_3、NbO_3、NbF_3 和 TaF_3 等,以及氟氧化物如 $TiOF_2$ 和 $MoOF_2$ 都具有这样的结构。

2. 六方紧密堆积系列

六方紧密堆积系列晶体结构分析步骤与面心立方紧密堆积系列相同。为分析方便，这里简单介绍一下在六方紧密堆积结构中四面体空隙、八面体空隙分布方式。在 ABAB…堆积系列中的 AB 层之间，四面体空隙有两种类型：一种是 B 层球填充到空隙位置，它是由 A 层的三个球与 B 层的一个球围成，其球心连成的正四面体顶角指上；另一种由 A 层的一个球与 B 层的三个球围成，其球心连成的正四面体顶角指下。B 层球未填充的空隙位置为八面体空隙位置所在，它是由 A 层三个球与 B 层三个球围成（图 3-15），四面体空隙与八面体空隙相间分布。

（1）纤锌矿型结构

纤锌矿属于六方晶系，空间群 $P6_3mc$，晶胞结构如图 3-16 所示。结构中，S^{2-} 做六方最紧密堆积，Zn^{2+} 占据四面体空隙的 1/2，Zn^{2+} 和 S^{2-} 离子的配位数均为 4。六方柱晶胞中 ZnS 的晶胞分子数 Z＝6，平行六面体晶胞中，晶胞分子数 Z＝2。Zn^{2+} 和 S^{2-} 结构由离子各一套六方格子穿插而成。常见纤锌矿结构的晶体有 BeO、ZnO、CdS、GaAs 等晶体。

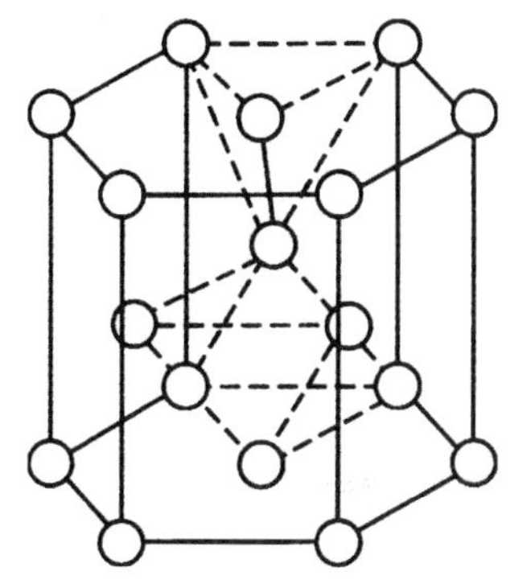

图 3-15　六方紧密堆积中的空隙

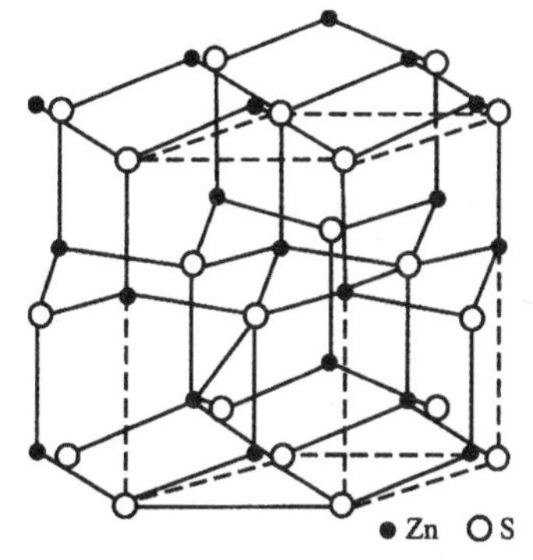

图 3-16　纤锌矿晶体结构

闪锌矿与纤锌矿晶体结构的区别主要在于二者的［ZnS_4］四面体层的配置情况不同，闪锌矿是 ABCABC…堆积，而纤锌矿是 ABAB…堆积（图 3-17）。

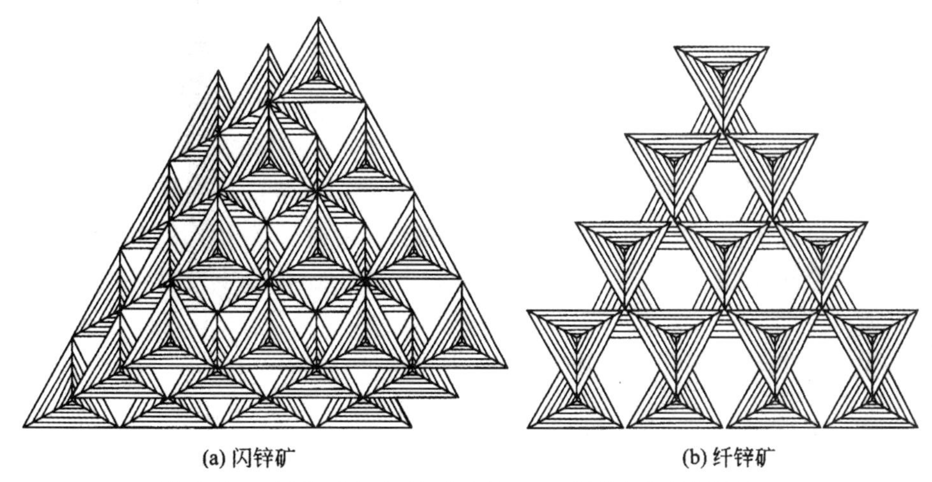

图 3-17　闪锌矿与纤锌矿中［ZnS_4］层的不同配置情况

(2)金红石(TiO_2)型结构

TiO_2 俗称晶体金红石,其晶体的结构称为金红石型结构。金红石属于四方晶系,空间群 $P4_2/mnm$,a=0.459nm,c=0.296nm,Z=2。在金红石晶体中,O^{2-} 呈变形的六方最紧密堆积[见图 3-18(b)]。O^{2-} 在晶胞上下底面的面对角线方向各有 2 个,在晶胞半高的另一个面对角线方向也有 2 个,Ti^{4+} 在晶胞顶点及体心。O^{2-} 的配位数是 3,形成[OTi_3]平面三角单元。Ti^{4+} 离子的配位数是 6,形成[TiO_6]八面体。配位多面体配置方式如图 3-18(a)所示,[TiO_6]以共棱的方式排成链状,链与链之间[TiO_6]以共价键相连。

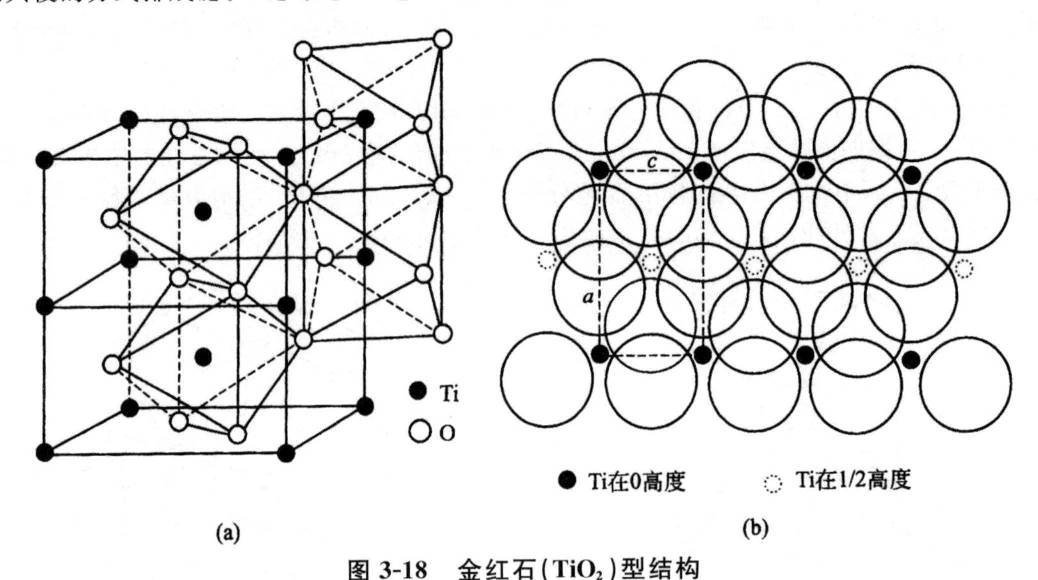

图 3-18 金红石(TiO_2)型结构

TiO_2 除金红石型结构之外,还有板钛矿和锐钛矿两种变体,其结构各不相同。常见金红石结构的氧化物有 SnO_2,MnO_2,CeO_2,PbO_2,VO_2,NbO_2 等。TiO_2 在光学性质上具有很高的折射率(2.76),在电学性质上具有高的介电系数。因此,TiO_2 成为制备光学玻璃的原料,也是无线电陶瓷中需要的晶相。

(3)碘化镉(CdI_2)型结构

CdI_2 晶体结构属于三方晶系 P3m 空间群。a=0.424nm,Z=1。在 CdI_2 晶体结构中,I^- 作六方密堆积排列[图 3-19(b)]。r^+/r^-=0.483,Cd^{2+} 的配位数为 6,即填充于八面体空隙之中,I^- 的配位数为 3,I^- 离子在结构中按变形的六方最紧密堆积排列。在 n 个 CdI_2 分子堆积系统,Cd^{2+} 的填充率 $P=1/2$,即 Cd^{2+} 填充八面体空隙的一半,形成了平行于(0001)面的层型结构,如图 3-19(a)所示。那么,CdI_2 晶胞由两片构成,片内由于极化作用,Cd—I 之间为具有离子键性质的共价键,键力较强,片与片之间由范德华力相连,范德华力较弱,因此,存在平行(0001)的解理。

属于 CdI_2 型结构的晶体有 $Ca(OH)_2$、$Mg(OH)_2$、CaI_2、MgI_2 等。

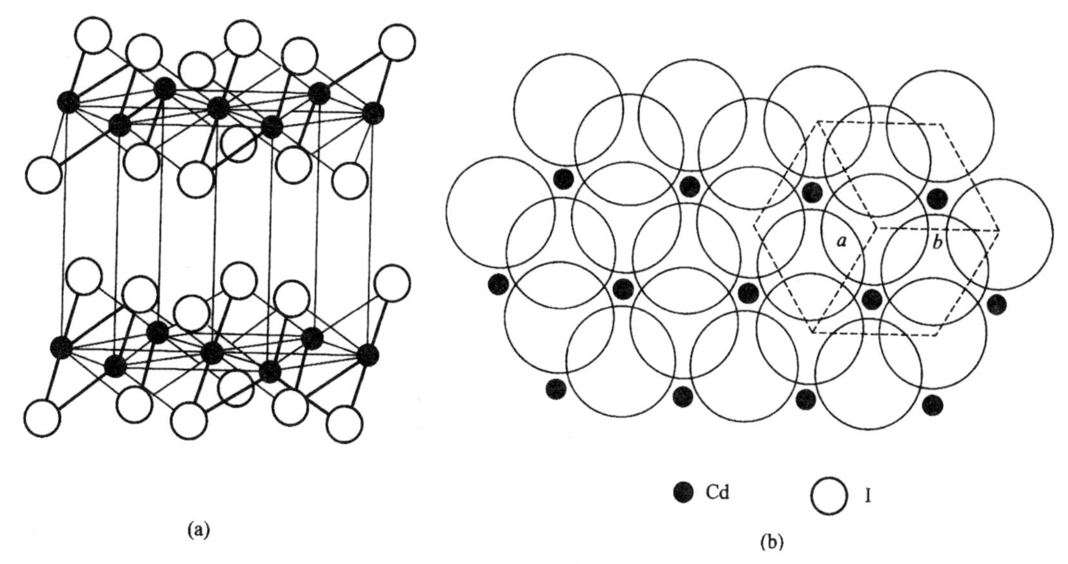

图 3-19　碘化镉型结构

(4)刚玉($\alpha-Al_2O_3$)型结构

刚玉，即 $\alpha-Al_2O_3$，天然 $\alpha-Al_2O_3$ 单晶体称为白宝石，其中红色的称为红宝石，呈蓝色的称为蓝宝石。刚玉属于三方晶系，空间群 R3c。由于其单位晶胞较大且结构较复杂，因此，以原子层的排列结构和各层间的堆积顺序来说明比较容易理解，见图 3-20。其中 O^{2-} 离子近似地作六方最紧密堆积，Al^{3+} 离子填充在 6 个 O^{2-} 离子形成的八面体空隙中。由于 Al/O=2/3，所以 Al^{3+} 占据八面体空隙的 2/3，其余 1/3 的空隙均匀分布，见图 3-20(a)。这样 6 层构成一个完整周期，多周期堆积起来形成刚玉结构，见图 3-20(b)。结构中 2 个 Al^{3+} 填充在 3 个八面体空隙时，在空间的分布有 3 种不同的方式，见图 3-20(b)和图 3-21(a)。刚玉结构中正负离子的配位数分别为 6 和 4。

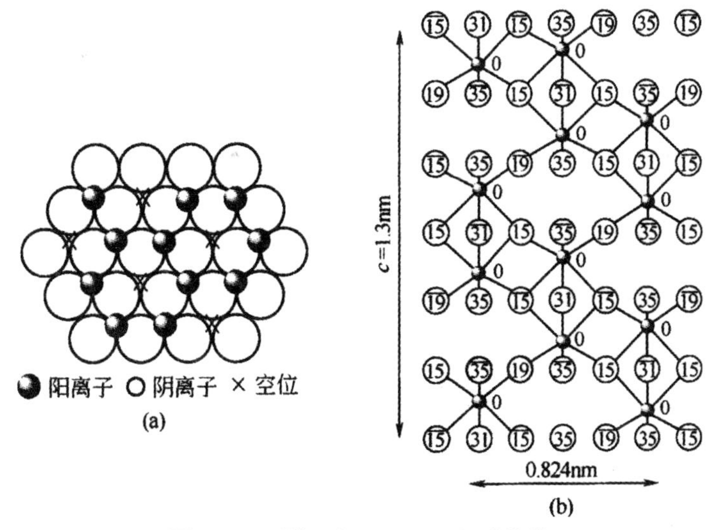

图 3-20　刚玉($\alpha-Al_2O_3$)型结构

刚玉硬度非常大，为莫氏硬度 9 级，熔点高达 2050℃，这与 Al—O 键的牢固性有关。$\alpha-Al_2O_3$ 是高绝缘无线电陶瓷和高温耐火材料中的主要矿物。刚玉质耐火材料对 PbO，B_2O_3 含量高的玻璃具有良好的抗腐蚀性能。

刚玉型结构的化合物还有 $\alpha-Fe_2O_3$（赤铁矿）、Cr_2O_3、V_2O_3 等氧化物以及钛铁矿型化合物 $FeTiO_3$、$MgTiO_3$、$PbTiO_3$、$MnTiO_3$ 等。

理解 $\alpha-Al_2O_3$ 晶体结构对人造宝石——白宝石、红宝石等晶体的生长具有指导意义，同时，对理解铁电、压电晶体 $FeTiO_3$、$LiSbO_3$、$LiNbO_3$ 的结构也有帮助。图 3-21 示意出这几种结构的异同。

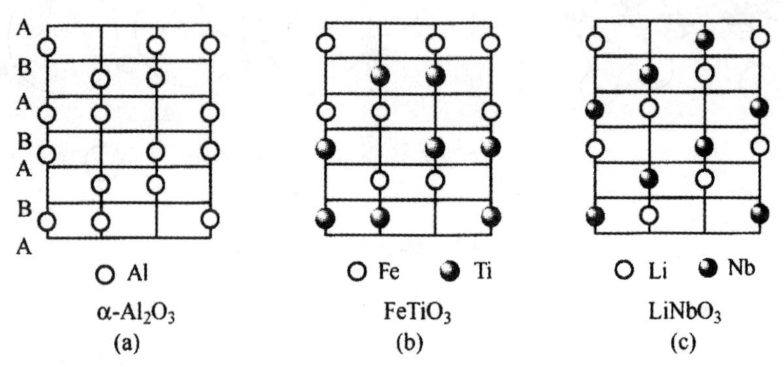

图 3-21　刚玉结构、钛铁矿结构及 $LiNbO_3$ 结构对比示意图

图中，(a)刚玉结构中 O^{2-} 作 hcp 排列，显示出 2 个 Al^{3+} 填充以 3 个八面体空隙时在 f 轴方向上的 3 种不同的分布方式；(b)钛铁矿结构中 Fe^{2+} 和 Ti^{4+} 取代刚玉中的 Al^{3+} 后交替成层分布于 f 轴方向，形成钛铁矿结构；(c)铌酸锂结构中 Li＋和 Nb^{5+} 取代刚玉中的 Al^{3+} 后，同一层内 Li^{+} 和 Nb^{5+} 共存并成层分布于 c 轴方向形成铌酸锂结构

(5)钛铁矿($FeTiO_3$)型结构

钛铁矿是以 $FeTiO_3$ 为主要成分的天然矿物，结构属于三方晶系，其结构可以通过刚玉结构衍生而来，见图 3-21。将刚玉结构中的 2 个 3 价阳离子用 2 价和 4 价或 1 价和 5 价的两种阳离子置换便形成钛铁矿结构。

在刚玉结构中，氧离子的排列为 hcp 结构，其中八面体空隙的 2/3 被铝离子占据，将这些铝离子用两种阳离子置换有两种方式。第一种置换方式是：置换后 Fe 层和 Ti 层交替排列构成钛铁矿结构，属于这种结构的化合物有 $MgTiO_3$、$MnTiO_3$、$FeTiO_3$、$CoTiO_3$、$LiTaO_3$ 等。第二种置换方式是：置换后在同一层内 1 价和 5 价离子共存，形成 $LiNbO_4$ 或 $LiSbO_3$ 结构，见图 3-21。

3.1.4　硅酸盐晶体结构

硅酸盐地壳的组成的主成分，也是生产水泥、普通陶瓷、玻璃、耐火材料的主要原料。O 和 Si 的电负性差为 1.7，刚好处于离子键和共价键的分界，Si－O 键有相当高的共价键成分，估计离子键和共价键大约各占一半，所以硅酸盐与一般的离子晶体有不同的结构特征。

在硅酸盐中，每个 Si 与 4 个 O 结合成[SiO_4]四面体，作为硅酸盐的基本结构单元。这些四面体即可以相互孤立地存在，又可以连接在一起，剩余的负电荷由金属离子的正电荷平衡。[SiO_4]四面体通过共用一个氧原子连接起来，而每个氧原子最多只能被两个[SiO_4]四面体共用。被共用的氧原子称为桥氧，与两个硅原子键合；其余的氧原子称为非桥氧，只与一个硅原子结合。桥氧的数量反映在组成上就是 O/Si 的比例。例如桥氧数量为 0，则 O/Si 为 4；而 4 个桥氧对应的 O/Si 值为 2，也就是 SiO_2。显然，桥氧越多，连接在一起的[SiO_4]四面体就越多。[SiO_4]四面体连接数量的变化，导致硅酸盐结构的多样化。

1. 岛状结构

在硅酸盐晶体结构中，[SiO_4]以孤立状态存在，[SiO_4]之间通过其他阳离子连接起来，这种结构称为岛状结构。即[SiO_4]四面体各顶点之间并不互相连接，每个 O^{2-} 离子一侧与 1 个 Si^{4+} 离子连接，另一侧与其他金属离子相配位来使其电价平衡。结构中 Si/O 比为 1∶4。

岛状硅酸盐晶体主要有镁橄榄石 $Mg_2[SiO_4]$、锆石英 $Zr[SiO_4]$、蓝晶石 $Al_2O_3 \cdot SiO_2$、莫来石 $3Al_2O_3 \cdot 2SiO_2$ 以及水泥熟料中的 β-C_2S、γ-C_2S 和 C_3S 等。

(1)镁橄榄石($Mg_2[SiO_4]$)结构

镁橄榄石属斜方晶系，空间群 Pbnm；晶胞参数 $a=0.476$nm，$b=1.021$nm，$c=0.599$nm；晶胞分子数 Z=4。晶胞结构在(100)面和(001)面上的投影如图 3-22 所示。

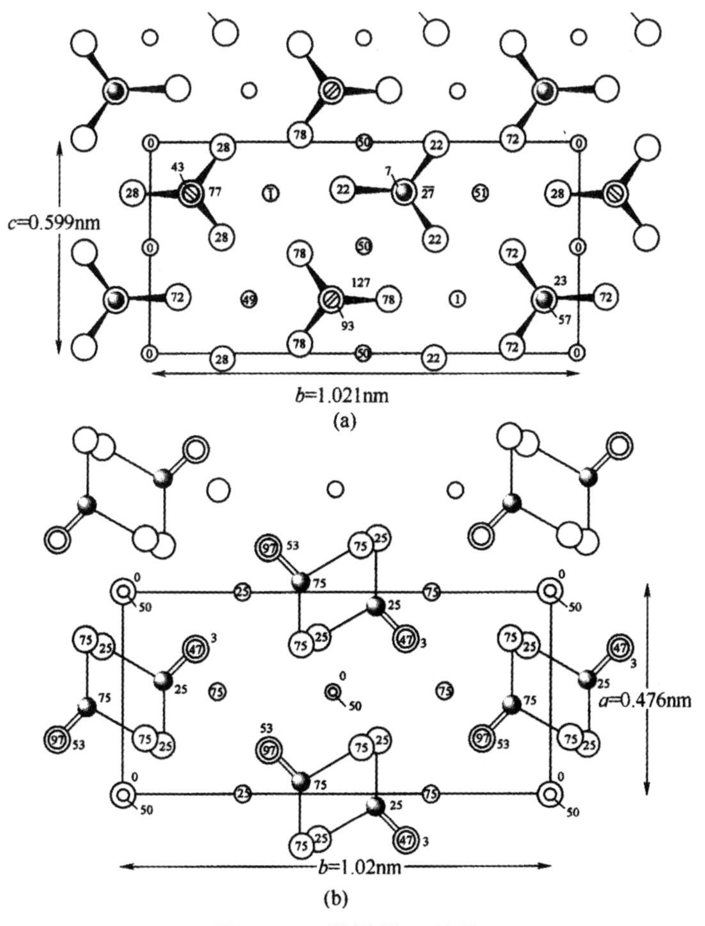

图 3-22　镁橄榄石结构

(a)(100)面上的投影图；(b)(001)面上的投影图

由图 3-22(a)可以看出，氧离子近似六方紧密堆积排列，其高度为 25、75、125；硅离子填充于四面体空隙之中，填充率为 1/8；镁离子填充于八面体空隙之中，填充率为 1/2；Si^{4+}、Mg^{2+}的高度为 0、50。[SiO_4]是以孤立状态存在，它们之间通过 Mg^{2+} 连接起来。在该结构中，与氧离子相连接的是三个 Mg^{2+} 和一个 Si^{4+}，电价是平衡的。由图 3-22(b)则可看到，Mg2＋处在两种位置上，一种是标高为 0、50 的，另一种是 25、75 的；同时也可以看到[SiO_4]沿 a 轴和 b 轴交替地指向相反方向。整个结构可看成 O^{2-} 作 ABAB 层序排列，近似于六方最紧密堆积，Si^{4+}离子填于其中四面体空隙，占据该空隙的 1/8；Mg^{2+} 离子填于八面体空隙，占据该空隙的 1/2。每个[SiO_4]四面体被[MgO_6]八面体所隔开，呈孤岛状分布。即[SiO_4]之间通过[MgO_6]八面体连接。

镁橄榄石中的 Mg^{2+} 可以被 Fe^{2+} 以任意比例取代，形成橄榄石($(Fe_xMg_{1-x})SiO_4$) 固溶体。如果图 3-22(b)中 25、75 的 Mg^{2+} 被 Ca^{2+} 取代，则形成钙橄榄石 $CaMgSiO_4$。镁橄榄石结构中全部的 Mg^{2+} 都被 Ca^{2+} 所置换，即为水泥熟料中 γ-Ca_2SiO_4 的结构。其中 Ca^{2+} 的配位数为 6。若由于它的结构是稳定的，所以在常温下不能与水反应。水泥中另一种熟料矿物 β-Ca_2SiO_4 虽为岛状结构，但与 Mg_2SiO_4 结构不同，结构中 Ca^{2+} 的配位数有 8 和 6 两种。由于 Ca^{2+} 配位不规则，因此，β-Ca_2SiO_4 具有水化物活性和胶凝性能。

结构中每个 O^{2-} 离子同时和 1 个[SiO_4]和 3 个[MgO_6]相连接，因此，O^{2-} 的电价是饱和的，晶体结构稳定。由于 Mg—O 键和 Si—O 键都比较强，所以，镁橄榄石表现出较高的硬度，熔点达到 1890℃，是镁质耐火材料的主要矿物。同时，由于结构中各个方向上键力分布比较均匀，所以，橄榄石结构没有明显的解理，破碎后呈现粒状。

(2)锆石英(Zr[SiO_4])结构

锆石英属于四方晶系，晶胞参数 $a=0.661$nm，$c=0.601$nm，晶胞分子数 Z＝4。结构中[SiO_4]四面体孤立存在，它们之间依靠 Zr^{4+} 离子连接，每个 Zr^{4+} 离子填充在 8 个 O^{2-} 离子之间。其中与 4 个 O^{2-} 之间距离为 0.215nm，与另外 4 个 O^{2-} 之间距离是 0.229nm。其结构如图 3-23 所示。锆石英具有较高的耐火度，可用于制造锆质耐火材料。

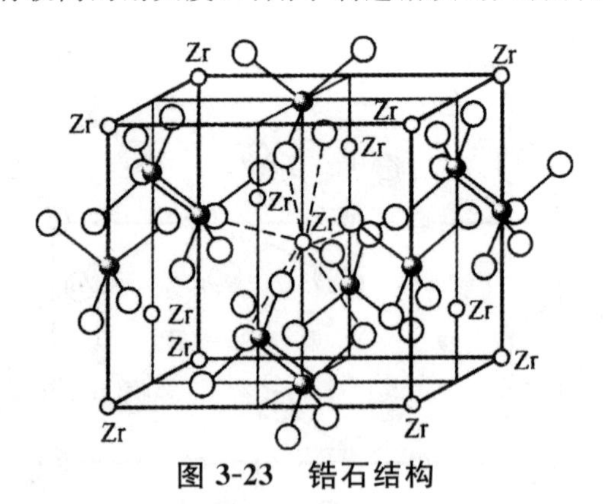

图 3-23　锆石结构

(3)镁铝石榴石

石榴石类硅酸盐的化学式为 $A_3B_2[SiO_4]_3$，A 为 2 价正离子，占据 c 位，即 8 配位的十二面体中心；B 为 3 价正离子，位于 a 位，即 6 配位的八面体空隙；Si^{4+} 离子位于 d 位，即四面体空隙。其中有代表性的是镁铝石榴石 $Mg_3Al_2[SiO_4]_3$ 和铁铝石榴石 $Fe_3Al_2[SiO_4]_3$。

2. 组群状结构

组群状结构是由两个、三个、四个或六个[SiO_4]通过共用氧相连的硅氧四面体群体，分别称为双四面体、三节环、四节环、六节环(图 3-24)，这些群体在结构中单独存在，由其他阳离子连接起来。在群体内，[SiO_4]中 O^{2-} 的作用分为两类：若[SiO_4]之间的共用 O^{2-} 电价已经饱和，一般不和其他阳离子相配位，该 O^{2-} 称为非活性氧或桥氧；若[SiO_4]中 O^{2-} 仅与一个 Si^{4+} 相连，尚有剩余的电价与其他阳离子相配位，这样的 O^{2-} 称为活性氧或非桥氧。

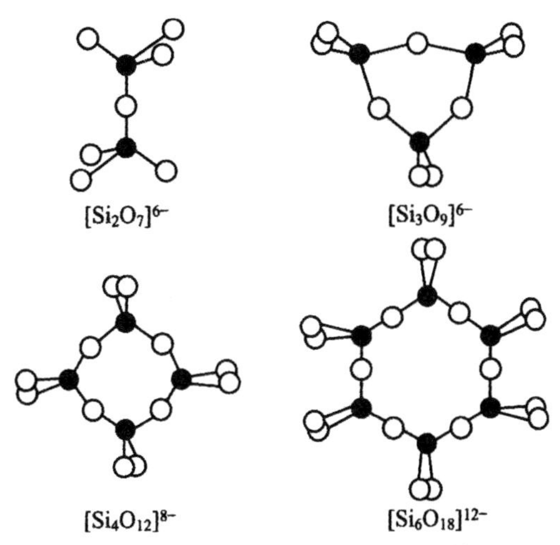

图 3-24　孤立的有限硅氧四面体群

组群状结构中 Si/O 比为 2 ∶ 7 或 1 ∶ 3。其中，镁方柱石 $Ca_2Mg[Si_2O_7]$具有四方环结构，绿宝石 $Be_3Al_2[Si_6O_{18}]$具有六方环结构，下面分别加以讨论。

(1)镁方柱石结构

镁方柱石 $Ca_2Mg[Si_2O_7]$属四方晶系，空间群 $P\bar{4}2_1m$，晶胞参数 $a=0.779nm$，$c=0.502nm$，晶胞分子数 Z=2。该结构为双四面体群结构，其晶胞在(001)面上的投影如图 3-25 所示。

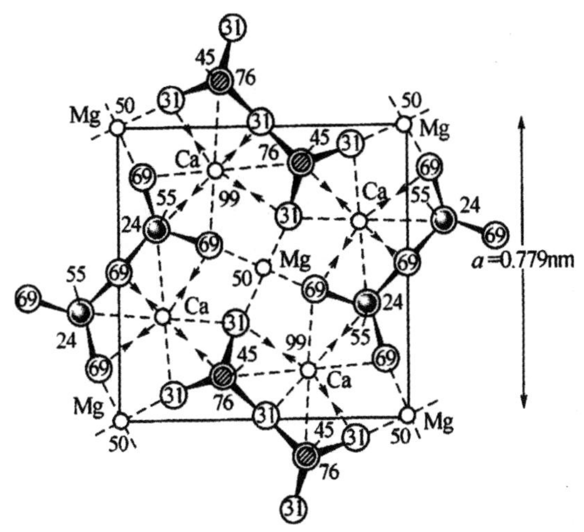

图 3-25　镁方柱石结构

从图 3-25 可以看出，结构中标高为 45 的硅氧双四面体与标高为 55 的硅氧双四面体交替地指向相反方向。双四面体群之间 Mg^{2+} 和 Ca^{2+} 离子连接。Mg^{2+} 位于 O^{2-} 形成的四面体之中，而 Ca^{2+} 位于 8 个 O^{2-} 形成的多面体之中。图中 Ca—O 键线的中断，表示与 Ca^{2+} 配位的 O^{2-} 的标高应该是图中所示数值加上或减去 100 后所得的数据。

同晶取代，用 2 个 Al^{3+} 离子取代镁方柱石中的 Mg^{2+} 和 Si^{4+} 离子，就可形成铝方柱石 $Ca_2A1[AlSiO_7]$。这类矿物常出现在高炉矿渣中。

(2)绿宝石结构

绿宝石的化学式是 $Be_3Al_2[Si_6O_{18}]$。其晶体结构属于六方晶系，空间群 P6/mcc，a=0.921nm，c=0.917nm，Z=2。绿宝石结构在(0001)面上的投影图如图 3-26 所示，沿 C 轴方向画出了一半晶胞，从图中可以看出：50 高度的六节环中，6 个 Si^{4+}、6 个桥氧的高度一致为 50，与六节环中每一个 Si^{4+} 键合的两个非桥氧的高度分别为 35、75；100 高度的六节环中，6 个 Si^{4+}、6 个桥氧的高度为 100，与每一个 Si^{4+} 键合的两个非桥氧的高度分别为 85、115。50 与 100 高度的六节环错开 30°。75 高度的 5 个 Be^{2+}、2 个 Al^{3+} 通过非桥氧把 50、100 高度各四个六节环连起来，Be^{2+} 连接 2 个 85、2 个 65 高度的非桥氧，构成$[BeO_4]$；Al^{3+} 连接 3 个 85、3 个 65 高度的非桥氧，构成$[AlO_6]$。上下叠置的六节环内形成了一个空腔，既可以成为离子迁移的通道，也可以使存在于腔内的离子受热后振幅增大又不发生明显的膨胀。具有这种结构的材料往往有显著的离子电导，较大的介质损耗和较小的膨胀系数。

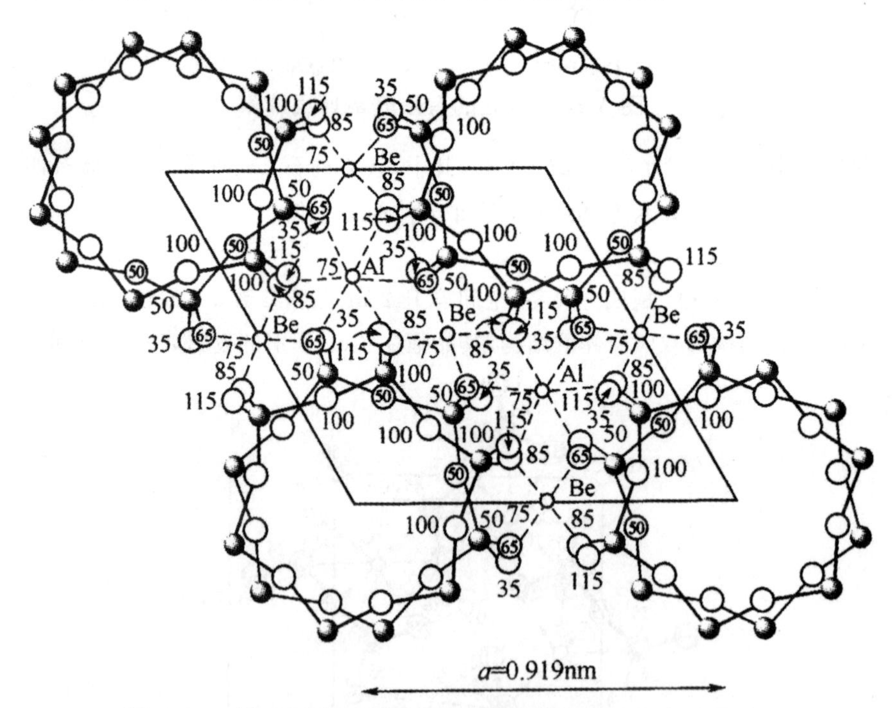

图 3-26　绿宝石晶胞在(0001)面上的投影(上半个晶胞)

堇青石 $Mg_2Al_3[A1Si_5O_{18}]$具有与绿宝石相同的结构，但六节环中有一个 Si^{4+} 被 Al^{3+} 取代，因而六节环的负电荷增加了 1 个，与此同时，环外的正离子由原绿宝石中的(Be_3Al_2)相应地变为(Mg_2Al_3)，使晶体的电价得以平衡。此时，正离子在环形空腔迁移阻力增大，故堇青石的介电性质较绿宝石有所改善。堇青石陶瓷热学性能良好，但不宜作无线电陶瓷，因为其高频损耗大。

有的研究者将绿宝石中的$[BeO_4]$四面体归到硅氧骨架中，这样绿宝石就属于架状结啕的硅酸盐矿物，分子式改写为$Al_2[Be_3Si_6O_{18}]$。至于堇青石，有人提出它是一种带有六节环和四节环的结构，化学式为$Mg_2[Al_4Si_5O_{18}]$。

3. 链状结构

$[SiO_4]$之间通过桥氧相连，在一维方向无限延伸的链状结构称单链。在单链中，每个$[SiO_4]$中有两个O_2一为桥氧，结构基元为$[Si_2O_6]^{4-}$，单链可看做$[Si_2O_6]^{4-}$结构基元在一维方向的无限重复，单链的化学式可写成$[Si_2O_6]_n^{4n-}$。两条相同的单链通过尚未共用的氧连起来向一维方向延伸的带状结构称双链。双链结构中，一半$[SiO_4]$有两个桥氧，一半$[SiO_4]$有三个桥氧。双链以结构基元为$[Si_4O_{11}]^{6-}$在一维方向的无限重复，其化学式写成$[Si_4O_{11}]_n^{6n-}$（图 3-27）。

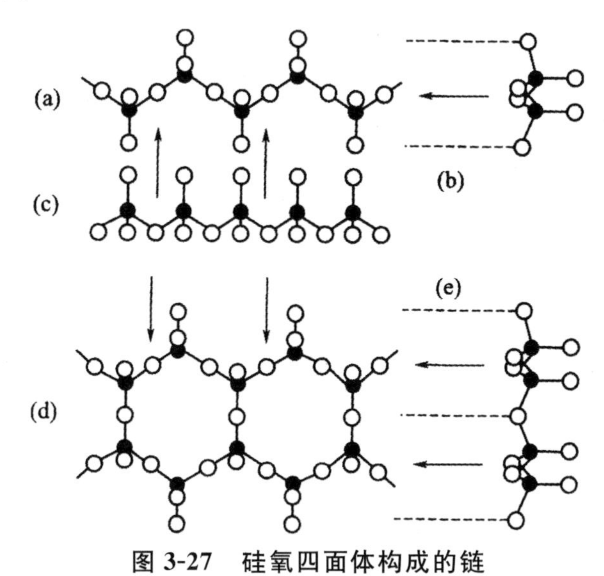

图 3-27 硅氧四面体构成的链

现以透辉石为例加以讨论绍。透辉石的化学式是$CaMg[Si_2O_6]$，单斜晶系，空间群C2/c。$a=0.9746$nm，$b=0.8899$nm，$c=0.5250$nm，$\beta=105°37'$，Z＝4。图 3-28(a)为透辉石结构，单链沿C轴伸展，$[SiO_4]$的顶角一左一右更迭排列，相邻两条单链略有偏离，且$[SiO_4]$的顶角指向正好相反，链之间则由Ca^{2+}和Mg^{2+}相连，Ca^{2+}的配位数为8，与4个桥氧和4个非桥氧相连；Mg^{2+}的配位数为6，与6个非桥氧相连。图 3-28(b)画出了阳离子配位关系。根据Mg^{2+}和Ca^{2+}的这种配位形式，Ca^{2+}、Mg^{2+}分配给O^{2-}的静电键强度不等于氧的－2价，但总体电价仍然平衡，尽管不符合鲍林静电价规则，但这种晶体结构仍然是稳定的。

将透辉石结构中的Ca^{2+}全部被Mg^{2+}替代，则为斜方晶系的顽火辉石$Mg_2[Si_2O_6]$；以$Li^{+}+Al^{3+}$取代$2Ca^{2+}$，则得到锂辉石$LiAl[Si_2O_6]$，两者都有良好的电绝缘性能，是高频无线电陶瓷和微晶玻璃中的主要晶相。

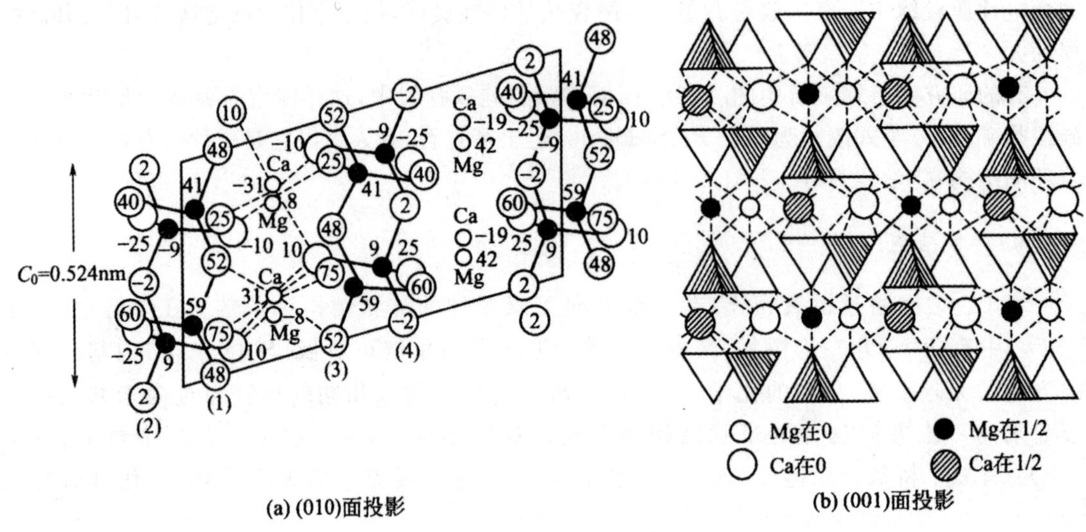

图 3-28 透辉石晶体结构

4. 层状结构

层状结构是每个硅氧四面体通过 3 个桥氧连接,构成向二维方向伸展的六节环状的硅氧层,见图 3-29。在六节环状的层中,可取出一个矩形单元$[Si_4O_{10}]^{4-}$,于是硅氧层的化学式可写为$[Si_4O_{10}]_n^{4n-}$。

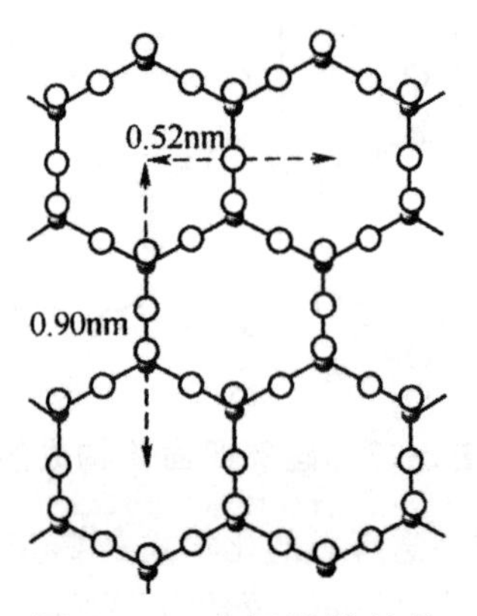

图 3-29 硅氧层的结构

按照硅氧层中活性氧的空间取向不同,硅氧层分为两类:单网层和复网层。单网层结构中,硅氧层的所有活性氧均指向同一个方向。而复网层结构中,两层硅氧层中的活性氧交替地指向相反方向。活性氧的电价由其他金属离子来平衡,一般为 6 配位的 Mg^{2+} 或 Al^{3+} 离子,同时,水分子以 OH^- 形式存在于这些离子周围(称为结构水),形成所谓的水铝石或水镁石层。于是,单网层相当于一个硅氧层加上一个水铝(镁)石层,故也成称为 1∶1 层。复网层相当于两个硅氧层中间加上一个水铝(镁)石层,所以也称为 2∶1 层。如图 3-30 所示。根据水铝(镁)石层中八面体空隙的填充情况,结构又分为三八面体型和二八面体型。前者八面体空隙全部被金属离子所占据,后者只有 2/3 的八面体空隙被填充。

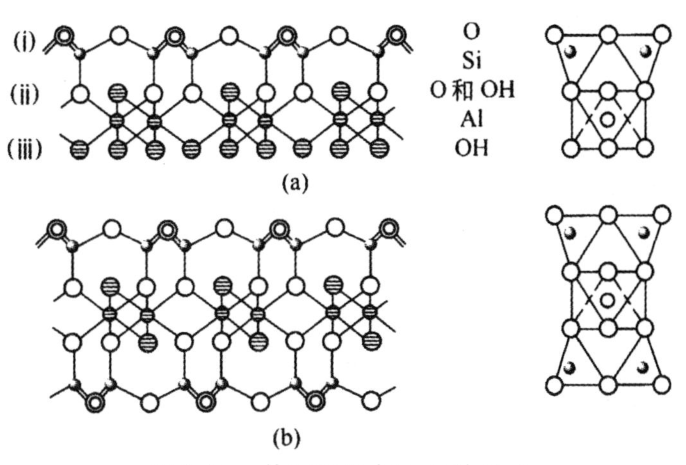

图 3-30　单网层及复网层的构成

下面以滑石、典型黏土矿物(高岭石、蒙脱石、伊利石)和白云母结构为例来讨论层状结构与性质。

(1)滑石{$Mg_3[Si_4O_{10}](OH)_2$}结构

滑石属单斜晶系,空间群 C2/c,晶胞参数 $a=0.525$nm,$b=0.910$nm,$c=1.881$nm,$\beta=100°$;结构属于复网层结构,如图 3-31 所示。

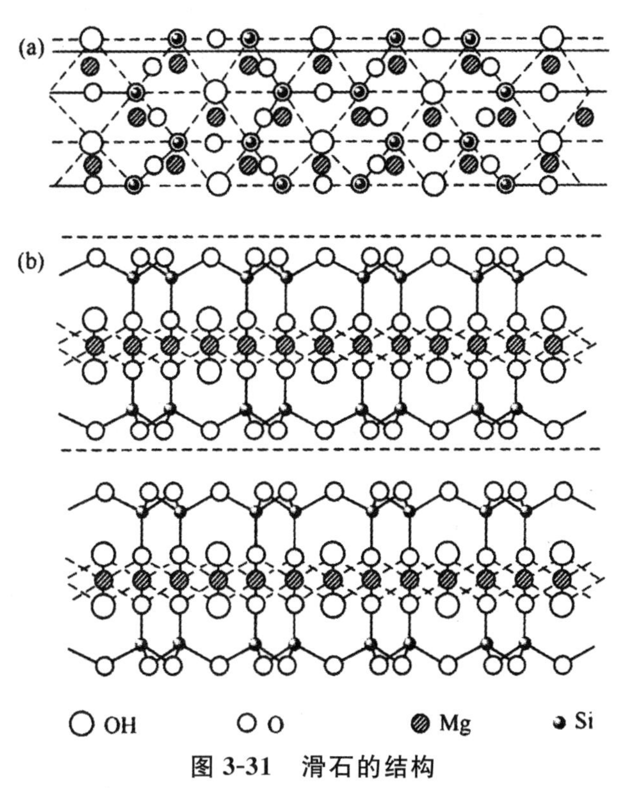

图 3-31　滑石的结构

(a)(001)面上的投影;(b)图(a)结构的纵剖面图

从图3-31(a)可以看出，构成层状结构的硅氧六节环及OH^-和Mg^{2+}在该投影面上的分布情况，OH^-位于六节环中心，Mg^{2+}位于Si^{4+}与OH^-形成的三角形的中心，但高度不同。

从图3-31(b)可以看出，两个硅氧层的活性氧指向相反，中间通过水镁石层连接，形成滑石结构的复网层。复网层平行排列即形成滑石结构。水镁石层中Mg^{2+}的配位数为6，形成$[MgO_4(OH)_2]$八面体。其中全部八面体空隙被Mg^{2+}填充，因此，滑石结构属于三八面体型结构。

网层中每个活性氧同时与3个Mg^{2+}相连接，从Mg^{2+}处获得的静电键强度为$3\times2/6=1$，从Si^{4+}处也获得1价，故活性氧的电价饱和。OH^-中的氧的电价也是饱和的，即复网层内是电中性的。这样，层与层之间只能靠分子间作用力来结合，层间易相对滑动，晶体具有良好的片状解理特性，并具有滑腻感。

2个Al^{3+}取代滑石中的3个Mg^{2+}，则形成二八面体型结构的叶蜡石$Al_2[Si_4O_{10}](OH)_2$结构。叶蜡石也具有良好的片状解理和滑腻感。

滑石和叶蜡石中都含有OH^-，加热时必然产生脱水效应：滑石脱水后变成斜顽火辉石$\alpha-Mg_2[Si_2O_6]$，叶蜡石脱水后变成莫来石$3Al_2O_3\cdot2SiO_2$。它们都是玻璃和陶瓷工业的重要原料，滑石可以用于生成绝缘、介电性能良好的滑石瓷和堇青石瓷，叶蜡石常用作硼硅质玻璃中引入Al_2O_3的原料。

(2)高岭石$\{Al_4[Si_4O_{10}](OH)_8\}$结构

岭石$Al_2O_3\cdot2SiO_2\cdot2H_2O$是一种主要的黏土矿物，属三斜晶系，空间群C1；晶胞参数$a=0.514nm$，$b=0.893nm$，$c=0.737nm$，$\alpha=91°36'$，$\beta=104°48'$，$\gamma=89°54'$；晶胞分子数Z=1。其结构如图3-32所示。

高岭石的基本结构单元是由硅氧层和水铝石层构成的单网层，参见图3-32(a)和图3-32(b)，单网层平行叠放便形成高岭石结构。从图3-32(b)和图3-32(c)可以看出，Al^{3+}配位数为6，其中2个是O^{2-}，4个是OH^-，形成$[AlO_2(OH)_4]$八面体，正是这两个O^{2-}把水铝石层和硅氧层连接起来。水铝石层中，Al^{3+}占据八面体空隙的2/3，属二八面体型结构。

单网层中O^{2-}的电价是平衡的，即理论上层内是电中性的，层间只能靠物理键结合，因此，也容易解理成片状的小晶体。但单网层在平行叠放时是水铝石层的OH^-与硅氧层的O^{2-}相接触，层间由氢键结合。因此，水分子不易进入单网层之间，晶体不会膨胀，也无滑腻感。高岭石结构不易发生同晶取代，阳离子交换容量较低，且质地较纯，熔点较高。

(3)蒙脱石(微晶高岭石)结构

蒙脱石也是一种黏土类矿物，属单斜晶系，空间群C2/ma；理论化学式为$Al_2[Si_4O_{10}](OH)_8\cdot nH_2O$；晶胞参数$a=0.515nm$，$b=0.894nm$，$c=1.520nm$，$\beta=90°$；单位晶胞中Z=2。由于晶格中可发生多种离子置换，使蒙脱石的组成常与理论化学式有出入。其中硅氧四面体层内的Si^{4+}可以被Al^{3+}或P^{5+}等取代，这种取代量是有限的；八面体层中的Al^{3+}可被Mg^{2+}、Ca^{2+}、Fe^{2+}、Zn^{2+}或Li^+等所取代，取代量可以从极少量到全部被取代。实际化学式为$(Al_{2-x}Mg_2)[Si_4O_{10}](OH)_2\cdot(Na_x\cdot xH_2O)$，式中$x=0.33$，晶胞参数$a\approx0.532nm$，$b\approx0.906nm$，$c$的数值随含水量而变化，当结构单位层无水时，$c\approx0.960nm$。

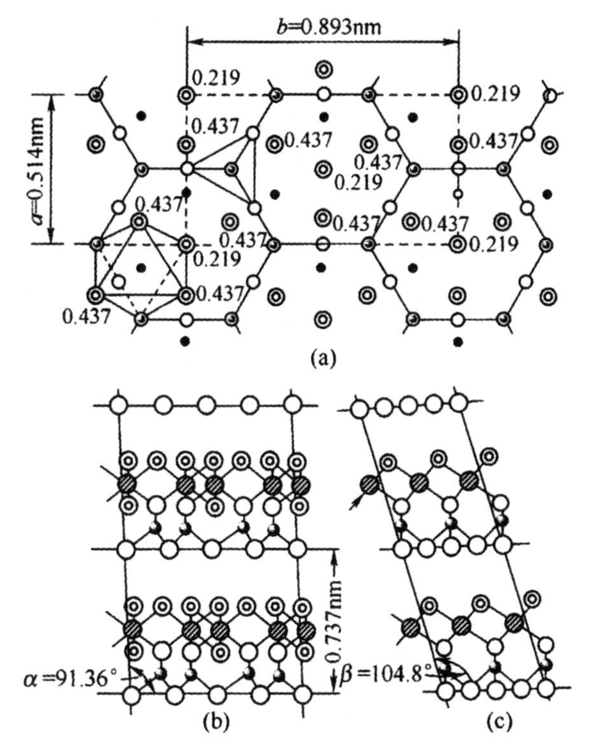

○ O^{2-}在 0.0 ◎ O^{2-}在 0.219 ● Si^{4+}在 0.06 • Al^{3+}在 0.327 ◎ OH^-

图 3-32　高岭石的结构

(a)(001)面上的投影(显示出硅氧层的六节环及各离子的配位信息,其中数值为各离子在 f 轴方向以 nm 为单位的高度);(b)(100)面上的投影(显示出单网层中 Al^{3+} 填充 2/3 八面体空隙);(c)(010)面上的投影(显示出单网层的构成)

蒙脱石具有复网层结构,由两层硅氧四面体层和夹在中间的水铝石层所组成。连接两个硅氧层的水铝石层中的 Al^{3+} 之配位数为 6,形成[$AlO_4(OH)_2$]八面体。水铝石层中,Al^{3+} 占据八面体空隙的 2/3,属二八面体型结构,如图 3-33 所示。理论上,复网层内呈电中性,层间靠分子间力结合。实际上,由于结构中 Al^{3+} 可被 Mg^{2+} 取代,使复网层带有少量负电荷,因而复网层之间有斥力,使略带正电性的水化正离子易于进入层间;与此同时,水分子也易渗透进入层间,使晶胞 c 轴膨胀,随含水量变化,由 0.960nm 变化至 2.140nm,因此,蒙脱石又称为膨润土。

蒙脱石复网层之间靠微弱的分子力作用,因此呈良好的片状解理,且晶粒细小,所以也称之为微晶高岭石。蒙脱石晶胞 c 轴长度随含水量而变化,甚至空气湿度的波动也能导致 f 轴参数的变化,所以,晶体易于膨胀或压缩。加水膨胀,加热脱水则产生较大收缩,一直干燥到脱去结构水之前,其晶格结构不会被破坏。随层间水进入的水化阳离子使复网层电价平衡,它们易于被交换,使蒙脱石具有很高的阳离子交换能力。由于蒙脱石易发生同晶取代,因而质地不纯,熔点较低。

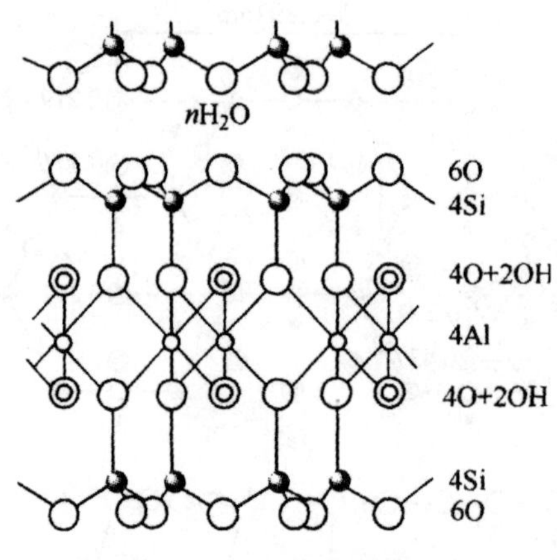

图 3-33　蒙脱石的结构

(4)伊利石结构

伊利石也属黏土类矿物,其化学式为 $K_{1\sim1.5}Al_4[Si_{7\sim6.5}Al_{1\sim1.5}O_{20}](OH)_4$,晶体结构属于单斜晶系 C2/c 空间群,晶胞参数 $a=0.520$nm,$b=0.900$ nm,$c=1.000$nm。β 角尚无确切值,晶胞分子数 Z=2。伊利石也是三层结构,和蒙脱石不同的是 Si—O 四面体中大约 1/6 的 Si^{4+} 被 Al^{3+} 离子所取代。为平衡多余的负电荷,结构中将近有 1～1.5 个 K^+ 离子进入结构单位层之间。K^+ 离子处于上下两个硅氧四面体六节环的中心,相当于结合成配位数为 12 的 K—O 配位多面体。因此层间的结合力较牢固,这种阳离子不易被交换。

(5)白云母$\{KAl_2[AlSi_3O_{10}](OH)_2\}$结构

白云母属单斜晶系,空间群 C2/c;晶胞参数 $a=0.519$nm,$b=0.900$nm,$c=2.004$nm,$\beta=95°11'$;晶胞分子数 Z=2。其结构如图 3-34 所示,图中重叠的 O^{2-} 已稍微移开。

白云母属于复网层结构,复网层由两个硅氧层及其中间的水铝石层所构成。连接两个硅氧层的水铝石层中的 Al^{3+} 的配位数为 6,形成$[AlO_4(OH)_2]$八面体。水铝石层中,Al^{3+} 占据八面体空隙的 2/3,属二八面体型结构。由图 3-34(a)可以看出,两相邻复网层之间呈现对称状态,因此相邻两硅氧六节环处形成一个巨大的空隙。白云母结构与蒙脱石相似,但因其硅氧层中有 1/4 的 Si^{4+} 被 Al^{3+} 取代,复网层不呈电中性,所以,层间有 K^+ 进入以平衡其负电荷。K^+ 的配位数为 12,呈统计地分布于复网层的六节环的空隙间,与硅氧层的结合力较层内化学键弱得多,故云母易沿层间发生解理,可剥离成片状。

白云母理想化学式 $KAl_2[AlSi_3O_{10}](OH)_2$ 中的正负离子几乎都可以被其他离子不同程度地取代,形成一系列云母族矿物。

云母类矿物的用途合成云母作为一种新型材料,在现代工业和科技领域用途很广。云母陶瓷具有良好的抗腐蚀性、耐热冲击性、机械强度和高温介电性能,可作为新型的电绝缘材料。云母型微晶玻璃具有高强度、耐热冲击、可切削等特性,广泛应用于国防和现代工业中。

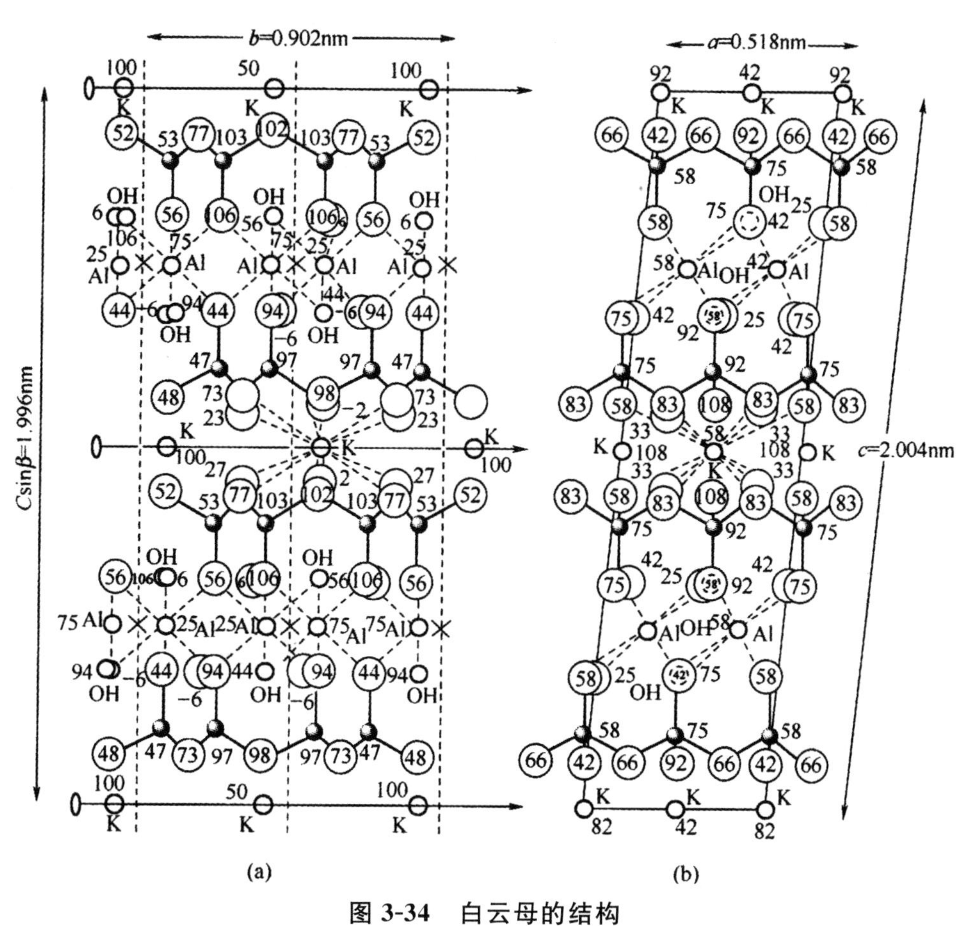

图 3-34　白云母的结构

(a)(100)面上的投影;(b)(010)面上的投影

5. 架状结构

硅氧四面体之间通过四个顶角的桥氧连起来,向三维空间无限发展的骨架状结构称为架状结构。

若硅氧四面体中的 Si^{4+} 不被其他阳离子取代,Si/O=1∶2,其结构是电中性的,石英族属于这种类型,称架状硅酸盐矿物。若出现 $R^{+}+Al^{3+}\rightarrow Si^{4+}$、$R^{2+}+2Al^{3+}\rightarrow 2Si^{4+}$ 的取代,R 为 K^{+}、Na^{+}、Ca^{2+}、Ba^{2+},(Si+Al)∶O=1∶2,长石族属于这一类型,称架状铝硅酸盐矿物。

(1)石英晶体结构

化学组成相同的物质在不同的热力学条件下有不同的结构的现象称为同质多晶转变,一组结构不同的晶体称为这个化学组成的变体。在常压下,石英共有 7 种变体(图 3-35)。

上述变体中,横向系列晶形之间的转变称一级转变或重建型转变,晶形转变发生时,原化学键被破坏,形成新化学键,所需能量大,转变速度慢。纵向系列晶形之间的转变称二级转变或位移型转变,晶形转变时,化学键不破坏,只是键角位移,因此所需能量小,转变迅速。

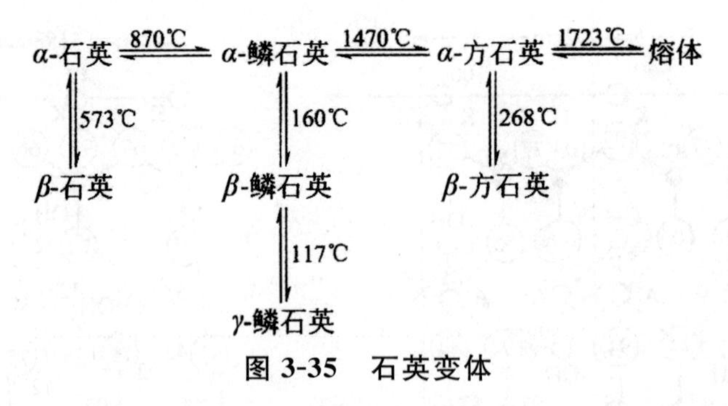

图 3-35 石英变体

石英主要变体在结构上的差别在于硅氧四面体连接方式不同(图 3-36),在 α-方石英中,桥氧为对称中心;在 α-鳞石英中,以共顶相连的硅氧四面体之间桥氧位置为对称面;而 α-石英,Si—O—Si 键角为 150°,若拉直,使键角为 180°,则与 α-方石英的结构相同。二级转变则为高对称型向低对称型的转变。

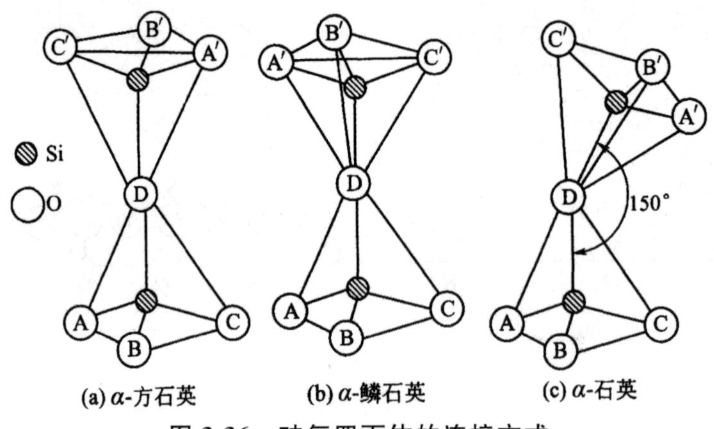

图 3-36 硅氧四面体的连接方式

①α-石英结构。

α-石英为六方晶系 $P6_42$ 或 $P6_22$ 空间群,以 $a=0.501$nm, $c=0.547$nm,Z=3。图 3-37 是以 α-石英的结构在(0001)面上的投影。每一个硅氧四面体中异面垂直的两条棱平行于(0001)面,投影到该面上为正方形。O^{2-} 的高度为 0、33、66、100,局部存在三次螺旋轴;结构的总体为六次螺旋轴,围绕螺旋轴的 O^{2-} 在(0001)面上可连接成正六边形。仅一石英有左形和右形之分,因而分别为 $P6_42$ 和 $P6_22$ 空间群。

β-石英属于三方晶系 $P3_12$ 和 $P3_22$ 空间群,$a=0.491$nm,$c=0.540$nm,Z=3。β-石英是 α-石英的低温型,对称性从 α-石英的六次螺旋轴降低为三次螺旋轴,O^{2-} 在(0001)面上的投影不是正六边形,而是复三方形(图 3-38)。β-石英也有左形和右形之分。

②α-鳞石英结构。

α-鳞石英为六方晶系 $P6_3/mmc$ 空间群,$a=0.504$nm,$c=0.825$nm,Z=4。α-鳞石英结构可与 α-ZnS 结构类比,若将 Si^{4+} 全部取代 α-ZnS 结构中 Zn^{2+}、S^{2-} 的位置,且 O^{2-} 位于 Si^{4+} 与 Si^{4+} 之间(图 3-39),则为鳞石英结构。

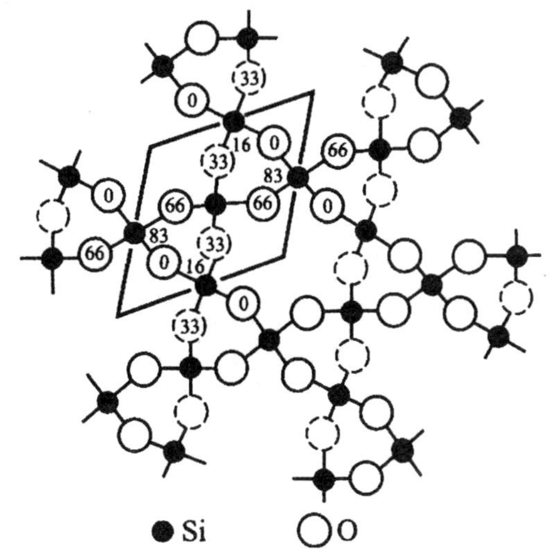

图 3-37　α-石英晶体结构

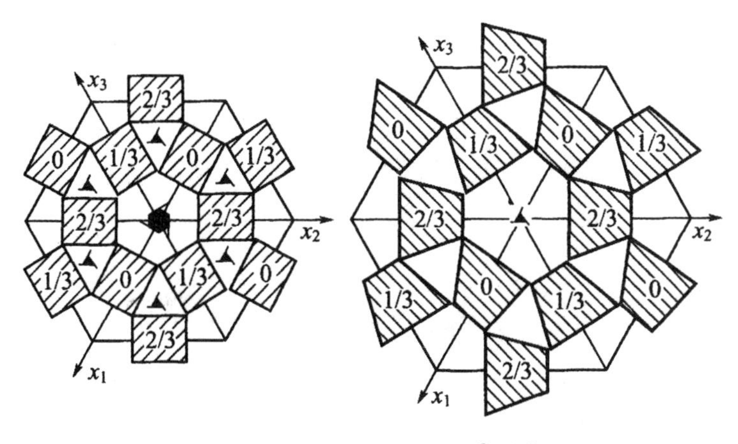

图 3-38　α-石英与 β-石英的关系

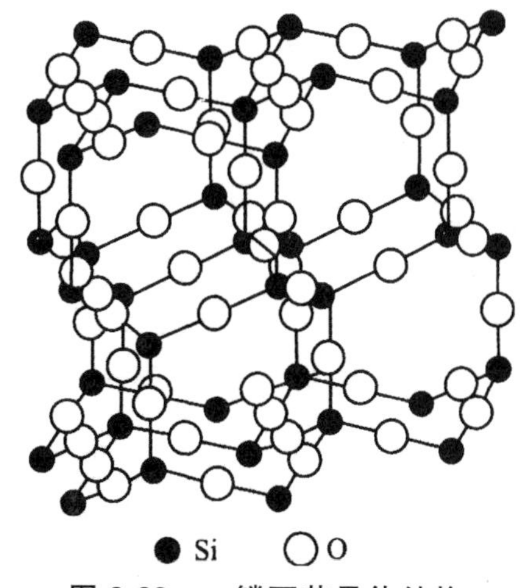

图 3-39　α-鳞石英晶体结构

③α-方石英结构。

α-方石英属于立方晶系 Fd3m 空间群，a=0.713nm，Z=8。α-方石英结构可与β-ZnS 结构类比，若将 Si^{4+} 占据全部的β-ZnS 结构中 Zn^{2+}、S^{2-} 的位置，且 O^{2-} 位于 Si^{4+} 与 Si^{4+} 连线中间，则为α-方石英结构(图 3-40)。沿三次轴的方向，α-方石英中[SiO_4]配置关系如图 3-41 所示。α-方石英和α-鳞石英中硅氧四面体的不同连接方式如图 3-42 所示。

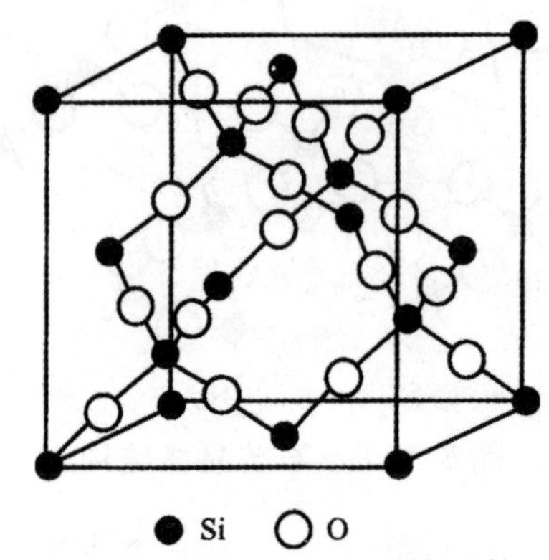

图 3-40 α-方石英晶体结构

图 3-41 α-方石英中硅氧四面体连接方式

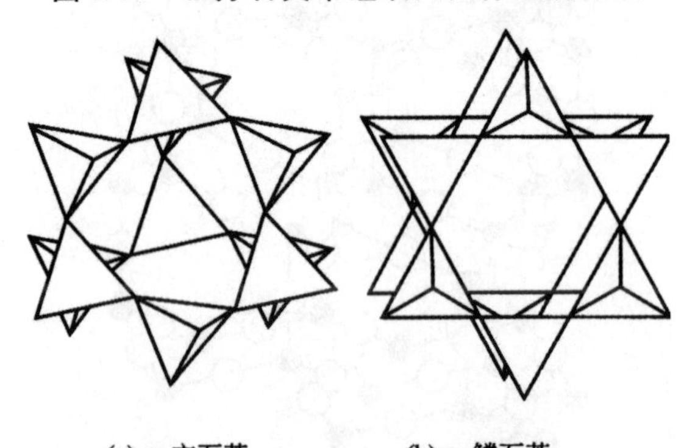

图 3-42 α-方石英和α-鳞石英中硅氧四面体的不同连接方式

石英是玻璃、水泥、耐火材料的重要工业原料。石英的硅氧四面体中的硅与氧为共价键，键力较强，不易被其他离子所取代。高纯的石英称水晶，是宝石的原料。α-石英不具有对称中心，因此高纯的 α-石英能用作压电材料。

(2)长石的结构

长石类硅酸盐分为正长石系和斜长石系两大类。其中有代表性的有两种：正长石系，钾长石 $K[AlSi_3O_8]$ 和钡长石 $Ba[Al_2Si_2O_8]$；斜长石系，钠长石 $Na[AlSi_3O_8]$ 和钙长石 $Ca[Al_2Si_2O_8]$。

高温时，钾长石与钠长石可以形成完全互溶的钾钠长石固溶体系列，又称为碱性长石系列。该固溶体随温度降低可脱溶为钾相和钠相，形成条纹长石。在钾长石亚族中，随温度降低，依次形成的钾长石变体有：透长石(单斜)、正长石(单斜)和微斜长石(三斜)。钠长石和钙长石也能以任意比例互溶，形成钠钙长石固溶体。

长石的基本结构单元：长石的基本结构单元由$[TO_4]$四面体连接成四节环，其中 2 个四面体顶角向上、2 个向下；四节环中的四面体通过共顶连方式接成曲轴状的链，见图 3-43；键与链之间在三维空间连接成架状结构。

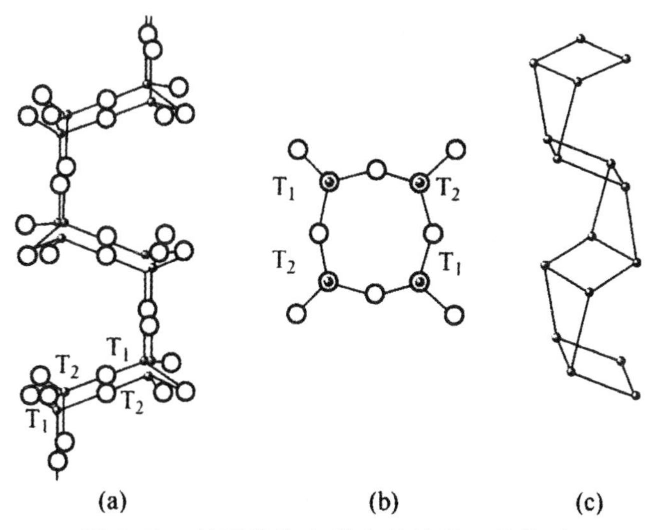

图 3-43　长石结构中基本结构单元的构造

(a)由四节环形成理想的曲轴状链；(b)硅氧 4 节环；(c)实际结构中有扭曲的曲轴状链

①钾长石的结构

高温型钾长石(即透长石)属单斜晶系，空间群 C2/m；晶胞参数 $a=0.856\text{nm}$，$b=1.303\text{nm}$，$c=0.718\text{nm}$，$\beta=115°59'$；晶胞分子数 Z=4。透长石结构在(001)面上的投影示于图 3-44。从该图中可以看出，由四节环构成的曲轴状链平行于口轴方商伸展，K^+ 位于链间空隙处，在 K^+ 处存在一对称面，结构呈左右对称。结构中 K^+ 的平均配位数为 9。在低温型钾长石中，K^+ 的配位数平均为 8。K^+ 的电价除了平衡骨架中$[A1O_4]$多余的负电荷外，还与骨架中的桥氧之间产生诱导键力。

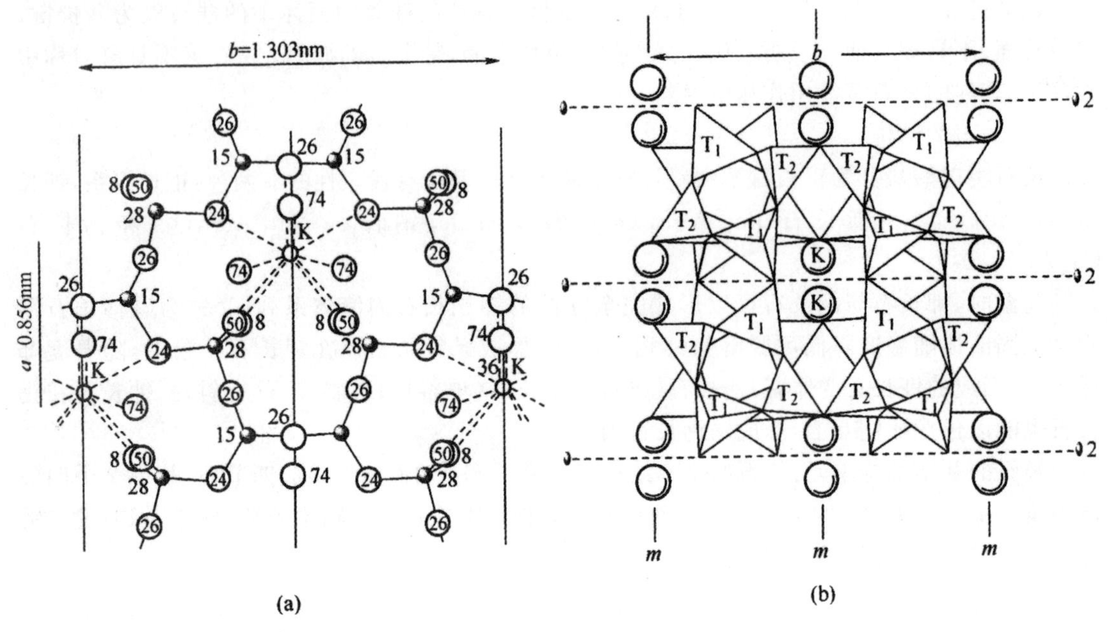

图 3-44 透长石的结构

(a)在(001)面上的投影(仅示出近晶胞底部的离子);(b)在(100)面上的投影(仅显示出 4 条曲轴链的投影,以及对称面和 2 次轴。上下四节环的投影因链扭曲而不重合,它们相互连接时在图正中形成一个八联环,K^+ 位于八联环的空隙,其中 2 个 K^+ 不在同一高度。四面体标有 T_1、T_2 符号,相同符号的四面体之间存在着对称关系)

②钠长石的结构

钠长石属三斜晶系,空间群 C1;晶胞参数 $a=0.814\text{nm}$,$b=1.279\text{nm}$,$c=0.716\text{nm}$,$\alpha=94°19'$,$\beta=116°34'$,$\gamma=87°39'$。其结构如图 3-45 所示。

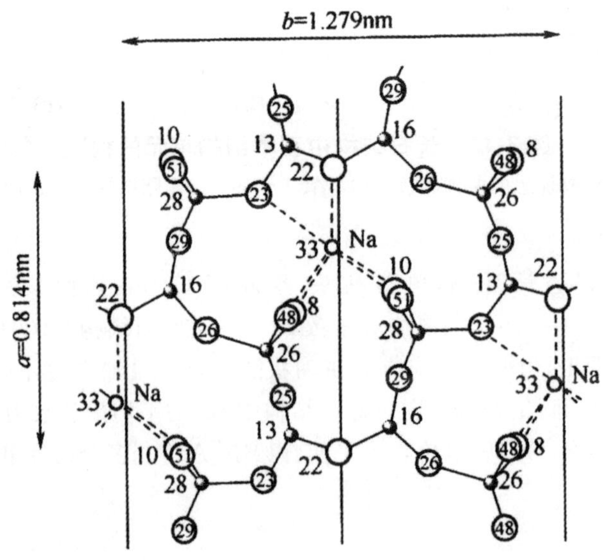

图 3-45 钠长石结构在(001)面上的投影

与透长石比较,钠长石结构出现轻微的扭曲,左右不再呈现镜面对称。扭曲作用是由于四面体的移动,致使某些O^{2-}环绕Na^+更为紧密,而另一些O^{2-}更为远离。晶体结构从单斜变为三斜。钠长石中Na^+的配位数平均为6。

透长石与钠长石结构差异的原因:长石结构的曲轴状链间有较大的空隙,半径较大的阳离子位于空隙时,配位数较大,配位多面体较规则,能撑起[TO_4]骨架,使对称性提高到单斜晶系;半径较小的阳离子位于空隙时,配位多面体不规则,致使骨架折陷,对称性降为三斜晶系。

在曲轴状链中,Al^{3+}取代Si^+后,Al^{3+}、Si^+分布的有序一无序性也会影响结构的对称性和轴长。当Al^{3+}、Si^+离子在链中的四面体位完全无序分布时,晶体具有单斜对称,如透长石的$c=0.72$nm而当Al^{3+}、Si^+离子在四面体位完全有序、呈相间排列时,晶体属三斜晶系,如钙长石$c=1.43$nm。

长石结构的解理性:长石结构的四节环链内结合牢固,链平行于a轴伸展,故沿a轴晶体不易断裂;而在b轴和c轴方向,链间虽然也有桥氧连接,但有一部分是靠金属离子与O^{2-}离子之间的键来结合,较a轴方向结合弱得多;因此,长石在平行于链的方向上有较好的解理。

3.2 非晶态结构与性质

熔体和玻璃体是物质另外两种聚集状态。相对于晶体而言,熔体和玻璃体中质点排列具有不规则性,至少在长距离范围结构具有无序性,因此,这类材料属于非晶态材料。本章主要以熔体为主要讨论对象,通过对熔体的结构性质的讨论来反映非晶态的结构与性质。

3.2.1 非晶体的结构特征

非晶态固体又称无定形物质,是相对晶态而言的。在非晶态固体中,组成物质的原子、分子的空间排列不呈现周期性和平移对称性,属于无序排列。与晶体相比,非晶态固体有如下结构特征。

①非晶态固体结构完全不具有长程有序。晶体结构的根本特点是它的点阵周期性。在非晶体中,这种点阵周期性消失了,晶格、晶格常数、晶粒等概念也都失去了固有的意义。

②非晶态固体中存在着短程有序。这种短程有序通常有两种,即化学短程有序和拓扑短程有序。前者是指非晶体中原子周围的化学组分与其平均值不相同,后者则是指非晶体中元素的局域结构的短程有序。

③从热力学上讲,晶体结构处于平衡状态,而非晶态固体的结构则处于亚稳态,非晶态固体有向平衡态转变的趋势。但通常由于动力学原因,此种转变需时甚久,甚至实际上难以实现。

人们对非晶态材料结构的认识远不如对晶体结构深入。目前的结构测定技术还不能精确地测得玻璃和非晶态材料原子的三维排列状况,只能以模型的方法加以描述和研究。

3.2.2 熔体的结构

1. 对熔体的一般认识

熔体或液体是介于气体和晶体之间的一种物质状态。液体具有流动性和各向同性，和气体相似；液体又具有较大的凝聚能力和很小的压缩性，则又与固体相似。过去长期曾把液体看作是更接近于气体的状态，即看作是被压缩了的气体，内部质点排列也认为是无秩序的，只是质点间距离较短。后来的研究表明，只是在较高的温度和压力不大的情况下，上述看法才是对的。相反，当液体冷却到接近于结晶温度时，很多事实证明，液体和晶体相似。

(1)晶体与液体的体积密度相近

当晶体熔化为液体时体积变化较小，一般不超过10%；而当液体汽化时，体积要增大数百倍至数千倍。由此可见，液体中质点之间的平均距离和固体十分接近，而和气体差别较大。

(2)晶体的熔化热不大

例如，Na晶体的熔化热为2.51kJ/mol，Zn晶体的熔化热为6.70kJ/mol，冰的溶解热为6.03 kJ/mol，而水的汽化热为40.46 kJ/ mol。这说明晶体和液体内能差别不大，质点在固体和液体中的相互作用力是接近的。

(3)固液态热容量相近

表3-1给出几种金属固、液态时的热容值。这些数据表明质点在液体中的热运动性质(状态)和在固体中差别不大，基本上仍是在平衡位置附近作简谐振动。

(4)X射线衍射图谱相似

根据二氧化硅的晶体、熔体等四种不同状态物质的X射线衍射试验结果(图3-46)分析，当θ角很小时，气体的散射强度极大，熔体和玻璃并无显著散射现象；当θ角增大时，在对应于石英晶体的衍射峰位置，熔体和玻璃体均呈弥散状的散射强度最高值。这说明熔体和玻璃体结构很相似，它们的结构中存在着近程有序的区域。

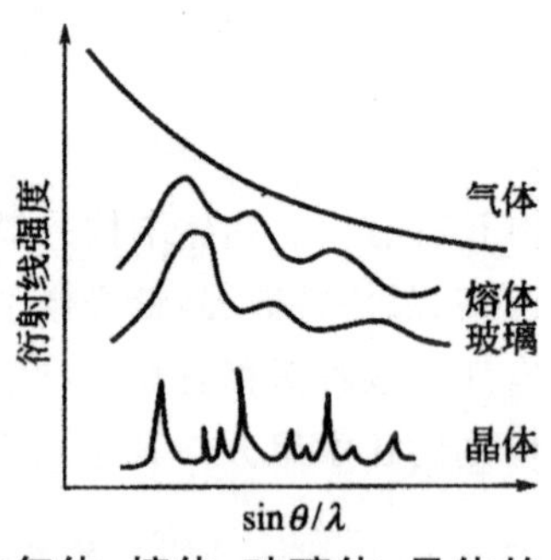

图3-46 SiO_2的气体、熔体、玻璃体、晶体的X射线衍射图谱

近年来随着结构检测方法和计算技术的发展，熔体的有序部分被证实。石英熔体由大大小小的含有序区域的熔体聚合体构成，这些聚合体是石英晶体在高温分化的产物，因此，局部的有序区域保持了石英晶体的近程有序特征。

熔体结构特点是熔体内部存在着近程有序区域，熔体是由晶体在高温分化的聚合体构成。

熔体组成与结构有着密切的关系。组成的变化会改变结构形式。

2. 熔体组成与结构

现在以硅酸盐熔体为例来分析熔体组成与结构的变化关系。

Si—O 键的特点。在硅酸盐熔体中最基本的离子是硅、氧和碱土或碱金属离子。由于 Si^{4+} 电价高、半径小，有着很强的形成硅氧四面体[SiO_4]的能力。根据鲍林电负性计算，Si—O 间电负性差值 $X=1.7$，因此，Si—O 键既有离子键又有共价键成分。从硅原子的电子轨道分布来看，Si 原子位于 4 个 sp^3 杂化轨道构成的四面体中心。当 Si 与 O 结合时，可与氧原子形成 sp^3、sp^2、sp 三种杂化轨道，从而形成 σ 键。同时氧原子已充满的 p 轨道可以作为施主与 Si 原子全空着的 d 轨道形成 $d_\pi-p_\pi$ 键，这时 π 键叠加在 σ 键上，使 Si—O 键增强，距离缩短。Si—O 键有这样的键合方式，因此具有高键能、方向性和低配位等特点。

熔体中的 R—O 键（R 指碱或碱土金属）的键型是以离子键为主。当 R_2O、RO 引入硅酸盐熔体中时，由于 R—O 键的键强比 Si—O 键弱得多。Si 能把 R—O 上的氧离子拉在自己周围，在熔体中与两个 Si 相连的氧称为桥氧，与一个 Si 相连的氧称为非桥氧。在 SiO_2 熔体中，由于 RO 的加入使桥氧断裂。结果使 Si—O 键强、键长、键角都发生变动。现已 Na_2O 为例说明上述过程，见图 3-47 所示。

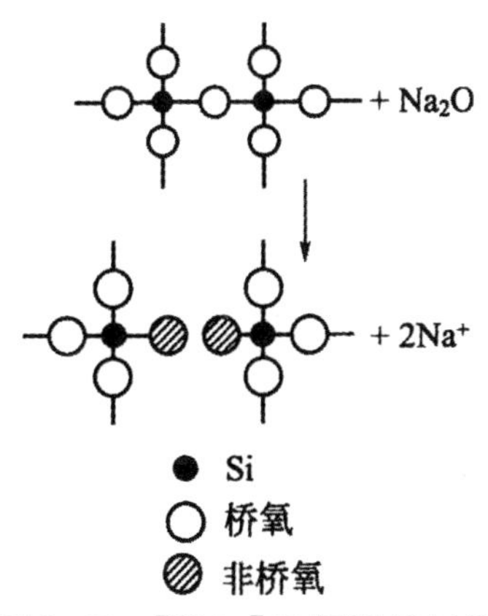

图 3-47 [SiO_4]桥氧断裂过程

在熔融 SiO_2 中，O/Si 比为 2∶1，[SiO_4]连接成架状。若加入 Na_2O，则使 O/Si 比例升高，随着加入量增加，O/Si 比可由原来 2∶1 逐步升高至 4∶1，此时[SiO_4]连接方式可从架状变为层状、带状、链状、环状直至最后桥氧全部断裂而形成[SiO_4]岛状。

这种架状[SiO_4]断裂称为熔融石英的分化过程，如图 3-48 所示。在石英熔体中，部分石英颗粒表面带有断键，这些断键与空气中水汽作用生成 Si—OH 键。若加入 Na_2O，断键处发生离子交换，大部分 Si—OH 键变成 Si—O—Na 键，由于 Na 在硅氧四面体中存在而使 Si—O 键的键强发生变化。在含有一个非桥氧的二元硅酸盐中，Si—O 键的共价键成分由原来四个桥氧的 52%下降为 47%。因而在有一个非桥氧的硅氧四面体中，由于 Si—O—Na 的存在，由于 O—Na 连接较弱，使 Si—O 相对增强。而与 Si 相连的另外三个 Si—O 变得较弱，很容易受碱的侵蚀而断裂，形成更小的聚合体。

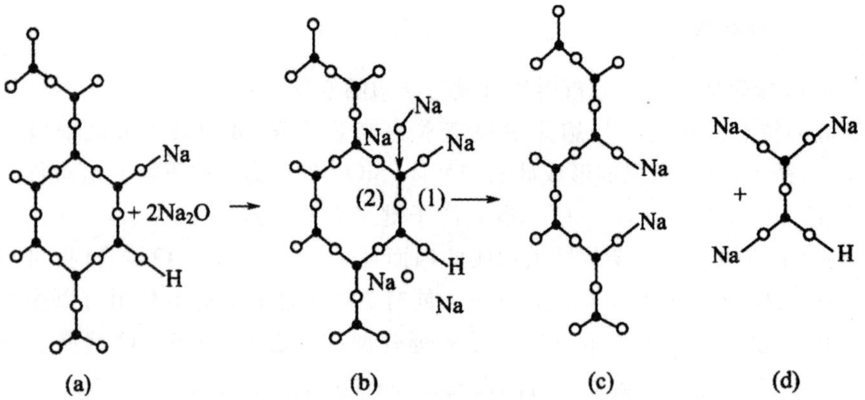

图 3-48　石英熔体网络分化过程

熔体的分化最初阶段尚有未被侵蚀的石英骨架称为三维晶格碎片，用$[SiO_2]_n$表示。在熔融过程中随时间延长，温度上升，不同聚合程度的聚合物发生变形。一般链状聚合物易发生围绕 Si—O 轴转动同时弯曲；层状聚合物使层体本身发生褶皱、翘曲。由于热振动使许多桥氧键断裂（缺陷数目增多），同时 Si—O—Si 键角发生变化。由于分化过程产生的低聚合物不是一成不变的，它们可以相互作用，形成级次较高的聚合物，同时释放部分 Na_2O。该过程称为缩聚。

缩聚释放的 Na_2O 又能进一步侵蚀石英骨架而使其分化出低聚物，如此循环，最后体系出现分化缩聚平衡。这样熔体中就有各种不同聚合程度的负离子团同时并存。此外还有三维晶格碎片$(SiO_2)_n$，其边缘有断键，内部有缺陷。这些硅氧团除$[SiO_4]$是单体外，统称聚硅酸离子或简称聚离子。多种聚合物同时并存而不是一处独存这就是熔体结构远程无序的实质。

3. 熔体温度与结构

在熔体的组成确定后，熔体的结构内部的聚合物的大小和数量与温度有密切关系。

图 3-49 表示了一个硅酸盐熔体中聚合物分布与温度的关系。从图中可以看出，温度升高，低聚物浓度增加；温度降低，低聚物浓度也快速降低。说明熔体中的聚合物和三维晶格碎片由于温度的变化存在着聚合和解聚的平衡。温度高时分化成低聚物，这时低聚物的数量大且以分立状态存在。随着温度降低其低聚物又不断碰撞聚合成高聚物，或者黏附在三维晶格碎片上。

综上所述：聚合物的形成可分为三个阶段。

初期：主要是石英粒分化；

中期：缩聚并伴随变形；

后期：在一定时间和一定温度下，聚合和解聚达到平衡。

熔体的内部有低聚物、高聚物、三维碎片及吸附物、游离碱。最后得到的熔体是不同聚合程度的各聚合物的混合物。熔体内部的聚合体的种类、大小和数量随熔体的组成和温度而变化。

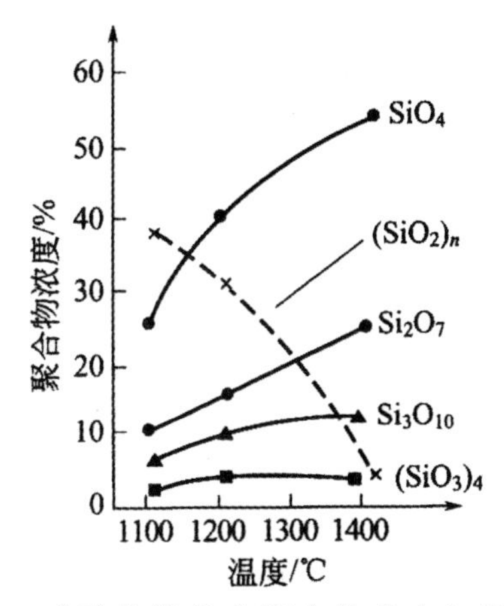

图3-49　一硅酸盐熔体中聚合物分布与温度的关系

3.2.3　熔体的性质

1. 黏度

(1)黏度的概念

熔体流动时，上下两层熔体相互阻滞，其阻滞力 F 的大小与两层接触面积 S 及垂直流动方向的速度梯度 $\mathrm{d}v/\mathrm{d}x$ 成正比，即如下式：

$$F=\eta S\mathrm{d}v/\mathrm{d}x$$

式中，η 为黏度或内摩擦力。

因此黏度 η 是指相距一定距离的两个平行平面以一定速度相对移动的摩擦力。黏度单位为帕秒(Pa·s)，它表示相距1m的两个面积为 $1\mathrm{m}^2$ 的平行平面相对移动所需的力为1N。因此 $1\mathrm{Pa\cdot s}=1\mathrm{N\cdot s/m^2}$。黏度的倒数称为流动度：$\varphi=1/\eta$。

黏度在材料生产工艺上有很多应用。例如，熔制玻璃时，黏度小，熔体内气泡容易逸出；玻璃制品的加工范围和加工方法的选择也和熔体黏度及其随温度变化的速率密切相关；黏度还直接影响水泥、陶瓷、耐火材料烧成速度的快慢；此外，熔渣对耐火材料的腐蚀，高炉和锅炉的操作也和黏度有关。

由于硅酸盐熔体的黏度相差很大，从 $10^{-2}\sim10^{15}\,\mathrm{Pa\cdot s}$，因此不同范围的黏度用不同方法来测定。范围在 $10^{6}\sim10^{15}\,\mathrm{Pa\cdot s}$ 的高黏度用拉丝法，根据玻璃丝受力作用的伸长速度来确定。范围在 $10\sim10^{7}\,\mathrm{Pa\cdot s}$ 的黏度用转筒法，利用细铂丝悬挂的转筒浸在熔体内转动，使丝受熔体黏度的阻力作用扭成一定角度，根据扭转角的大小确定黏度。范围在 $(31.6\sim1.3)\times10^{5}\,\mathrm{Pa\cdot s}$ 的黏度可用落球法，根据斯托克斯沉降原理，测定铂球在熔体中的下落速度进而求出黏度。

此外，很小的黏度($10^{-2}\,\mathrm{Pa\cdot s}$)，可以用震荡阻滞法，利用铂摆在熔体中震荡时，振幅受到阻滞逐渐衰减的原理来测定。

(2)黏度—温度关系

在熔体结构中熔体中每个质点(离子或聚合体)都处在相邻质点的键力作用下，也即每个质点均落在一定大小的势垒之间，因此要使质点流动，就得使它活化，即要有克服势垒(Δu)的足够能量。因此这种活化质点的数目越多，流动性就越大。按玻耳兹曼分布定律，活化质点的数目是和 $e^{-\Delta u/kT}$ 成比例的，即

$$\varphi=A_1 e^{-\Delta u/kT} \text{或} \eta=A_1 e^{\Delta u/kT}$$

$$\lg\eta=A+\frac{B}{T}$$

式中，A_1、A、$B=\Delta u/k$ 都是和熔体组成有关的常数；k 是玻耳兹曼常数；T 是温度。

在温度范围不大时，该公式是和实验符合的。但是 SiO_2 钠钙硅酸盐熔体在低温时，负离子团聚合体的缔合程度较大，导致活化能改变，会造成低温活化能比高温时大。在较大的温度范围内和该式有较大偏离，活化能不是常数。

由于温度对玻璃熔体的黏度影响很大，在玻璃成型退火工艺中，温度稍有变动就造成黏度较大的变化，导致控制上的困难。为此提出用特定黏度的温度来反映不同玻璃熔体的性质差异，见图 3-50。

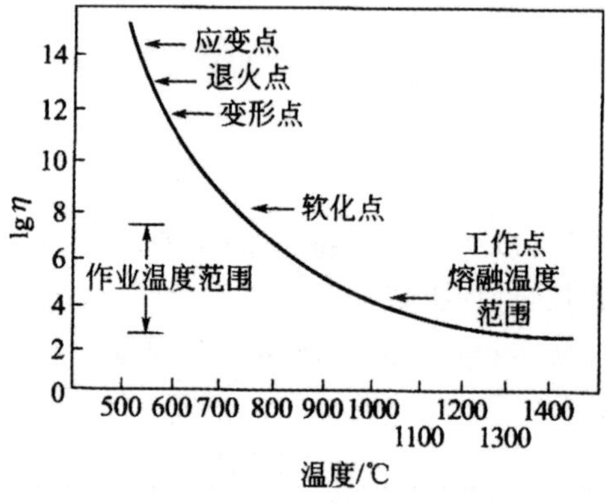

图 3-50 硅酸盐熔体的黏度一温度曲线

从图中可以看出：应变点是指黏度相当于 4×10^{13} Pa・s 时的温度，在该温度下黏性流动事实上不存在，玻璃在该温度退火时不能除去应力。退火点是指黏度相当于 10^{12} Pa・s 时的温度，也是消除玻璃中应力的上限温度，在此温度时应力在 15min 内除去。软化点是指黏度相当于 4.5×10^{6} Pa・s 时的温度，它是用 0.55～0.75mm 直径、长 23cm 的纤维在特制炉中以 5℃/min 速率加热，在自重下达到每分钟伸长 1mm 时的温度。流动点是指黏度相当于 10^{4} Pa・s 时的温度，也就是玻璃成型的温度。以上这些特性温度都是用标准方法测定的。

玻璃生产中可从成型黏度范围所对应的温度范围推知玻璃料性的长短，生产中调节料性的长短或凝结时间的快慢来适应各种不同的成型方法。

图 3-51 示出了不同组成熔体的黏度与温度的关系。

从图中可以看出总的趋势是：温度升高黏度降低，温度降低黏度升高，硅含量多黏度高。

(3)黏度一组成关系

熔体的组成对黏度有很大影响，这与组成的价态和离子半径有关系。

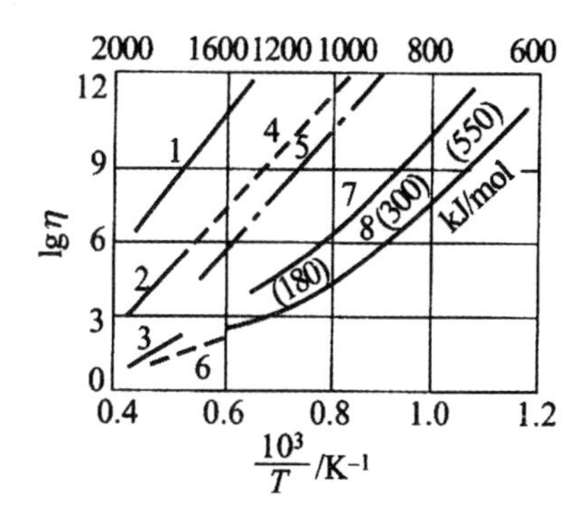

图 3-51 不同组成熔体的黏度与温度的关系

1—石英玻璃；2—90%SiO_2+10%Al_2O_3；3—50%SiO_2+50%Al_2O_3；

4—钾长石；5—钠长石；6—N 长石；7—硬质瓷釉；8—钠钙玻璃

一价碱金属氧化物都是降低熔体黏度的，但 R_2O 含量较低与较高时对黏度的影响不同，这和熔体的结构有关。如图 3-52 所示，当 SiO_2 含量较高时，对黏度起主要作用的是[SiO_4]四面体之间的键力，熔体中硅氧负离子团较大，这时加入的一价正离子的半径越小，夺取硅氧负离子团中“桥氧”的能力越大，硅氧键越易断裂，因而降低黏度的作用越大，熔体黏度按 Li_2O、Na_2O、K_2O 次序增加。当 R_2O 含量较高时，亦即 O/Si 比高，熔体中硅氧负离子团接近最简单的形式，甚至呈孤岛状结构，因而四面体间主要依靠键力 R—O 连接，键力最大的 Li^+ 具有最高的黏度，黏度按 Li_2O、Na_2O、K_2O 顺序递减。

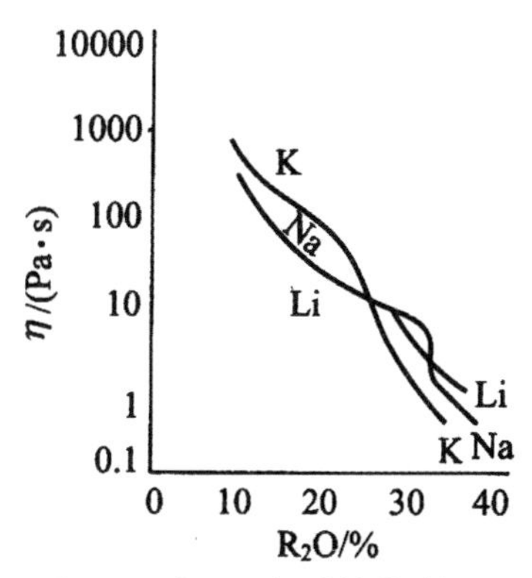

图 3-52 R_2O—SiO_2 在 1400℃ 温度时熔体的不同组成与黏度的关系

二价金属离子 R^{2+} 在无碱及含碱玻璃熔体中，对黏度的影响有所不同。如图 3-53 所示，在不含碱的 RO—SiO_2 与 RO—Al_2O_3—SiO_2 熔体中，当硅氧比不大时，黏度随离子半径增大而上升，而在含碱熔体中，实验结果表明，随着 R^{2+} 半径增大，黏度却下降。

离子间的相互极化对黏度也有显著影响。含 18 电子层的离子 Zn^{2+}、Cd^{2+}、Pb^{2+} 等的熔体比含 8 电子层碱土金属离子的具有较低的黏度。这是由于极化使离子变形，共价键成分增加，减弱了 Si—O 间的键力。

CaO 在低温时增加熔体的黏度；当含量＞10%～12%时，则黏度增大；而在高温下，当含量＜10%～12%时，黏度降低。

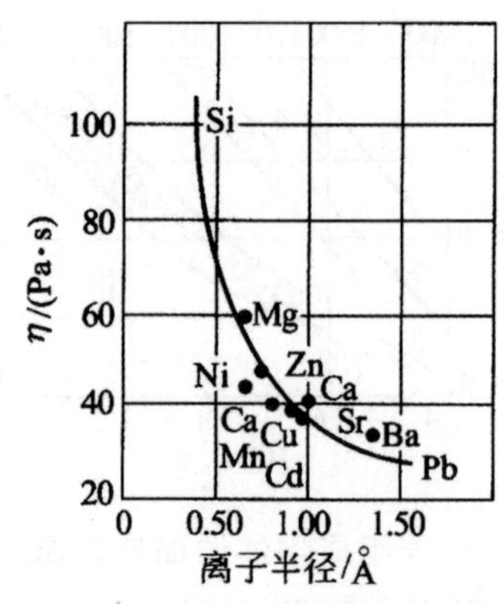

图 3-53　二价阳离子对硅酸盐熔体的影响

(1Å=0.1nm)

加入 CaF_2 会使熔体黏度急剧下降。主要是氟离子和氧离子的离子半径相近,很容易发主取代。氟离子取代氧离子的位置,使硅氧键断裂,硅氧网络被破坏,黏度就降低了。

在 Al_2O_3 中的因为 Al^{3+} 的配位数可能是 4 或 6,因此,Al_2O_3 作用是很复杂的。一般在碱金属离子存在下,Al_2O_3 可以[AlO_4]配位形式与[SiO_4]联成较复杂的铝硅氧负离子团而使黏度增加。

B_2O_3 含量不同时对黏度有不同影响,这和硼离子的配位状态有密切关系。B_2O_3 含量较少时,硼离子处于[BO_4]状态,使结构紧密,黏度随其含量增加而升高。当较多量的 B_2O_3 引入时,部分[BO_4]会变成[BO_3]三角形,使结构趋于疏松,致使黏度下降,这就是所谓的"硼反常现象"。

2. 导电性能

电导性是硅酸盐熔体的另一个重要性质,玻璃电熔就是利用熔体的电导率。钠钙硅酸盐熔体的电导率约为 $0.3 \sim 1.1\Omega^{-1} \cdot cm^{-1}$。玻璃的电流主要是通过碱金属离子传递的。在任何温度下,这些离子的迁移能力都远比网络形成离子大。

碱金属离子的优势在于它既可以降低黏度,又能增加电导率。熔体的电导率 σ 和黏度 η 的关系为:$\sigma^n\eta$=常数,n 是和熔体组成有关的常数。由此式就可以由熔体电导率从而推得黏度。

(1)电导率和温度的关系

熔体的电导率会随温度升高而迅速的增大。在一定的温度范围内,电导率可用下列关系式表示:

$$\sigma=\sigma_0 \exp\left(-\frac{E}{RT}\right)$$

式中,E 为实验求得的电导活化能。

活化能和电导温度曲线在熔体的转变温度范围表现出不连续性。这可联系到结构疏松的淬火玻璃的电导率比网络结合紧密的退火玻璃大。

(2)电导率和组成的关系

硅酸盐熔体的电导决定于网络改变剂离子的种类和数量,尤其是碱金属离子。在钠硅酸盐玻璃中，电导率和 Na^+ 浓度成正比。曾测得熔融石英的活化能为 142kcal/mol，加 50% Na_2O 的碱硅酸盐的活化能为 50kcal/mol。相应的电阻率（350℃）分别是 $10^{12}\Omega \cdot cm$ 和 $10^2\Omega \cdot cm$。碱硅酸盐在一定温度下的电导率按以下次序递减 Li>Na>K。其相应的活化能随碱金属氧化物含量的增加而降低。

混合碱效应。即当一种碱金属氧化物被另一种置换时电阻率不随置换量起直线变化。一般当两种 R_2O 摩尔数几乎一样时，电阻率达最大值。在机械性质和介电弛豫性质中也显示有混合碱效应，这和不同离子间的相互作用有关。不同碱金属离子半径相差越大，相互作用就越明显，混合碱效应也就越大，而它随总碱量的降低而减小。这是由于总碱量小，离子间距相对就大，相互作用就小，效应就明显。Na^+ 置换 Li^+ 的硅酸盐熔体的电阻率变化如图 3-54 所示。活化能和两种 R_2O 的浓度比率的变化相同。

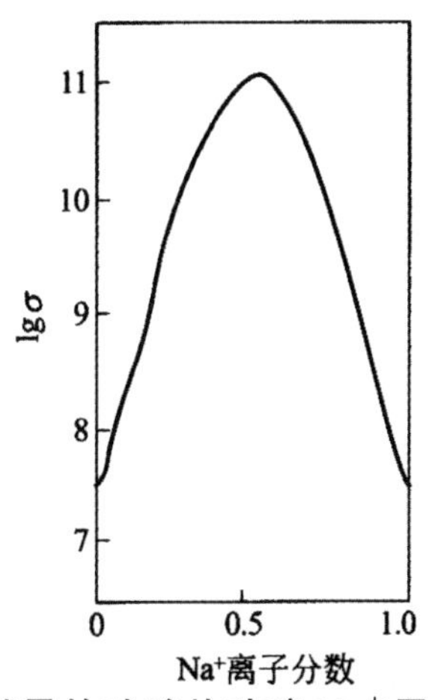

图 3-54　含 26%总碱量的硅酸盐玻璃 Na^+ 置换 Li^+ 的电阻率变化

在同样的 Na^+ 浓度下，当 CaO、MgO、BaO 或 PbO 置换了部分 SiO_2 后，由于荷电较高，半径较大的离子阻碍了碱金属离子的迁移行径，因此，电导率会降低。图 3-55 表示电阻率随二价金属离子半径的增加而增加，次序是：$Ba^{2+}>Pb^{2+}>Sr^{2+}>Ca^{2+}>Mg^{2+}>Be^{2+}$。

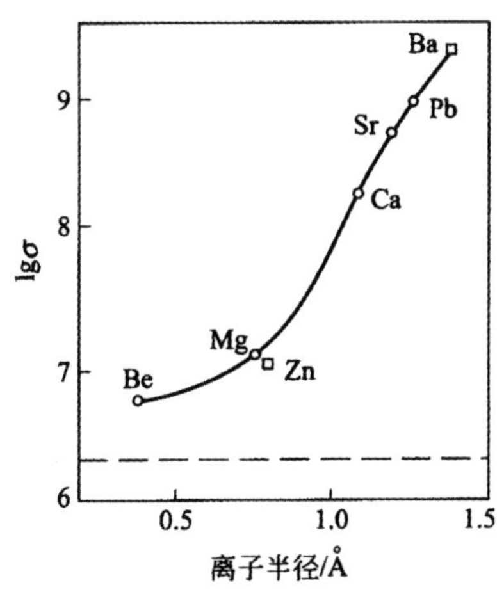

图 3-55　二价金属离子半径硅酸盐玻璃电阻率的影响

（1Å=0.1nm）

3. 表面能和表面张力

通常将熔体与另一相(一般为空气)接触的相分界面上，在恒温、恒容条件下增加一个单位新表面积时所做的功，称为比表面能，简称表面能，单位为 J/m^2，简化后其因次为 N/m。熔体表面层的质点受到内部质点的吸引比表面层空气介质的引力大，因此表面层质点有趋向于熔体内部使表面积尽量收缩的趋势，结果在表面切线方向上有一种缩小表面的力作用着，这个力即表面张力。因此，表面张力的物理意义是作用于表面单位长度上与表面相切的力，单位是 N/m。若要使表面增大，相当于使更多的质点移到表面，则必须对系统做功。因此，熔体的表面能和表面张力的数值相同，但物理意义不同。以后涉及熔体表面能时往往就用表面张力来代替。表面张力用 σ 表示。

熔体的表面张力对于玻璃的熔制、成形以及加工工序有重要的作用。在玻璃成形中，人工挑料或吹小泡及滴料供料都要借助于表面张力，使之达到一定形状；在玻璃熔制过程中，表面张力在一定程度上决定了玻璃液中气泡的长大和排除。在硅酸盐材料中，熔体的表面张力的大小会影响液、固表面润湿程度和影响陶瓷材料坯、釉结合程度。因此，熔体的表面张力是无机材料制造过程中需要控制的另一个重要工艺参数。

水的表面张力约为 70×10^{-3}N/m 左右，熔融盐类为 100×10^{-3}N/m 左右，硅酸盐熔体的表面张力比一般液体高，随其组成而变化，一般波动在 220～380mN/m 之间，与熔融金属的表面张力数值相近，随组成与温度而变化。

一些熔体的表面张力数值列于表 3-1。

表 3-1 氧化物和硅酸盐熔体的表面张力

熔体	温度/℃	表面张力/(mN/m)	熔体	温度/℃	表面张力/(mN/m)
硅酸盐	1300	210	Al_2O_3	1300	380
钠钙硅玻璃	1000	320	B_2O_3	900	80
硼硅玻璃	1000	260	P_2O_5	100	60
瓷釉	1000	250～280	PbO	1000	128
瓷中玻璃	1000	320	Na_2O	1300	450
石英	1800	310	Li_2O	1300	450
珐琅	900	230～270	GeO_2	1150	250
水	0	70	NaCl	1080	95
ZrO_2	1300	350	FeO	1400	585

化学组成对表面张力的影响多有不同。Al_2O_3、SiO_2、CaO、MgO、Na_2O、Li_2O 等氧化物能够提高表面张力。B_2O_3、P_2O_5、PbO、V_2O_5、SO_3、Cr_2O、K_2O、Sb_2O_3 等氧化物加入量较大时能够显著降低熔体表面张力。

B_2O_3 是陶瓷釉中降低表面张力的首选组分。因为 B_2O_3 熔体本身的表面张力就很小。主要缘于硼氧三角体平面可以按平行表面的方向排列。使得熔体内部和表面之间的能量差别较小。而且，平面[BO_3]团可以铺展在熔体表面，从而大幅度降低表面张力。PbO也可以较大幅度地降低表面张力，主要是因为二价铅离子极化率较高。

熔体内原子、离子或分子的化学键对其表面张力有很大影响，影响强弱程度遵循：具有金属键的熔体表面张力>共价键>离子键>分子键。

离子晶体结构类型也会对表面张力的大小有影响。结构类型相同的离子晶体，其晶格能越大，则其熔体的表面张力也越大。单位晶胞边长越小，则熔体表面张力越大。进一步可以说熔体内部质点之间的相互作用力越大，则表面张力也越大。

表面张力与温度也有关。大多数硅酸盐熔体的表面张力都是随温度升高而降低。一般规律是温度升高100℃，表面张力减小1%。近乎成直线关系。这是因为温度升高，质点热运动加剧，化学键松弛，使内部质点能量与表面质点能量差别变小。

测定硅酸盐熔体的表面张力的常用方法有：坐滴法、拉筒法、缩丝法、滴重法等。

第 4 章　晶体结构缺陷

4.1　晶体结构缺陷类型

实际晶体中质点的排列往往存在某种不规则性或不完善性，表现为晶体结构中局部范围内，质点的排布偏离周期性重复的空间点阵规律而出现错乱的现象。实际晶体中原子偏离理想的周期性排列的区域称作晶体缺陷。

晶体的缺陷对晶体的生长、晶体的力学性能，以及电、磁、光等性能均有很大影响，在某些材料应用中，晶体缺陷是必不可少的。在材料设计过程中，为了使材料具有某些特性，或使某些特性加强，需要人为地引入合适的缺陷。相反，有些缺陷却使材料的性能明显下降，这样的缺陷应尽量避免。由此可见，研究晶体缺陷是材料科学的一个重要的内容。

晶体缺陷的种类繁多，一般按其几何线度分为点缺陷、线缺陷、面缺陷和体缺陷等；也可按缺陷的形成和结构分类。晶体中重要缺陷的分类如图 4-1 所示。

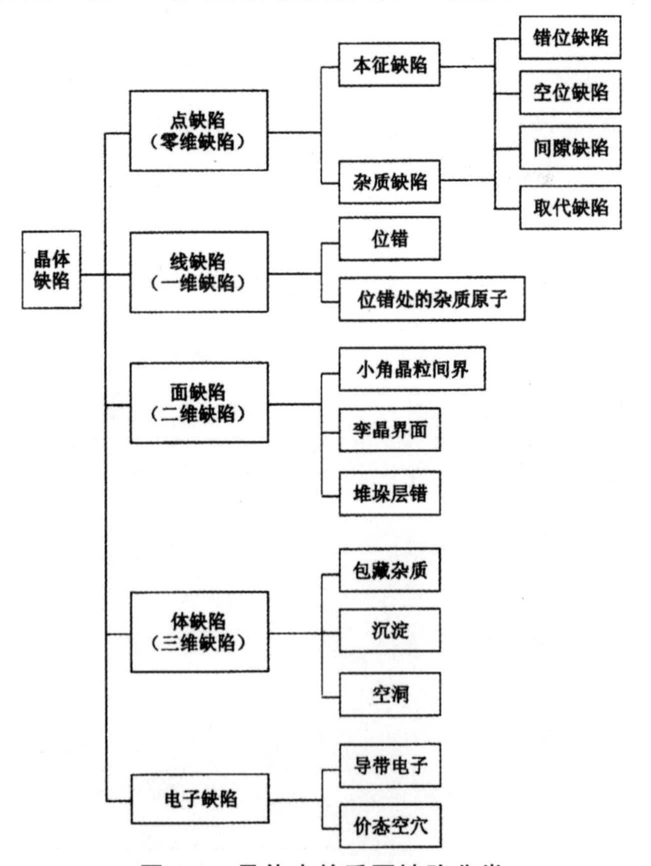

图 4-1　晶体中的重要缺陷分类

4.1.1　按缺陷的几何形态分类

1. 点缺陷

点缺陷又称为零维缺陷，是在晶体晶格结点上或邻近区域偏离其正常结构的一种缺陷。它的尺寸都很小，只限于一个或几个晶格常数范围内。根据点缺陷对理想晶格偏离的几何位置及成分，可以把点缺陷划分为间隙原子、空位和杂质原子这三种类型。

原子进入晶格中正常结点之间的间隙位置，成为间隙原子。这种间隙原子来自于晶体自身，也称为自间隙原子。间隙中挤进原子时，会使周围的晶格发生畸变。

空位是正常结点没有被原子或离子所占据，成为空结点。空位的出现，会导致附近小范围内的原子偏离平衡位置，使晶格发生畸变。

当外来原子进入晶格时，取代原来晶格中的原子而进入正常结点的位置，或进入点阵中的间隙位置，成为杂质原子。杂质原子挤进间隙后，也会引起周围的晶格畸变；若杂质原子通过置换进入晶格，则由于与原来的基质原子在半径上有差异，周围附近的原子也会偏离平衡位置，造成晶格畸变。

如果点缺陷中所涉及的是离子而非原子，则相应称为间隙离子或杂质离子。图 4-2 为这几种点缺陷的示意图。

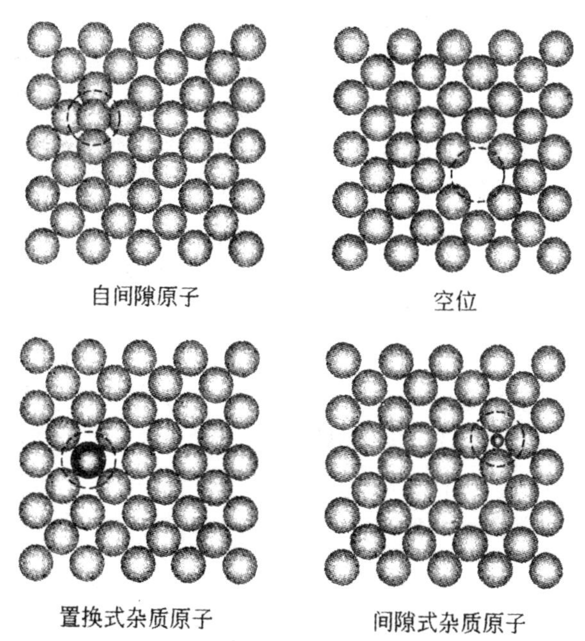

图 4-2　自间隙原子、空位、间隙式杂原子和置换式杂质原子

2. 线缺陷

线缺陷又称为一维缺陷，是指在一维方向上偏离理想晶体中的周期性、规则性排列所产生的缺陷，其缺陷尺寸在一维方向较长，另外二维方向上很短，如各种位错。线缺陷的产生及运动与材料的韧性、脆性密切相关。

3. 面缺陷

面缺陷又称为二维缺陷，是指在二维方向上偏离理想晶体中的周期性、规则性排列而产生的缺陷，即缺陷尺寸在二维方向上延伸，在第三维方向上很小，如晶界、表面、堆积层错、镶嵌结构等。面缺陷的取向及分布与材料的断裂韧性有关。

4. 体缺陷

体缺陷又称为三维缺陷，是指在局部的三维空间偏离理想晶体的周期性、规则性排列而产生的缺陷，如第二相粒子团、空位团等。体缺陷与物系的分相、偏聚等过程有关。

4.1.2 按缺陷产生的原因分类

缺陷按其产生的原因分为：热缺陷、非化学计量缺陷、杂质缺陷、电荷缺陷和辐照缺陷等。

1. 热缺陷

热缺陷又称为本征缺陷，是指晶体温度高于热力学零度时，由于热起伏使一部分能量较大的质点（原子或离子）离开平衡位置所产生的空位和/或间隙质点。当温度在热力学零度以上时，晶体中的质点总是在其平衡位置附近做振动，这种振动并不是单纯的谐振动。由于振动的非线性，一处的振动和周围的振动有着密切的联系，这使质点热振动的能量有涨落（起伏）。按照玻耳兹曼能量分布律，总有一部分质点的能量高于平均能量。当能量大到一定程度时，质点脱离正常格点，进入到晶格的其他位置，失去多余的动能之后，质点就被束缚在那里，这样就产生了热缺陷（本征缺陷）。热缺陷的产生和复合始终处于一种动态平衡。

热缺陷的形成一方面与晶体所处的温度有关，温度越高，原子离开平衡位置的机会越大，形成的点缺陷就越多。另一方面，也与原子在晶格中受到的束缚力有关，束缚力越小，原子挣脱束缚的机会就越大。这种关系可用如下式表示：

$$N_{\mathrm{d}}=N\exp(-E_{\mathrm{d}}/k_{\mathrm{B}}T)$$

式中 N_{d}——点缺陷的平衡数目；

N——单位体积或每摩尔晶体中质点的总数目；

E_{d}——为形成缺陷所需的活化能；

k_{d}——为玻尔兹曼常数，$1.38\sim10^{-23}$ J/(atom · K)；

T——热力学温度。

热缺陷有弗伦克尔缺陷和肖特基缺陷两种基本形式。

(1)弗仑克尔缺陷

弗伦克尔缺陷是指能量足够大的质点离开正常格点后挤入晶格间隙中，形成间隙原子离子，同时在原来位置上留下空位而造成的缺陷，如图 4-3 所示。其特点是空位和间隙质点成对出现，数量相等，晶体的体积不发生改变。肖特基缺陷是正常格点上的质点获得能量后离开平衡位置迁移到新表面位置，在晶体表面形成新的一层，同时在晶体内部正常格点上留下空位。显然，间隙较大的晶体结构有利于形成弗仑克尔缺陷。

(2)肖特基缺陷

肖特基缺陷是原子或离子移动到晶体表面或晶界的格点位上，在晶体内部留下相应的空位而形成的缺陷，如图 4-3 所示。

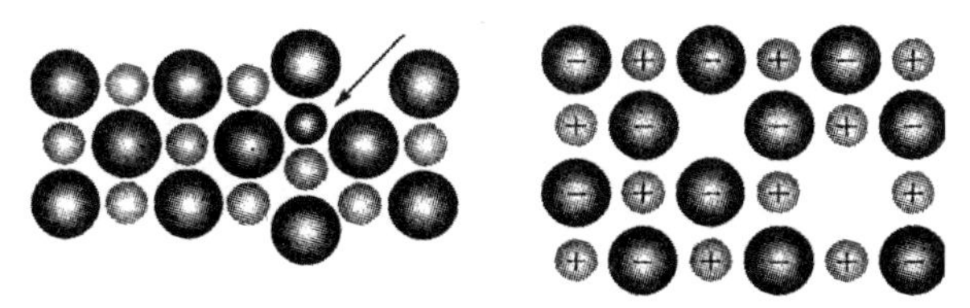

图 4-3　弗仑克尔缺陷和肖特基缺陷

内部的质点是通过晶格上质点的接力运动实现的。表面层质点离开原来格点位，原来位置形成空位，这一空位被里层的质点填充，相当于空位往晶体内部移动了一个位置，这样晶格深处的质点依次填充，使空位逐渐转移到内部去。离子晶体生成肖特基缺陷时，为了保持电中性，正离子空位和负离子空位是成比例同时出现，且伴随着晶体体积的增加，这是肖特基缺陷的特点。

2. 非化学计量缺陷

非化学计量数缺陷是指晶体组成上偏离化学中的定比定律所形成的缺陷，是由基质晶体与介质中的某些组分发生交换而产生的。化合物分子式一般具有固定的正负离子比，其比值不会随着外界条件而变化，此类化合物的组成符合定比定律，称为化学计量化合物。但是，有一些易变价的化合物，在外界条件如所接触气体的性质和压力大小的影响下，很容易形成空位和间隙原子，使组成偏离化学计量，由此产生的晶体缺陷称为非化学计量缺陷。

非计量缺陷的形成，关键是其中的离子能够通过自身的变价来保持电中性。如晶体在周围氧气压力较低时，在晶体中会出现氧空位，此时部分变价成，使正负电荷得到平衡。

3. 杂质缺陷

杂质缺陷又称为组成缺陷或非本征缺陷，是由于外加杂质的引入所产生的缺陷。杂质质点进入晶体后，因杂质质点和原有质点性质不同，则不仅破坏了质点的有规则排列，而且引起杂质质点周围的周期势场的改变，因此形成缺陷。其特征是如果杂质的含量在固溶体的溶解度范围内，则杂质缺陷浓度取决于杂质含量，而与温度无关，这不同于热缺陷。很多时候这种缺陷是有目的地引入的，例如在单晶硅中掺入微量的 B、Pb、Ga、In、P、As 等可以使晶体的导电性能发生很大变化。微量杂质缺陷的存在，会极大地改变基质晶体的物理性质，研究和利用这种缺陷的作用原理，对固溶体的形成、材料的改性、制备性能优越的固体器件等具有十分重要的意义。此外，有些杂质原子是晶体生长过程中引入的，如 O、N、C 等，这些是实际晶体不可避免的杂质缺陷。

杂质原子进入晶体可能是置换式的或者是间隙式的，这主要取决于杂质原子与基质原子几何尺寸的相对大小及其电负性。当杂质和基质具有相近的原子尺寸和电负性时，在晶格中可以以置换的方式溶入较多的杂质原子而保持原来的晶体结构。若杂质占据间隙位置，由于间隙空间有限，由此引起的畸变区域比置换式大，因而使晶体的内能增加较大。当杂质原子比基质原子小得多时，形成间隙式杂质，因为置换式杂质占据格点位置后，由于杂质原子与基质原子尺寸及性质存在差异，会引起周围晶格畸变，但畸变区域一般不大，畸变引起的内能增加也不大。所以只有半径较小的杂质原子才能进入间隙位置中，这样对周围晶格的影响相对较小。

4. 电荷缺陷

电荷缺陷是指质点排列的周期性未受到破坏，但因电子或孔穴的产生，使周期性势场发生畸变而产生的缺陷。从能带理论来看，非金属固体具有价带、禁带或导带，在温度接近热力学零度时，其价带中电子全部排满，导带中全空，如果价带中的电子获得足够的能量跃过禁带进入导带，则导带中的电子、价带中的孔穴使晶体的势场畸变，从而产生电荷缺陷，如图 4-4 所示。

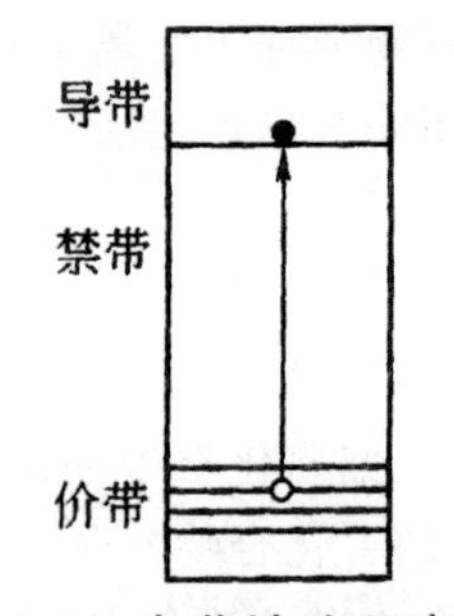

图 4-4　电荷缺陷示意图

5. 辐照缺陷

辐照缺陷是指材料在辐照之下所产生的结构不完整性。核能利用、空间技术以及固体激光器的发展使材料的辐照效应引起人们的关注。辐照可以使材料内部产生各种缺陷，如色心、位错环等。辐照对金属、非金属、高分子材料的损伤效应有明显不同。

(1)金属

在金属晶体中，只有将原子由其正常位置上打出来的粒子才能产生点缺陷，仅激发电子的辐照不能产生点缺陷。高能辐照，例如中子辐照，可能把原子从其正常格点位置上撞击出来，产生间隙原子和空位，这些点缺陷会降低金属的导电性并使材料由韧变硬变脆，称为辐照硬化。退火有助于排除辐照损伤。

(2)非金属晶体

在非金属晶体中，由于电子激发态可以局域化且能保持很长的时间，所以电离辐照就能使晶体严重损伤，产生大量点缺陷。

对于离子晶体的辐照所引起的缺陷主要有三种：①产生电子缺陷，它们使晶内杂质离子变价，使中心点缺陷变为各种色心；②产生空位、间隙原子以及由它所组成的各种点缺陷群；③产生位错环和空洞。

离位辐照的基本效应是使晶内原子脱离正常格点跑到间隙位置上，形成空位和间隙原子。

通常电子辐照只能产生一对空位和间隙原子，见图 4-5(a)。高能粒子的辐照往往使离位原子所获得的能量足够大，它与和晶体内其他原子相撞可继续产生次生离位原子，称为串级过程。一个高能粒子辐照进入试样后，由于不断撞击原子而逐渐损失其能量，其平均自由程也逐渐变小，最后，当次生离位原子的间距达到一个原子间距量级时，将在一个较大范围内产生一大群无序状态的原子，这就是所谓离位峰，见图 4-5(b)。这种无序区在辐照完成后的冷却过程中，其中的原子完全重新排列，每个原子或占据新的点阵位置，或在此区域内产生空位和间隙原子、位错环。有些辐照粒子的能量在产生了空位和间隙原子后，剩余的动能不足以继续产生点缺陷，但其能量可以分配给附近的一群原子，使其所通过的路径上的许多原子振动能量获得瞬时的增加，温度迅速升高，产生一个局部热点，见图 4-5(c)。

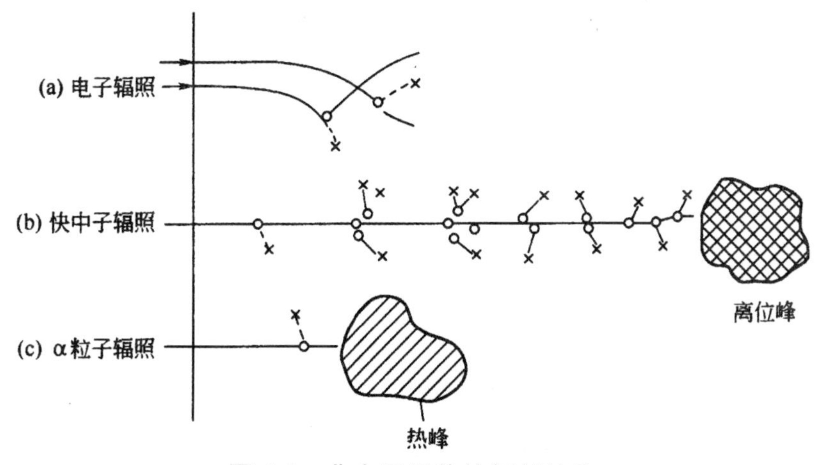

图 4-5　非金属晶体的辐射缺陷

因为非金属材料是脆性的，所以辐照对力学性质不会产生什么影响，但导热性和光学性能可能变坏。

(3)高分子聚合物

即使是低能辐照也能够改变高分子聚合物的结构，其链会断裂，聚合度降低，引起分键，最后导致高分子聚合物强度降低。

4.2　点缺陷

4.2.1　点缺陷的表示方法

现在通行的符号是由克罗格一明克设计的，在该符号系统中，点缺陷符号由三部分组成，即用主符号表明缺陷的主体；用下标表示缺陷位置和用上标表示缺陷有效电荷。

以二价正负离子化合物 MX 为例，其各种缺陷如图 4-6 所示。M_i 表示间隙位置填入正离子，X_i 表示间隙位置填入负离子，L_M 表示杂质离子置换正离子，L_X 表示杂质离子置换负离子，M_X 表示正离子位错进入负离子位置，X_M 表示负离子位错进入正离子位置，V''_M表示正离子离开原来位置而形成的空位，$V_X^{\cdot\cdot}$ 表示负离子离开原来位置而形成的空位。e'和 $h^{\cdot}$ 分别表示自由电子及电子空穴属于电子缺陷。

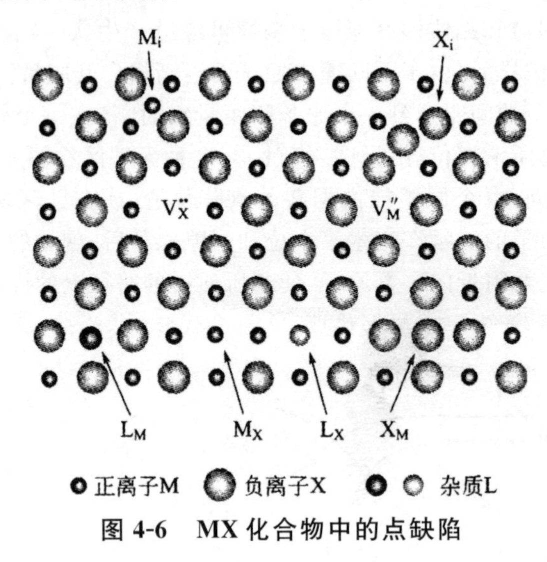

图 4-6 MX 化合物中的点缺陷

1. 自由电子与电子孔穴

在典型离子晶体中，电子或电子孔穴是属于特定的离子，可以用离子价来表示。但在有些情况下，有的电子或孔穴可能并不属于某一特定位置的离子，在外界的光、电、热作用下，可以在晶体中运动，这样的电子与孔穴称为自由电子和电子孔穴，分别用 e' 和 $h^{\cdot}$ 来表示。其中右上标中的一撇“′”代表一个单位有效负电荷，一个圆点“˙”代表一个单位有效正电荷。

2. 间隙原子

间隙原子用 M_i、X_i 来表示，其含义为 M、X 原子位于晶格间隙位置。间隙原子又称为填隙原子。而 $M_i^{\cdot\cdot}$ 、X_i''表示间隙 M、X 离子，分别带 2 个单位有效正、负电荷。

3. 空位

空位用 V 来表示，则 V_M、V_X 分别表示 M 原子和 X 原子空位。符号中的右下标表示缺陷所在位置，V_M 含义即 M 原子位置是空的。必须注意，这种不带电的空位表示原子空位。如 M_X 离子晶体，当 M 原子被取走时，二个电子同时被取走，留下一个不带电的 M 原子空位。

在 M_X 离子晶体中，如果取出一个 M^{2+} 离子，与取出一个 M 原子比较，少取出二个电子，因此，M^{2+} 离子空位必然和二个荷负电的附加电子 e'相联系。如果此附加电子被束缚在 M 原子空位上，则可以把它写成 V_M''，此符号即代表 M^{2+} 离子空位，带有 2 个单位有效负电荷。同理，取走一个 X^{2-} 离子与取走一个 X 原子相比较，多取走二个电子，那么在 X 原子空位上就留下二个电子孔穴 $h^{\cdot}$，于是，X^{2-} 离子空位记为 $V_X^{\cdot\cdot}$，带有 2 个单位有效正电荷。

4. 位错原子

位错原子用 M_X、X_M 等表示，M_X 的含义是 M 原子占据 X 原子的位置，XM 表示 X 原子占据 M 原子的位置。位错缺陷也可表示替换式杂质原子(离子),如 Ca_{Na} 表示 Ca 原子占据 Na 原子位置。

5. 带电缺陷

不同价离子之间的替代将出现一种新的带电缺陷。如 $CaCl_2$ 加入 NaCl 晶体时,若 Ca^{2+} 离子位于 Na^+ 离子位置上,其缺陷符号为 $Ca_{Na}^{\cdot}$,此符号含义为 Ca^{2+} 离子占据 Na^+ 离子位置,带有一个单位正电荷。同样,V_M、V_X、M_i、X_i 等缺陷均可以加上对应于原点阵位置的有效电荷来表示相应的带电缺陷。

4.2.2　点缺陷对材料性能的影响

点缺陷造成晶格畸变,而对晶体材料的性能产生影响,如空位可作为原子运动的周转站,从而加快原子的扩散迁移,这样将影响与扩散有关的相变化、化学热处理、高温下的塑性形变和断裂等;定向流动的电子在点缺陷处受到非平衡力,增加了阻力,加速运动提高局部温度,从而导致电阻增大。

点缺陷可以影响晶体离子的导电性。晶体的离子电导率取决于晶体中热缺陷的多少以及缺陷在电场作用下的漂移速度的高低或扩散系数的大小。通过控制缺陷的多少可以改变材料的导电性能。

点缺陷除了与材料的电导率有关以外,还影响材料的比容、比热容等物理性质。①比容。为了在晶体内部产生一个空位,需将该处的原子移到晶体表面上的新原子位置,这就导致晶体体积和比容增加,密度减小。②比热容。由于形成点缺陷需向晶体提供附加的能量,因而引起附加比热容。

在一般情形下,点缺陷对晶体力学性能的影响较小,它只是通过和位错交互作用,阻碍位错运动而使晶体强化。但在高能粒子辐照的情形下,由于形成大量的点缺陷,会引起晶体显著硬化和脆化。

此外,点缺陷还与其他物理性质,如内耗、介电常数、光吸收与发射和力学性质等有关。在碱金属的卤化物晶体中,由于杂质或过多的金属离子等点缺陷对可见光的选择性吸收,会使晶体呈现色彩,这种点缺陷便称为色心。

4.3　缺陷化学反应方程式

点缺陷,包括本征缺陷、杂质缺陷及电子缺陷等,都可以看做是像原子和离子一样的类化学组元,它们作为物质的组分而存在,或者参加化学反应。

在晶体中,缺陷的相互作用可用缺陷反应方程式来表示,书写缺陷化学反应方程式时应遵循以下 4 条基本原则。

1. 格点增殖

当缺陷发生变化时,有可能引入 M 空位 V_M,也可能把 V_M 消除。当引入空位或消除空位时,相当于增加或减少 M 格点数。但发生这种变化时,要服从格点数比例关系。引起格点增殖的缺陷有：V_M、V_X、M_M、M_X、X_M、X_X 等。如发生肖特基缺陷时，晶体中原子迁移到晶体表面，在晶体内留下空位，增加了格点数目。但这种增殖在离子晶体中是成对出现的，因而它服从格点数比例关系。

2. 格点数比例关系

在给定化合物(M_aX_b)中，M 的格点数目必须永远与 X 的格点数目成正确比例。例如，在 Al_2O_3 中的 A1∶O=2∶3。只要保持比例不变，每一种类的格点总数可以改变。如果在实际晶体中，M 与 X 的比例不符合原有的格点比例关系，则表明晶体中存在缺陷。例如，TiO_2 中的 Ti∶O=1∶2，当它在还原气氛中，由于晶体中氧不足而形成 TiO_{2-x}，此时在晶体中生成氧空位，因而 Ti 与 O 的质量比由原来的 1∶2 变为 1∶$(2-x)$，而两者格点比仍为 1∶2，其中包括 x 个 V_O。

3. 质量平衡

缺陷反应方程式两边的物质的质量应保持平衡。注意缺陷符号的下标只是表示缺陷位置，对质量平衡无作用，如 V_A 只表示 A 位置上空位，它不存在质量。

4. 电中性

在缺陷反应前后，晶体必须保持电中性，即缺陷反应方程式两边的有效电荷应该相同。例如，TiO_2 在还原气氛中失去部分氧，生成 TiO_{2-x}的反应可写成

$$2TiO_2 \longrightarrow 2Ti'_{Ti} + V_O^{\cdot\cdot} + 3O_o + \frac{1}{2}O_2 \uparrow$$

上面的方程式表示晶体中的氧以电中性的氧分子形式逸出，同时在晶体中产生带正电荷的氧空位和与符号相反的带负电荷的 Ti'_{Ti}髓来保持电中性，方程式两边总有效电荷都等于零。Ti'_{Ti}可以看成是 Ti^{4+} 被还原为 Ti^{3+}，Ti^{3+} 占据了 Ti^{4+} 的位置，因而带一个有效负电荷。而 2 个 Ti^{3+} 替代了 2 个 Ti^{4+}，Ti∶O 由原来的 2∶4 变成 2∶3，因而晶体中出现了一个氧空位。须同时产生两个 K 离子空位。

4.4 线缺陷及其类型

晶体在结晶时受到杂质、温度变化或振动等产生的应力作用，或者晶体在使用时受到打击、切削、研磨等机械应力作用或高能射线辐照作用，使晶体内部质点排列变形，原子行列间相互滑移，不再符合理想晶格的有秩序的排列，从而形成线缺陷。它是已滑动区域与未滑动区域之间的分界。

4.4.1 伯格斯矢量

线缺陷的具体形式就是由于机械应力或晶体生长不稳定等原因，在晶体中引起部分滑移产生晶体位错。由位错引起的晶格中的相对原子位移用伯格斯矢量来表示。如图 4-7 所示伯格斯矢量通过如下步骤确定：

①定义一个沿位错线的正方向。

②构筑垂直于位错线的原子面。

③围绕位错线按顺时针方向画出伯格斯回路：从一个原子出发，按顺时针方向移动，到达终点原子。注意平行方向上移动的晶格矢量必须相同，如图中从左到右和从右到左都是 4，从上到下和从下到上都是 2。

④由于位错的存在，回路的起点和终点是不重叠的，从伯格斯回路的终点到起点画出的矢量就是伯格斯矢量 b。

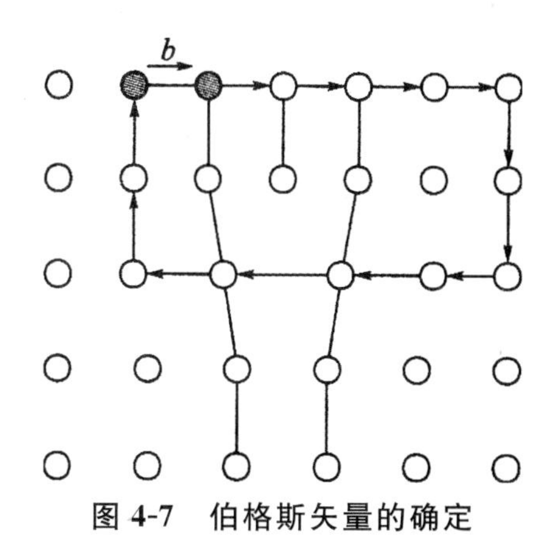

图 4-7　伯格斯矢量的确定

对同一位错来说，伯格斯回路的大小和取向并不影响伯格斯矢量。

4.4.2　位错的类型

线缺陷也叫位错，位错是晶体中存在着的重要缺陷，其特点是原子发生错排的范围，在一维方向上尺寸较大，而二维方向上尺寸较小，是一个直径为 3～5 个原子间距，长几百到几万个原子间距的管状原子畸形区。一般位错的几何形状很复杂，最简单的两种称作刃位错及螺位错。除此之外，还有混合位错。

1. *刃位错*

实际晶格中，如果单个原子面不能延伸整个晶体，即晶体内有一个原子面中断了，其中断处的边沿 E[图 4-8(a)]就是一个刃位错。在三维空间中，这个刃位错是与纸面垂直的原子线性排列。在位错附近的区域，原子排列显著偏离正常的晶格排列。由图 4-8(a)可见，晶体的上半部分由于嵌入了一个半平面 HE 而使原子间距被压缩，晶体的下半部分原子间距却稍为膨胀。在远离位错的区域，原子按严格的晶格周期来排列。刃位错的产生，可以想象为将一块晶体沿 $ABFE$ 切开到 FE 处，然后将切开的上部 $ABFEGH$ 向右推过一个原子间距后再粘合起来，如图 4-8(b)所示。经过推压滑移后的上部，成为 $A'B'FEGH$，其中 FE 是滑移部分与未滑移部分的分界线，该分界线附近的原子并不排列在正常晶格的位置，故 FE 就是刃位错。

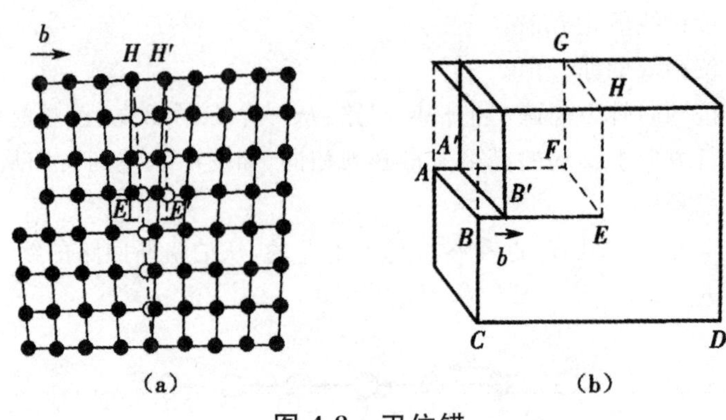

图 4-8　刃位错

(a)刃位结晶示意图;(b)刃位错体示意图

刃型位错的结构有以下特点。

①伯格斯矢量 b 与刃型位错线垂直。

②在位错的周围引起晶体的畸变,在多余半原子面的这一边,晶体受挤压缩变形,原子间距缩小;而另一边的晶体则受张拉膨胀变形,原子间距增大,从而使位错周围产生弹性应变,形成应力场。

③刃型位错有正负之分,把多余半原子面在滑移面上边的刃型位错,称为正刃型位错,用符号"⊥"表示;而把多余半原子面在滑移面下边的刃型位错,称为负刃型位错,用符号"⊤"表示。

④位错在晶体中引起的畸变在位错线处最大,离位错线越远晶格畸变越小。原子严重错排的区域只有几个原子间距,因此位错是沿位错线为中心的一个狭长管道。

2. 螺位错

位错线平行于滑移方向,则在该处附近原子平面扭曲为螺旋面,即位错线附近的原子是按螺旋形式排列的,这种晶体缺陷称为螺型位错。如图 4-9 所示,图中的伯格斯回路给出伯格斯矢量,与位错方向平行。

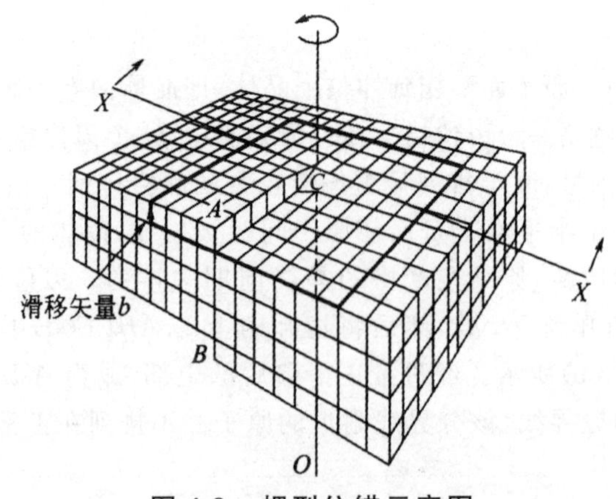

图 4-9　螺型位错示意图

螺型位错的形成如图 4-10,即将晶体沿某一端任一处切开,并对相应的平面 $BCFE$ 两边的晶体施加切应力，使两个切开面沿垂直晶面的方向相对滑移。这样，平面 $BCFE$ 是滑移面，滑移区边界 EF 就是螺型位错。

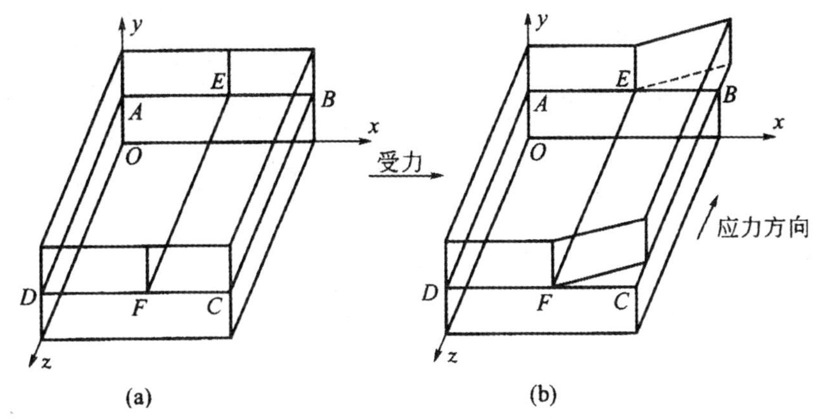

图 4-10 螺型位错形成示意图

螺型位错结构的特点有以下方面。

①伯格斯矢量 b 与螺型位错线平行。

②螺型位错只引起剪切畸变，而不引起体积膨胀和收缩。因为存在晶体畸变，所以在位错线附近也形成应力场。

③螺形位错分为左旋和右旋。根据螺旋面旋转方向，符合右手法则(即以右手拇指代表螺旋面前进方向，其他四指代表螺旋面的旋转方向)的称为右旋螺形位错，符合左手法则的称为左旋螺形位错。

④同样，离位错线距离越远，晶格畸变越小。螺型位错也是只包含几个原子宽度的线缺陷。

3. 混合型位错

在实际晶体中，很可能同时产生刃位错和螺位错，这种较为复杂的位错称为混合位错。如果局部滑移从晶体的一角开始，然后逐步扩大滑移范围，如图 4-11(a)所示。滑移区和未滑移区的交界为曲线 EF。由图 4-11(b)可见，在 E 处位错线与滑移方向平行，原子排列与图 4-9(b)相同，是纯螺型位错。在 F 处位错线与滑移方向垂直，是纯刃型位错，而在 EF 线上的其他各点，位错线与滑移方向既不平行又不垂直，原子排列介于螺型位错和刃型位错之间，所以称为混合型位错。

因此，混合型位错的结构特点是在位错线两点之间，伯格斯矢量 b 既不平行于位错线又不垂直于位错线。

利用特制的化学腐蚀剂腐蚀晶体表面，就能观察到位错端点处的腐蚀坑。单位面积上的腐蚀坑数就可直接量度位错密度。可以用光学显微镜、X 射线衍射、电子衍射和电子显微镜对晶体材料的位错进行直接观察或间接测定。

位错是晶体中常见的一种结构缺陷，对晶体的性质有很大的影响。位错的存在使晶体结构发生畸变，活化了晶格，使质点易于移动。位错和杂质质点的相互作用，使杂质质点容易在位错周围聚集，故位错的存在影响着杂质在晶格中的扩散过程。晶体的生长过程也可以用位错理论进行解释。

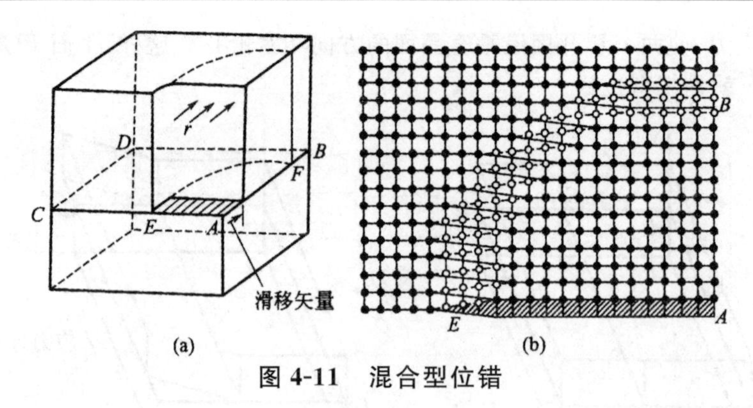

图 4-11　混合型位错

利用位错缺陷可以说明许多现象和晶体材料的性质。由于位错线附近晶格畸变，因而产生弹性应力场，如图 4-8(a)所示刃位错。上半部晶体受到压应力，而下半部则受到拉应力。因此，从力学性能来看，位错对材料性能的影响比点缺陷更大，对金属材料性能影响尤甚，可以说金属材料各种强化机制几乎都是以位错为基础的。同时由于位错线附近存在着较大的应力集中的应力场，而使这一区域的原子具有比其他区域的原子更高的能量，这对加速固体中的扩散过程及许多固体反应，诸如热分解、光分解、固体的快速反应、表面吸附、催化、金属的氧化反应以及高分子材料的固相聚合反应等，都具有很大的意义。因此对于晶体中位错的观察和研究已经得到广泛的重视。

4.4.3　位错的运动

位错运动分为滑移和攀移两种形式。在位错线滑移通过整个晶体后，将在晶体表面沿伯格斯矢量方向产生一个伯格斯矢量的滑移台阶，如图 4-12 所示。在滑移过程中，位错线沿着其各点的法线方向在滑移面滑移。三种类型的位错都可以发生滑移。

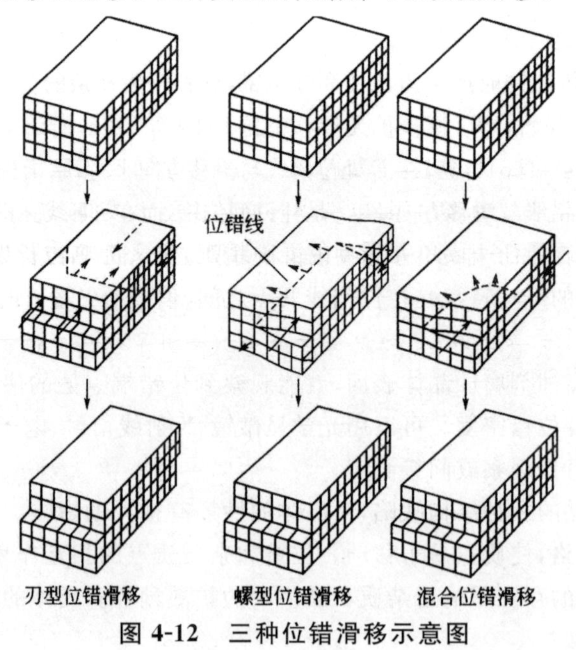

图 4-12　三种位错滑移示意图

攀移只发生在刃型位错，有正攀移和负攀移两种类型，如图 4-13 所示。攀移的运动方向与滑移面方向垂直。拉应力有利于负攀移，压应力有利于正攀移。

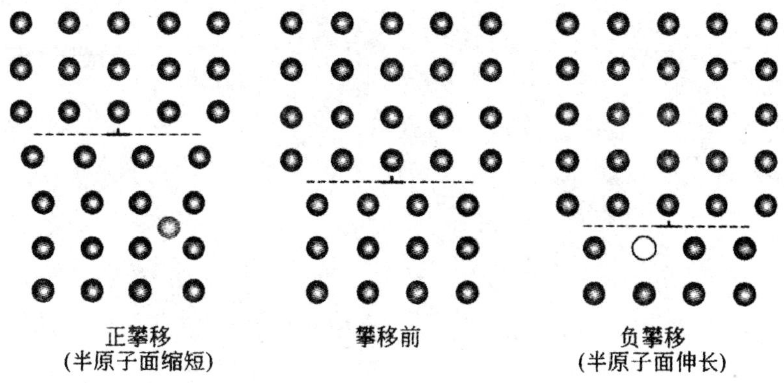

图 4-13　刃型位错攀移

4.5　面缺陷

4.5.1　晶体的表面

晶体中除了前面介绍的点缺陷和线缺陷之外，还有面缺陷。面缺陷是指在特定表面上晶体的平移对称性终止或间断，因此，晶界和晶体表面都可以看成是面缺陷。面缺陷对材料的性质有很大影响。我们知道晶体的表面结构对材料的催化性质以及光、电、磁等物理性质都有很大影响；近年来，纳米材料和膜材料科学飞速发展，当材料的颗粒或薄膜的尺寸小到一定程度，表面结构变得更加重要，这使得纳米材料和薄膜显示出很多不同于体相材料的性质，一些体相材料遵循的物理和化学规律，当材料的尺寸小到纳米数量级时会发生改变。这为材料科学提出了很多新的课题。

表面原子或离子的成键状态不同于体相。表面原子的配位数低，有一些空悬的化学键，使得表面自由能增加。通常人们把单位表面积的自由能增量定义为表面能系数 γ。当表面是自由表面时，体系将尽可能地减少表面积，以减小表面自由能。人们还用表面张力描述体系的表面性质，表面张力 γ 描述了任一面单元周界的受力情况，定义为单位长度所受的力。事实上，表面能系数 γ 与表面张力 γ 的数值和量纲都相同。不受约束条件下得到的晶体可以呈现出不同的外形，通常显露出的都是表面能比较低的低指数晶面。

确切地了解晶体表面的原子排列是比较困难的。最近，人们开始利用表面电子衍射和 X 射线衍射方法确定表面结构。我们以具有立方钙钛矿结构的 $SrTiO_3$ 为例。在不同条件下处理 $SrTiO_3$ 晶体，可以得到不同的表面超结构。在 950℃～1000℃高纯氧气氛下处理，$SrTiO_3$ 表面出现 2×1 的超结构，表面结构为正交晶系，晶胞参数分别为 $a'=2a$ 和 $b'=a$（a 是立方钙钛矿的晶胞参数）。在较高或较低温度下处理 $SrTiO_3$，则可以分别得到 4×2 和 6×2 类型的超结构。利用表面高分辨电镜和表面电子衍射方法可以研究材料的表面结构。图 4-14 给出了 $SrTiO_3$ 晶体表面 2×1 超结构的电子衍射和高分辨像。图 4-14(b)模拟图像中深色点对应于表面上的 Ti 离子。

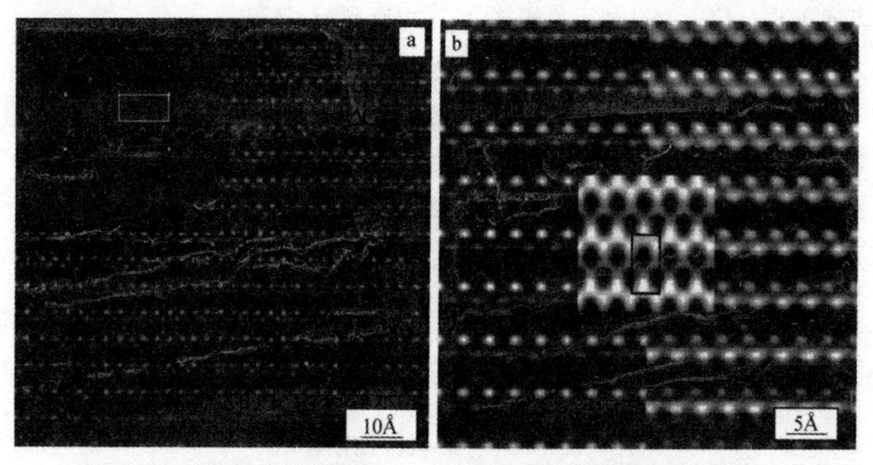

(a)除去体相图像后的高分辨像　　(b)经噪音处理和模拟的表面高分辨图像

图 4-14　$SrTiO_3$ 晶体 2×1 表面(001)的高分辨电镜图像

$SrTiO_3$ 晶体表面结构可以用二维空间群 $p2mg$ 描述，Ti 离子构成锯齿型双链[图 4-15(a)，(b)]。表面结构单元层中存在有 2 种钛离子和 4 种氧离子格位，组成为[Ti_2O_4]，其中的钛离子为五配位[图 4-15(c)]。研究还表明，在 4×2 和 6×2 超结构的表面中都包含这种锯齿型[Ti_2O_4]双链，因此，这种结构单元可以看成是钙钛矿表面的基本结构单元。

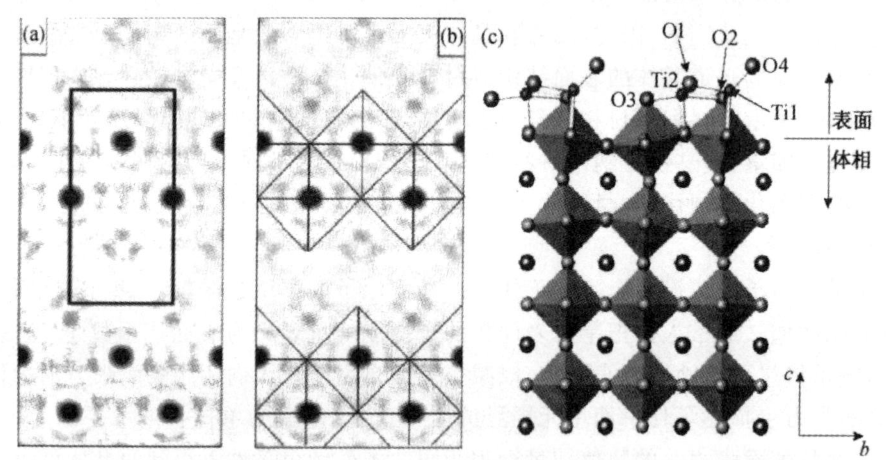

图 4-15　直接法确定 2×1 $SrTiO_3$ 表面(001)结构散射势场分布图[(a)和(b)]及 2×1 $SrTiO_3$ 表面(001)结构(c)

上面讨论的都是洁净的晶体表面。实际应用的晶体都处于一定的环境和气氛中，气相分子可以吸附在固体表面上，使固体表面结构发生变化。同时，异相催化反应主要是表面化学反应，因此，了解小分子在固体表面的排列方式和结构是非常重要的。非洁净表面的研究仍主要依赖于谱学方法，但近年来分子动力学和理论计算方法有了很大发展，可以利用理论方法模拟固体表面的吸附和脱附以及催化反应过程。例如，在图 4-16 给出了 Rh 的(111)表面上 CO 的吸附情况，CO 的碳原子与相邻的两个 Rh 原子成键，形成 2×2 表面超结构。总的来说，固体表面结构的研究仍然处于起步阶段，还有很多问题需要解决。

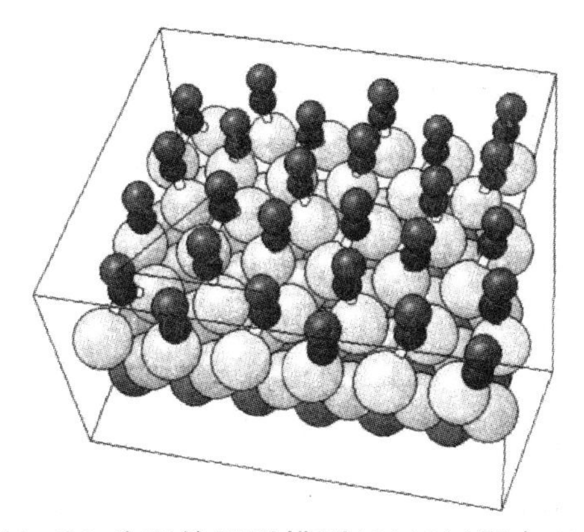

图 4-16　Rh(111)表面上 CO 分子的吸附模型(2×2)(取自 N 璐 T 表面结构数据库)

4.5.2　晶体的界面

晶界是一类常见的面缺陷。在多晶材料中，不同晶粒的结晶学取向不同，在晶粒的交界处出现晶界。图 4-17(a)是多晶材料晶粒分布的示意图。在制备实际材料时，人们常根据需要在体系中加入一些助熔剂或其他组分，因此，一些材料的晶界的组成和结构可能不同于体相。例如在稀土钕铁硼永磁材料中，除铁磁相 $Nd_2Fe_{14}B$ 之外，还有富钕相。富钕相主要出现在晶界处，对于提高材料的矫顽力是非常重要的。单一物相材料中也可以存在晶界，图 4-17(b)是具有 NaCl 结构的 NiO 中的晶粒间界，晶体的取向不同，形成具有一定倾角的晶界。晶界的存在对材料的性质有很大影响。在测量多晶样品的电学性质时，要考虑晶界的影响，因为晶界的电导率常常与材料体相的电导率不同。在实验中可以利用电导的频率特性把材料体相和晶界的电导分离开。广义上讲，晶体的切变结构和共生结构也可以看作是晶界，因为切变面和共生面的结构不同于体相，两者的物理性质也不同。

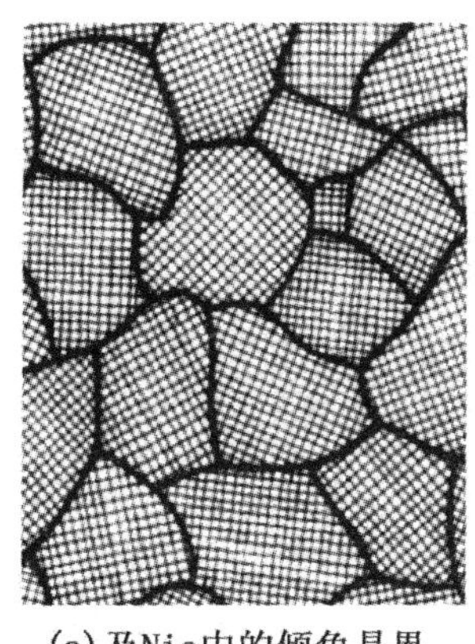

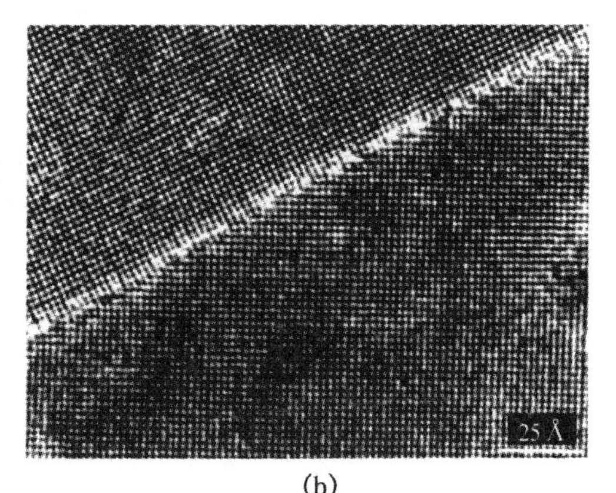

(a)及Nio中的倾角晶界　　(b)

图 4-17　多晶材料中晶界示意图

结晶学切变在很多结构中存在，事实上，很多过去被认为是点缺陷造成的非整比化合物实际具有结晶学切变结构。例如，在还原条件下处理 TiO_2 化合物可以得到一系列 TiO_{2-x} 物相，现在知道其中的很多物相是具有结晶学切变结构的分立化合物。为说明结晶学切变结构的特点，在图 4-18 给出了 ReO_3 型结构中的几种可能结晶学切变结构的示意图。在理想的 ReO_3 结构中，八面体共用所有的顶点。结晶学切变是在一些特殊的晶面上，晶体发生错动，在切变面上产生共边连接的八面体。共边连接八面体的数目与切变面的取向有关。在(101)面的结晶学切变结构中，在切变面上的一对八面体共边连接。图中同时给出了沿(201)和(301)方向的结晶学切变示意图。可以看到，当结晶学切变面为(h01)时，切变面上的共有 h 对共边八面体。共边八面体的存在，使化合物的组成偏离 ReO_3。共边越多，组成的偏离越大。容易出现这类非化学计量化合物的体系有 ReO_3、WO_3、MOO_3 和 TiO_2 等。

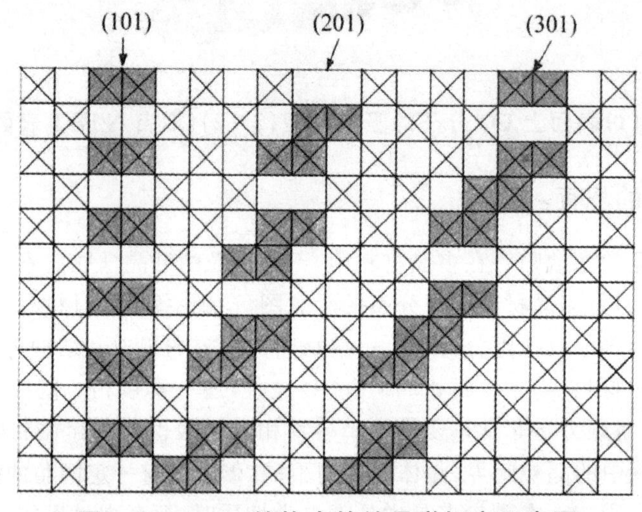

图 4-18　ReO_3 结构中的结晶学切变示意图

另一类重要的结晶学界面是共生化合物中不同结构类型之间的界面。之所以把共生化合物中的晶面也归结到界面是因为不同结构层的性质可以有很大不同，因而从性质上看，共生化合物可以看成是不同结构层构成的超结构。共生结构是由两种不同结构类型沿一定方向交替排列构成的。共生结构的一个必要条件是两种结构类型的某些晶面上的原子排列方式类似，在形成共生结构时，这些晶面上的原子无需做大的调整。我们曾介绍了四方和六方钙钛矿共生化合物。图 4-19 中的 $Li_{9.5}Nd_{4.4}Ti_{7.1}O_{30}$ 也是一个六方共生钙钛矿的例子。结构是由六方钙钛矿结构的 $LiNbO_3$ 和刚玉结构的 Ti_2O_3 交替排列构成。从化合物的高分辨电镜可以清楚地看到钙钛矿和刚玉层的排列情况。另外，在有些共生化合物中，两种结构单元层的排列并非严格有序，这就构成了沿一定方向无序排列的共生化合物，这种情况在共生化合物中很常见。

4.5.3　孪晶

在晶体生长和制备过程中，晶体会沿某种对称操作共生，形成孪晶。孪晶体的两部分是用对称操作相关联的，对称操作可以是镜面、旋转轴或对称中心，因此，孪晶可以看成是在晶体中加入了某种新的对称操作。值得注意的是，这些对称操作一定是独立的，不能与晶体结构所属空间群中的任何对称操作相关联，同时，这些新加入的对称操作也必须是结晶学允许的。例如，图 4-20 是在单斜晶系晶体中加入了镜面对称性。加入的镜面是沿晶体的(001)方向。我们知道单斜晶系只是沿 b 轴方向存在二次轴或镜面[图 4-20(a)]。因此，所加入的镜面是独立的。镜面对称操作使晶体的两个部分进一步关联，得到图 4-20(b)所示的孪晶。

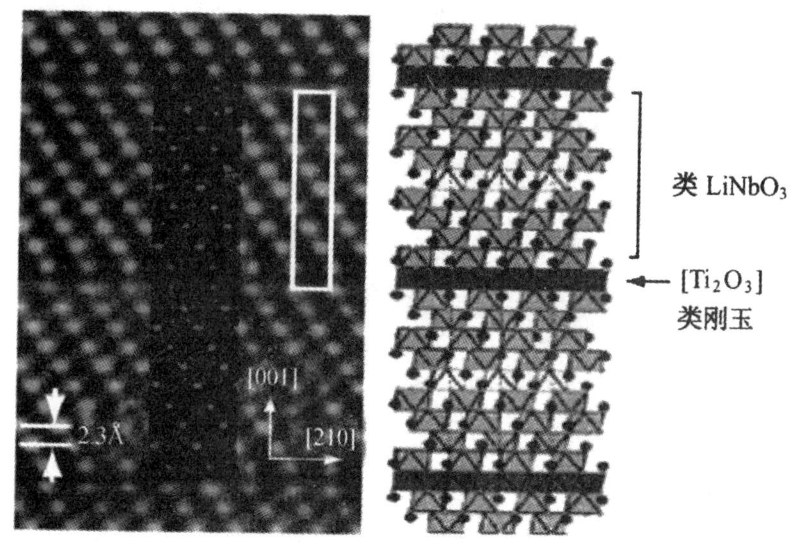

图 4-19　六方共生钙钛矿 h 的高分辨电镜图像和晶体结构

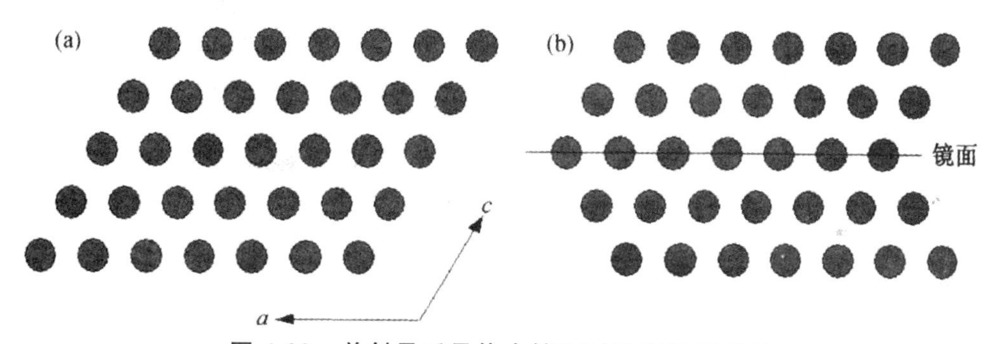

图 4-20　单斜晶系晶体中镜面对称孪晶示意图

孪晶之间的界面不同于晶粒间界，在孪晶中，晶格仍然可以看成是连续的，只是增加了一个附加对称操作。在晶体生长过程中，当外界条件发生波动时，常常会出现孪晶现象。孪晶之间的对称关联是有限的，晶体的对称性不同以及附加对称操作不同，会出现不同的孪晶，孪晶之间的对称性关系场称作孪晶规律(twin-law)。图 4-21 给出了一些常见的孪晶，其中的(a)、(b)、(c)和(d)为单斜晶系晶体的孪晶，孪晶的对称面分别为 a(001)、b(001)、c(021)和 d(100)；(e)、(f)和(g)为正交晶系晶体的孪晶，对称操作分别沿 e(110)、f(031)和 g(231)；(h)和(i)为四方晶系晶体的孪晶，对称操作分别都是沿(011)方向；(j)和(k)为六方晶系晶体的孪晶，对称操作分别沿(0001)和($11\bar{2}0$)方向；(l)、(m)和(n)为立方晶系晶体的孪晶，对称操作分别沿($\bar{1}\,\bar{1}1$)、(111)和(001)方向。应当注意的是，实际晶体的外形并不一定如图所示的一样，在很多情况下，孪晶是多重的，有时孪晶的厚度只有几百个原子层，使晶体外形看似具有更高的对称性。图 4-21(p)给出了一个多重孪晶的示意图。

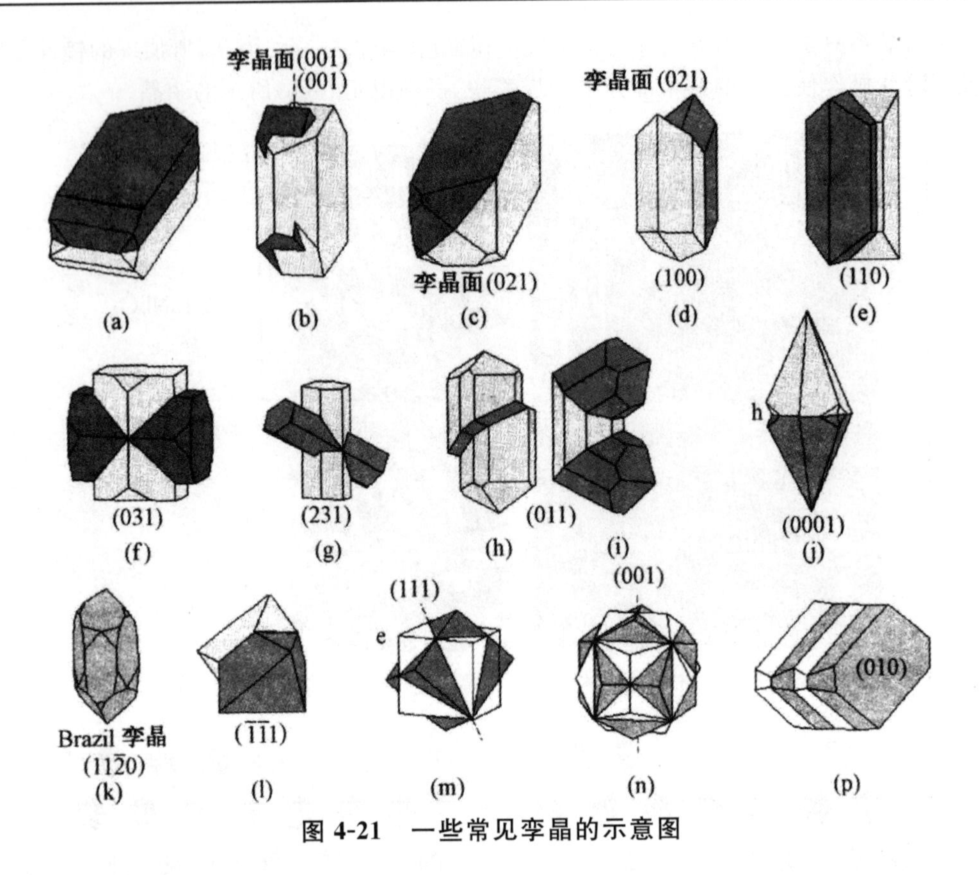

图 4-21　一些常见孪晶的示意图

第5章　无机材料的表面与界面

5.1　固体的表面

5.1.1　固体表面力场

晶体中每个质点周围都存在着一个力场。在晶体内部，质点处在一个对称力场中，质点所受四周临近质点的作用力是对称的，各个方向的力彼此抵消。但在晶体表面，质点排列的周期性重复被中断，表面上的质点一方面受到内部质点的作用，另一方面又受到性质不同的另一相中物质分子(原子)的作用，使表面质点的力场对称性被破坏，表现出剩余的键力，这就是固体的表面力。

表面力分为范德瓦尔斯力、长程力、静电力、毛细管表面力、接触力等。

1. 范德瓦尔斯力

范德瓦尔斯力又称为分子引力，它是固体表面产生物理吸附和气体凝聚的原因。分子引力与液体内压、表面张力、蒸气压、蒸发热等性质密切相关。

范氏力主要来源于三种不同的力：定向作用力(静电力)，诱导作用力，分散作用力(色散力)。定向作用力是分子的固有偶极间的作用力，它的大小与分子的极性和温度有关。极性分子的偶极矩愈大，定向作用力愈大；温度愈高，定向作用力愈小。诱导力是分子的固有偶极与诱导偶极间的作用力，它的大小与分子的极性和变形性等有关。色散力是分子的瞬时偶极间的作用力，它的大小与分子的变形性等因素有关。一般分子量愈大，分子内所含的电子数愈多，分子的变形性愈大，色散力亦愈大。对于不同的物质，上述三种作用并非均等。例如对于非极性分子，定向作用力和诱导作用力很小而主要是色散力。实验证明，对大多数分子来说，色散力是主要的；只有偶极矩很大的分子(如水)，定向作用力才是主要的；而诱导力通常是很小的。范氏力是普遍存在于分子或原子之间的一种力，它与分子间距离的六次方成反比，这说明分子间引力的作用范围极小，一般约为0.3～0.5nm。当两个分子过分靠近而引起的电子层间的斥力约等于B/r^{12}，可见与上述分子引力相比，这种斥力随距离的递减速率要大10^6倍，故范氏力通常只表现出引力作用。

2. 长程力

按作用原理的不同，长程力分为两类。一类是依靠粒子间的电场传播的，如色散力，它可以简单加和，一个原子和一块面积无限、厚度无限的平板之间总的作用力，可以通过这块板上每一个原子色散力的总和来求得。当要求不太严格，并且原子到平板之间的距离远大于原子直径时，这种加和可以近似地用积分代替。另一类是通过一个分子到另一个分子逐个传播而达到长距离的，如诱导力，诱导偶极矩在传播时，相互作用能随层数的增加而以指数规律衰减，且只与被吸附物质的极化率有关，而与固体表面的极化率无关。

3. 静电力

静电力是表面吸附离子后带电，从而在两个表面间产生的库仑作用力。一个不带电的颗粒，只要它的介电常数比周围的介质大，就会被另一个带电颗粒吸引。库仑作用是一种很强的长程作用，因此静电力是所有表面力中最强的一种，它存在时，系统的性质主要由它来决定。

4. 毛细管表面张力

毛细管表面力是由两个表面间的液相产生的一种引力，它是一种比较大的表面力，微细粉末处于湿度比较大的环境下，粉体表面吸水并产生毛细管力，会立即黏结成块。

5. 接触力

短程表面力也称接触力，是表面间距离非常近时，表面上原子的电子发生转移或重叠形成化学键或氢键，产生的强的短程吸引力，但进一步靠近时，则产生极短的斥力(内层电子云重叠)。接触力对颗粒凝聚后的分布、附着力、断裂、摩擦等都有重要作用。

表面力对材料工程有着重要影响。极性溶剂中溶入颗粒，颗粒能保持一定距离而不凝聚，形成稳定的胶体状态，主要是电偶极矩层的排斥表面力和色散吸引表面力的平衡作用。弄清表面的电荷机理，就可以控制表面力，从而决定颗粒是否作为胶体状分布或凝集。在应用上，通过温度、pH 值、表面活性剂来控制电荷浓度，从而控制粉体颗粒的大小和分布。

表面力在高温过程中也有很大的作用。例如陶瓷材料在烧结初期，毛细管表面力使陶瓷致密化，烧结后期，溶解表面力和结构表面力能决定晶界相的厚度，从而影响陶瓷的性能。陶瓷表面的金属化层的附着力与陶瓷—金属交界面的表面力有直接关系，陶瓷金属化通常在高温下进行，可以通过扩散和化学反应来加强表面力。

5.1.2 固体表面结构

通常所说的固体表面是指整个大块晶体的三维周期性结构与真空之间的过渡层，它包括所有与体相内三维周期性结构相偏离的表面原子层，一般是一到几层，厚度约为 0.5～2.0nm，可以把它看成一种特殊的相——表面相。所谓表面结构，就是指表面相中的原子组成排列方式。由于表面原子相互作用及表面原子与外来杂质原子的相互作用，若使体系的能量处于最小，表面相中的原子组成和排列与体相中将会有所不同，这种差别通常包括：①表面弛豫；②表面重构；③表面台阶结构等。

迄今为止，大约有 100 多种表面结构已被确定，这里包括同一晶体的不同晶面和同一晶面上吸附不同物质都算作不同的表面结构。

1. 离子晶体表面结构

由于固体表面质点的境遇不同于内部，在表面力作用下使表面层结构也不同于内部。固体表面结构可从微观质点的排列状态和表面几何状态两方面来描述。前者属于原子尺寸范围的超细结构；后者属于一般的显微结构。

表面力的存在使固体表面处于较高能量状态。但系统总会通过各种途径来降低这部分过剩的能量，这就导致表面质点的极化、变形、重排并引起原来晶格的畸变。液体总是力图形成球形表面来降低系统的表面能，而晶体由于质点不能自由流动，只能借助离子极化或位移来实现，这就造成了表面层与内部的结构差异。对于不同结构的物质，其表面力的大小和影响不同，因而表面结构状态也会不同。

威尔等人基于结晶化学原理，研究了晶体表面结构，认为晶体质点间的相互作用和键强是影响表面结构的重要因素。

对于 MX 型离子晶体，在表面力的作用下，离子的极化与重排过程如图 5-1 所示。处于表面层的负离子（X^-）只受到上下和内侧正离子（X^+）的作用，而外侧是不饱和的。电子云将被拉向内侧的正离子一方而极化变形，使该负离子诱导成偶极子，如图 5-1(b)所示，这样就降低了晶体表面的负电场。接着，表面层离子开始重排以使之在能量上趋于稳定。为降低表面能，各离子周围作用能应尽量趋于对称，因而 X^+ 在内部质点作用下向晶体内靠拢，而易极化的 X^- 受诱导极化偶极子排斥而被推向外侧，从而形成表面双电层，如图 5-1(c)所示。与此同时，表面层中的离子间键性逐渐过渡为共价键性，其结果，固体表面好象被一层负离子所屏蔽，并导致表面层在组成上成为非化学计量的。

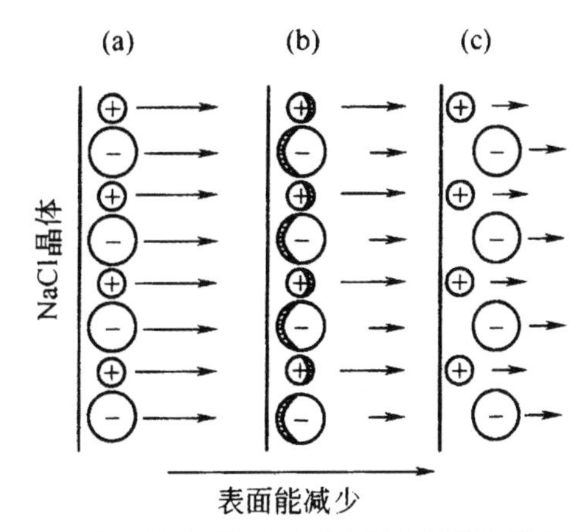

图 5-1　离子晶体表面的电子云变形和离子重排

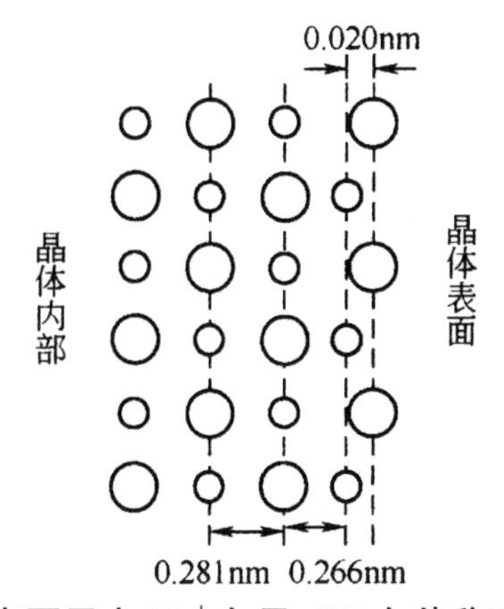

图 5-2　NaCl 表面层中 Na^+ 向里、Cl^- 向外移动并行成双电层

图 5-2 是维尔威以氯化钠晶体为例所作的计算结果。由图可以看到，在 NaCl 晶体表面，最外层和次层质点面网之间 Na^+ 离子的距离为 0.266nm，而 Cl^- 离子间距离为 0.286nm，因而形成一个厚度为 0.020nm 的表面双电层。这样的表面结构已被间接地由表面对 Kr 的吸附和同位素交换反应所证实。此外，在真空中分解 $MgCO_3$ 所制得的 MgO 粒子呈现相互排斥的现象也是一个例证。

图 5-2 表明，NaCl 晶体表面最外层与次外层，以及次外层和第 3 层之间的离子间距(即晶面间距)是不相等的，说明由于上述极化和重排作用引起表面层的晶格畸变和晶胞参数的改变。而随着表面层晶格畸变和离子变形又必将引起相邻的内层离子的变形和键力的变化，依次向内层扩展，但这种影响将随着向晶体内部深入而递减。本生等人计算了 NaCl(100)面的离子极化递变情况，如图 5-3 所示。图中正号表示离子垂直于晶面向外侧移动，负号反之。箭头的大小和方向示意表示相应的离子极化电矩。结果表明，在靠近晶体表面约 5 个离子层的范围内，正负离子都有不同程度的变形和位移。负离子(Cl^-)总趋于向外位移；正离子(Na^+)则依第一层向内，第二层向外交替地位移。与此相应的正、负离子间的作用键强也沿着从表面向内部方向交替地增强和减弱；离子间距离交替地缩短和变长。因此与晶体内部相比，表面层离子排列的有序程度降低了，键强数值分散了。不难理解，对于一个无限晶格的理想晶体，应该具有一个或几个取决于晶格取向的确定键强数值。然而在接近晶体表面的若干原子层内，由于化学成分、配位数和有序程度的变化，则其键强数值变得分散，分布在一个甚宽的数值范围。这种影响可以用键强 B 对导数 dN/dB(N 为键数目)作图，所得的分布曲线示于图 5-4。可见，对于理想晶体(或大晶体)，曲线是很陡峭的，而对于表面层部分(或微细粉体)，曲线则变得十分平坦。

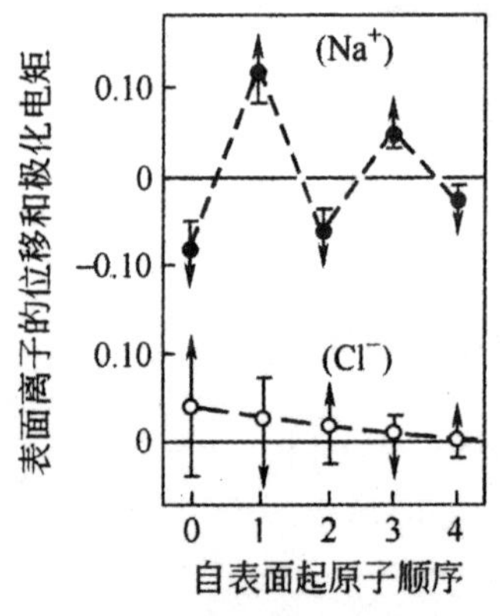

图 5-3 NaCl(100)面的离子极化速变

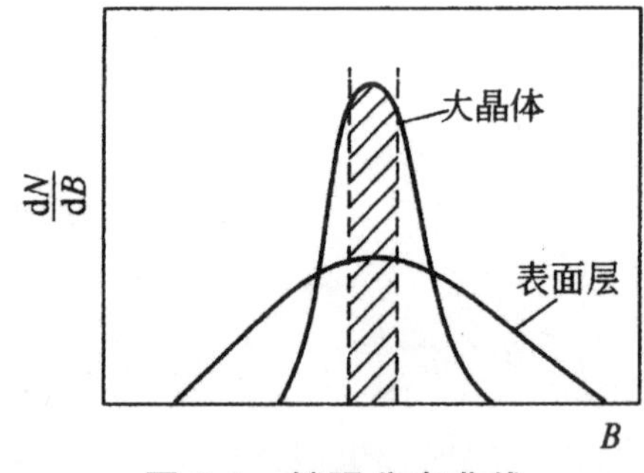

图 5-4 键强分布曲线

当晶体表面最外层形成双电层以后，将会对次内层发生作用，并引起内层离子的极化与重排，这种作用随着向晶体的纵深推移而逐步衰减。表面效应所能达到的深度，与负、正离子的半径差有关，如 NaCl 那样的半径差时，大约延伸到第五层；半径差小者，则大约到 2～3 层。可以预期，对于其他由半径大的负离子与半径小的正离子组成的化合物，特别是金属氧化物，如 Al_2O_3、SiO_2 等也会有相应效应，也就是说，在这些氧化物的表面，可能大部分由氧离子组成，正离子则被氧离子所屏蔽。而产生这种变化的程度主要取决于离子极化性能。由表 5-1 所列化合物的表面能和硬度数据可知，PbI_2 的表面能和硬度最小，PbF_2 次之，CaF_2 最大。这

正因为 Pb^{2+} 与 I^- 都具有大的极化性能，双电层增厚导致表面能和硬度都降低。当用极化性能较小的 Ca^{2+} 和 F^- 依次置换 PbI_2 中的 Pb^{2+} 和 I^- 离子时，则相应的表面能和硬度迅速增加，可以预料相应的表面双电层厚度将减小。

表 5-1　某些晶体中离子极化能与表面能的关系

化合物	表面能/(J/m^2)	硬度	化合物	表面能/(J/m^2)	硬度
PbI_2	0.130	很小	PbI_2	1.250	2.5～3.5
Ag_2CrO_4	0.575	2	Ag_2CrO_4	1.400	3～3.5
PbF_2	0.900	2	PbF_2	2.500	4

从已知的氧化物表面结构来看，一般都出现重构。这是由于非化学计量的诱导和氧化态变化这两方面因素造成的。现以 TiO_2(100)的变化为例，说明非化学计量诱导的表面重构：当样品加热时，氧自表面丢失，表面结构形成一系列(1×3)、(1×5)和(1×7)单胞形式的变化，若将(1×7)结构表面在氧中加热，又会恢复到(1×3)表面结构。由此可见，TiO_2(100)表面结构的变化与表面层丢失氧和形成有序氧空穴有关。Bickel 等研究过 $SrTiO_3$ 晶面，其表面结构是温度和制备条件的函数。对 $SrTiO_3$ 加热后，表面的 Ti^{3+} 的浓度明显地改变，结构也改变。在 900K 退火时，低能电子衍射(LEED)图像的斑点稍微有点增宽和移动；在 1300K 加热 5min，C(2×2)上部将可能出现杂质的偏析。在 O_2 和 H_2 中经 1400K 连续退火后，局部出现的杂质偏析将消失。以后，在 1300K 或更高温度下加热，在(1×1)图像中衍射斑点变得尖细和低背景。

上述的晶体表面结构的概念，可以较方便地用以阐明许多与表面有关的性质，如烧结性、表面活性和润湿性等。同时可以应用 LEED 等实验方法，直接测得晶体表面的超细结构。

2. 粉体表面结构

粉体一般是指微细的固体粒子集合体。它具有极大的比表面积，因此表面结构状态对粉体性质有着决定性影响。在硅酸盐材料生产中，通常把原料加工成微细颗粒，以便于成形和高温反应的进行。

粉体在制备过程中，由于反复地破碎，所以不断形成新的表面。而表面层离子的极化变形和重排使表面晶格畸变，有序性降低。因此，随着粒子的微细化，比表面积增大，表面结构的有序程度受到越来越强烈的扰乱并不断向颗粒深部扩展，最后使粉体表面结构趋于无定形化。基于 X 射线、热分析和其他物理化学方法对粉体表面结构所作的研究测定，曾提出以下两种不同的结构模型。

(1)无定形结构模型

认为粉体表面层是无定形结构。对于性质相当稳定的石英(SiO_2)矿物，曾进行过许多研究。例如把经过粉碎 SiO_2，用差热分析方法测定其 573℃时 $\beta-SiO_2 \rightleftharpoons \alpha-SiO_2$ 相变时发现，相应的相变吸热峰面积随 SiO_2 粒度而有明显的变化。当粒度减小到 5～10μm 时，发生相转变的石英量就显著减少。当粒度约为 1.3μm 时，则仅有一半的石英发生上述的相转变。但是如若将上述石英粉末用 HF 处理，以溶去表面层，然后重复进行差热分析测定，则发现参与上述相变的石英量增加到100%。这说明石英粉体表面是无定形结构。因此随着粉体颗粒变细，表面无定形层所占的比例增加，可能参与相转变的石英量就减少了。据此，可以按热分析的定量数据估计其表面层厚度约为0.11～0.15μm。同样，应用无定形结构模型也可以阐明粉体的X射线谱线强度明显减弱的现象。此外，密度测定数据也支持了关于无定形结构的观点。图5-4是在空气中粉碎的石英粉体的密度与粒径的变化关系。可以看出，当粒径大于0.5mm时，石英密度与正常值(约$2.65g/cm^3$)一致并保持稳定，而当粒径小于0.5mm后，密度则迅速减小。由于晶体石英和无定形态石英的密度分别为$2.65g/cm^3$和$2.203g/cm^3$，则可从实测的石英粉体密度值计算出表面无定形层厚度δ_1。及其所占的质量百分数，其结果示于图5-5。无定形层含量和粉体密度均随粒径呈线性变化，而表面无定形层厚度则在某一粒径范围内呈现极值。即当粒径约为200μm左右，表面无定形层最厚，继续增大粒径，无定形层就迅速减薄乃至消失。这与粉状物料通常在达到某一比表面值(约$1m^2/g$)后，便会显示出与活性有联系的种种特征的这一事实可能是相关联的。

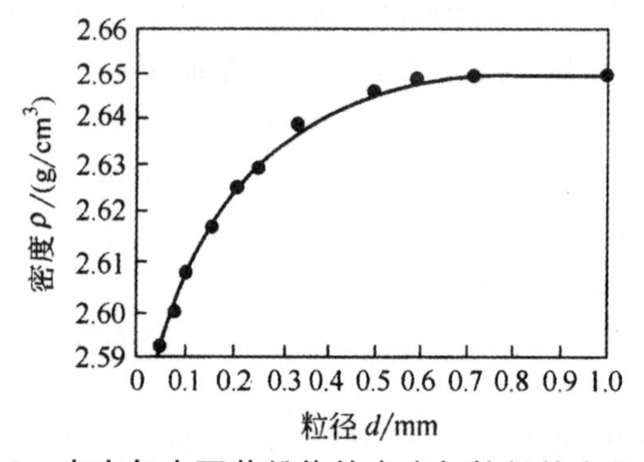

图5-5　在空气中石英粉体的密度与粒径的变化关系

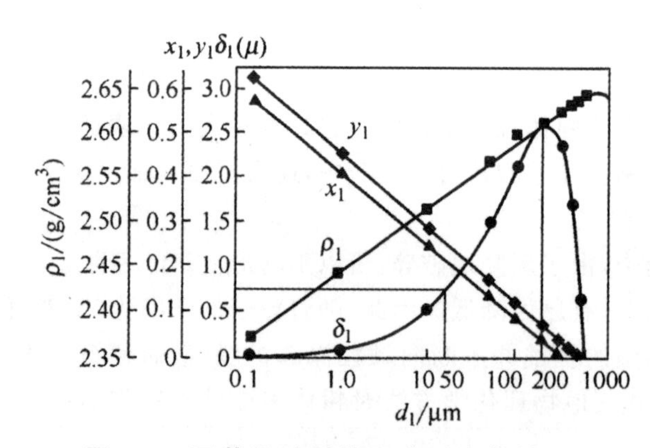

图5-6　石英粉碎时的无定形变化结果

x_1、y_1—分别是无定形质和体积百分数；

δ_1—表面无定形层厚度；ρ_1—密度；d_1—粒径

(2)微晶结构模型

认为粉体表面层是粒度极小的微晶结构。对粉体进行更精确的X射线和电子衍射研究发现，其X射线谱线不仅强度减弱，而且宽度明显变宽。因此认为粉体表面并非无定形态，而是覆盖了一层尺寸极小的微晶体，即表面是呈微晶化状态。由于微晶体的晶格是严重畸变的，晶格常数不同于正常值而且十分分散，这才使其 X 射线谱线明显变宽。此外，对鳞石英粉体表面的易溶层进行的 X 射线测定表明，它并不是无定形质；从润湿热测定中也发现其表面层存在有硅醇基团。

上述两种观点都得到一些实验结果的支持，似有矛盾。但如果把微晶体看作是晶格极度变形的微小晶体，那么它的有序范围显然也是很有限的。反之，无定形固体也远不像液体那样具有流动性。因此这两个观点与玻璃结构上的无规则连续网络学说与微晶学说也许可以比拟。如果是这样，那么两者之间就可能不会是截然对立的。

3. 玻璃表面结构

玻璃也同样存在着表面力场，其作用影响与晶体相类似。而且由于玻璃比同组成的晶体具有更大的内能，表面力场的作用往往更为明显。

从熔体转变为玻璃体是一个连续过程。但却伴随着表面成分的不断变化，使之与内部显著不同。这是因为玻璃中各成分对表面自由能的贡献不同。为了保持最小表面能，各成分将按其对表面自由能的贡献能力自发地转移和扩散。其次，在玻璃成形和退火过程中，碱、氟等易挥发组分自表面挥发损失。因此，即使是新鲜的玻璃表面，其化学成分、结构也会不同于内部。这种差异可以从表面折射率、化学稳定性、结晶倾向以及强度等性质的观测结果得到证实。

对于含有较高极化性能的离子，如 Pb^{2+}、Sn^{2+}、Sb^{3+}、Cd^{2+} 等的玻璃，其表面结构和性质会明显受到这些离子在表面的排列取向状况的影响。这种作用本质上也是极化问题。例如铅玻璃，由于铅原子最外层有 4 个价电子（$6s^2$、$6p^2$），当形成 Pb^{2+} 时，因最外层尚有两个电子，对接近它的 O^{2-} 离子产生斥力，致使 Pb^{2+} 离子的作用电场不对称：即与 O^{2-} 离子相斥一方的电子云密度减少，在结构上近似于 Pb^{4+}，而相反一方则因电子云密度增加而近似呈 Pb^0 状态。这可视作为 Pb^{2+} 离子以 $2Pb^{2+} \rightleftharpoons Pb^{4+} + Pb^0$ 方式被极化变形。在不同条件下，这些极化离子在表面取向不同，则表面结构和性质也不相同。在常温时，表面极化离子的电偶极矩通常是朝内部取向以降低其表面能。因此常温下铅玻璃具有特别低的吸湿性。但随温度升高，热运动破坏了表面极化离子的定向排列，故铅玻璃呈现正的表面张力温度系数。图 5-7 是分别用 0.5mol/L 的 Cu^{2+}、Cd^{2+}、Zn^{2+}、Pb^{2+} 盐溶液处理过的钠钙硅酸盐玻璃粉末，在室温、98%相对湿度的空气中的吸水速率曲线。可以看到，不同极化性能的离子进入玻璃表面层后，对表面结构和性质的影响。

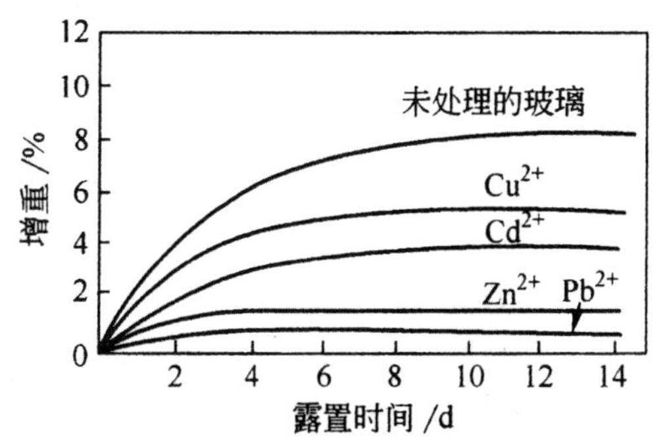

图 5-7　表面处理对钠钙硅酸盐玻璃吸水率的影响

应该指出，以上讨论的各种表面结构状态都是指“清洁”的平坦的表面而言。因为只有清洁平坦表面才能真实地反映表面的超细结构。这种表面可以用真空加热、镀膜、离子轰击或其他物理和化学方法处理而得到。但是实际的固体表面通常都是被“污染”了的。这时，其表面结构状态和性质则与沾污的吸附层性质密切相关，这将在以后进一步讨论。

4. 固体表面的结合结构

图 5-8 是一个拥有面心立方结构的晶体表面构造。详细描述了(100)、(010)、(111)三个低指数面上原子的分布状态。可以看到，但随着结晶面的不同，表面上原子的密度也不同。各个晶面上原子的密度如表 5-2 所示。(100)、(010)、(111)三个晶面上原子的密度存在着很大的差别，这也是不同界晶面上吸附性、晶体生长、溶解度及反应活性不同的原因。

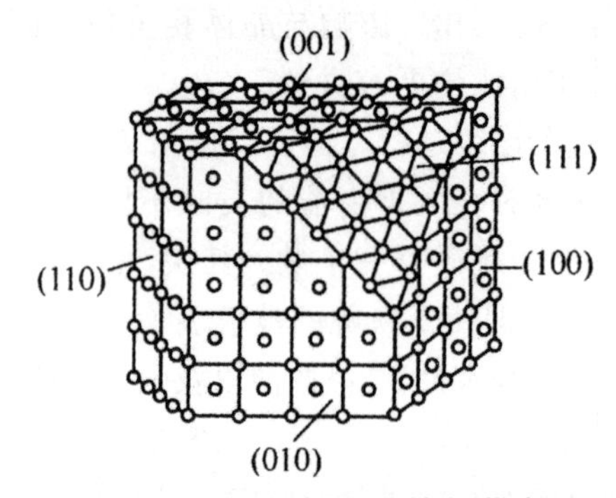

图 5-8 面心立方晶格的低指数面

表 5-2 结晶面、表面原子密度及邻近原子数

构造	结晶面	表面密度	最邻近原子	次近邻原子	构造	结晶面	表面密度	最邻近原子	次近邻原子
简单立方	(100)	0.785	4	1	体心立方	(111)	0.340	0	4
	(110)	0.555	2	2	面心立方	(111)	0.907	6	3
	(111)	0.45	0	3		(100)	0.785	4	4
体心立方	(110)	0.833	4	2		(110)	0.555	2	5
	(100)	0.589	0	4					

5.1.3 固体表面能

表面能是每增加单位表面积时，体系自由能的增量。表面张力是扩张表面单位长度所需要的力。单位面积的能量和单位长度的力是等量纲的 J/m。—N · m/m^2—N/m。在液体中，原子和原子团易于移动，拉伸表面时，液体原子间距离并不改变，附加原子几乎立即迁移到表面。所以，与最初状态相比，表面结构保持不变。因此液体表面张力和表面能在数值上是相等的。只是同一事物从不同角度提出的物理量。在考虑界面性质的热力学问题时，用表面能恰当，而在分析各种界面交接时的相互作用以及它们的平衡关系时，则采用表面张力较方便。在

液体中这两个概念常交替使用。然而，对于固体，仅仅当缓慢的扩散过程引起表面或界面面积发生变化时，例如晶粒生长过程中晶界运动时，上述两个量在数值上相等。如果引起表面变形过程比原子迁移速率快得多，则表面结构受拉伸或压缩而与正常结构不同，在这种情况下，表面能与表面张力在数值上不相等。

要形成一个新表面，外界必须对体系做功，因此表面粒子的能量高于体系内部粒子的能量，高出部分的能量通常称为表面过剩能，简称表面能。由于固体表面不像液体表面那样平滑，无论怎样加工，仍存在一定的粗糙度或台阶式的表面，即固体表面是凹凸不平的，因而固体表面上各处的表面能不一定相等。另一方面，对于各向异性的晶体，由于各个方向上的晶面面网密度不同，其表面能亦随方向而不同。

固体的表面能可以通过实验测定或理论计算法来确定。较普遍采用的实验方法是将固体熔化，测定液态表面张力与温度的关系，作图外推到凝固点以下来估算固体的表面张力。理论计算比较复杂，下面介绍两种近似的计算方法。

1. 共价键晶体表面能

共价键晶体不必考虑长程力的作用，表面能（u_s）即是破坏单位面积上的全部键所需能量的一半。

$$u_s=\frac{1}{2}u_b$$

式中，u_b 为破坏化学键所需能量。

以金刚石的表面能计算为例，若解理面平行于(111)面，可计算出每平方米上有 1.83×10^{19} 个键，若取键能为 376.6kJ/mol，则可算出表面能为：

$$u_s=\frac{1}{2}\times1.83\times10^{19}\times\frac{376.6\times10^3}{6.022\times10^{23}}=5.72\text{J/m}^2$$

2. 离子晶体的表面能

每个晶体的自由能都是由两部分组成：体积自由能和一个附加的过剩界面自由能。为了计算固体的表面自由能，取真空中绝对零度下一个晶体的表面模型，并计算晶体中一个原子（或离子）移到晶体表面时自由能的变化。在 0K 时，这个变化等于一个原子（或离子）在这两种状态下的内能之差 $(\Delta U)_{S,V}$，以 u_{ib} 和 u_{is} 分别表示第 i 个原子（或离子）在晶体内部与在晶体表面上时，和最邻近的原子（离子）的作用能，用 n_{ib} 和 n_{is} 分别表示第 i 个原子在晶体内部和表面上时，最邻近的原子（离子）的数目（配位数）。无论从体内或从表面上拆除第 i 个原子都必须切断与最邻近原子的键。对于晶体中每取走一个原子所需能量为 $u_{ib}\cdot n_{ib}/2$，在晶体表面则为 $u_{is}\cdot n_{is}/2$。这里除以 2 是因为每一个键是同时属于两个原子的，因为 $n_{ib}>n_{is}$，而 $u_{ib}\approx u_{is}$，所以，从晶体内取走一个原子比从晶体表面上取走一个原子所需能量大。这表明表面原子具有较高的能量。以 $u_{ib}=u_{is}$，得到第 i 个原子在体内和表面上两个不同状态下内能之差为：

$$(\Delta U)_{S,V}=\left[\frac{u_{ib}\cdot n_{ib}}{2}-\frac{u_{is}\cdot n_{is}}{2}\right]=\frac{n_{ib}\cdot u_{ib}}{2}\left[1-\frac{n_{is}}{n_{ib}}\right]=\frac{U_0}{N_A}\left[1-\frac{n_{is}}{n_{ib}}\right] \tag{5-1}$$

式中，U_0 为晶格能。

如果 L_s 表示 $1m^2$ 表面上的原子数，从式(5-1)可以得到：

$$\frac{L_s \cdot U_0}{N_A}\left(1-\frac{n_{is}}{n_{ib}}\right)=(\Delta U)_{S,V} \cdot L_s=\gamma_0 \tag{5-2}$$

式中，γ_0 是 $0K$ 时的表面能(单位面积的附加自由能)

在推导式(5-2)时，我们没有考虑表面层结构与晶体内部结构之间的差别。为了估计这些因素的作用，我们计算 MgO 的(100)面的 γ_0 并与实验测得的 γ 进行比较。

MgO 晶体 $U_0=3.93\times10^3 J/mol$，$L_s=2.26\times10^{19}/m^2$，$N_A=6.022\times10^{23}/mol$ 和 $\frac{n_{ib}}{n_{is}}=\frac{5}{6}$。由式(5-1)计算得到 $\gamma_0=24.5J/m^2$。在 $77K$ 下，真空中测得 MgO 的 γ 为 $1.28J/m^2$。由此可见，计算值约是实验值的 20 倍。

实测表面能的值比理想表面能的值低的原因之一，可能是表面层的结构与晶体内部相比发生了改变，包含有大阴离子和小阳离子的 MgO 晶体与 $NaCl$ 类似，Mg^{2+} 从表面向内缩进，表面将由可极化的氧离子所屏蔽，实际上等于减少了表面上的原子数。由式(5-2)可知 γ_0 降低。另一个原因可能是自由表面不是理想的平面，而是由许多原子尺度的阶梯构成，这在计算中没有考虑。这样使实验数据中的真实面积实际上比理论计算所考虑的面积大，这也使计算的 γ_0 偏大。

固体和液体的表面能与周围环境条件，如温度、气压、第二相的性质等条件有关。一般随着温度的上升，表面能是下降的。

5.2 固体的界面行为

5.2.1 弯曲表面效应

1. 弯曲表面的附加压力

由于表面张力的存在，使弯曲表面上产生一个附加压力 ΔP。如图 5-9 所示，如果液面取小面积 AB，AB 面上受表面张力的作用，力的方向与表面相切。如果平面的压力为 P_0，平面沿四周表面张力抵消，液体表面内外压力相等；如果液面是弯曲的，凸面的表面张力合力指向液体内部，与外压力 P_0 方向相同，因此凸面上所受到的压力比外部压力 P_0 大，产生的压力差为 $+\Delta P$，即总压力为 $P=P_0+\Delta P$，这个附加压力 ΔP 是正的，它力图将表面层的液体压入液体内部；在凹面时，表面张力的合力指向液体表面的外部，与外压力 P_0 方向相反，这个附加压力 ΔP 有把液面往外拉的趋向，则凹面所受到的压力 P 比平面的 P_0 小，产生的压力差为 $-\Delta P$，即总压力为 $P=P_0-\Delta P$。由此可见，弯曲表面的附加压力 ΔP 总是指向曲面的曲率中心，其正负取决于曲面曲率 r，当曲面为凸面时，r 为正值，ΔP 也为正值；为凹面时，r 为负值，ΔP 也为负值。

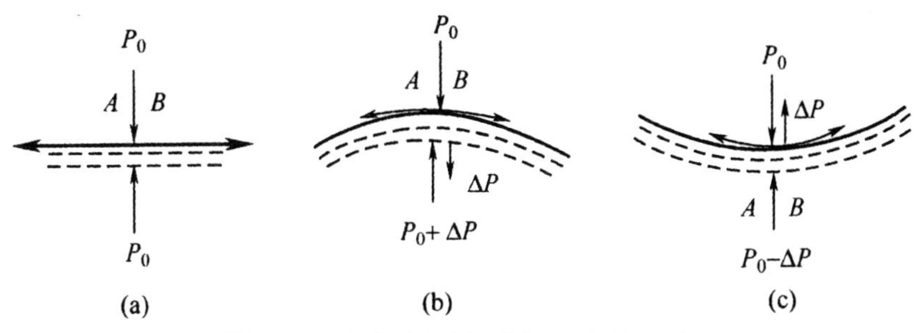

图 5-9　弯曲表面上附加压力的生产

附加压力与表面张力的关系可以用如下方法求得：把一根毛细管插入液体中，向毛细管吹气，在管端形成一个半径为 r 的气泡，如图 5-10 所示。如果管内压力增加，气泡体积增加 $\mathrm{d}V$，相应表面积也增加 $\mathrm{d}A$。如果液体密度是均匀的，不计重力的作用，那么阻碍气泡体积增加的唯一阻力是由于扩大表面积所需要的总表面能。为了克服表面张力，环境所做的功为 $(P-P_0)\mathrm{d}V$，平衡时这个功应等于系统表面能的增加，即

$$(P-P_0)\mathrm{d}V=\gamma\mathrm{d}A \text{ 或 } \Delta P\mathrm{d}V=\gamma\mathrm{d}A$$

因为：

$$\mathrm{d}V=4\pi^2\mathrm{d}r, \mathrm{d}A=8\pi r\mathrm{d}r$$

得：

$$\Delta P=\frac{2\gamma}{r} \tag{5-3}$$

对于非球面的曲面可以导出：

$$\Delta P=\gamma\left(\frac{1}{r_1}+\frac{1}{r_2}\right) \tag{5-4}$$

式中　r_1、r_2——曲面的量主曲率半径。

当曲面为球面时，$r_1=r_2=r$，式(5-4)即为式(5-3)。式(5-4)是著名的拉普拉斯公式，此式对固体表面也同样适用。

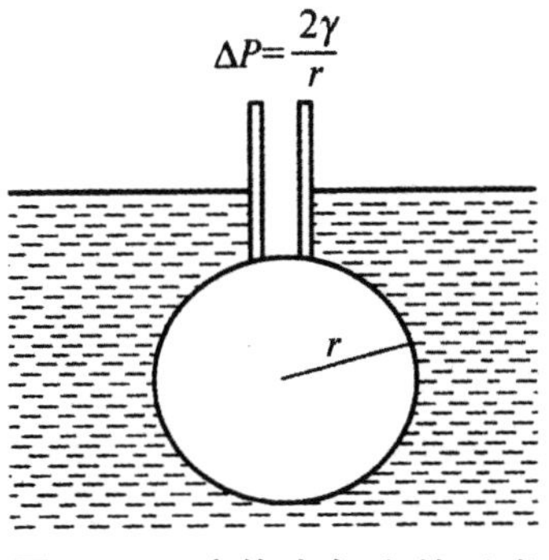

图 5-10　液体中气泡的形成

2. 弯曲表面的蒸汽压

拉普拉斯方程表示，跨过曲面必然存在的压力差。对于液体来讲，增加压力相应地也增加

了化学势，因此与小液滴平衡的蒸汽压将比大于平面液体平衡的蒸汽压大，而与液体中空腔内平衡的蒸汽压将比与大平面液体平衡的蒸汽压小。

从热力学定律可知，当温度恒定时，压力的改变多真分子自由能的影响为

$$\Delta G_1 = \int V \mathrm{d}p \tag{5-5}$$

如果分子体积 V 是常数，则有

$$\Delta G = V\int_{p_1}^{p_2} \mathrm{d}p \tag{5-6}$$

把式(5-4)带入式(5-6)得

$$\Delta G = V\gamma\left(\frac{1}{r_1}+\frac{1}{r_2}\right) \tag{5-7}$$

液体的自由能改变可用蒸汽压的变化来表示，如假定与液体相平衡的为理想气体，即

$$\Delta G = RT\ln\left(\frac{p}{p_0}\right) \tag{5-8}$$

则可得到

$$\ln\frac{p}{p_0} = \frac{V}{RT}\gamma\left(\frac{1}{r_1}+\frac{1}{r_2}\right) = \frac{m\gamma}{\rho RT}\left(\frac{1}{r_1}+\frac{1}{r_2}\right) \tag{5-9}$$

若曲面为球面时($r_1=r_2$)，有

$$\ln\frac{p}{p_0} = \frac{m\gamma}{\rho RT}\cdot\frac{2}{r} = \frac{2m\gamma}{\rho RTr} \tag{5-10}$$

式中 p_0 为大平面上的液体蒸气压，p 为曲面上的液体的蒸气压，p 为液体密度，m 为液体分子量(质量)，R 为气体常数。式(5-10)常称为开尔文公式。它表明，液滴半径越小，其蒸气压愈大。那么为什么液滴表面的蒸气压大于平面的蒸气压，凹液面的蒸气压小于平面的蒸气压呢？

图 5-11 所示是凸、平和凹的三种液面，注意图中圆圈所示分子位置，可见与平液面相比，凸面上受周围分子的吸引较弱而凹面上的分子受周围分子吸引较强，蒸气压的大小其实就是分子逃逸程度的量度。凹液面上的分子不易逃逸，所以蒸气压降低，这就是开尔文公式的定性解释。

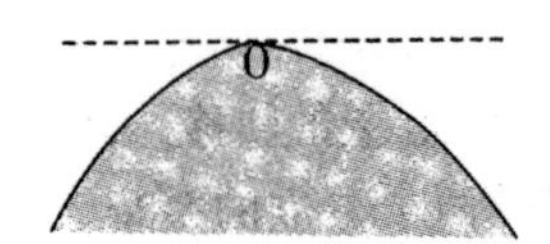
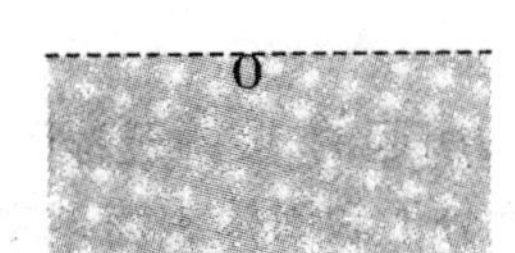
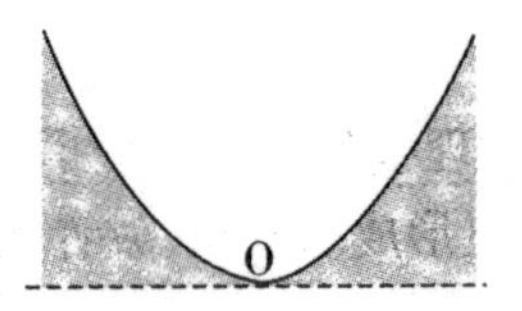

图 5-11 凹、平、凸三种表面上分子受力示意图

固体的升华过程可与液体蒸发过程相类比，所以上列各式对固体也同样适用。尤其对微小的固体颗粒。固体的蒸气压明显地随固体粒径的减小而增大，如表 5-3 所示。固体溶解度也可以得出类似的关系，固体粒径减小，溶解度将增大，当用溶解度 C 代替蒸气压 p 时，得到如下公式：

$$\ln\frac{C}{C_0} = \frac{2\gamma_{LS}m}{\rho RTr} \tag{5-11}$$

式中 γ_{LS}为固液界面能，C、C_0 分别是半径为 r 的小晶粒和半径无限大晶粒的溶解度。

综上所述，表面弯曲对其蒸气压、溶解度和熔化温度等物理性质有着重要的影响，这对无

机材料工艺过程中的熔融、固相反应、烧结等动力学过程有着重要意义。如在陶瓷工艺中，黏土的微小颗粒有助于制造过程的可塑性和致密化，而对本来不是细粒的非黏土材料，则必须经过磨细或其他方法处理使晶粒尺寸达到微米级，这是良好的烧成所必需的。

表 5-3　颗粒半径对曲面上的压力差及相对蒸汽压的影响

材料	测温/℃	表面能/$\times 10^{-7}$J·/cm^2	半径/cm	压差/mPa	相对蒸汽压
SiO_2 玻璃	1700	300	0.1,1.0,10.0	11.6,1.16,0.16	1.02,1.002,1.0002
液态钴	1450	1700	0.1,1.0,10.0	64.6,6.46,0.646	1.02,1.002,1.0002
水	25	72	0.1,1.0,10.0	2.77,0.277,0.0277	1.02,1.002,1.0002
固态 Al_2O_3	1850	92	0.1,1.0,10.0	3.48,3.48,0.348	1.02,1.002,1.0002

5.2.2　吸附与固体表面改性

吸附是表面一种重要性质。由于表面粒子处在不平衡力场中，能量较高，有着自发减少表面自由能的趋势。其表面能的降低一般通过两种途径实现：一是减少其表面积，如对液体来说，通过改变形状来实现；二是改变表面的性质来降低表面能，吸附就可以使表面性质改变，表面能降低。

固体表面如未受到特别的处理，其表面总是被吸附膜所覆盖。因为新鲜表面具有较强的表面力，能迅速地从空气中吸附气体或其他物质来满足其降低表面能的要求。

吸附是一种物质的原子或分子附着在另一物质表面的现象。由于吸附膜的形成改变了表面原来的结构和性质，从而达到表面改性的目的。

表面改性是利用固体表面的吸附特性，通过各种表面处理来改变固体表面的结构和性质，以适应各种预期的要求，例如，在用无机填料制备复合材料时，经过表面改性，使无机填科由原来的亲水性改为疏水性和亲油性，这样就可以提高该物对有机物质的润湿性和结合强度，从而改善复合材料的各种理化性能。因此，表面改性对材料的制造工艺和材料性能都有很重要的作用。

表面改性的技术途径很多，可采用涂料涂层、化学处理、辐射处理以及机械方法等。各种表面改性处理实质上是通过改变其表面结构状态和官能团来实现的。其中最常用的方法之一是采用各种有机表面活性物质（表面活性剂）。

能够降低体系的表面（或界面）张力的物质称为表面活性剂。表面活性剂必须指明对象，而不是对任何表面都适用的。例如，钠皂是水的表面活性剂，而对液态铁就不是；反之，硫、碳对液态铁是表面活性剂，对水就不是。一般来说，除非特别指明，表面活性剂都是对水而言的，表面活性剂分子由两部分组成：一端是具有亲水性的极性基，如—OH、—COOH、—SO_3Na 等基团；另一端具有憎水性（亦称亲油性）的非极性基，如烷基、烯丙基等。适当地选择表面活性剂的这两个原子团的比例就可以控制其油溶性和水溶性的程度，制得符合要求的表面活性剂。

表面活性剂具有润湿、乳化、分散、增溶、发泡、洗涤和减磨等多种作用。所有这些作用的机理都是由于表面活性剂同时具有亲水和憎水两种基团，能在界面上选择性定向排列，促使两个不同极性和互相不亲和的表面桥联和键合，并降低其界面张力的结果。例如玻璃钢生产中，由于玻璃纤维表面常存在着极性较强的≡Si－OH 或≡Al－OH 基团，有较强的亲水性，使之与树脂的黏着恶化。为改善玻璃纤维与树脂之间的结合强度以及改善材料的机电性能，生产上常采用有机硅烷系列等表面活性剂进行表面处理，以使玻璃纤维表面的极性由亲水性变为亲油性，从而达到树脂和玻璃纤维牢固结合的目的。

无机非金属材料的生产过程中也经常遇到各种表面改性的问题。在陶瓷工业中为改善瓷料的成型性能，广泛使用各种表面活性剂作为稳定剂、增塑剂和黏结剂。例如，氧化铝瓷在热压成型时用石蜡作定型剂，但应尽可能减少石蜡用量，以降低坯体的收缩。从瓷料表面性能看，Al_2O_3 粉表面是亲水的，而石蜡是亲油的，两者不易吸附，为解决这个问题，生产中常加入表面活性剂如加入 0.2%～0.5%的油酸，使 Al_2O_3 粉表面由亲水性变为亲油性，油酸分子为 $CH_3-(CH_2)_7-CH=CH-(CH_2)_7-COOH$ 其亲水基向着 Al_2O_3 表面，而憎水基团向着石蜡。通过油酸的桥梁作用，使 Al_2O_3 粉和石蜡间接地吸附在一起，从而显著地降低石蜡的用量并有效地改善了浆料的流动性，使成型性能得到改善。又如水泥工业中，为了提高混凝土的力学性能，在新拌和混凝土中要加入减水剂。目前常用的减水剂是阴离子型表面活性物质，在水泥加水搅拌及凝结硬化时，由于水化过程中水泥矿物（C_3A、C_4AF、C_3S、C_2S）所带电荷不同，引起静电吸引或由于水泥颗粒某些边棱角互相碰撞吸附、范德瓦尔斯力作用等均会形成絮凝状结构，如图 5-12(a)所示。这些絮凝状结构中，包裹着很多拌和水，因而降低了新拌混凝土的和易性。如果用再增加用水量来保持所需的和易性，结果使水泥石结构中形成过多的孔隙而降低强度。加入减水剂的作用是将包裹在絮凝物中的水释放出来，如图 5-12(b)所示，减水剂憎水基团定向吸附于水泥质点表面，亲水基团指向水溶液，组成单分子吸附膜，由于表面活性剂分子的定向吸附使水泥质点表面上带有相同电荷，在静电斥力作用下，水泥－水体系处于稳定的悬浮状态，水泥加水初期形成的絮凝结构瓦解，有力水释放，从而达到既减水又保持所需和易性的目的，提高混凝土的密实性和强度。通过紫外光谱分析及抽滤分析可测得减水剂在混合 5min 内，已有 80%被水泥表面吸附，因此可以认为由于吸附而引起的分散是减水的主要机理。

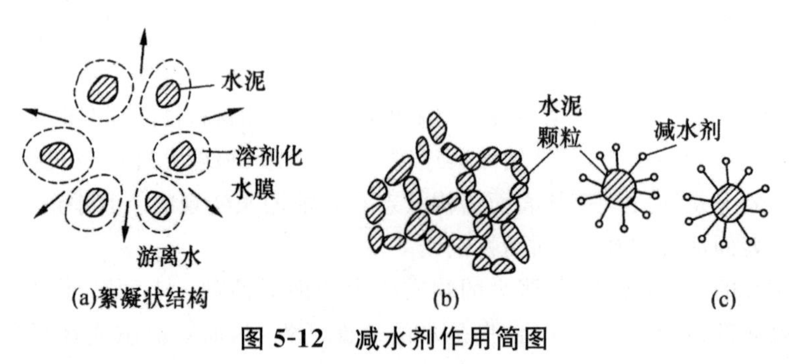

图 5-12　减水剂作用简图

目前表面活性剂的应用已很广泛，常用的有油酸、硬脂酸钠……但如何选择合理的表面活性剂尚不能从理论上解决，还要通过多次反复试验以确定。

5.2.3　润湿

1. 润湿的类型

润湿是一种流体从固体表面置换另一种流体，使体系的 Gibbs 自由能降低的过程。从微观的角度来看，润湿固体的流体，在置换原来在固体表面上的流体后，本身与固体表面是在分子水平上的接触，它们之间无被置换相的分子。最常见的润湿现象是一种液体从固体表面置换空气，如水在玻璃表面置换空气而展开。1930 年，Osterhof 和 Bartell 根据润湿程度的不同，把润湿现象分成沾湿、浸湿和铺展三种类型。

(1)沾湿

如果液相(L)和固相(S)按图 5-13 所示的方式接合，则称此过程为沾湿，也称附着润湿。这一过程进行后的总结果是：消失一个固一气和一个液一气界面，产生一个固一液界面。若设固一液接触面为单位面积，在恒温恒压下，此过程引起体系自由能的变化为：

$$\Delta G=\gamma_{SL}-\gamma_{SV}-\gamma_{LV} \tag{5-12}$$

式中　γ_{SL}、γ_{SV}、γ_{LV}——单位面积固一液、固一气和液一气界面自由能。

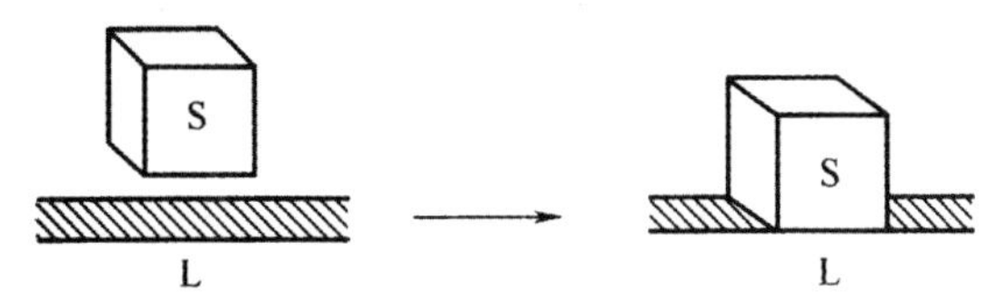

图 5-13　沾湿过程

沾湿的实质是液体在固体表面上的粘附，因此在讨论沾湿时，常用粘附功(W_a)这一概念，其定义可用下式表示：

$$W_a=\gamma_{SV}+\gamma_{LV}-\gamma_{SL}=-\Delta G \tag{5-13}$$

W_a 表示将单位面积的液一固界面拉开所做的功，如图 5-14 所示。显然，此值越大表示固一液结合越牢，也即附着润湿越强。从式(5-13)可以看出，γ_{SL}越小，则 W_a 越大，液体沾湿固体。若 $W_a\geqslant O$，则 $\Delta G\leqslant O$，沾湿过程可自发进行。固一液界面张力总是小于它们的表面张力之和，这说明固一液接触时，其黏附功总是大于零。因此，不管对什么液体和固体沾湿过程总是可自发进行的。

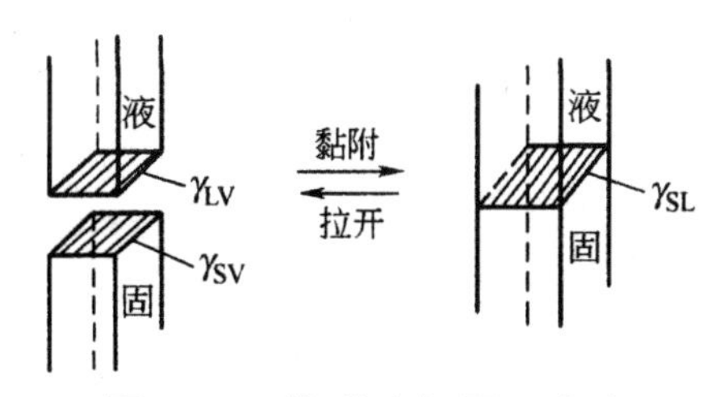

图 5-14　粘附功与界面张力

在陶瓷和搪瓷生产中，釉和珐琅在坯体上牢固黏附是很重要的。一般 γ_{LV}和 γ_{SV}均是固定的。在实际生产中，为了使液相扩散和达到较高的黏附功，一般采用化学性能相近的两相系统，这样可以降低 γ_{SL}，以此提高黏附功 W_a。另外，在高温煅烧时两相之间如发生化学反应，这样会使坯体表面变粗糙，熔质填充在高低不平的表面上，互相啮合，增加两相之间的机械黏附力。

若将图 5-13 全部换成液体，那么将单位接触面积的液相拉开后，产生两液一气界面所做的功 W_c 为：

$$W_c=\gamma_{LV}+\gamma_{LV}-0=2\gamma_{LV} \tag{5-14}$$

称为液体的内聚功,它反映了液体自身结合的牢固程度。

(2)浸湿

将固体小方块(S),按图 5-15 所示方式浸入液体(L)中,如果固体表面气体均为液体所置换,则称此过程为浸湿,也称浸渍润湿,如将陶瓷生坯浸入釉中。在浸湿过程中,体系消失了固一气界面,产生了固一液界面。若固体小方块的总面积为单位面积,则在恒温恒压下,此过程所引起的体系自由能的变化为:

$$\Delta G=\gamma_{SL}-\gamma_{SV} \tag{5-15}$$

果用浸润功(W_i)来表示这一过程自由能的变化,则是

$$W_i=-\Delta G=\gamma_{SV}-\gamma_{SL} \tag{5-16}$$

若 $\gamma_{SV}\geqslant\gamma_{SL}$,$W_i\geqslant0$,则 $\Delta G\leqslant0$,过程可自发进行;倘若 $\gamma_{SV}\leqslant\gamma_{SL}$,$W_i\leqslant0$,则 $\Delta G\geqslant0$,要将固体浸于液体之中必须做功。这表明浸湿过程与粘湿过程不同,不是所有液体和固体均可自发发生浸湿,而只有固体的表面自由能比固一液的界面自由能大时浸湿过程才能自法进行。

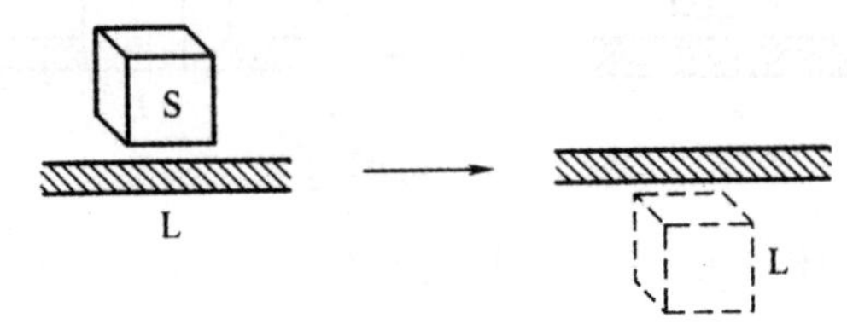

图 5-15 浸湿过程

(3)铺展

如图 5-16,置一液滴于固体表面上。恒温恒压下,若此液滴在固体表面上自动展开形成液膜,则称此过程为铺展润湿。在此过程中,失去了固一气界面,形成了固一液界面和液一气界面。设液体在固体表面上展开了单位面积,则体系自由能的变化为:

$$\Delta G=\gamma_{SL}+\gamma_{LV}-\gamma_{SV} \tag{5-17}$$

对于铺展润湿,常用铺展系数来表示自由能的变化,如:

$$S_{L/S}=-\Delta G=\gamma_{SV}-\gamma_{SL}-\gamma_{LV} \tag{5-18}$$

$S_{L/S}$称液体在固体表面上的铺展系数,简写为 S。若 $S\geqslant O$,则 $\Delta G\leqslant0$,液体可在固体表面自动展开。和一液体在另一液体表面上展开的情况相同,铺展系数也可用下式表示:

$$S=\gamma_{SV}+\gamma_{LV}-\gamma_{SL}-2\gamma_{LV}=W_a-W_c \tag{5-19}$$

式(5-19)表明,只要液体对固体的黏附功大于液体的内聚功,液体即可在固体表面自发展开。

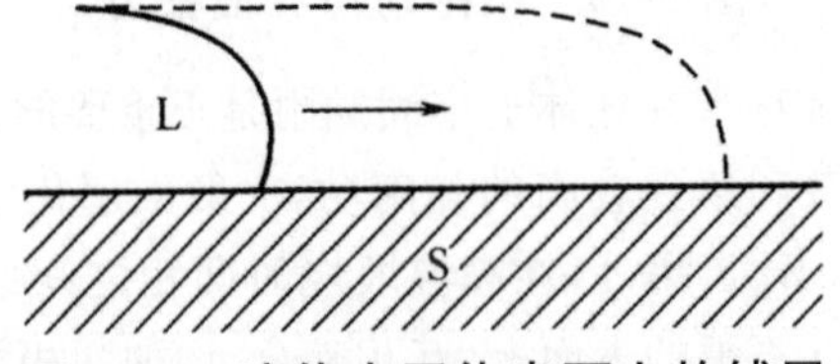

图 5-16 液体在固体表面上的铺展

综上所述,可以看出三种润湿的共同点是:液体将气体从固体表面排挤开,使原有的固一气(或液一气)界面消失,而代之以固一液界面。铺层是润湿的最高标准,能铺层则必能粘湿和浸湿。

上面讨论了三种润湿过程的热力学条件,应该强调的是,这些条件均是指在无外力作用下

液体自动润湿固体表面的条件。有了这些热力学条件，即可从理论上判断一个润湿过程是否能够自发进行。但实际上却远非那么容易，上面所讨论的判断条件，均需固体的表面自由能和固—液界面自由能，而这些参数目前尚无合适的测定方法，因而定量地运用上面的判断条件是有困难的。尽管如此，这些判断条件仍为我们解决润湿问题提供了正确的思路。例如，水在石蜡表面不展开，如果要使水在石蜡表面上展开，根据式(5-18)，只有增加 γ_{SV} 和降低 γ_{LV} 和 γ_{SL}，使 $S \geqslant 0$。γ_{SV} 不易增加，而 γ_{LV} 和 γ_{SL} 则容易降低，常用的办法就是在水中加入表面活性剂，因表面活性剂在水表面和水－石蜡界面上吸附，即可使 γ_{LV} 和 γ_{SL} 降低。

2. 润湿的尺度

固－液界面的润湿是指液体在固体表面上的铺展。从热力学观点看，一滴液体落在清洁平坦的固体表面上，当忽略液体的重力和黏度影响时，则液滴在固体表面上的铺展是由固－气、固－液和液－气之间三个界面所决定的，如图 5-17 所示，并存在能量变化，即 $\Delta G = \Delta A(\gamma_{SL} - \gamma_{SV}) + \Delta A_{SL}\cos\theta$ 平衡时 $\frac{d\Delta G}{d\Delta A} = 0$，得

$$\gamma_{SV} = \gamma_{SL} + \gamma_{LV} cos\theta \tag{5-20}$$

或

$$\cos\theta = \frac{\gamma_{SV} - \gamma_{SL}}{\gamma_{LV}} \tag{5-21}$$

式中　γ_{SV} 为固－气界面张力，γ_{SL} 为固－液界面张力，γ_{LV} 为液－气界面的张力，θ 为润湿角。$\theta > 90°$ 时，润湿过程体系能量升高（$\gamma_{SV} < \gamma_{SL}$）不可能自发进行，而液体不能润湿表面；$\theta < 90°$ 则反之；$\theta = 0$ 时，液体可在固体表面自由铺展。因此，液体开始铺展的条件是：

$$\gamma_{SV} = \gamma_{SL} + \gamma_{LV} \tag{5-22}$$

当铺展一旦发生，固－气界面减小，固－液界面增大，这时保持铺展继续进行的条件是：

$$\gamma_{SV} > \gamma_{SL} + \gamma_{LV} \text{或} \gamma_{SV} - \gamma_{LV} - \gamma_{SL} = p > 0$$

式中 p 为铺展压堤这一过程的特征值。

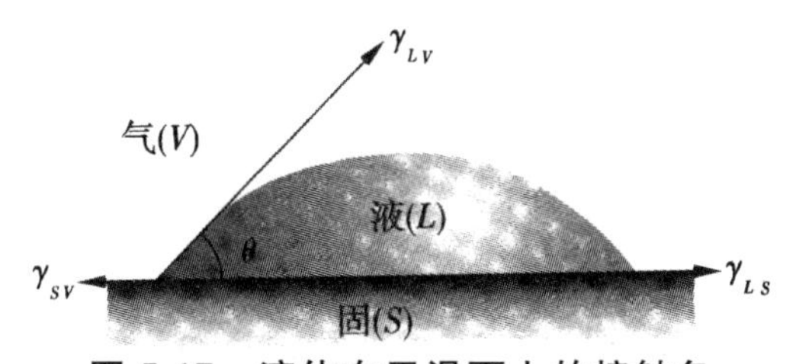

图 5-17　液体在平滑面上的接触角

3. 影响润湿的因素

上面讨论的都是对平坦表面而言的（这是一种理想的平面），但实际固体表面都是粗糙的且是被污染的，这些因素对润湿过程会发生重要影响。

(1)粗糙度的影响

在推导(5-20)式时，我们把固体表面视为理想平面，但实际固体具有一定的粗糙度，如图 5-18 所示。

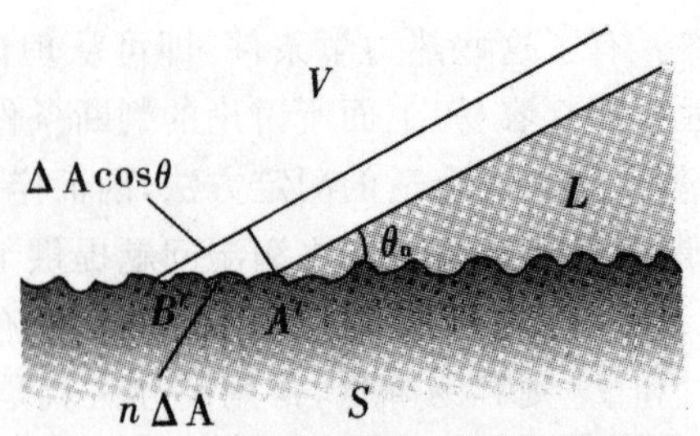

图 5-18　表面粗糙度对湿润的影响

此时若将液体 A' 点推进到 B' 点，使固一液界面的表面积增大 ΔA，但此时真实表面积却增大 $n\Delta A$（n 为粗糙系数＝真实面积/表观面积），固一气界面也减少了 $n\Delta A$，而液一气界面仍增大了 $\Delta A\cos\theta_n$，于是有

$$\Delta G_s = n\Delta A(\gamma_{SL}-\gamma_{SV})+\Delta A\gamma_{LV}\cos\theta_n$$

平衡时，$\dfrac{d\Delta G_s}{d\Delta A}=0$，即

$$n(\gamma_{SL}-\gamma_{SV})+\gamma_{LV}\cos\theta_n=0$$

或

$$\cos\theta_n=\frac{n(\gamma_{SL}-\gamma_{SV})}{\gamma_{LV}}=n\cos\theta$$

式中，θ_n 为表观接触角，θ 为真实接触角。因为 n 总是大于 1 的，所以当 $\theta<90°$ 时，$\theta>\theta_n$；$\theta>90°$ 时 $\theta<\theta_n$。因此，当真实接触角 $\theta<90°$ 时，粗糙度越大，表观接触角越小，就越容易润湿；当 $\theta>90°$，则粗糙度越大，越不利于润湿，这从直观上也可以理解的。因为 $\theta<90°$ 时，固一气界面能大于固一液界面能，粗糙度越大，润湿引起的能量下降越多，因此越易润湿。反之，$\theta>90°$，则粗糙度越大，润湿引起的能量上升越多，则越不易润湿。

（2）吸附膜的影响

上述各式中的 γ_{SV} 是固体露置于蒸气中的表面张力。因为表面带有吸附膜，它与除气后的固体在真空中的表面张力 γ_{S0} 不同，通常要低得多，就是说，吸附膜将会降低固体表面能，其数值等于吸附膜的表面压力 π，即

$$\pi=\gamma_{S0}-\gamma_{SV}$$

代入式(5-21)，得

$$\cos\theta=\frac{(\gamma_{S0}-\pi)-\gamma_{SL}}{\gamma_{LV}}$$

上式表明，吸附膜的存在使接触角增大，起着阻碍液体铺展的作用，这种作用对于许多实际工作都是很重要的。为了得到良好的润湿、铺展效应，清洁表面有时是必要的。

5.3　晶界

5.3.1　晶界的概念

无机非金属材料是由微细粉料烧结而成的。在烧结时，众多的微细颗粒形成大量的结晶中心，当它们发育成晶粒并逐渐长大相遇时，晶粒与晶粒之间就形成了晶界。对于由形状不规

则和取向不同的晶粒所构成的多晶体，其性质不仅由晶粒内部结构和它们的缺陷结构所决定，而且还与晶界结构、数量等因素有关。尤其在高新技术领域内，要求材料具有细晶交织的多晶结构以提高机电性能，此时晶界在材料中所起的作用就更为突出。图 5-19 表示多晶体中晶粒尺寸与晶界所占多晶体中体积百分数的关系。由图可见，当多晶体中晶粒的平均尺寸为 1μm 时，晶界占多晶体总体积的 1/2。显然在细晶材料中，晶界对材料的机、电、热、光等性质都有着不可忽视的作用。

凡结构相同而取向不同的晶体相互接触，其接触界面称为晶界。如果相邻晶粒不仅位向不同，而且结构、组成也不相同，则表示它们代表不同的两个相，其接触界面称为相界面或界面。

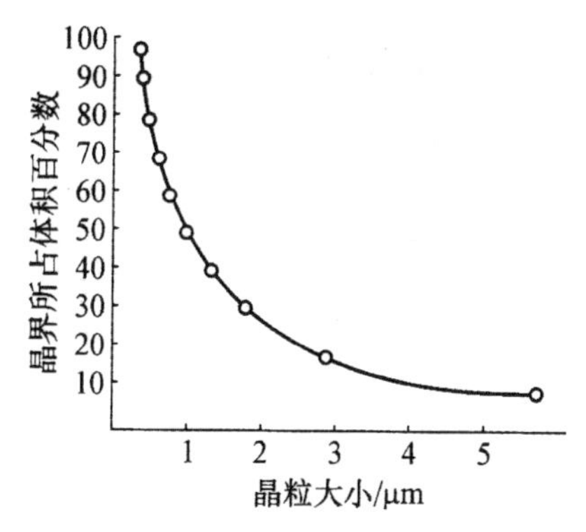

图 5-19　晶粒大小与晶界所占体积百分比的关系

由于晶界上两个晶粒的质点排列取向有一定的差异，两者都力图使晶界上的质点排列符合于自己的取向。当达到平衡时，晶界上的原子就形成某种过渡的排列，其方式如图 5-20 所示。显然，晶界上由于原子排列的不规则造成结构比较疏松，因而也使晶界具有一些不同于晶粒的特性。晶界上原子排列较晶粒内疏松，因而晶界受腐蚀（易受热浸蚀、化学腐蚀）后，很易显露出来；由于晶界上结构疏松，在多晶体中，晶界是原子（或离子）快速扩散的通道，并容易引起杂质原子（或离子）的偏聚，同时也使晶界处熔点低于晶粒；晶界上原子排列混乱，存在着许多空位、位错和键变形等缺陷，使之处于应力畸变状态，故能量较高，使得晶界称为固态相变时优先成核的区域。总之，晶界是晶体中的面缺陷，具有高的能量，在化学介质中不稳定，易产生晶界腐蚀，故晶界影响晶态材料的化学性能；另一方面，晶界也影响材料的物理性能，如材料组织中晶粒增大，晶界减少，则可能提高磁导率，降低矫顽力。利用晶界的一系列特性，通过控制晶界的组成、结构和相态等来制造新材料是材料科学工作者很感兴趣的研究领域。

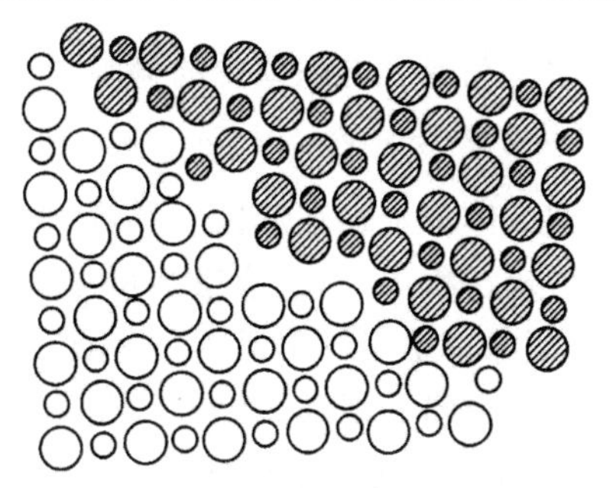

图 5-20　晶界结构示意图

5.3.2 晶界的分类

1. 小角度晶界

(1)对称倾斜晶界

最简单的小角度晶界是对称倾斜晶界。图 5-21 是简单立方结构晶体中界面为(100)面的倾斜晶界在(001)面上的投影,其两侧晶体的位向差为 θ,相当于相邻晶粒绕[001]轴反向各自旋转$\frac{\theta}{2}$而成。这时晶界只有一个参数 θ。其几何特征是相邻两晶粒相对于晶界作旋转,转轴在晶界内并与位错线平行。为了填补相邻两个晶粒取向之间的偏差,使原子的排列尽可能接近原来的完整晶格,每隔几行就插入一片原子。因此,这种晶界的结构是由一系列平行等距离排列的同号刃位错所构成。位错间距离 D、伯氏矢量 b 与取向差 θ 之间满足关系式:

$$\sin\frac{\theta}{2}=\frac{\frac{b}{2}}{D};D=\frac{b}{2\sin\frac{\theta}{2}}\approx\frac{b}{\theta} \tag{5-23}$$

由式(5-23)可知,当 θ 小时,位错间距较大,若 $b=0.25\text{nm}$,$\theta=1^\circ$,则 $D=14\text{nm}$;若 $\theta>10^\circ$,则位错间距太近,位错模型不再适应。

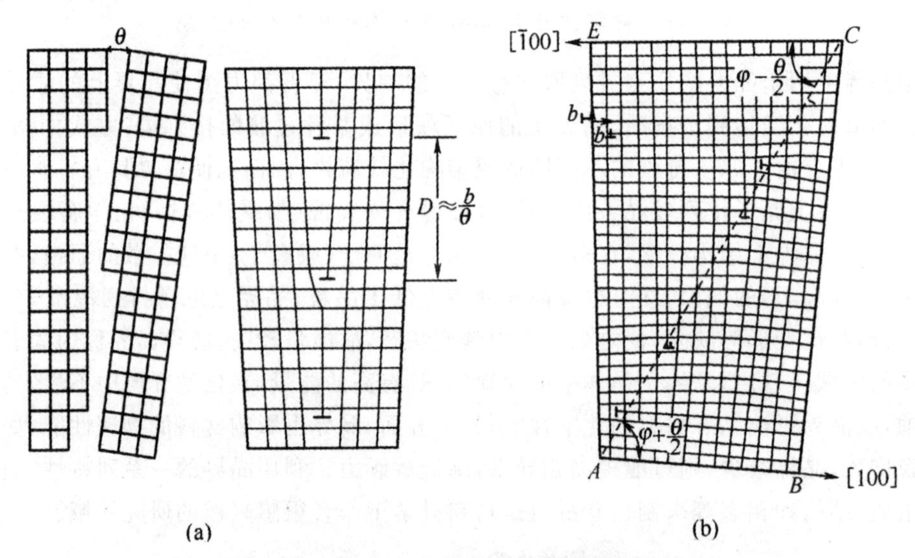

图 5-21 简单立方晶体中的倾斜晶界结构

(a)对称倾斜晶界;(b)不对称倾斜晶界

在高温下生长或充分退火的晶体中常存在着倾斜晶界,倾斜晶界是位错滑移和攀移运动所形成的一种平衡组态。在其形成过程中,由于位错的长程应力场相互抵消,是一个能量降低过程,因此倾斜晶界形成后很难消除。由于倾斜晶界的界面能比一般的晶界低,因此,倾斜晶界即小角度晶界就不能有效地阻止位错的滑移。因而对晶体的力学性质和光学性质有较大影响。要消除晶体中的小角度晶界,工艺上必须控制位错的形成。

(2)不对称倾斜晶界

如果倾斜晶界的界面不是(100)面,而是绕[001]轴旋转角度 φ 的任意面,如图 5-21(b)所示,这时相邻两晶粒的取向差仍是很小的 θ 角,但界面两侧晶粒是不对称的,称为不对称倾斜晶界。界面与左侧晶粒[$\bar{1}$00]轴向夹角为 $\varphi-\frac{\theta}{2}$,与右侧晶粒的[100]成 $\varphi+\frac{\theta}{2}$,因此要由 φ、θ 两个参数来规定。此时晶界的结构由两组相互垂直的刃位错所组成。沿界面 AC 单位距离中两种位错的数目分别为:

式中　ρ_V、ρ_h——垂直及水平方向的位错“⊥”和“⊢”的数目;

b_V、b_h——垂直和水平的伯氏矢量。

则两组位错各自的间距(ρ 倒数)分别为:

$$D_V=\frac{1}{\rho_V}=\frac{b_V}{\theta\sin\varphi},D_h=\frac{1}{\rho_h}=\frac{b_h}{\theta\cos\varphi}$$

(3)扭转晶界

简单立方晶粒之间的扭转晶界如图 5-22 所示。图中(001)晶面是共同的晶面,这种晶界是由两组相互垂直的螺位错构成的网络,是一种低能量的位错组态。当晶粒在某晶面上发生扭转后,为了降低原子错排引起的能量增加,晶面内的原子会适当位移,以确保尽可能多的原子恢复到平衡位置(此即结构弛豫),最后形成两组相互垂直分布的螺位错。两组螺位错相交处(即严重错排区)就是扭转晶界所在处。网络的间距 D 也满足关系式:$D=\frac{b}{\theta}$。

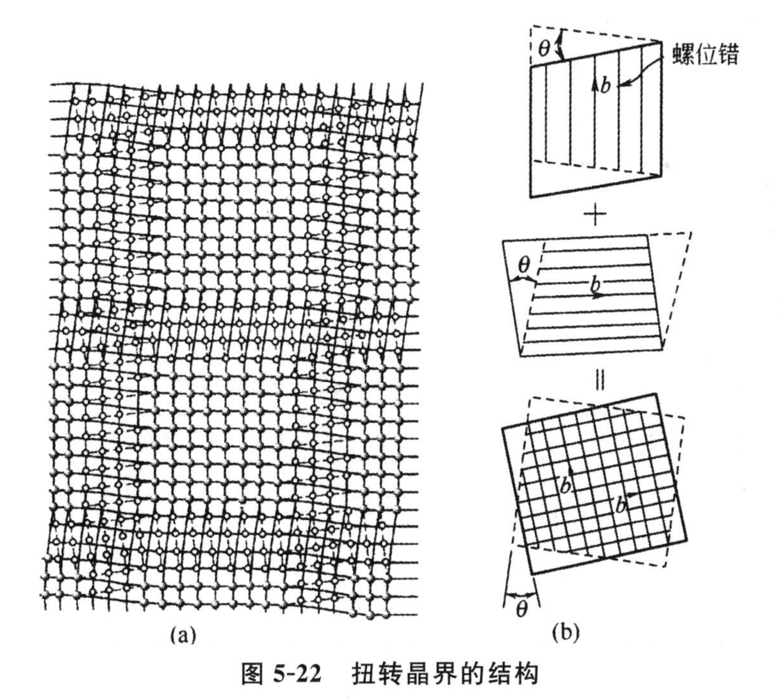

图 5-22　扭转晶界的结构

(a)简单立方晶体扭转晶界的结构;(b)螺位错组成的扭转晶界

单纯的倾斜晶界和扭转晶界是小角度晶界的两种简单形式,对于一般的小角度晶界,其旋转轴和界面可以有任意的取向关系,因此可以推想它将由刃位错、螺位错或混合位错组成的二维位错网组成。

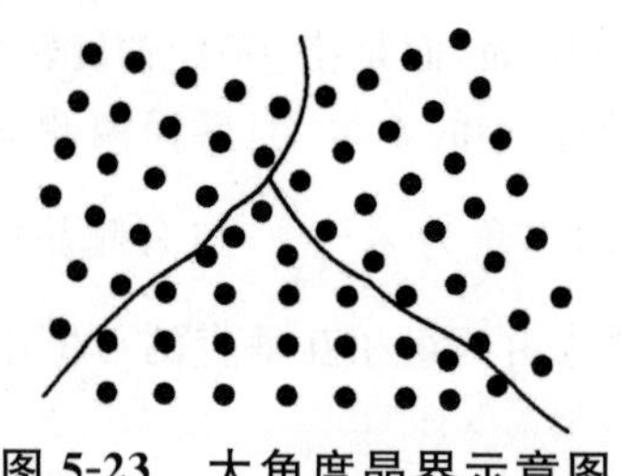

图 5-23　大角度晶界示意图

2. 大角度晶界

大角度晶界示意图，如图 5-23 所示，每个相邻晶粒的位向不同，由晶界把各晶粒分开。晶界是原子排列异常的狭窄区域，一般仅几个原子间距。晶界处某些原子过于密集的区域为压应力区，原子过于松散的区域为拉应力区。与小角度晶界相比，大角度晶界能较高，大致在 0.5～0.6J/m^2，与相邻晶粒取向无关。但也发现某些特殊取向的大角度晶界的界面能很低，为解释这些特殊取向的晶界的性质提出了大角度晶界的重合位置点阵模型。

应用场离子显微镜研究晶界，发现当相邻晶粒处在某些特殊位向时，不受晶界存在的影响，两晶粒有$\frac{1}{n}$的原子处在重合位置，构成一个新的点阵称为“$\frac{1}{n}$重合位置点阵”，$\frac{1}{n}$称为重合位置密度。表 5-4 以体心立方结构为例，给出了重要的“重合位置点阵”。图 5-24 为二维正方点阵中的两个相邻晶粒，晶粒 2 是相对晶粒 1 绕垂直于纸面的轴旋转了 37°。可发现不受晶界存在的影响，从晶粒 1 到晶粒 2，两个晶粒有$\frac{1}{5}$的原子是位于另一晶粒点阵的延伸位置上，即有$\frac{1}{5}$原子处在重合位置上。这些重合位置构成了一个比原点阵大的“重合位置点阵”。当晶界与重合位置点阵的密排面重合，或以台阶方式与重合位置点阵中几个密排面重合时，晶界上包含的重合位置多，晶界上畸变程度下降，导致晶界能下降。在图 5-25 中，大角度晶界中的一些特殊位向，具有$\frac{1}{7}$重合晶界和$\frac{1}{5}$重合晶界，其界面能明显低于普通的大角度晶界的界面能。

表 5-4　体心立方结构中的重合位置点阵

旋转轴	转动角度	重合位置	旋转轴	转动角度	重合位置
[100]	36.9°	$\frac{1}{5}$	[210]	131.8°	$\frac{1}{3}$
[110]	70.5°	$\frac{1}{3}$		180°	$\frac{1}{5}$
	38.9°	$\frac{1}{9}$		73.4°	$\frac{1}{7}$
	50.5°	$\frac{1}{11}$		96.4°	$\frac{1}{9}$
[111]	60°	$\frac{1}{3}$		48.2°	$\frac{1}{15}$
	38.2°	$\frac{1}{7}$			

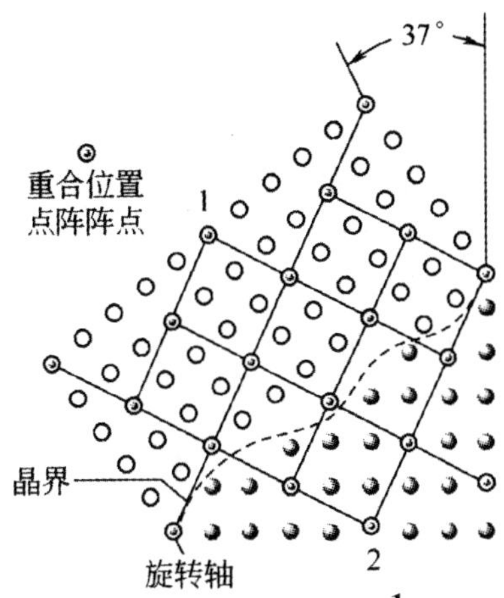

图 5-24　位向差为 37°时存在的 $\frac{1}{5}$ 重合位置点阵

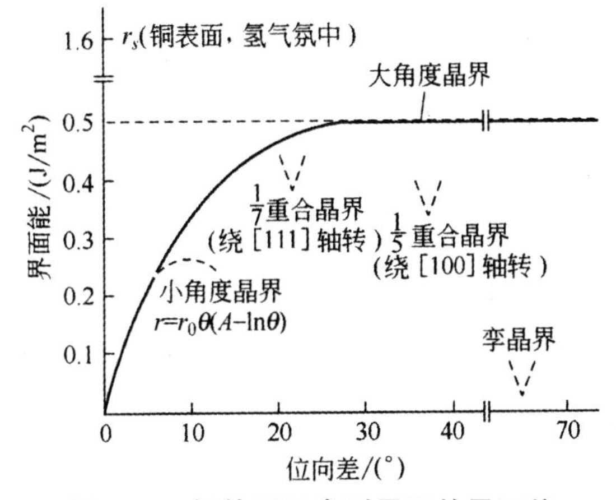

图 5-25　铜的不同类型界面的界面能

尽管两晶粒间有很多位向出现重合位置点阵，但毕竟是特殊位向，为适应一般位向，人们认为在界面上，可以引入一组重合位置点阵的位错，即该晶界为重合位置点阵的小角度晶界，这样晶粒的位向可由特殊位向向一定范围扩展。

5.3.3　晶界应力

1. 应力的概念

两种不同热膨胀系数的晶相，在高温烧结时，两个相之间完全密合接触，处于一种无应力状态，但当它们冷却时，由于热膨胀系数不同，收缩不同，晶界中就会存在应力。

晶界中的应力大则有可能在晶界上出现裂纹，甚至使多晶体破裂，小则保持在晶界内。例如石英、氧化铝和石墨等，由于不同结晶方向上的热膨胀系数不同，也会产生类似的现象。石英岩是制玻璃的原料，为了易于粉碎，先将其高温煅烧，利用相变及热膨胀而产生的晶界应力，使其晶粒之间裂开而便于粉碎。

2. 应力的产生

设两种材料的膨胀系数为 α_1 和 α_2；弹性模量为 E_1 和 E_2；泊松比为 μ_1 和 μ_2。按图 5-26 模型组合。图 5-26(a)表示在高温 T_0 的工种状态，此时两种材料密合长短相同。假设此时是一种无应力状态，冷却后，有两种情况。图 5-26(b)表示在低于 T_0 的某 T 温度下，两个相自由收缩到各自平衡状态。因为有一个无应力状态，晶界发生完全分离。图 5-26(c)表示同样低于 T_0 的某 T 温度下，两个相都发生收缩，但晶界应力不足以使晶界发生分离，晶界处于应力的平衡状态。当温度由 T_0 变到 T，温差 $=T-T_0$，第一种材料在此温度下膨胀变形 $\varepsilon_1=\alpha_1\Delta T$，第二种材料膨胀变形 $\varepsilon_2=\alpha_2\Delta T$，而 $\varepsilon_1\neq\varepsilon_2$。因此，如果不发生分离，即处于图 5-26(c)状态，复合体必须取一个中间膨胀的数值。在复合体中一种材料的净压力等于另一种材料的净拉力，二者平衡。设 σ_1 和 σ_2。为两个相的线膨胀引起的应力，V_1 和 V_2 为体积分数（等于截面积分数）。如果 $E_1=E_2$，$\mu_1=\mu_2$，且 $\Delta\alpha=\alpha_1-\alpha_2$，则两种材料的热应变差为：

$$\varepsilon_1-\varepsilon_2=\Delta\alpha\Delta T$$

第一相的应力：

$$\sigma_1=[E/(1-\mu)]V_2\Delta\alpha\Delta T$$

此应力是令合力（等于每相应力乘以每相的截面积之和）等于零而计算得到的，因为在个别材料中正力和负力是平衡的。这种力可经过晶界传给一个单层的力，即 $\sigma_1A_1=-\sigma_2A_2$，式中 A_1，A_2 分别为第一、二相的晶界面积，合力 $\sigma_1A_1+\sigma_2A_2$ 产生一个平均晶界剪应力 $\tau_{平均}=(\sigma_1A_1)_{平均}$/局部的晶界面积。

对于层状复合体的剪切应力：

$$\tau=K\Delta\alpha\Delta Td/L \tag{5-24}$$

式中，L 为层状物的长度；d 为薄片的厚度。

从式(5-24)可以看到，晶界应力与热膨胀系数差、温度变化及厚度成正比。

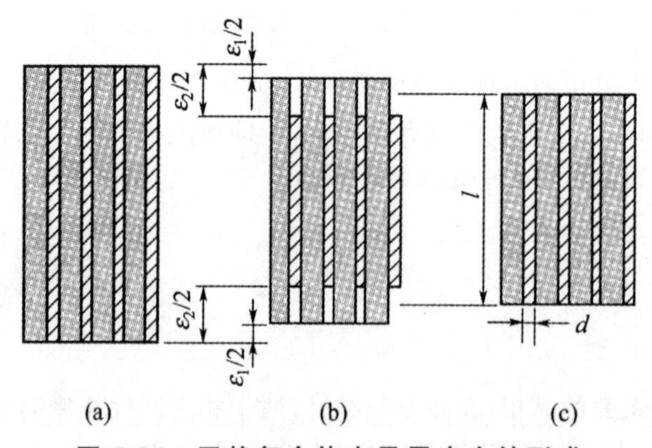

图 5-26 层状复合体中晶界应力的形成

(a)高温下；(b)冷却后无应力状态；(c)冷却后层与层仍然结合在一起

如果晶体热膨胀是各向同性的，则 $\Delta\alpha=0$，晶界应力不会发生。如果产生晶界应力，则复合层愈厚，应力也愈大。所以在多晶材料中，晶粒愈粗大，材料强度差与抗冲击性也愈差，反之则强度与抗冲击性好，这与晶界应力的存在有关。

复合材料是目前很有发展前途的一种多相材料，其性能优于其中任一组元材料的单独性能，很重要的一条就是避免产生过大的晶界应力。

在陶瓷材料的晶界上由于质点间排列不规则而使质点距离疏密不均匀，从而形成微观的机械应力，也就是陶瓷晶界应力。在晶界上的质点与晶格内质点比较一般能量是较高的，从热力学来说质点是不稳定的，晶界会自动吸引空格点、杂质和一些气孔来降低能量。由此可以说陶瓷晶界上是缺陷较多的区域，也是应力比较集中的部位。此外，对单相的多晶材料来说，由于晶粒的取向不同，相邻晶粒在同一方向的热膨胀系数、弹性模量等物理性质都不相同；对多相晶体来说，各相间更有性能的差异；对于固溶体来说，各晶粒间化学组成上的不同也会形成性能上的差异。这些性能上的差异，在陶瓷烧成后的冷却过程中，都会在晶界上产生很大的晶界应力。晶粒愈大，晶界应力也愈大。这种晶界应力很容易使陶瓷出现开裂现象。所以粗晶粒结构的陶瓷材料的机械强度和介电性能都较差。

晶界应力有不好的一面，也有可以利用的一面，如陶瓷生产中石英岩是 SiO_2 的来源之一，由于它硬度大，破碎困难，且对破碎机械磨损很大，从而给原料带入铁杂质。在破碎硬度很大的石英岩时，就常常利用晶界应力。为此，通常是把石英岩预烧到高温(1200℃以上)，然后在空气中急冷。利用冷却过程中产生高温型石英—低温型石英的相转变，由于两相的密度不同，冷却时的体积收缩不一样，从而产生很大的晶界应力，使石英岩本身断裂或产生众多的微裂纹，很容易进行破碎。

晶界的存在，除对材料的机械性能和介电性能有较大的影响外，还对晶体中的电子和晶格振动的声子起散射作用，使得自由电子迁移率降低，对某些性能的传输或耦合产生阻力。例如对机电耦合不利，对光波会产生反射或散射，使材料的应用受到了限制。

晶界在一定条件下会发生变化。高温下、晶粒生长以及再结晶时都会使晶界织构发生改变使晶界出现移动。透明陶瓷材料就是采用特殊技术改变晶界，使晶界织构能防止晶粒的异常长大，同时使晶界的折射率尽量接近晶体本身，改善陶瓷的透光性能。

5.4　黏土—水系统的性质

5.4.1　粘土的荷电性

1809 年卢斯发现分散在水中的粘土粒子可以在电流的影响下向阳极移动，可见粘土粒子是带负电荷的。那么，粘土为什么会带负电荷呢?

1. 同晶置换

黏土所带负电荷主要是由于黏土晶格内离子的同晶置换所产生的。在黏土结构中，硅氧四面体层中的 Si^{4+} 可能被 Al^{3+} 置换，或者铝氧八面体层中 Al^{3+} 被 Mg^{2+}、Fe^{2+} 等取代，就产生了过剩的负电荷，这种电荷的数量取决于晶格内同晶置换的多少。

研究表明，同晶置换是蒙脱石和伊利石具有荷电性的主要原因。蒙脱石所带的负电荷主要是由铝氧八面体中 Al^{3+} 被 Mg^{2+} 等二价阳离子取代而引起的。除此以外，还有总负电荷的 5%是由 Al^{3+} 置换硅氧四面体中的 Si^{4+} 而产生的。蒙脱石的负电荷除部分由内部补偿(包括其他层片中所产生的置换以及八面体层中 O 原子被 OH 基的取代)外,每单位晶胞还约有 0.66 个剩余负电荷。

伊利石中由于硅氧四面体中的硅离子约有 1/6 被铝离子所取代,使单位晶胞中约有 1.3～1.5 个剩余负电荷。这些负电荷大部分被层间非交换性的 K^+ 和部分 Ca^{2+}、H^+ 等所平衡,只有少部分负电荷对外表现出来,所以说伊利石所带的负电荷较蒙脱石少。

根据化学组成推算高岭石的构造式,其晶胞内电荷是平衡的。一般认为高岭石内不存在类质同晶置换。但近来根据化学分析、X 射线分析和阳离子交换容量测定等综合分析,证明高岭石中存在微量的铝对硅的同晶置换现象。

黏土内由同晶置换所产生的负电荷大部分分布在层状硅酸盐的板面(垂直于 c 轴的面)上,通常可通过静电引力吸引介质中的一些阳离子以平衡其负电荷,这些被吸引的阳离子称为吸附阳离子。

通常在黏土层状结构中,解理面(垂直于 c 轴的面)称之为板面,而平行于 c 轴的断裂面称之为边面。由于黏土粒子总有一定的尺寸,破碎时,除沿层间解理暴露出板面外,也可能平行于 c 轴断裂,此断裂面即为边面。黏土有荷电性的第二个原因即是断键。

2. 断键

断键带电是指沿平行于 c 轴方向,使层状结构断裂,暴露出边面而带电。当黏土粒子在边面上断裂时,其周期性排列被中断,断面上质点的电价不能饱和,从而带电。

一般认为高岭石中不存在同晶置换现象,故其板面一般不带电荷。1942 年西森在电子显微镜中看到带负电荷的胶体金粒子被片状高岭石的凌边吸附,这证明了高岭土边面上带有正电荷。近来不少学者应用化学或物理化学的方法证明高岭石的边面在酸性条件下,由于从介质中接受质子而使边面带正电荷。

黏土粒子断键后,其边面上所带电荷的性质通常与介质中的酸、碱度有关。

高岭石在酸性介质中,边面上暴露出两个 O 和一个 OH,其中与硅相连的一个 O 由于吸附了一个质子而使其电价平衡,而与硅和铝同时相连的一个 O 接受一个质子后使原来带有 1/2 个负电荷变成了带有 1/2 个正电荷,与铝相连的 OH 吸附了一个质子后就带有 1/2 个正电荷,这样就使边面共带有一个正电荷,如图 5-27(a)所示。

高岭石在中性或极弱的碱性条件下,边面上硅氧四面体中的两个氧各与一个质子相连接,由于其中一个氧同时以半个键与铝相连,所以这个氧带有 1/2 个正电荷,与铝相连的 OH 则带有 1/2 个负电荷,这样边面上表现出电中性,如图 5-27(b)。

高岭石在强碱性条件下,由于与硅连接的两个 O 吸附的质子被解离,而使其边面带有负电荷。与硅相连的 O 带有一个负电荷,与硅和铝同时相连的 O 带有 1/2 个负电荷,与铝相连的 OH 带有 1/2 个负电荷,这样边面上共带有 2 个负电荷。这也就是高岭石所带电荷可随介质 pH 而变化的原因。蒙脱石和伊利石的边面也可能出现正电荷。由于高岭石中同晶置换现象较少,因此高岭石结晶构造断裂而呈现的活性边表面上的断键是高岭石带电的主要原因,如图 5-27(c)。

3. 吸附有机质

黏土表面通常吸附了一些腐烂的有机质，由于这些有机质中的羧基—COOH 和羟基—OH 的氢解离而可能使黏土表面带负电，由此产生的负电荷的数量与介质的 pH 有关。pH 越大，即碱性越强，越有利于 H^+ 解离，产生的负电荷越多。

总之，黏土表面由于同晶置换、断键和吸附有机质的解离而带有电荷，由于黏土所带的负电荷远大于正电荷，故黏土所带净电荷（正电荷和负电荷的代数和）一般总是负的。

黏土胶粒的电荷是黏土—水系统具有一系列胶体化学性质的主要原因之一。

5.4.2　粘土的离子吸附与交换

1. 离子交换容量

离子交换容量是表征交换能力的指标。通常以 pH=7 时，每 100g 干粘土吸附某种离子的毫克当量数表示。离子交换容量与黏土种类、带电机理、结晶度、分散度以及交换位置的填塞等因素有关。例如阳离子交换作用既发生在解离面上，也发生在边棱上。而阴离子交换作用则仅发生在边棱上。对于高岭土类（图 5-27），因破键是带电的主要因素，故阳离子交换量基本上和阴离子交换量相等。而蒙脱石类和蛭石类矿物，则阳离子交换量显著地大于阴离子交换量，这是因为它的带电机理主要是同晶取代。伊利石、绿泥石等的阴离子交换量略低于阳离子交换量。一些黏土矿物的离子交换容量分别列于表 5-5。表 5-6 则显示出黏土分散度对离子交换容量的影响关系。

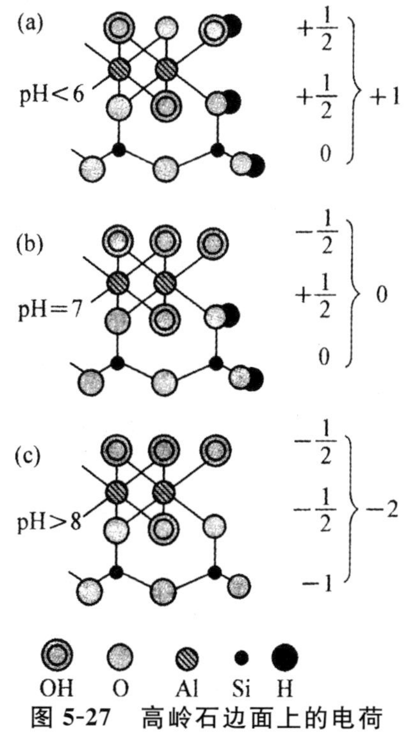

图 5-27　高岭石边面上的电荷

表 5-5 某些粘土的离子交换容量

矿物	阳离子交换容量	阴离子交换容量
高岭土	3～15	7～20
埃洛石($2H_2O$)	5～10	
埃洛石($2H_2O$)	40～50	≈80
蒙脱石	80～150	20～30
伊利石绿泥石	10～40	
蛭石	100～150	

表 5-6 不同粒度高岭土的离子交换容量

平均粒径/μm	比表面积/$m^2 \cdot g^{-1}$	交换容量(NaOH 毫克当量/100g 粘土)
10.0	1.1	0.4
4.4	2.5	0.6
1.8	4.5	1.0
1.2	11.7	2.3
0.556	21.4	4.4
0.29	39.8	8.1

2. 离子交换能力

在其他条件相同时，阳离子电价愈高，置换能力愈强，而一旦被吸附于黏土就愈难被置换。在电价相等时，置换能力随离子半径增大而增强。因为离子半径愈大，阳离子水化能力愈小，从而使水化后半径较小。例如 Li^+ 半径较小(0.078nm)，具有强的水化能力，水化后半径远大于其他一价金属离子。表 5-7 列出不同阳离子的水化能力及其与 O^{2-} 的结合键能。因此可以根据水化后阳离子和氧离子结合键能大小确定阳离子的置换顺序。阳离子置换能力按下列顺序递变：

$$H^+ > Al^{3+} > Ba^{2+} > Sr^{2+} > Ca^{2+} > Mg^{2+} > NH_4^+ > K^+ > Na^+ > Li^+$$

在此顺序中，H^+ 是例外的。在多数情况下，他的作用是类似于二价或更高价阳离子。

表 5-7 不同阳离子与 O^{2-} 的结合能力

阳离子	水化膜中的水分子数	阳离子半径/nm	水化后半径/nm	R—O 距离 d/nm	结合能力$\frac{Z_1 Z_2}{d}$
Li	7	0.078	0.37	0.505	0.20
Na^+	5	0.098	0.33	0.465	0.21

续表

阳离子	水化膜中的水分子数	阳离子半径 /nm	水化后半径 /nm	R—O 距离 d /nm	结合能力 $\frac{Z_1 Z_2}{d}$
K^+	4	0.133	0.31	0.445	0.22
NH_4^+	4	0.143	0.30	0.435	0.23
Mg^{2+}	12	0.078	0.44	0.575	0.35
Ca^{2+}	10	0.106	0.42	0.555	0.36
Al^{3+}	6	0.057	0.185	0.320	0.94

阴离子置换能力除了上述结合能的因素外，几何结构因素也是重要的。例如等阴离子，因几何结构和大小与$[SiO_4]$四面体相似，因而能更强地被吸附。但等则不然。因此阴离子置换顺序为：

$$OH^- > CO_3^{2-} > P_2O_7^{4-} > I^- > Br^- > Cl^- > NO_3^- > F^- > SO_4^{2-}$$

上列的离子置换顺序通常称为霍夫曼斯特(Hofmester)顺序，其离子吸附能力自左向右依次递减。若黏土粒子表面早先吸附了左边的离子，那么要用右边的离子来置换它就困难了。但因离子交换作用是化学计量的反应，它符合于质量作用定律，因而增加置换离子的浓度有可能改变置换顺序。不过，这种作用并非和浓度成比例的，浓度效应还有赖于被置换的离子种类、电价和尺寸等因素。如 K^+ 由于尺寸较大易进入双层黏土矿物的层间六元环空腔，倾向于形成$[KO_{12}]$配位而使它失去交换能力，成为非交换性的阳离子。白云母中的 K^+ 便是一个典型的实例。在蒙脱石中也与此类似，只是 K^+ 离子结合得稍弱些。

5.4.3　粘土胶体的电动性质

黏土颗粒一般带负电荷，又由于水是极性分子，当黏土颗粒分散在水中时，在黏土表面负电场的作用下，水分子以一定取向分布在黏土颗粒周围以氢键与黏土晶粒表面上的氧或氢氧基键合。在第一层水分子的外围形成一个负电表面，因而又吸引第二层水分子。如此使黏土表面吸附着一层层定向排列的水分子层，黏土表面负电场对水分子的引力作用随着离开黏土表面距离的增加而减弱，直至水分子的热运动足以克服上述引力作用时，水分子逐渐过渡到不规则的排列。

水在黏土胶粒周围随着距离增大、结合力的减弱而分成牢固结合水、疏松结合水和自由水。紧靠黏土颗粒(胶核)、束缚很紧的一层完全定向的水分子层称为牢固结合水(又称吸附水膜，其厚度约为 3～10 个水分子层。这部分水与黏土颗粒形成一个整体(胶粒)，在介质中一起移动。在牢固结合水周围，一部分定向程度较差的水称为松结合水(又称扩散水膜)，由于离开黏土颗粒表面较远，它们之间的结合力较小。在松结合水以外的水为自由水。黏土胶团结构示意图如图 5-28(b)所示。

由于结合水(包括牢固结合水与疏松结合水)在电场作用下发生定向排列，其在物理性质上与自由水已有所不同，如密度大、热容小、介电常数小、冰点低等。黏土与水结合的数量可以用测量润湿热来判断。黏土与这三种水结合的状态与数量将会影响黏土—水系统的工艺性能。在黏土含水量一定的情况下，若结合水减少，则自由水就多，此时黏土胶粒的体积减小，移动容易，因而泥浆黏度小，流动性好；当结合水量多时，水膜厚，利于黏土胶粒间的滑动，则可塑性好。通常，对于塑性泥料含水量要求达到松结合水状态，而流动泥浆则要求有自由水存在。

影响黏土结合水量的因素有黏土矿物组成、黏土分散度、黏土吸附阳离子种类等。黏土的结合水量一般与黏土阳离子交换容量成正比。一般黏土阳离子交换容量大的，结合水量也大对于含同一种交换性阳离子的黏土，蒙脱石的结合水量要比高岭石大。高岭石结合水量随粒度减小而增大。这是因为高岭石细度减小后，吸附离子量增加，结合水量也增加，而蒙脱石与蛭石的结合水量则与颗粒细度关系不大。此外，吸附离子种类不同时，结合水量也不同。关于黏土吸附不同价阳离子后的结合水量通过试验证明：黏土与一价阳离子结合水量＞与二价阳离子结合的水量＞与三价阳离子结合的水量。同价离子与黏土结合水量是随着离子半径的增大，结合水量减少，如 Li-黏土结合水量＞Na-黏土结合水量＞K-黏土结合水量。

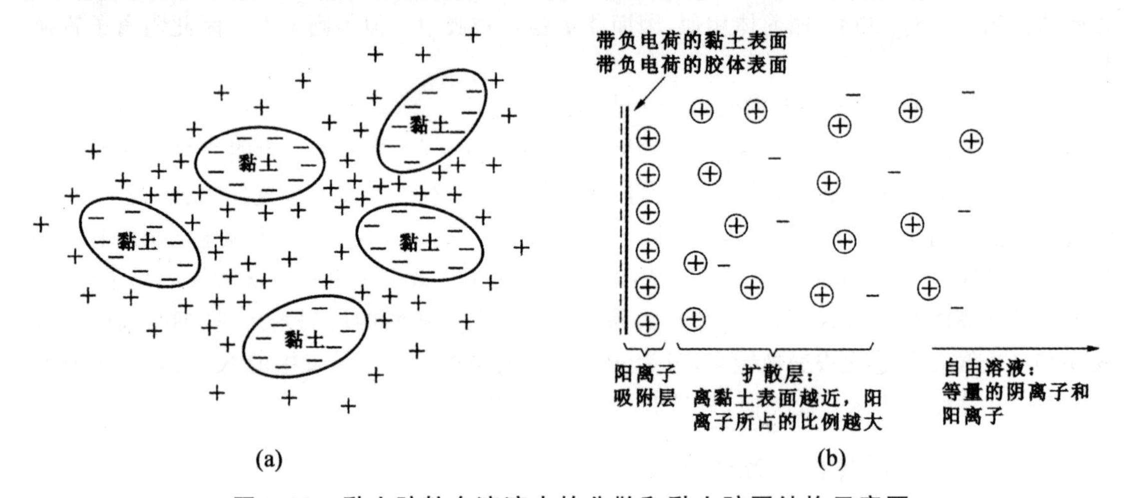

图 5-28　黏土胶粒在溶液中的分散和黏土胶团结构示意图

(a)黏土胶粒在溶液中的分散示意图；(b)黏土胶团结构示意图

黏土粒子表面通常带有负电荷，因此，当黏土粒子分散在水溶液中时，黏土颗粒(胶核)表面吸附着完全定向的水分子层和水化阳离子，这部分吸附层与胶核形成一个整体，一起在介质中移动(胶粒)；吸附层外由于吸引力较弱，被吸附的阳离子将依次减少，形成离子浓度逐渐减小的扩散层(胶粒＋扩散层称为胶团)，这样围绕黏土粒子就形成了扩散双电层。在电场或其他力场作用下，带电黏土与双电层的运动部分之间发生剪切运动而表现出来的电学性质称为电动性质。

黏土胶粒分散在水中时，黏土颗粒对水化阳离子的吸附随着黏土与阳离子之间距离的增大而减弱，又由于水化阳离子本身的热运动，因此黏土表面阳离子的吸附不可能整齐地排列在一个面上，而是随着与黏土表面距离的增大，阳离子分布由多到少(见图 5-29)。到达 P 点平衡了黏土表面全部的负电荷，P 点与黏土颗粒表面距离的大小取决于介质中离子的浓度、离子电价及离子热运动的强弱等。在外电场作用下，黏土粒子与一部分吸附牢固的水化阳离子(如 AB 面以内)随黏土粒子向正极移动，这一层称为吸附层，而另一部分水化阳离子不随黏土粒子移动，却向负极移动，这层称为扩散层(由 AB 面至 P 点)。因为吸附层与扩散层各带有相反的电荷，所以相对移动时两者之间就存在着电位差，这个电位差称为电动电位或 ζ 电位。

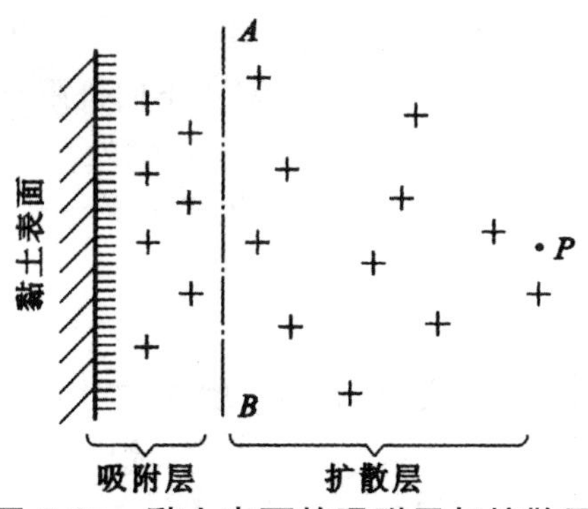

图 5-29　黏土表面的吸附层与扩散层

黏土颗粒表面与扩散层之间的总电位差称为热力学电位差(用 φ 表示),ζ 电位则是吸附层与扩散层之间的电位差。显然 $\varphi>\zeta$,如图 5-30 所示。黏土胶体的电动电位受到黏土的静电荷和电动电荷的控制,因此凡是影响黏土这些带电性能的因素都会对电动电位产生影响。

根据静电学基本原理可以推导出电动电位的公式如下:

$$\zeta=\frac{4\pi\sigma d}{\varepsilon}$$

式中　ζ——电动电位;

σ——表面电荷密度;

d——双电层厚度;

ε——介质的介电常数。

从上式中可见,ζ 电位与黏土表面的电荷密度、双电层厚度成正比,与介质的介电常数成反比。

ζ 电位的高低与阳离子的电价和浓度有关。溶液中阳离子浓度较低时,扩散较容易,则扩散双电层较厚,ζ 电位上升。在图 5-30 中,ζ 电位随扩散层的增厚而升高,如 $\zeta_1>\zeta_2$,$d_1>d_2$。这是由于溶液中离子浓度较低时,阳离子容易扩散而使扩散层增厚。当离子浓度增加,致使扩散层压缩,即 P 点向黏土表面靠近,ζ 电位也随之下降。当阳离子浓度进一步增加直至扩散层中的阳离子全部压缩至吸附层内,此时 P 点与 AB 面重合,ζ 电位等于零,也即等电点。如果阳离子浓度进一步增加,甚至可以改变 ζ 电位符号,如图 5-30 中的 ζ_3 与 ζ_1、ζ_2 的符号相反。一般有高价阳离子或某些大的有机离子存在时,往往会出现 ζ 电位改变符号的现象。

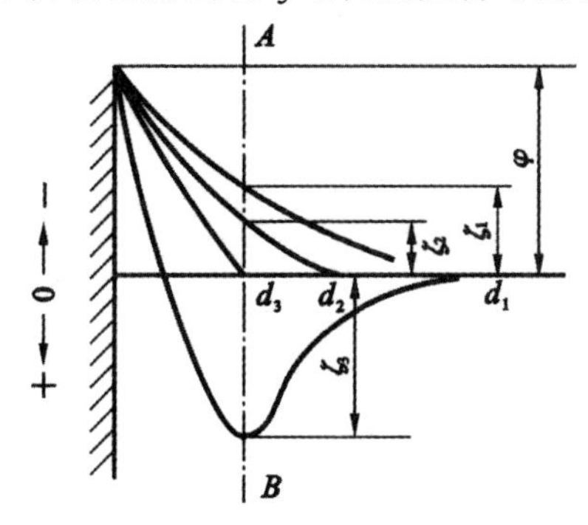

图 5-30　黏土的电动电位

黏土吸附了不同阳离子后对ζ电位的影响可由图5-31看出，由不同阳离子所饱和的黏土，其ζ电位值与阳离子半径、阳离子电价有关。对于不同价阳离子饱和的黏土，其ζ电位次序为：M^+－土＞M^{2+}－土＞M^{3+}－土(其中吸附H_3O^+例外)。而同价离子饱和的黏土，其ζ电位次序随着离子半径的增大，ζ电位降低。这些规律主要与离子水化度及离子同黏土吸引力强弱有关。

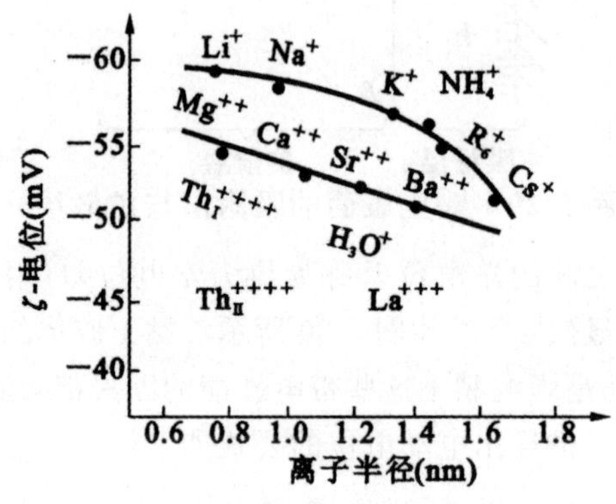

图5-31　由不同的阳离子所饱和的黏土的ζ电位

瓦雷尔(W. E. Worrall)测定了各种阳离子所饱和的高岭土的ζ电位值，如Ca－土的ζ电位为－10mV、H－土的ζ电位为－20mV、Na－土的ζ电位为－80mV、天然土的ζ电位为－30mV、Mg－土的ζ电位为－40mV、用$(NaPO_3)_6$饱和的黏土的ζ电位为－135mV。同时他还指出：一个稳定的泥浆悬浮液，黏土胶粒的ζ电位值必须在－50mV以上。

一般黏土内腐殖质都带有大量负电荷，它起加强黏土胶粒表面净负电荷的作用。显然，黏土内有机质对黏土ζ电位有影响。如果黏土内有机质含量增加，则导致黏土ζ电位升高。例如，河北唐山紫木节土含有机质1.53%，测定原土的ζ电位为－53.75mV。用适当方法去除其有机质后测得其ζ电位为－47.30mV。

影响黏土ζ电位值的因素还有黏土矿物组成、电解质阴离子的作用、黏土胶粒形状和大小、表面光滑程度等。

ζ电位的高低对黏土泥浆的一系列工艺性质，如稳定性、流动性等都有很大的影响。一般来说，ζ电位越高，则泥浆就越稳定，流动性也越好。

第 6 章　相平衡和相变

6.1　相律及相平衡的研究方法

6.1.1　相律的基本概念

1. 系统

系统是指我们所选择的研究对象，而以外的一切物质称为环境。系统是人为确定的，随我们所研究对象的变化而变化。对硅酸盐系统来说，一般研究的系统为凝聚系统，即忽略气相的影响，仅考虑液相与固相的平衡系统。

2. 相

在系统内部，物理和化学性质相同且完全均匀的一部分称为相。相与相之间有分界面，可以用机械的方法把它们分离开。从宏观的角度来看，界面上的性质改变是突变的。如水与冰共存时，其组成虽同为 H_2O，但有完全不同的物理性质，所以是不同的相。

对于气体物质一般是单相的，液体则视互溶程度有单相或二相，固态混合物则是有几种物质就有几个相——它们可以用机械方法进行分离。

一个系统中所含相的数目，叫相数，以 P 表示，按相数的不同，系统可以分为单相系统、二相系统、三相系统、…二相以上的系统称多相系统。

3. 组分与独立组分

系统中每一个能单独分离出来并能独立存在的化学纯物质称为组分，组分的数目称组分数。独立组分是指足以表示形成系统中各相组成所需要的最少数目的物质。它的数目称为独立组分数，以符号 C 表示。通常把具有 n 个独立组分的系统称为 n 元系统。按照独立组分数的不同，可将系统分为单元系统($C=1$)、二元系统($C=2$)、三元系统($C=3$)等。

在系统中各组分之间如果不发生化学反应，则

$$\text{独立组分数}=\text{组分数}$$

系统中若存在化学反应，则

$$\text{独立组分数}=\text{组分数}-\text{独立化学平衡关系式数}$$

例如 $CaCO_3$ 加热分解，存在下述反应：

$$CaCO_3(s) \rightleftharpoons CaO(s)+CO_2(g)\uparrow$$

此时系统虽有三个组分，但独立组分数只有两个，因为在系统中的三个组分之间存在一个化学反应，当达到平衡时，只要系统中有任何两个组分的数量已知，那么，第三种组分的数量将

由反应式确定，不能任意变动。

4. 自由度

在相平衡系统中，可以独立改变的变量（如温度、压力或组分的浓度等）称为自由度。这些变量中可以在一定范围内任意改变，而不致引起旧相消失或新相产生。自由度的数目叫做自由度数，以符号 F 表示。

按照自由度数可以对系统进行分类，自由度等于 0 的系统，叫做无变量系统；自由度数等于 1 的系统，叫做单变量系统；自由度数等于 2 的系统叫做双变量系统，等等。

5. 相律

1876 年吉布斯以严谨的热力学作为工具，推导出了多相平衡系统的普遍规律——相律。相律确定了多相平衡系统中，系统的自由度数(F)、独立组分数(C)、相数(P)和对系统的平衡状态能够发生影响的外界因素之间有如下关系：

$$F=C-P+n$$

式中 F——自由度数，即在温度、压力、组分浓度等可能影响系统平衡状态的变量中，可以在一定范围内任意改变而不会引起旧相消失或新相产生的独立变量的数目；

C——独立组分数，即构成平衡物系所有各相组成所需要的最少组分数；

P——相数；

n——指能够影响系统的平衡状态的外界因素的数目，如温度、压力、电场、磁场、重力场等。

一般情况下只考虑温度和压力对系统的平衡状态的影响，则相律可以表示为：

$$F=C-P+2$$

没有气相的系统称为“凝聚系统”。有时气体虽然存在，但可以忽略，而只考虑液相与固相参加相平衡，这种系统也称为“凝聚系统”。合金及硅酸盐系统均为凝聚系统。对凝聚系统一般可以不考虑压力的改变对系统相平衡的影响，即压力可以不作为变量因素，此时相律可表示为：

$$F=C-P+1$$

由相律可知，系统的自由度数，在相数一定时随着独立组分数的增加而增加，在独立组分数一定时，随着相数的增加而减小。

6.1.2 相平衡的研究方法

在凝聚系统相图中，相平衡研究方法的实质是利用系统发生相变时的物理化学性质或能量的变化，用各种实验方法准确地测出相变时的温度。

1. 动态法

热分析法是最普通的动态法。这种方法主要是观察系统中的物质在加热和冷却过程中所发生的热效应。常用的有加热（或冷却）曲线法和差热分析法两种。

(1)加热（或冷却）曲线法

该方法的要点为：准确地测出系统在加热（或冷却）过程中的温度—时间曲线，如果系统在均匀加热(或冷却)过程中不发生相变化,则温度的变化是均匀的,曲线是圆滑的;反之,若有相变化发生,则因有热效应产生,在曲线上必有突变和转折。对于单一的化合物来说,转折处的温度就是它的熔点或凝固点,或者是其分解反应点。对于混合物来说,加热时的情况就较复杂,可能是其中某一化合物的熔点,也可能是同别的化合物发生反应的反应点,因此用冷却曲线法较为合适。因为当系统从熔融状态冷却时,析出的晶相是有次序的,结晶能力大的先析出。因此,冷却曲线是重要的研究方法。但是,有些硅酸盐系统的过冷现象很显著,反而不及加热曲线所得结果好,所以应根据具体情况而选用不同的方法。

图 6-1 是一个具有不一致熔融化合物的二元系统相图的几个组成系统从高温液态逐步冷却时得到冷却曲线。根据做出的冷却曲线,以组成为横坐标,温度为纵坐标,将各组成的冷却曲线上的结晶开始温度、转熔温度和结晶终了温度分别连接起来,就可得到该系统的相图。此法要求试样均匀,测温要快要准,对于相变迟缓的系统的测定,则准确性较差。

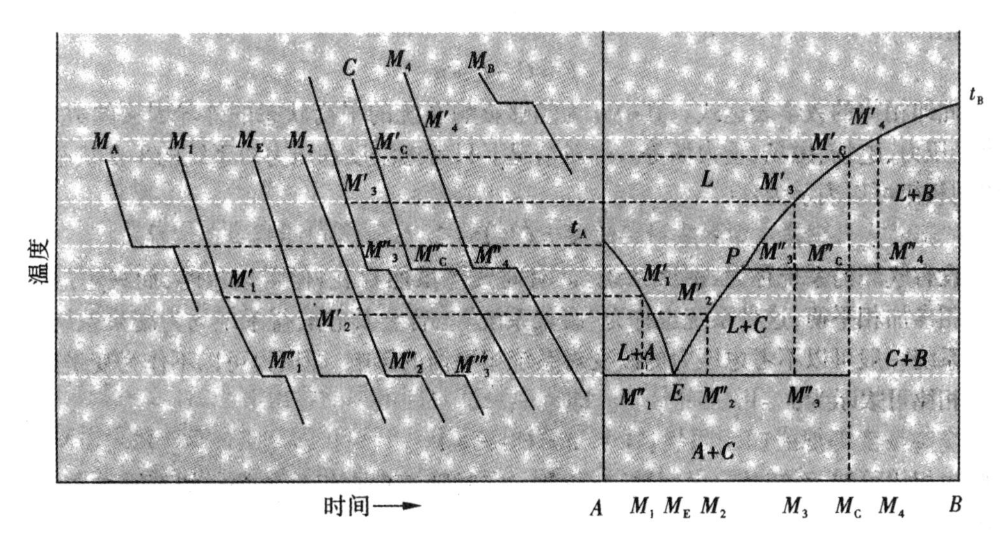

图 6-1　具有一个不一致熔融化合物的系统的冷却曲线及相图

若相变时产生的热效应很小(例如多晶转变),在加热和冷却曲线上就不易观察出来。为了准确地测出这种相变过程中的微小热效应,通常采用差热分析法。

(2)差热分析法

差热分析法装置示意图如图 6-2 所示,其采用两对热电偶,把热电偶的冷端各极相连接,做成差热电偶。将一对热电偶的热端插入被测试样内,另一对插入标准样品内(也称基准物),冷端放入恒温器,保持温度不变化。作为标准样品的物料,应当在所测量的温度范围内不发生任何变化,这就是所谓的惰性物质。分析硅酸盐物质时,通常用高温煅烧过的氧化铝。将样品座置于匀速升温的电炉内,在被测试样没有热效应产生时,试样和标准样品升高的温度相同,于是差热电偶两个热端所产生的热电势相等,但因方向相反而抵消,检流计指针不发生偏转,当试样有相变时,由于产生了热效应,因此试样和标准样品之间的温度差破坏了热电势的平衡,此时检流计指针偏转的程度表示了热效应的大小。毫伏计则用于记录系统的温度。

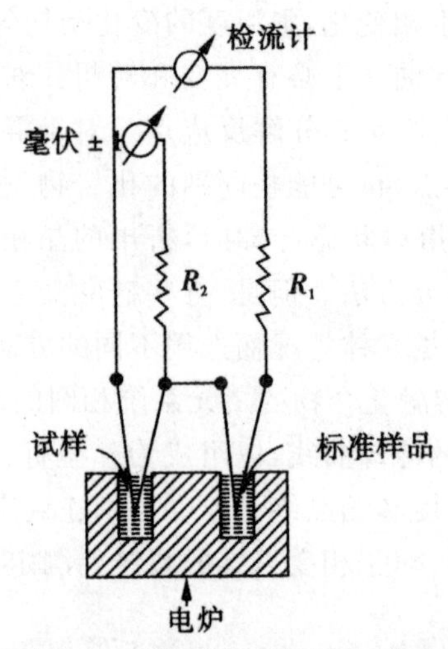

图 6-2　差热分析装置示意图

以检流计读数为纵坐标，以系统的温度为横坐标，可以作出差热曲线。在试样没有热效应时，曲线呈平直形状，在有热效应时，曲线上则有谷或峰出现。图 6-3 表示石英的差热曲线。可以看到加热至 573℃时有一吸热效应，此时 β-石英转变为 α-石英。冷却时，α-石英在 573℃又转变为 β-石英，此时显示出放热效应。

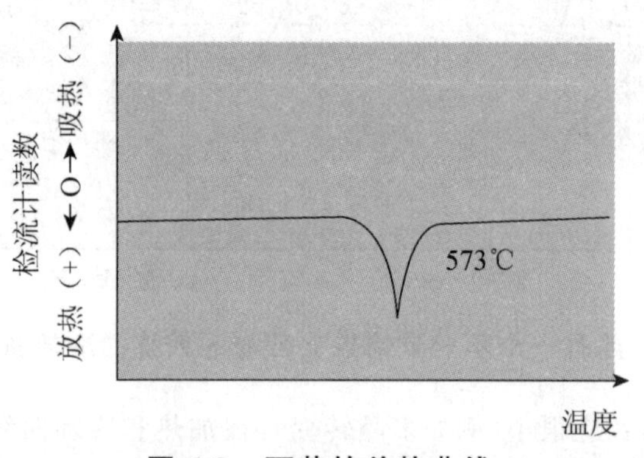

图 6-3　石英的差热曲线

差热分析不仅可以用来准确地测出物质的相变温度，而且也可用来鉴定未知矿物，因为每一矿物都具有一定的差热分析特征曲线。

2. 静态法

动态法在相变速度很慢或有相变滞后现象产生时，容易产生误差，不易准确测定出真正的相变温度。在这种情况下，用静态法（即淬冷法）则可以有效地克服这种不足。

淬冷法装置示意图如图 6-4 所示。其原理是将选定的不同组成的试样长时间地在一系列预定的温度下加热保温，使它们达到该温度下的平衡状态，然后，把试样迅速落入水浴（油浴或汞浴）中淬冷，由于相变来不及进行，因而冷却后的试样就保留了高温下的平衡状态。把所得的淬冷试样进行显微镜或 X 射线物相分析，就可以确定相的数目及其性质随组成、淬冷温度而改变的关系。将测定结果记入相图中的对应位置上，即可绘制出相图(图 6-5)。在不同温度下进行一系列的测定，即可确定结晶开始温度和结晶结束温度，以及多晶转变等的相变温度。

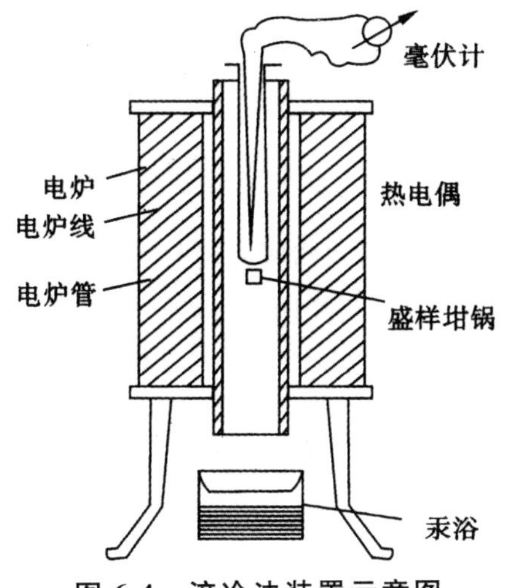

图 6-4　淬冷法装置示意图

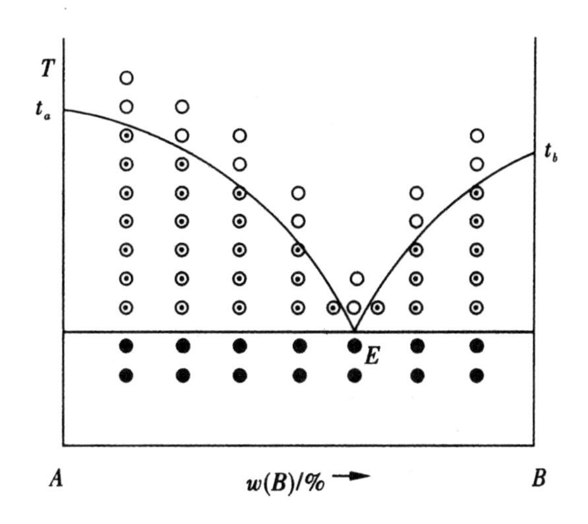

● 全部晶体 ○ 全部玻璃体 ⊙ 玻璃体 · 晶体

图 6-5　由淬冷法求作相图的示意图

6.2　单组分体系

单元系统中只有一种组分，不存在浓度问题，影响系统的平衡因素只有温度和压力，因此单元系统相图是用温度和压力两个坐标表示的。

单元系统中 $C=1$，根据相律

$$F=C-P+2=3-P$$

系统中的相数不可能少于1个，因此单元系统的最大自由度为2，这两个自由度即为温度和压力；自由度最少为0，所以系统中平衡共存的相数最多为3个，不可能出现四相平衡或五相平衡的状态。

在单元系统中，系统的平衡状态取决于温度和压力，只要这两个参变量确定，则系统中平衡共存的相数及各相的形态，便可根据其相图确定。由于相图上的每一个点都对应着系统的某一个状态，因此相图上的每一个点常称为状态点。

1. 水型物质与硫型物质

利用水的一元相图，对理解一元相图如何通过不同的几何要素（点、线、面）来表达系统的不同平衡状态是有帮助的。在水的一元相图上（图 6-6），整个图面被三条曲线划分为三个相区 *aob*、*coa* 及 *boc*，分别代表汽、水、冰的单相区。显然温度和压力都可以在这三个单相区范围内独立改变而不会造成旧相消失或新相产生，因而自由度为2。我们称这时的系统是双变量系统，或说系统是双变量的。把三个单相区划分开来的三条界线代表了系统中的两相平衡状态：*oa* 代表水汽两相平衡共存，因而 *oa* 线实际上是水的饱和蒸气压曲线（蒸发曲线）；*ob* 代表冰汽两相的平衡共存，因而 *ob* 线实际上是冰的饱和蒸气压曲线（升华曲线）；*oc* 线则代表冰水两相平衡共存，因而 *oc* 线是冰的熔融曲线。温度和压力中只有1个是独立变量，当一个参数独立变化时，另一参量必须沿着曲线指示的数值变化，而不能任意改变，这样才能维持原有的两相平衡，否则必然造成某一相的消失。因而此时系统的自由度为1，是单变量系统。三个单相区，三条界线会聚于 *o* 点，*o* 点是一个三相点，反映了系统中的冰、水、汽三相平衡共存的状态。三相点的温度和压力是严格恒定的。要想保持系统的这种三相平衡状态，系统的温度和压力都不能有任何改变，否则系统的状态点必然要离开三相点，进入单相区或界线，从三相平衡状态变为单相或两相平衡状态，即从系统中消失一个或两个旧相。因此，此时系统的自由度为零，处于无变量状态。

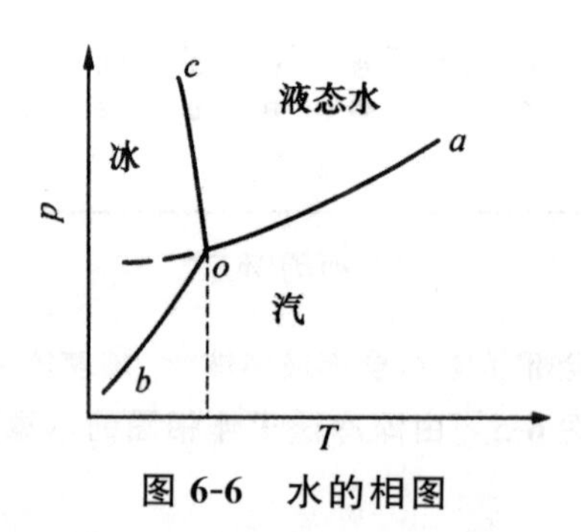

图 6-6　水的相图

在水的相图上，冰的熔点曲线 *oc* 向左倾斜，斜率为负值。这意味着压力增大，冰的熔点下降。这是由于冰熔化成水时体积收缩而造成的。像冰这样熔融时体积收缩的物质统称为水型物质，但这些物质并不多，铋、镓、锗、三氯化铁等少数物质属于水型物质。印刷用的铅字用铅铋合金浇铸，就是利用其凝固时的体积膨胀以充填铸模。对于大多数物质来说，熔融时体积膨胀，相图上的熔点曲线向右倾斜。压力增加，熔点升高。这类物质统称为硫型物质。

2. 可逆与不可逆的多晶转变

(1)可逆的多晶转变

从热力学观点来看,多晶转变可分为可逆的(双向的)转变和不可逆的(单向的)转变两种类型。

图 6-7 中点 1 是过热的晶型Ⅰ的蒸气压曲线与过冷液体的蒸气压曲线的交点。因此,相应不同压力条件下,点 1 即相当于晶型Ⅰ的熔点,点 3 为晶型Ⅰ变为晶型Ⅱ的转变点,点 2 为晶型Ⅱ的熔点,忽略压力对熔点和转变点的影响,将晶型Ⅰ加热到 T_1 时,即转变为晶型Ⅱ;而从高温冷却时,晶型Ⅱ却又可在 T_1 转变为晶型Ⅰ。若晶型Ⅰ转变为晶型Ⅱ后再继续升高温度到 T_3 以上时,晶相将消失而变为熔液。可表示为:

$$晶型Ⅰ\rightleftharpoons 晶型Ⅱ\rightleftharpoons 熔液$$

晶型Ⅰ和晶型Ⅱ都各有它们稳定存在的温度范围。在某指定温度下,判断哪个晶型是稳定的可从同一温度下蒸气压的大小决定:只有蒸气压较小的那个晶型才是稳定的,而蒸气压较大的晶型是介稳的。由图 6-7 可见,当温度高于 T_1 时晶型Ⅰ是介稳的(此时晶型Ⅰ的蒸气压曲线是虚线),而在低于Ⅰ时晶型Ⅱ是介稳的。按照热力学的自由焓变化规律,介稳的晶型可以自发地转变为稳定的晶型。这种类型的相图一般具有多晶转变的温度低于两种晶型的熔点的特点。SiO_2 的各种变体之间的转变大部分属于这种类型。

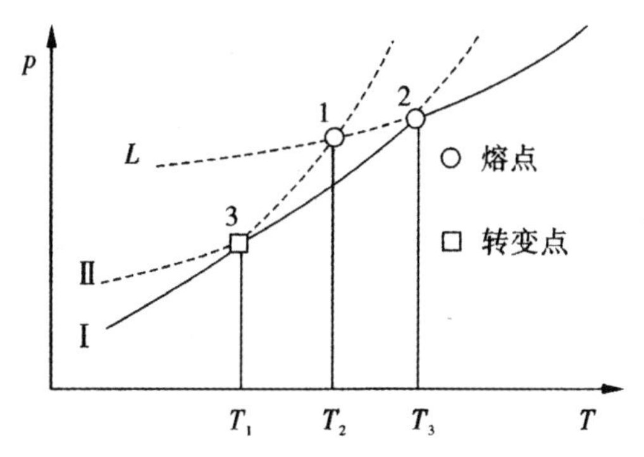

图 6-7 具有可逆的多晶转变物质的单元系统相图

(2)不可逆多晶转变

不可逆的多晶转变物质的单元系统相图如图 6-8 所示。在相应的不同压力条件下,图中点 1 是晶型Ⅰ的熔点,点 2 是晶型Ⅱ的熔点,点 3 是多晶转变点,然而这个三相点实际上是得不到的,因为晶体不能过热而超过其熔点。

由图 6-8 可知,晶型Ⅱ的蒸气压不论在高温或低温阶段都较Ⅰ的为高,因此,晶型Ⅱ处于介稳状态,随时都有转变为晶型Ⅰ的倾向。因此,要获得晶型Ⅱ,必须将晶型Ⅰ熔融,然后使它过冷,而不能由直接加热晶型Ⅰ来得到,此过程可表示为:

$$\begin{array}{ccc} 晶型Ⅰ & \rightleftharpoons & 熔液 \\ & \nwarrow\ 晶型Ⅱ \swarrow & \end{array}$$

这一类的相图则具有多晶转变的温度高于两种晶型的熔点的特点。

实践证明，系统由介稳状态转变为稳定状态的过程不是直接完成的，而先是依次经过中间的介稳状态，最后才变为该温度下的稳定状态。这个规律称为阶段转变定律。

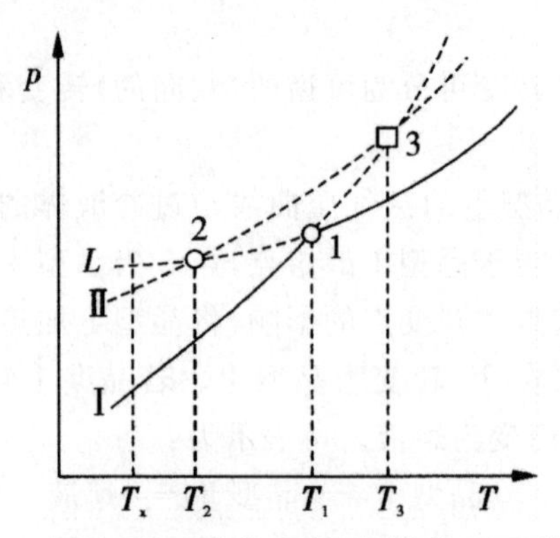

图 6-8　具有不可逆多晶转变的单元系统相图

3. SiO_2 系统的相图

SiO_2 有多种不同结构，在常压下，随温度变化，SiO_2 发生一系列相变

$$\alpha\text{-石英}\xrightarrow{573℃}\beta\text{-石英}\xrightarrow{870℃}\beta''\text{-石英}\xrightarrow{1470℃}\beta\text{-方石英}\xrightarrow{1710℃}\text{液态}$$

SiO_2 体系的温度-压力相图如图 6-9 所示，α-石英在 573℃以下是稳定的，而且受压力的影响很小。在较高的温度下，α-石英转变为 β-石英，β-石英的稳定区域受压力影响很大，在高压下更加稳定，在较低压力下，随温度上升 β-石英转变成 β'-鳞石英并进一步转变成 β-方石英和液相。如果增加压力，β'-鳞石英和 β-方石英可以转变成 β-石英。与水的情况相同，SiO_2 体系中存在有单相区、两相线和三相点，这些相区的自由度分别为 $F=2$、$F=1$ 和 $F=0$。

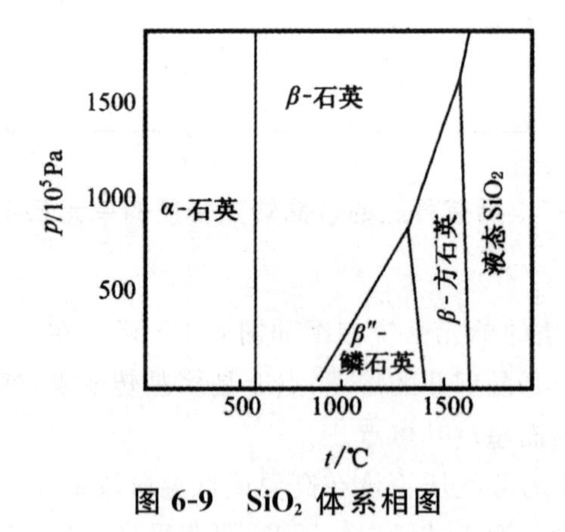

图 6-9　SiO_2 体系相图

6.3　两组分体系

二元系统中存在两种独立组分，由于这两个组分之间可能存在着各种不同的物理作用和化学作用，因而二元系统相图的类型比一元相图要多得多。对于二元凝聚系统：

$$F=C-P+1=3-P$$

当 $F=0$ 时，$P=3$，即二元凝聚系统中可能存在的平衡共存的相数最多为三个。当 $P=1$ 时，$F=2$，即系统的最大自由度数为 2。由于凝聚系统不考虑压力的影响，这两个自由度显然是指温度和浓度。二元凝聚系统相图是以温度为纵坐标，系统中任一组分的浓度为横坐标来绘制的。组成通常是用重量百分数计或摩尔百分数。

1. 低共熔体系

最简单的二组分体系是低共熔体系，图 6-10 给出了一个典型的、没有二元化合物和固溶体的低共熔体系相图。相图可以分成几个区域，液相区是互溶的单相区，其温度和组成可以独立变化 $F=2$。3 个两相区共存的物相分别是 2 个固相 A+B，A+液相和 B+液相。在两相区内，只有一个独立变量 $F=1$，物相的组成是与温度相关联的。

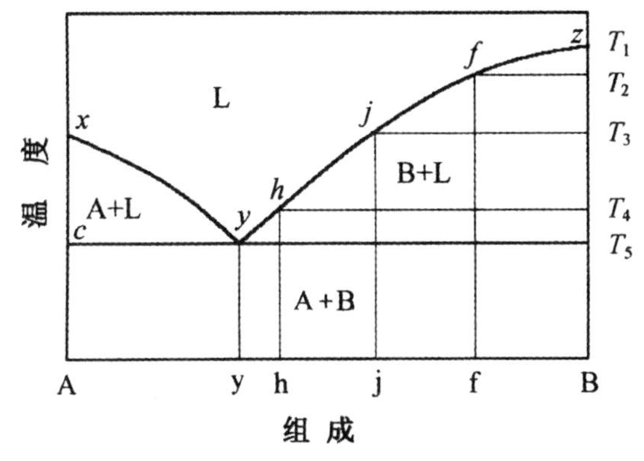

图 6-10　典型的低共熔体系相图

图 6-10 中的液相线给出了固相存在的最高温度，低共熔线 T_5 表示了液相可以存在的最低温度。其中，y 是三相共存点，温度和组成是确定的，可以由杠杆原理计算出体系中各物相的含量。当体系的总组成为 f，在 $T=T_4$ 时，体系中液固相的组成分别为 h 和 B，设各物相的含量分别为 x_L 和 x_B，由杠杆原理

$$x_L \times \mathrm{hf}=x_B \times \mathrm{Bf}$$

$$x_L/x_B=x_L/(1-x_L)=\mathrm{Bf}/\mathrm{hf}$$

利用上式可以方便地计算出在不同温度下体系中各物相的含量。

2. 液相部分互溶的二元体系

在材料的制备过程中，特别是玻璃态材料的制备中，常遇到液相部分互溶的情况。图 6-11 是一个典型的液相部分互溶的例子。在温度为 T_3 时，当体系的总组成在 L′与 L″之间时，A 与 B 不能完全互溶，而是形成了组成分别为 L′与 L″的两种液相。随温度升高，A 和 B 的互溶度增大，在 b 点形成完全互溶体系，液相部分互溶相图对于玻璃材料的制备非常重要，在硅酸盐体系中，在富 SiO_2 体系中常存在有液相部分互溶现象，在降温过程中，液相冷却成为玻璃态。当处在液相部分互溶区域时，会发生相分离，因而不能形成均匀的玻璃。

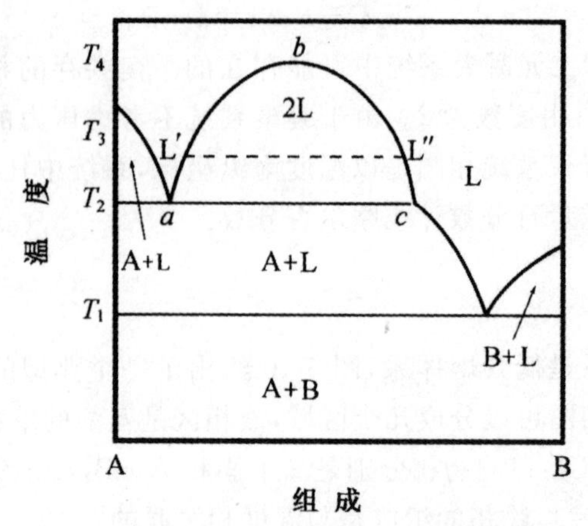

图 6-11 液相部分互溶的二元体系相图

3. 形成固溶体的二元系统相图

连续固溶体的二元系统相图和物理化学中二元系统气液平衡相图类似，如图 6-12 所示整个相图分为 3 个相区，彼此以 $t_aL_1t_b$ 和 $t_aS_3t_b$ 线分开。$t_aL_1t_b$ 为液相线，该线以上为液相单相区；$t_aS_3t_b$ 为固相线，该线以下为固相 S_{AB} 单相区，两线之间为液相与固溶体平衡共存的两相区。根据相律：$F=C-P+1=3-P$，两相区内的自由度为 1，即在一定的温度区域内，相数不变。但在一定的温度下，其液相与固溶体都具有肯定的组成，如温度到达 t_2 时，固溶体组成点肯定为 S_2，液相组成肯定为 L_2，体系组成点移动到 M_2，液相和固溶体的相对数量也可由杠杆规则求出。

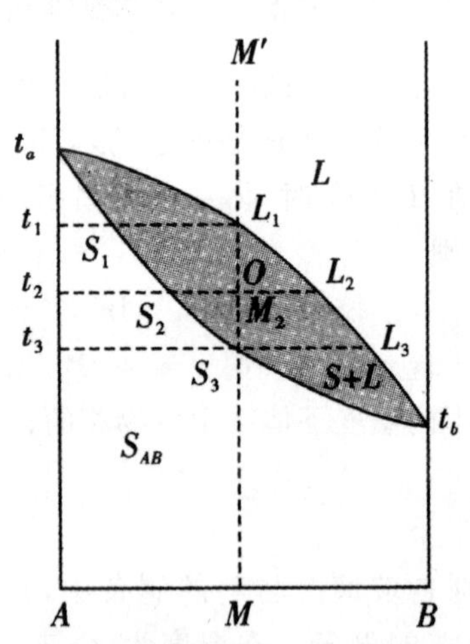

图 6-12 形成连续固溶体二元系统的相图

两种纯粹物质必须在晶体结构十分相似的情况下，才可能形成连续固溶体。另外，当熔体凝固时，除了结晶过程之外，还同时进行着另一过程——已析出的晶体的组成利用扩散的方式不断改变的过程。若结晶过程不是平衡进行时，晶相中扩散过程将来不及进行，此时将扩大结晶的温度范围(图 6-13)，这种现象称为分凝，它是形成固溶体的液体凝固时发生的一种重要的不平衡的型式。通常含微量杂质的不纯晶体，杂质往往以固溶体形式存在。因此在实际生产中，这种分凝现象可用以进行晶体的提纯，即先将一定量组分为 C 的固溶体加热成熔体，然后从一端到另一端逐渐凝固，由于杂质在液相和固相中的扩散程度不一，杂质就聚集于一端。这样将杂质聚集部分截去，重复熔化凝固，即可达到提纯的目的。

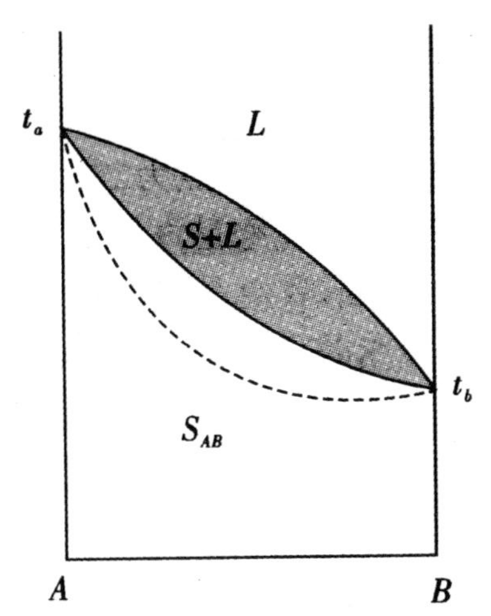

图 6-13　结晶过程不平衡对固相线位置的影响

连续固溶体系统还具有图 6-14 的相图，称为具有最高点或最低点的连续固溶体。为方便起见，可以把整个系统看做两个部分，每一个部分则相当于图 6-12。但当物质的组成正好在 C 位置时，则熔体的液相冷却到 T_c 时，全部转变为 S_{AB}。

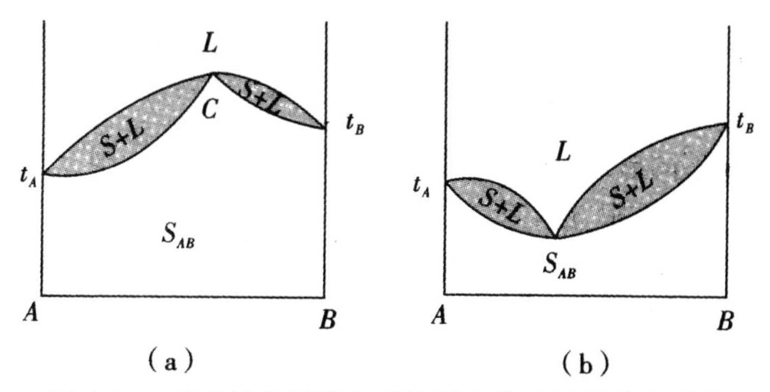

图 6-14　形成具有最高点或最低点的连续固溶体系统

4. CaO-SiO_2 系统二元相图

CaO-SiO_2 系统比较复杂，硅酸钙是硅酸盐水泥中重要矿物。在玻璃和搪瓷中，有时也可含有 $CaO \cdot SiO_2$ 的析晶，冶金炉渣的主要构成部分也是 CaO-SiO_2 系化合物。

CaO-SiO_2 系统的相图如图 6-15 所示，根据相图中的竖线可知 CaO-SiO_2 二元中共生成 4 个化合物：C_3S_2（$3CaO \cdot 2SiO_2$，硅钙石）和 C_3S（$3CaO \cdot SiO_2$，硅酸三钙）是不一致熔化合物，CS（$CaO \cdot SiO_2$，硅灰石）和 C_2S（$2CaO \cdot SiO_2$，硅酸二钙）是一致熔化合物，因此，CaO-SiO_2 系统可以划分成 SiO_2-CS、CS-C_2S、C_2S-CaO 三个分二元系统。然后，对这三个分二元系统逐一

分析各液相线、相区，特别是无变点的性质，判明各无变点所代表的具体相平衡关系。相图上每一条横线都是一根三相平衡等温线，当系统的状态点到达这些线上时，系统都处于三相平衡的无变量状态。其中有低共熔线、转熔线、化合物分解或液相分层线以及多晶转变线等。多晶转变线上所发生的具体晶型转变，需要根据和此线紧邻的上下两个相区所标示的平衡相加以判断。如 1125℃的多晶转变线，线下相区为 α-鳞石英和 β-CS，线上相区的平衡相为 α-鳞石英和 α-CS，此线必为 α-CS 和 β-CS 的多晶转变线。

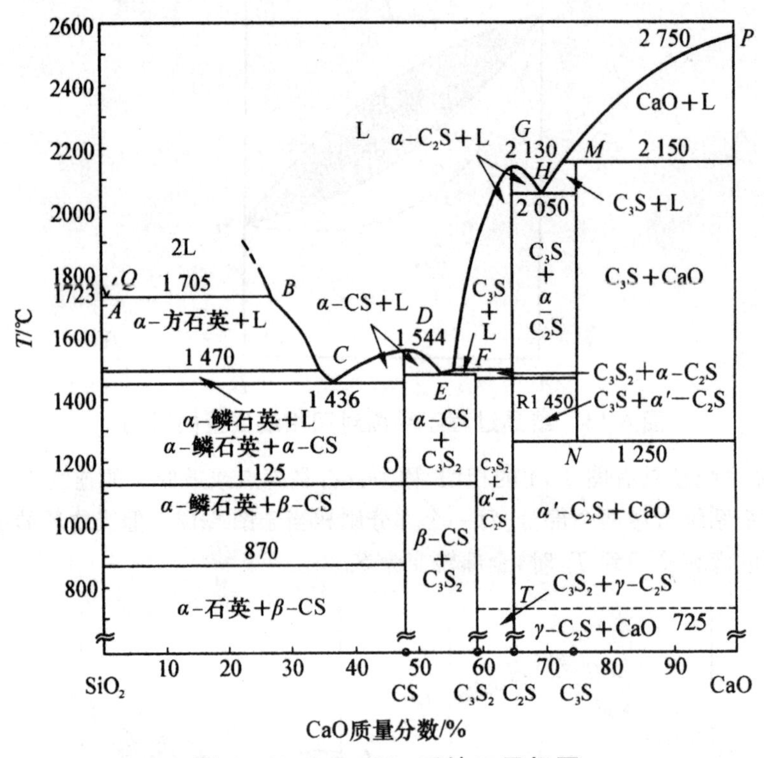

图 6-15　CaO-SiO$_2$ 系统二元相图

相图左侧的 SiO$_2$-CS 分二元系统。在此分二元的富硅液相部分有一个分液区，*C* 点是此分二元的低共熔点，C 点温度 1436℃，组成是含 37％的 CaO。由于在与方石英平衡的液相线上插入了 2L 分液区，使 *C* 点位置偏向 CS 一侧，而距二氧化硅较远，液相线 *CB* 也因此而变得较为陡峭。

在 CS-C$_2$S 这个分二元系统中，有一个不一致熔化合物 C$_3$S$_2$，其分解温度是 1464℃。*E* 点是 CS 与 C$_3$S$_2$ 的低共熔点。C$_3$S$_2$ 常出现于高炉矿渣中，也存在于自然界中。

最右侧的 C$_2$S-CaO 分二元系统，含有硅酸盐水泥的重要矿物 C$_2$S 和 C$_3$S。C$_3$S 是一个不一致熔化合物，仅能稳定存在于 1250℃～2150℃的温度区间，在 1250℃分解为 α'-C$_2$S 和 CaO，在 2150℃则分解为 *M* 组成的液相和 CaO。

6.4　三组分凝聚态体系

三元系统相图内三种组分之间的相互作用，从本质上说，与二元系统相图内组分间的各种

作用没有区别,但由于增加了一个组分,情况变得更为复杂,因而其相图图形也要比二元系统复杂得多。对于三元凝聚系统:

$$F=C-P+1=4-P$$

当 $F=0$ 时,$P=4$,即三元凝聚系统中可能存在的平衡共存的相数最多为 4 个。当 $P=1$ 时,$F=3$,即系统的最大自由度数为 3。这三个自由度指温度和三个组分中的任意两个的浓度。由于要描述三元系统的状态,需要三个独立变量,其完整的状态图应是一个三坐标的立体图,但这样的立体图不便于应用,我们实际使用的是它的平面投影图。

通常用三角形表示三组分凝聚态体系,三角形的顶点为 3 个基本组分,垂直于三角平面的纵轴表示温度。在三组分体系中,当 2 个组分的摩尔分数确定后,根据 $x_A+x_B+x_C=1$,第三个组分的摩尔分数也自然确定。图 6-16 给出了用三角形表示的 La_2O_3-CaO-Mn_3O_4 体系在 900℃温度下的相关系。

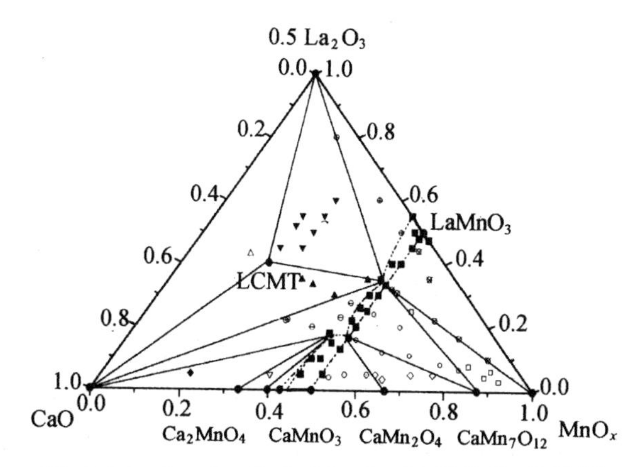

图 6-16 La_2O_3-CaO-Mn_3O_4 三组分体系相图

三角形的顶点分别对应于 100%的 La_2O_3、CaO 和 Mn_3O_4,三组分凝聚态体系三角形的 3 个边分别表示相应组分的摩尔分数,三角形的边是 3 个二组分体系,第三组分的摩尔分数为 0%。在 La_2O_3-CaO-Mn_3O_4 体系中,La_2O_3-CaO 二组分体系中没有二元化合物,La_2O_3-Mn_3O_4 中有一个化合物 $LaMnO_3$,CaO-Mn_3O_4 中有 6 个化合物,三角形内的区域代表了三组分体系的组成。在三角形中与 CaO-Mn_3O_4 边平行的直线中任意一点 La_2O_3 含量是相同的,可以用平行线法确定三组分体系中任意点的组成。在 La_2O_3-CaO-Mn_3O_4 体系 900℃等温截面中,存在有单相、两相和三相区。$CaMnO_3$ 和 $LaMnO_3$ 都具有钙钛矿结构,形成完全互溶单相体系,在图中用虚线包围的区域表示。

6.5 固体相变

固体相变是材料化学的一个重要的研究领域,材料的很多物理性质是与固体的相变联系在一起的,因此在材料研究和实际应用过程中必须考虑到材料可能发生的相变。狭义相变是指结晶材料不同结构物相之间的转变。例如,单质碳主要有两种结构:石墨和金刚石,在一定温度和压力下,石墨可以转变为金刚石。在石墨→金刚石转变过程中,材料的组成并不发生变化，只是结构改变；当然，材料的性质也发生巨大的变化。因此，狭义相变是指一类组成不发生改变而结构和性质发生变化的过程。但是，人们常常在更广的意义下使用相变的概念，而把一些涉及组成变化的过程归结为相变。例如，在通常条件下氧化锆具有与萤石结构相关联的单斜结构，氧化锆中掺入一定量氧化钇可以使其转变为立方结构。立方结构的氧化锆具有良好的氧离子导电性，是燃料电池和化学传感器中重要的固体电解质材料。在实际中对广义相变施加一定的限制，只是把固溶体组成连续变化引起的结构或性质转变称作相变。

热力学和动力学是控制体系相变的因素。相变的热力学指出了在热力学平衡条件下物相之间可能发生的变化，对于具体的体系，相变可以用前面讨论的相图描述，可以看作是在外界温度、压力等条件变化时体系可能发生的结构响应。在给定条件下能否观察到相变过程，还要考虑相变过程的动力学因素。一些相变中的成核和生长过程很慢，相变过程有很大的滞后效应；甚至在一些情况下完全观察不到相变发生。下面先主要讨论材料相变的热力学。

1. 一级相变

热力学中处理相变问题是讨论各个相的能量状态在不同的外界条件下所发生的变化。它不涉及具体的原子间结合力或相对位置改变的情况，因而难以解释相变机理，然而热力学的结论却是普遍适用的。

热力学分类把相变分为一级相变与二级相变等。

体系的热力学参量主要有 Gibbs 自由能、熵、焓、体积和热容等，当体系处于热力学平衡状态下时，化学反应的自由能的变化为零，即 $\Delta G=\Delta H-T\Delta S=0$，因此，相变中体系的自由能变化总是连续的。通常用自由能 n 阶微商是否连续来定义相变过程。一级相变定义为自由能的一阶微商规定的热力学参量在相变过程中不连续，可以表示为

$$\frac{\mathrm{d}\Delta G}{\mathrm{d}T}=-\Delta S\neq 0$$

$$\frac{\mathrm{d}\Delta G}{\mathrm{d}p}=-\Delta V\neq 0$$

由上式可知，一级相变过程中两种物相的晶胞体积和熵发生不连续变化，由于相变的 $\Delta G=O$，可知体系的焓变 $\Delta H=-T\Delta S$。对于熵增加的相变过程（$\Delta S>0$），焓变小于零（$\Delta H<0$），是一吸热过程；反之，是一放热过程。

一级相变过程中热力学参量随温度的变化情况如图 6-17 所示。假定低温和高温物相的焓、熵随温度变化不大。图 6-17 中(a)、(b)和(c)分别表示物相的焓、熵随温度的变化，其中 $-TS$ 随温度上升而降低。实际体系的熵随温度上升略有增加，主要是由于在较高温度下材料的热振动熵略有增加，图 6-17(d)表示了这种情况。相应地，$-TS$ 随温度下降更快[6-17(e)]。物相的自由能为 $G=H-TS$，假定 H 不随温度变化，自由能随温度的变化趋势应与 $-TS$ 一致[图 6-17(f)]。自由能曲线的斜率即是相应物相的熵，在这样假定条件下，相变发生要求高温物相的熵大于低温物相，即 $S_{\text{II}}>S_{\text{I}}$；高温物相的自由能随温度下降的更快，低温和高温物相自由能随温度的变化情况如图 6-17(g)所示，两条曲线的斜率不同，相变温度为 T_c，温度低于 T_c 时，可以看到 $G_{\text{I}}<G_{\text{II}}$，低温物相更稳定；温度高于 T_c 时，$G_{\text{I}}>G_{\text{II}}$，高温物相更加稳

定，在 T_c 温度下，高温和低温物相的自由能相等 $G_{Ⅰ}=G_{Ⅱ}$。高温和低温物相自由能曲线在 T_c 交点的斜率表示了相应的熵 S，显然，一级相变在 T_c 处低温和高温物相的熵不同，熵变 ΔS 发生不连续变化。图 6-17(i)表示了相变过程中 $-TS$ 的变化，在 T_c 温度下，$\Delta H=T\Delta S$，体系的焓也发生不连续变化[图 6-17(h)]。

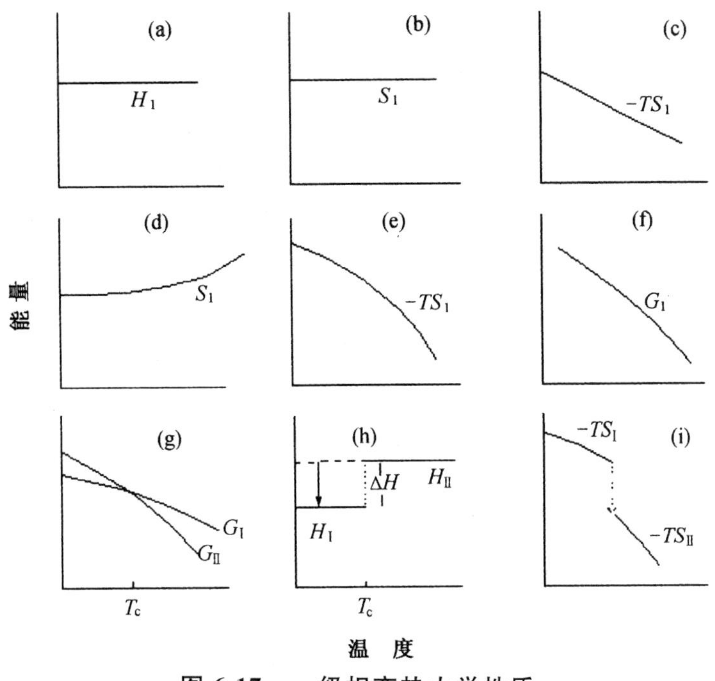

图 6-17 一级相变热力学性质

研究相变过程的方法有很多种，可以利用热分析方法研究一级相变的热效应，也常用变温 X 射线衍射方法研究相变过程中物质的结构变化，以 YBO_3 为例来说明一级相变和研究方法。YBO_3：Eu 是一种重要的发光材料，主要用作等离子体平面显示器件中的红色荧光粉。YBO_3 有两种不同结构，早期低温物相被认为具有六方碳钙石结构，红外光谱和固体核磁共振研究表明，其中的硼酸根离子为四面体配位。由于 YBO_3 低温结构很接近于高对称性的六方结构，给结构的研究造成很多困难。X 射线单晶衍射只能给出低温物相的平均结构。人们利用电子衍射方法发现了结构畸变，并利用中子衍射仔细研究了 YBO_3 低温物相的结构和相变过程，YBO_3 低温物相属于单斜晶系，结构中的硼酸根以 $B_3O_9^{9-}$ 基团形式存在。YBO_3 的高温物相也具有单斜结构，结构中的硼酸根离子为 BO_3^{3-} 基团。

图 6-18 给出了 YBO_3 的差热曲线(DTA)。升温过程中在 960℃左右出现一个吸热峰，而在降温过程中 586℃左右有一放热峰。这两个峰都对应于 YBO_3 的高温和低温物相之间的相变。由此可知 YBO_3 的相变为可逆的一级相变，由于相变过程的热滞后非常大，相变过程伴随着较大结构和化学键变化。YBO_3 的晶胞参数随温度的变化如图 6-19，可以看到在相变点附近，晶胞体积存相变过程有一个突变。

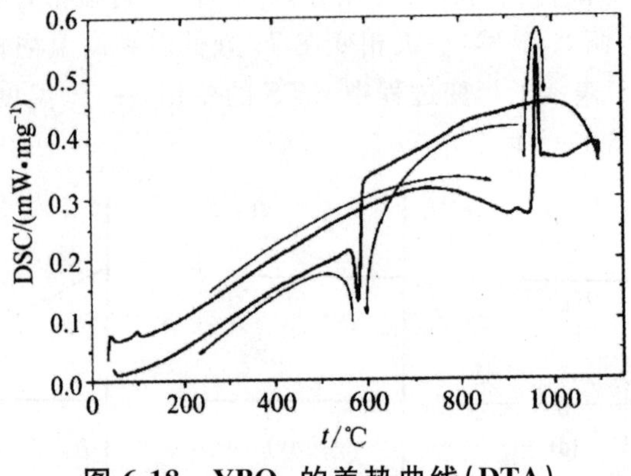

图 6-18　YBO_3 的差热曲线(DTA)

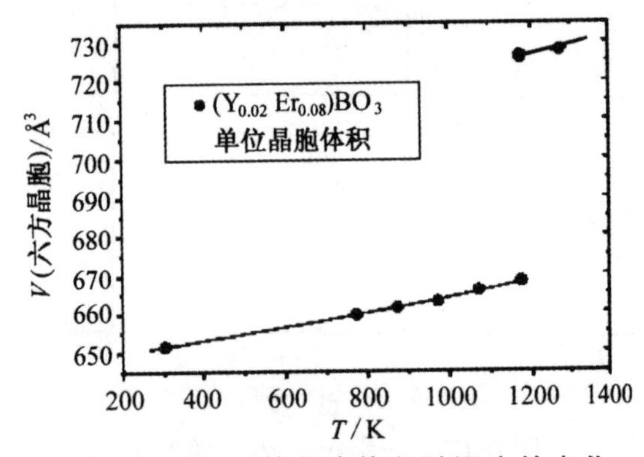

图 6-19　YBO_3 的晶胞体积随温度的变化

YBO_3 低温物相和高温物相的结构分别为图 6-20 和图 6-21。YBO_3 的低温物相中的硼酸根以 $B_3O_9^{9-}$ 形式存在,其中硼酸根为四配位。高温物相中的硼酸根离子是以三配位的 BO_3^{3-} 形式存在的。两个物相中的稀土离子位置基本不变,硼酸根离子发生变化 $B_3O_9^{9-} \longrightarrow 3BO_3^{3-}$(图 6-22),相变过程伴随部分硼氧键断裂。由于在化学键重组过程中原子位置将进行调整,因此相变过程出现较大的热滞后现象。

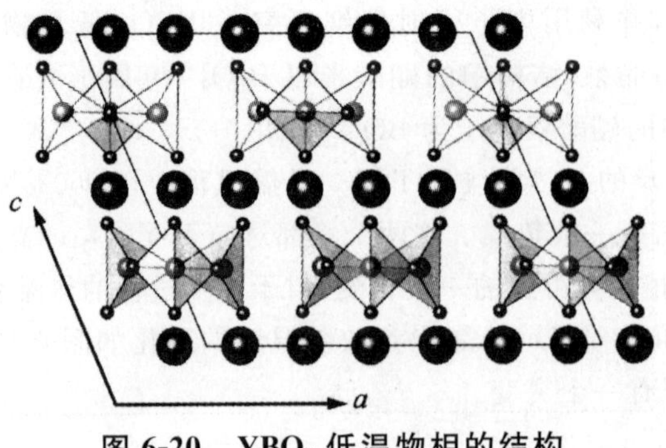

图 6-20　YBO_3 低温物相的结构

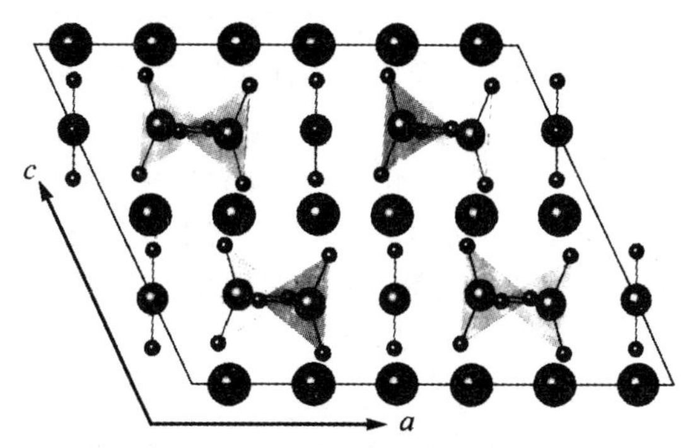

图 6-21　YBO_3 高温物相的结构

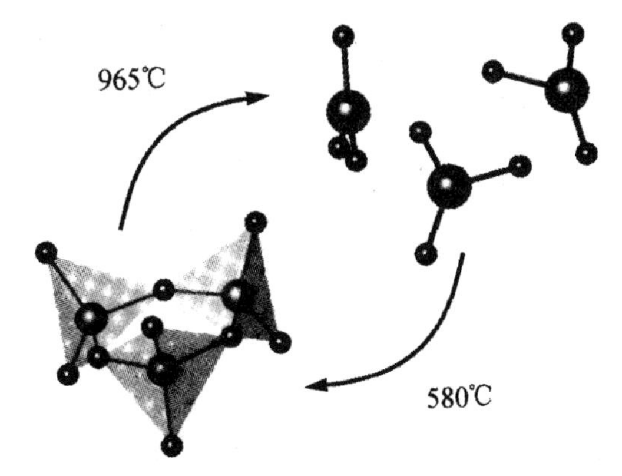

图 6-22　YBO_3 相变中的结构变化

很多重要的无机材料，如 TiO_2、VO_2、NbO_2、TaO_2 和 MoO_2 等都具有金红石结构。在金红石结构中，氧离子构成畸变的六方密堆积，其中八面体空隙的 1/2 被金属离子占据。金红石结构中金属离子八面体共用边形成一维链，链之间共用顶点连接形成三维结构。二氧化钛除了金红石结构之外，还可以以锐钛矿结构形式存在，锐钛矿结构中的阴离子堆积方式与金红石相同，金属离子八面体共用边形成锯齿状链，金红石和锐钛矿的晶体结构如图 6-23 所示。

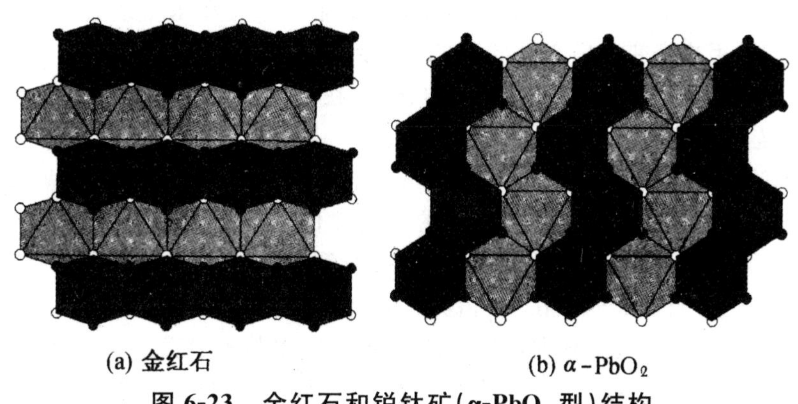

(a) 金红石　　(b) α-PbO_2

图 6-23　金红石和锐钛矿(α-PbO_2 型)结构

金红石结构的二氧化钛在高压下转变为氟化钙结构。氟化钙结构为面心立方，金属离子处于阴离子立方体心，配位数为8。相对于金红石结构，氟化钙结构对称性更高、配位数更大。在压力增加过程中，阴离子六方密堆积逐步转变为简单立方堆积，阳离子的配位多面体也逐步从八面体转变为立方体。在相变临界压力以上，二氧化钛具有氟化钙结构。但这个相变过程不是可逆的，降低体系的压力并不能使二氧化钛的氟化钙结构回到金红石结构，而是转变为锐钛矿结构。在这个相变过程中，发生了化学键和配位状况的变化，因此也属一级相变。一级相变是一类常见的相变，很多化合物的相变都具有一级相变的特征。表6-1列出了部分典型一级相变的主要热力学特征。

表6-1 部分典型一级相变的热力学特征

化合物	相　变	T_c/℃	$\Delta V/cm^3$	$\Delta H/(kJ \cdot mol^{-1})$
石英	$\alpha \to \beta$	572	1.33	0.360
CsCl	CsCl→CaCl	479	10.3	2.424
AgI	纤锌矿→体心立方	145	−2.2	6.145
NH_4Cl	CsCl→CaCl	196	7.1	4.473
Li_2SO_4	方	590	3.81	28.84

2. 二级相变

二级相变是指在临界温度、临界压力时，自由焓的一次导数是连续的，但二次导数是不连续的相变。如由熔融态到玻璃态的相变就是二级相变体系自由能的二阶微商可以表示为：

$$\frac{\partial^2 G}{\partial p^2}=\frac{\partial V}{\partial p}=-V\beta$$

$$\frac{\partial^2 G}{\partial p \partial T}=\frac{\partial V}{\partial T}=-V\alpha$$

$$\frac{\partial^2 G}{\partial T^2}=\frac{\partial S}{\partial T}=-\frac{C_p}{T}$$

上式表明在二级相变过程中，体系的热容 C_p、膨胀系数 α 和压缩系数 β 不连续变化。在实际研究中人们常用热容变化确定二级相变的转变温度。

根据二级相变的定义来探讨二级相变的含义，在二级相变过程中体系的熵和焓的变化（ΔH 和 ΔS）是连续的，即在相变温度 T_c，$\Delta G=\Delta H-T\Delta S=0$，同时有 $\Delta H=0$ 和 $\Delta S=0$。也就是说，体系中的高温和低温物相的自由能曲线在相变点 T_c 处的斜率相等，两条曲线应在 T_c 相切，对于一级相变，高温物相和低温物相的自由能曲线在 T_c 处相交，曲线在交点处斜率（熵）不同。因此，一级相变过程可以用自由能的变化明确地表达。二级相变的情况则复杂些，图6-24(a)表示了一种自由能曲线在 T_c 相切的情况，但由于物相Ⅱ的自由能在任何温度下都小于物相Ⅰ的自由能，物相Ⅱ在任何温度下都是稳定的，显然不能发生任何相变。可以用不规则的自由能曲线使其在 T_c 点相切并使相变发生(b)，但这要求自由能曲线在 T_c 处发生畸变，因而不具有一般意义。

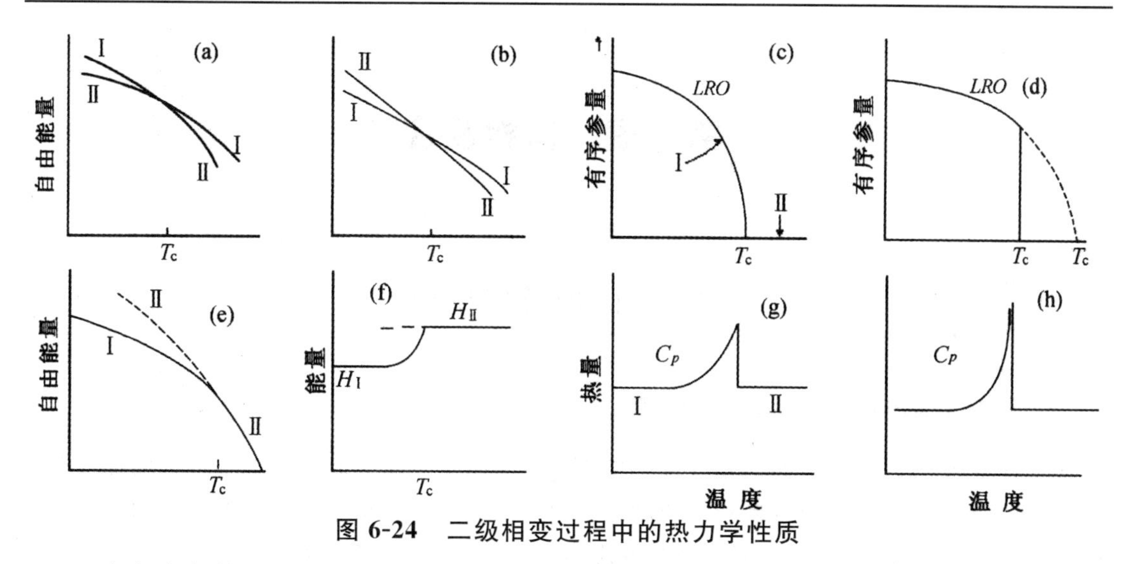

图 6-24　二级相变过程中的热力学性质

二级相变的特点：二级相变是一类连续相变，格位占据的有序度在温度高于热力学零度时就已经开始变化，一直到相变温度 T_c 体系变成完全无序，继续升高温度不再引起格位有序度的变化；虽然在相变温度附近格位占据的有序度是连续变化的，但结构的对称性发生质的变化，从简单立方转变为体心立方。在这个意义上讲，二级相变的转变点是用对称性的变化定义的，比较而言，一级相变属于突发性相变，相应的结构变化主要发生在相变温度附近。

根据二级相变的特点，我们可以定义一个长程有序参量 *LRO*，用来描述二级相变过程中结构或性质的连续变化。图 6-24(c)给出了一般情况下 *LRO* 随温度变化的情况，可以看到二级相变的特点是在相变温度以下的整个温度区间中长程有序参量连续从 1 到 0 变化。一级相变也可能伴随有序参量的改变，但是一级相变发生时有序参量一定发生突变，如图 6-24(d)所示。

从热力学的观点看，无序度增加意味着熵增加。但低温物相和高温物相的熵随温度的变化是不同的。在低温物相中，原子格位的占有率随温度上升而改变；因此，熵随温度的变化较大；而高温物相中的原子已经完全无序分布，温度上升只引起振动熵变化，熵随温度的变化比较小。因此，在 T_c 温度下，低温和高温物相熵曲线的斜率不同，体系在相变点热容发生不连续变化。图 6-24(g)给出了二级相变过程中体系热容随温度的变化。在相变温度以下，由于低温物相无序度的变化，热容将逐渐增大，到达相变温度 T_c 高温物相中的原子完全无序分布，热容将急剧减小。因此，在通常情况下二级相变的热容的变化呈 λ 形状，一级相变的热容通常是一个很尖锐的峰[图 6-24(h)]。

二级相变自由能变化实际上是两条逐渐接近的曲线，在相变点两条曲线的斜率相同，且合并为一条高温物相的自由能曲线，如图 6-24(e)所示。相变温度以上只存在高温物相，而在相变温度以下，低温物相(Ⅰ)稳定，高温物相(Ⅱ)为亚稳物相。

一般合金的有序—无序转变、铁磁性—顺磁性转变、超导态转变等均属于二级相变。

虽然热力学分类方法比较严格，但并非所有相变形式都能明确划分。例如 $BaTiO_3$ 的相变具有二级相变特征，然而它又有不大的相变潜热存在。KH_2PO_4 的铁电体相变在理论上是一级相变，但它实际上却符合二级相变的某些特征。在许多一级相变中都重叠有二级相变的特征，因此有些相变实际上是混合型的。

第7章　固相反应

7.1　固相反应机理

7.1.1　相界面上化学反应机理

傅梯格研究了 ZnO 和 Fe_2O_3 合成的反应过程。图 7-1 示出加热到不同温度的反应化合物，经迅速冷却后分别测定的物性变化结果。图中横坐标是温度，而各种性质变化是对照 *O*—*O* 线的纵坐标标出的。综合各种性质随反应温度的变化规律，可把整个反应过程划分为 6 个阶段。

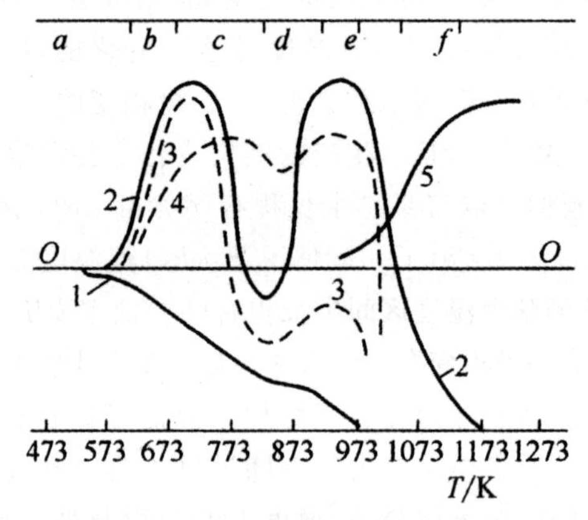

图 7-1　ZnO—Fe_2O_3 混合物加热过程中性质的变化

1—对色剂的吸附性；2—对 $2CO+O_2 \rightarrow 2CO_2$ 反应的催化活性；
3—物系的吸湿性；4—对 $2N_2O \rightarrow 2N_2+O_2$ 反应的催化活性；
5—X 射线图谱上 $ZnFe_2O_4$ 的强度

(1)隐蔽期

约低于 300℃。此阶段内吸附色剂能力降低，说明反应物混合时已经相互接触，随温度升高，接触更紧密，在界面上质点间形成了某些弱的键。在这阶段中，一种反应物“掩蔽”着另一种反应物，而且前者一般是熔点较低的。

(2)第一活化期

约在 300℃～400℃之间。这时对 $2CO+O_2 \rightarrow 2CO_2$ 的催化活性增强，吸湿性增强，但 X 射线分析结果尚未发现新相形成，密度无变化。说明初始的活化仅是表面效应，可能有的反应产物也是局部的分子表面膜，并具有严重缺陷，故呈现很大活性。

(3)第一活脱期

约在 400℃～500℃之间。此时催化活性和吸附能力下降。说明先前形成的分子表面膜得到发展和加强，并在一定程度上对质点的扩散起阻碍作用。不过，这作用仍局限在表面范围。

（4）二次活化期

约在 500℃～620℃之间。这时催化活性再次增强，密度减小，磁化率增大，X 射线谱上仍未显示出新相谱线，但 ZnO 谱线呈现弥散现象，说明 Fe_2O_3 渗入 ZnO 晶格，反应在整个颗粒内部进行，常伴随着颗粒表层的疏松和活化。此时反应物的分散度非常高，不可能出现新晶格，但可以认为晶核也已形成。

（5）二次脱活期或晶体形成期

约在 620℃～750℃之间。此时催化活性再次降低，X 射线谱开始出现 $ZnO \cdot Fe_2O_3$。谱线，并由弱到强，密度逐渐增大。说明晶核逐渐成长，但结构上仍是不完整的。

（6）反应产物晶格校正期

约>750℃。这时密度稍许增大，X 射线谱上 $ZnO \cdot Fe_2O_3$ 谱线强度增强并接近于正常晶格的图谱。说明反应产物的结构缺陷得到校正、调整而趋于热力学稳定状态。

当然，对不同反应系统，并不一定都划分成上述 6 个阶段。但都包括以下 3 个过程：①反应物之间的混合接触并产生表面效应；②化学反应和新相形成；③晶体成长和结构缺陷的校正。

反应阶段的划分主要决定于温度，因为在不同温度下，反应物质点所处的能量状态不同，扩散能力和反应活性也不同。对不同系统，各阶段所处的温度区间也不同。但是对应新相的形成温度都明显地高于反应开始温度，其差值称为反应潜伏温差，其大小随不同反应系统而异。例如，上述的 $ZnO+Fe_2O_3$ 系统约为 300℃；$NiO+Al_2O_3$ 系统约为 250℃。当反应有气相或液相参与时，反应将不局限于物料直接接触的界面，而可能是沿整个反应物颗粒的自由表面同时进行。可以预期，这时固体于气体、液体之间的吸附和润湿作用将会有重要影响。

7.1.2　中间产物和连续反应

在固相反应中，有时反应不是一步完成的，而是经由不同的中间产物才最终完成，这通常称为连续反应。例如 CaO 和 SiO_2 的反应，尽管配料的摩尔比为 1∶1，但反应首先形成 C_2S，C_3S_2 等中间产物，最终才转变为 CS。其反应顺序和量的变化如图 8-2 所示。这一现象的研究在实际生产中是很有意义的，例如，在电子陶瓷的生产中希望得到某种主晶相以满足电学性质的要求。但往往同一配方在不同的烧成温度和保温时间得到的物相组成相差很大，导致电学性能波动也很大。通过固相反应机理研究发现，上述差别是由于中间产物和多晶转变的存在所造成的，因此需要的主晶相在什么温度下出现，要保温多长时间，便成为确定材料烧成制度的重要数据。通过 X 射线物相分析以及差热分析等测试手段可以获得上述数据。以独石电容器中铌镁酸铅系统为例，在该系统中，希望得到钙钛矿型的 $Pb(Mg_{1/3}Nb_{2/3})O_3$ 主晶相，它属于铁电体。将 PbO、Nb_2O_5、MgO 三种氧化物按 3∶1∶1 的配比混匀，然后分别在 837K，973K，1023K 下烧结。再分别进行 X 射线分析，结果表明，在 1023K 的烧成温度下才出现了 $Pb(Mg_{1/3}Nb_{2/3})O_3$ 的化合物；为了确定保温时间，可以在 1023K 的温度下保温不同时间，再做 X 射线衍射分析，当中间相的特征衍射线完全消失的时间就是比较理想的保温时间。差热分析则可以把化学反应或多晶转变的温度测的更精确些。如从上述配方的 DTA 曲线（图 7-3）

中可知，形成 $Pb(Mg_{1/3}Nb_{2/3})O_3$ 的精确温度是 1063K。

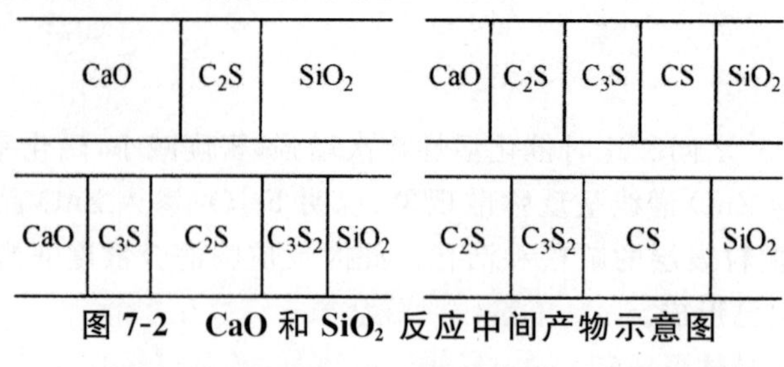

图 7-2 CaO 和 SiO_2 反应中间产物示意图

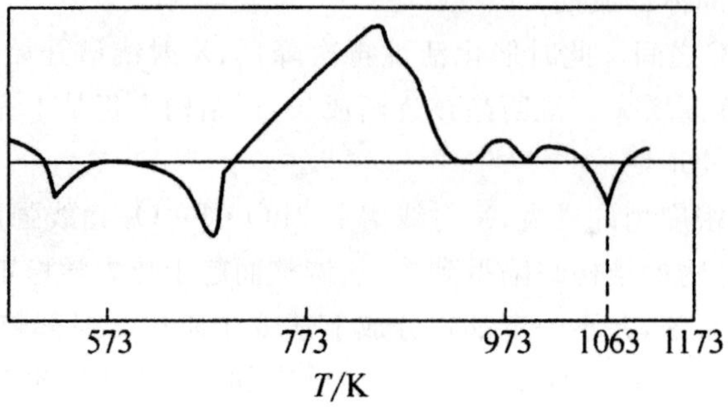

573 773 973 1063 1173

T/K

图 7-3 PbO ∶ Nb_2O_5 ∶ MgO＝3 ∶ 1 ∶ 1 混合物的 DTA 曲线

7.1.3 相界面上反应和离子扩散

以尖晶石类三元化合物的生成反应为例进行讨论，尖晶石是一类重要的铁氧体晶体，如各种铁氧体材料是电子工业中控制和电路元件，铬铁矿型 $FeCr_2O_4$ 的耐火砖大量地用于钢铁工业，因此尖晶石的生成反应是已被充分研究过的一类固相固体反应。反应式可以下式为代表：

$$MgO + Al_2O_3 \rightarrow MgAl_2O_4$$

这种反应属于反应物通过固相产物层扩散中的加成反应。Wagner 通过长期研究，提出尖晶石形成是由两种正离子逆向经过两种氧化物界面扩散所决定，氧离子则不参与扩散迁移过程，按此观点，则在图 8-4 中，界面 S_1 上由于 Al^{3+} 扩散过来必有如下反应：

$$2Al^{3+} + 4MgO = MgAl_2O_4 + 3Mg^{2+}$$

在界面 S_2 上，由于 Mg^{2+} 扩散通过 S_2 反应如下：

$$3Mg^{2+} + 4Al_2O_3 = 3MgAl_2O_4 + 2Al^{3+}$$

为了保持电中性，从左到右扩散的正电荷数目应等于从右到左的负电荷数目，这样，每向右扩散 3 个 Mg^{2+} 从右向左扩散。这结果必然伴随一个空位从 Al_2O_3 晶粒扩散至 MgO 晶粒。显然，反应物的离子的扩散需要穿过相界面以及穿过产物的物相。反应产物中间层形成之后，反应物离子在其中的扩散便成为这类尖晶石型反应的控制速度的因素。当 $MgAl_2O_4$ 产物层厚度增大时，它对离子扩散的阻力将大于相的界面阻力。最后当相界面的阻力小到可以忽略时，相界面上就达到了局域热力学平衡，这时实验测得的反应速率遵守抛物线定律，因为决定反应塑料厂的是扩散的离子流，其扩散通量 J 与产物层的厚度 x 成反比，又与产物层厚度的瞬时增长速度 $\frac{dx}{dt}$ 成正比，所以可以有：

$$J \propto \frac{1}{x} \propto \frac{dx}{dt}$$

对此式积分便得到抛物线增长定律。

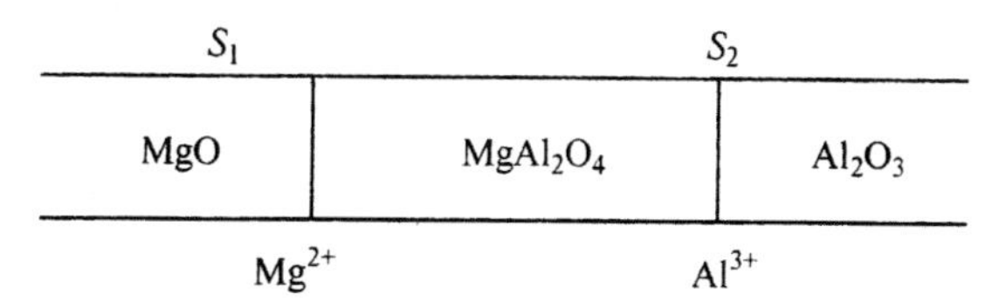

图 7-4　由 $MgO+Al_2O_3$ 形成尖晶石示意图

7.1.4　不同反应类型和机理

1. 加成反应

加成反应是固相反应的一个重要类型，其一般形式为：A＋B→C，其中 A、B 可任意为元素或化合物。当化合物 C 不溶于 A 或 B 中任一相时，则在 A、B 两层间就形成产物层 C。当 C 与 A 或 B 之间形成部分或完全互溶时，则在初始反应物中生成一个或两个新相。当 A 与 B 形成成分连续变化的产物时，则在反应物间可能形成几个新相。作为这类反应的一个典型代表，是尖晶石的生成反应：

$$AO+B_2O_3 \rightarrow AB_2O_4$$

关于尖晶石反应机理前已述及，并被许多实验所证实。

2. 造模反应

这类反应实际上也属于加成反应，其通式也是 A＋B→C，但 A、B 常是单质元素。若生成物 C 不溶于 A、B 中任一相，或能以任意比例互溶，则产物中排列方式分别为 A|C|B，A(B)|B及 A|B(A)。

金属氧化反应可以作为一个代表。例如：

$$Zn+\frac{1}{2}O_2 \rightarrow ZnO \tag{7-1}$$

伴随上述反应进行，系统自由焓减少，即气相中 O_2 的化学位 μ_a。与 Zn-ZnO 界面上平衡氧的化学位 μ_i 的差值是此反应的推动力。当氧化膜增厚速度由扩散控制时，上述氧的化学位降低将在氧化膜中完成，相关离子的浓度分布如图 7-5 所示。

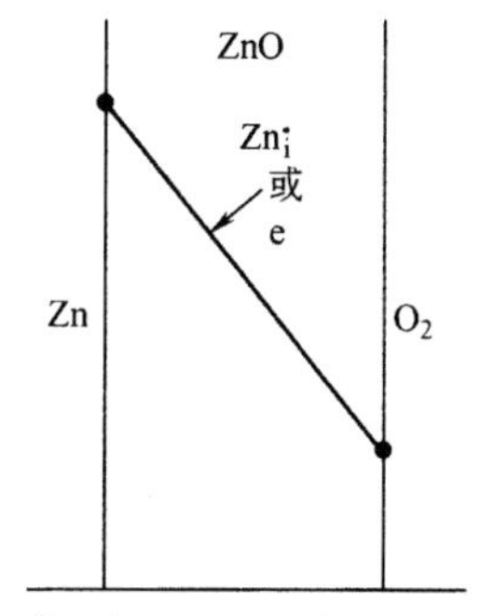

图 7-5　Zn 氧化时 ZnO 层内 $Zn_i^{\cdot}$ 及 e′浓度分布

由于 ZnO 是金属过量型的非化学计量氧化物。过剩的 $Zn_i^{\cdot}$ 存在于晶格间隙中，并保持如下的解离平衡。

$$Zn(g) \rightarrow Zn_i^{\cdot} + e' \tag{7-2}$$

故有

$$\frac{[Zn_i^{\cdot}][e']}{P_{Zn}} = K \tag{7-3}$$

由式(7-1)得

$$P_{Zn} \cdot P_{O_2}^{1/2} = \text{常数}$$

带入式(7-3)得

$$[Zn_i^{\cdot}][e'] = K' P_{O_2}^{1/2}$$

或

$$[Zn_i^{\cdot}] = [e'] = K'' P_{O_2}^{1/4}$$

实验证实此关系是正确的。说明 $Zn_i^{\cdot}$ 与 e' 的浓度随氧分压或化学位降低而增加。因此，ZnO 膜的增厚过程是 Zn 从 Zn－ZnO 界面进入 ZnO 晶格，并依式(7-2)解离成 $Zn_i^{\cdot}$ 和 e' 缺陷形态，在浓度梯度推动下向 O_2 侧扩散，在 ZnO－O_2 界面上进行 $Zn_i^{\cdot} + \frac{1}{2}O_2 + e' \rightarrow ZnO$ 反应，消除缺陷形成 ZnO 晶格。对于形成 O_2 过剩的非化学计量氧化物(如 NiO)时，情况也类似。

3. 转变反应

转变反应的特点是反应仅在一个固相内进行，反应物或生成物不必参与迁移；其次，反应通常是吸热的，在转变点附近会出现比热值异常增大。对于一级相变，熵变是不连续的；对于二级相变则是连续的。由此可见，传热对转变反应速度有着决定性影响。石英的多晶转变反应是硅酸盐工业中最常见的实例。

4. 热分解反应

这类反应常伴有较大的吸热效应，并在某一狭窄范围内迅速进行，所不同的是热分解反应伴有分解产物的扩散过程。

7.2 固相反应动力学

7.2.1 一般动力学关系

固相反应通常是由若干简单的物理和化学过程，如化学反应、扩散、结晶、熔融和升华等步骤综合而成。整个过程的速度将由其中速度最慢的一环控制。

现以金属氧化反应 $M + \frac{1}{2}O_2 \rightarrow MO$ 为例(图 7-6)说明。若反应是一般的，反应首先在 M－O 界面上进行并形成一层 MO 氧化膜，随后是 O_2 通过 MO 层扩散到界面并继续进行氧化反应。由化学动力学和菲克第一定律，其反应速度 V_p 和扩散速度 V_D 分别为：

$$V_P=\frac{dQ_P}{dt}=KC$$

$$V_D=\frac{dQ_D}{dt}=D\frac{dC}{d\chi}=D\frac{C_0-C}{\delta}$$

式中　dQ_P、dQ_D——在 dt 时间内消耗于反应的和扩散到 M-MO 界面的 O_2 气体量；

C_0、C——介质和 M-MO 界面上的浓度；

K——化学反应速度常数；

D——O_2 通过产物层的扩散系数。

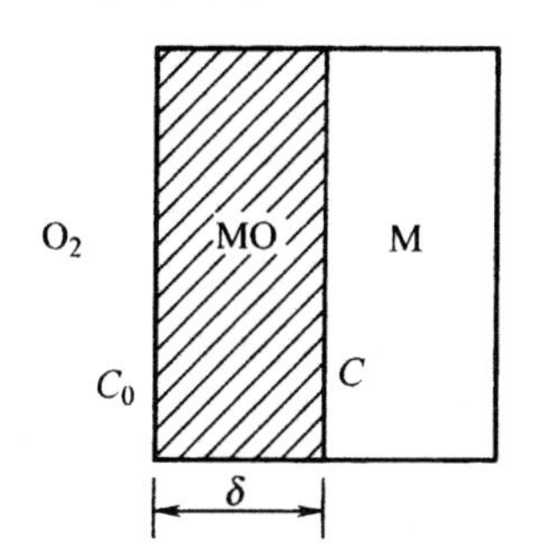

图 7-6　金属氧化反应模型

但过程达到平衡时，有

$$V_P=V_D$$

$$KC=D\frac{C_0-C}{\delta}$$

$$C=C_0\frac{1}{1+\frac{K\delta}{D}}$$

$$V=KC=\frac{1}{\frac{1}{K_{c_0}}+\frac{1}{D_{c_0}}} \tag{7-4}$$

分析式(7-4)可见：

1)当扩散速度远大于化学反应速度时，即 $K\ll D/\delta$，则 $V=KC_0=V_{P最大}$（式中 $C_0=C$），说明化学反应速度控制此过程，称为化学动力学范围。

2)当扩散速度远小于化学反应速度时，即 $K\gg D/\delta$，即 $C=0$，$V=D(c_0-c)/\delta=DC_0/\delta=V_{D最大}$。说明扩散速度控制此过程，称为过度范围。

3)当扩散速度远和化学反应速度可相比拟时，则过程速度由式(7-4)确定，称为过度范围，即

$$V=\frac{1}{\frac{1}{K_{c_0}}+\frac{1}{D_{c_0}}}=\frac{1}{\frac{1}{V_{P最大}}+\frac{1}{V_{D最大}}}$$

因此，对于许多物理或化学步骤综合而成的固相反应过程的一般动力学关系可写成：

$$V=\frac{1}{\frac{1}{V_{1最大}}+\frac{1}{V_{2最大}}+\frac{1}{V_{3最大}}-+\cdots+\frac{1}{V_{n最大}}}$$

式中，$V_{1最大}$、$V_{2最大}$、$V_{3最大}$、…、$V_{n最大}$为相应于扩散、化学反应、结晶、熔融、升华等步骤的最大可能速度。

由于固相反应动力学关系是与反应机理和条件密切相关的。因此，为了确定过程中的动力学速度，建立其动力学关系，必须首先确定固相反应为哪一过程所控制，并建立包括在总过程中的各个基本过程的具体动力学关系。

7.2.2 化学控制反应动力学

化学反应是固相反应过程的基本环节。根据物理化学原理，对于二元均相反应系统，若化学反应依反应式 $mA+nB\rightarrow pC$ 进行，则化学反应速率的一般表达式为：

$$V_R=\frac{dc_C}{dt}=Kc_A^m c_B^n \tag{7-5}$$

式中 c_A、c_B、c_C——为反应物 A、B 和 C 的浓度；

K——为反应速率常数。它与温度间存在阿伦尼乌斯关系：

$$K=K_0\exp\{-\Delta G_R/RT\}$$

式中 K_0——为常数；

ΔG_R——为反应活化能。

然而，对于非均相的固相反应，式(7-5)不能直接用于描述化学反应的动力学关系。这是因为对于大多数的固相反应，浓度的概念已失去应有的意义。其次，多数固相反应以固相反应物间的机械接触为基本条件。因此，在固相反应中将引入转化率 G 的概念以取代式(7-5)中的浓度，同时考虑反应过程中反应物间的接触面积。

所谓转化率是指参与反应的一种反应物，在反应过程中被反应了的体积分数。设反应物颗粒呈球状，半径为 R_0，经 t 时间反应后，反应物颗粒外层 x 厚度已被反应，则定义转化率 G：

$$G=\frac{R_0^3-(R_0-x)^3}{R_0^3}=1-\left(1-\frac{x}{R_0}\right)^3 \tag{7-6}$$

根据式(7-5)的含义，固相化学反应中动力学一般方程式可写为：

$$\frac{dG}{dt}=KF(1-G)^n \tag{7-7}$$

式中 n——反应级数；

K——反应速率常数；

F——反应截面。

当反应物颗粒为球形时，$F=4\pi R_0^2(1-G)^{2/3}$。不难看出式(7-7)与式(7-5)具有完全类同的形式和含义。在式(7-5)中浓度 c 既反映了反应物的多少又反映了反应物之中接触或碰撞的概率，而这两个因素在式(7-7)中则通过反应截面 F 和剩余转化率 $(1-G)$ 得到了充分的反映。考虑一级反应，由式(7-7)则有动力学方程式：

$$\frac{dG}{dt}=KF(1-G) \tag{7-8}$$

当反应物颗粒为球形时：

$$\frac{dG}{dt}=4K\pi R_0^2(1-G)^{2/3}(1-G)=K_1(1-G)^{5/3} \tag{7-9}$$

若反应截面在反应过程中不变(如金属平板的氧化过程)则有：

$$\frac{dG}{dt}=K_1'(1-G) \tag{7-10}$$

积分式(7-9)和式(7-10)，并考虑到初始条件 $t=0,G=0$，得反应截面分别依球形和平板模型变化时，固相反应转化率或反应度与时间的函数关系：

$$F_1(G)=[(1-G)^{-2/3}-1]=K_1t \tag{7-11}$$

$$F_1(G)=\ln(1-G)=-K_1't \tag{7-12}$$

碳酸钠(Na_2CO_3)和二氧化硅(SiO_2)在 740℃下进行固相反应：

$Na_2CO_3(s)+SiO_2(s) \rightarrow Na_2SiO_3(s)+CO_2(g)$当颗粒 $R_0=36\mu m$，并加入少许 NaCl 作溶剂时，整个反应动力学过程完全符合式(7-11)关系，如图 7-7 所示。这说明该反应体系于该反应条件下，反应总速率为化学反应动力学过程所控制，而扩散的阻力已小到可忽略不计，且反应属于一级化学反应。

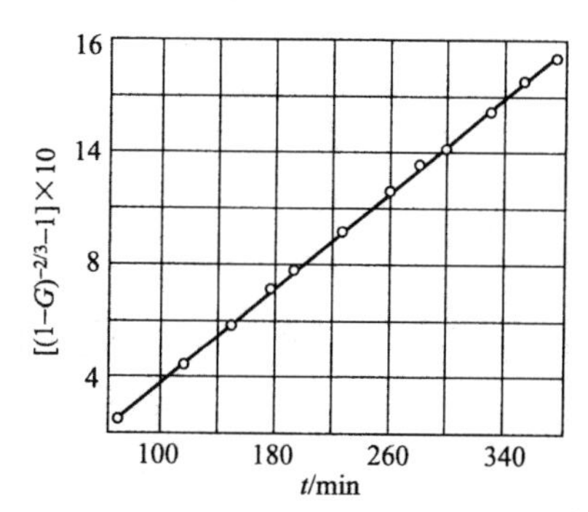

图 7-7 在 NaCl 参与下反应 $Na_2CO_3+SiO_2 \rightarrow Na_2O \cdot SiO_2+CO_2$ 动力学曲线

($T=740$℃)

7.2.3 扩散控制反应动力学

1. 抛物线形速度方程

抛物线速度方程可从平板扩散模型导出。如图 7-8 所示，设平板状物质 A 与 B 相互接触和扩散生成了厚度为 x 的 AB 化合物层，随后 A 质点通过 AB 层扩散到 B-AB 界面继续反应。

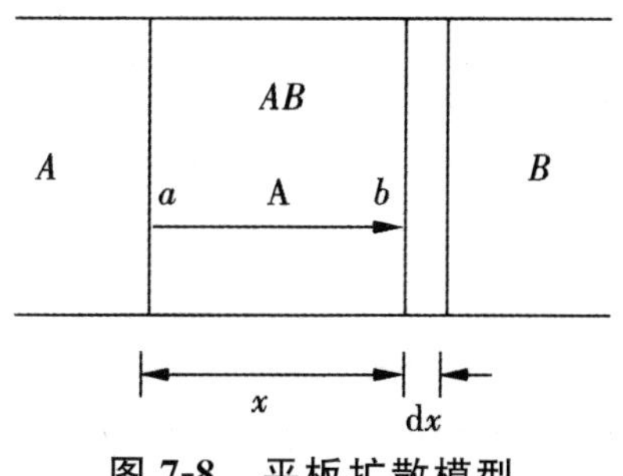

图 7-8 平板扩散模型

若化学反应速度远大于扩散速度，则过程由扩散控制，经 dt 时间，通过 AB 层迁移的 A 物

质量为 dm，平板间接触面积为 S，浓度梯度为 dC/dx，则按菲克定律有

$$\frac{dm}{dt}=DS\frac{dc}{dx} \tag{7-13}$$

图 7-8 中，A 物质在 a、b 两点处的浓度分别为 100%和 0%，式(7-13)可改写成

$$\frac{dm}{dt}=DS\frac{1}{dx} \tag{7-14}$$

由于 A 物质迁移量 dm 是正比于 Sdx，$\frac{dx}{dt}=\frac{K_4'D}{x}$，积分得：

$$F_4(G)=x^2=2K_4'D=K_4t \tag{7-15}$$

式(7-15)即为抛物线速度方程的积分式。说明反应产物层厚度与时间的平方根成比例。这是一个重要的基本关系，可以描述各种物理或化学的扩散控制过程并有一定的精确度。

图 7-9 示出的金属镍氧化时的增重曲线就是一个例证。但是，由于采用的是平板模型，忽略了反应物接触面积随时间变化的因素，使方程的准确度和适用性都受到局限。

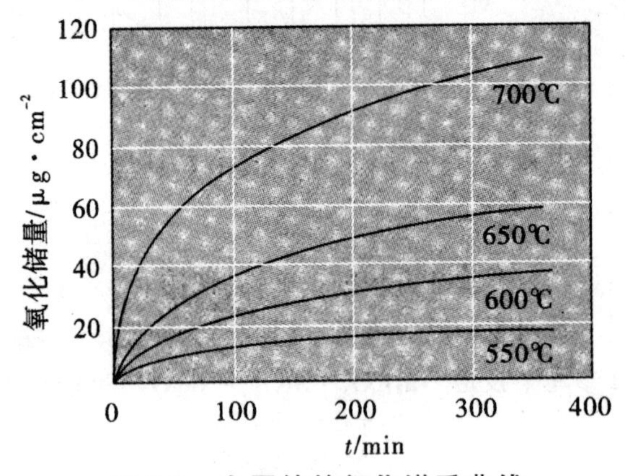

图 7-9 金属镍的氧化增重曲线

2. 杨德方程

在硅酸盐材料生产中通常采用粉状物料作为原料。这时，在反应过程中，颗粒间接界面积是不断变化的。所以用简单的方法来测量大量粉状颗粒上反应产物层是困难的。为此，杨德在抛物线速度方程基础上采用"杨德模型"(图 7-10)，导出了扩散控制的动力学关系。

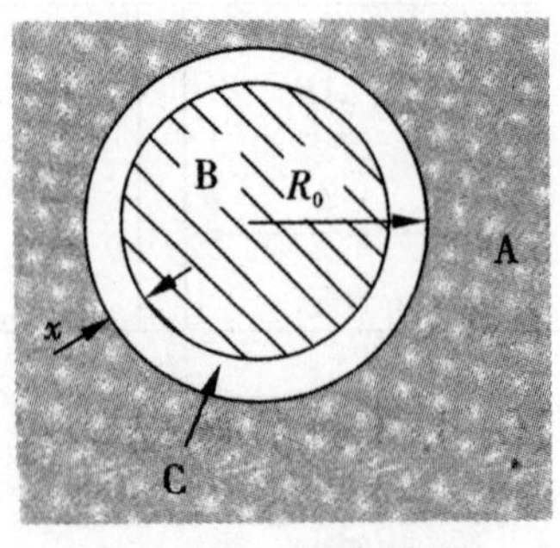

图 7-10 杨德模型

如图 7-10 所示，杨德假设：①反应物是半径为 R_0 的等径球粒；②反应物 A 是扩散相，即 A 成分总是包围着 B 的颗粒，而且 A、B 同产物 C 是完全接触的，反应自球表面向中心进行；③A 在产物层中的浓度梯度是线性的，而扩散层截面积一定，于是

反应物颗粒初始体积　　$V_1=\frac{4}{3}\pi R_0^3$

未反应部分的体积　　$V_2=\frac{4}{3}\pi(R_0-x)^3$

产物的体积　　$V=\frac{4}{3}\pi[R_0^3-(R_0-x)^3]$

式中　x 为产物层厚度。另以 B 物质为基准的转化程度为 G，则

$$G=\frac{V}{V_1}=\frac{R_0^3-(R_0-x)^3}{R_0^3}=1-\left(1-\frac{x}{R_0}\right)^3 \tag{7-16}$$

$$\frac{x}{R_0}=1-(1-G)^{1/3} \tag{7-17}$$

代入抛物线速度方程式(7-15)得

$$x^2=R_0^2[1-(1-G)^{1/3}]^2=K_4 t$$

$$\mathrm{F}_5(\mathrm{G})=[1-(1-G)^{1/3}]^2=\frac{K_4}{R_0^2}t=K_5 t \tag{7-18}$$

微分得

$$\frac{\mathrm{d}G}{\mathrm{d}t}=K_5\frac{(1-G)^{2/3}}{1-(1-G)^{1/3}}=K_\mathrm{J}\frac{(1-G)^{2/3}}{1-(1-G)^{1/3}} \tag{7-19}$$

其中 $K_5=\frac{3DK_4}{R_0^2}=Ce^{-Q/RT}$(其中 C 是常数，Q 是活化能，R 是气体常数)，也称杨德速度常数(K_J)。

为了验证方程的正确性，杨德对 $BaCO_3$、$CaCO_3$ 等碳酸盐和 SiO_2、MoO_3 等氧化物间的一系列固相反应进行了研究。为使反应接近上述假设，让半径为 R_0 的碳酸盐颗粒(B)充分地分散在过量的细微的 SiO_2 粉体中，对于反应 $BaCO_3+SiO_2 \rightarrow BaSiO_3+CO_2$ 的实测结果示于图 7-11。由图可见，随着反应温度的升高，反应速度常数也提高了，但都很好地符合杨德方程。波利(Pole)和泰勒(Taylor)采用 $NaCO_3:SiO_2=1:2$(分子比)研究了该系统的反应动力学关系，同样证实了杨德方程(图 7-12)。此外，利用图 7-11 或图 7-12 算出不同温度的 K_5 值，作出 K_5-1/T 关系图，则可求得反应活化能 Q 和杨德速度常数的普遍式。

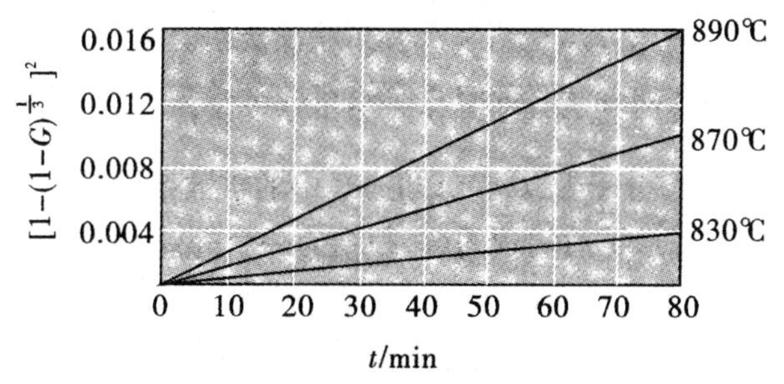

图 7-11　不同温度下 $BaCO_3$ 与 SiO_2 的反应情况

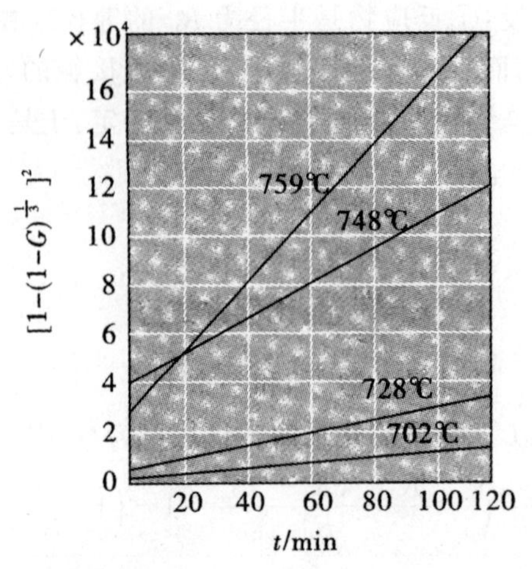

图 7-12 不同温度下 SiO_2 与 Na_2CO_3 的反映情况

较长时间以来，杨德方程被认为是一个较经典的固相反应动力学方程而被广泛接受，但仔细分析杨德在推导方程时所作的假设，就容易发现它的局限性。一般来说，只有当反应转化率较小，即 x/R_0 比值很小时，上述假设才能较好满足。因此，不少反应在初期是符合杨德方程的，但随反应的继续，偏差程度就增大。

3. 金斯特林格方程

抛物线速度方程是以反应过程中扩散截面积保持不变为前提的。而对于球状颗粒的反应，扩散截面是随反应过程而减小。杨德方程采用了球状模型但却保留了扩散截面恒定的不合理假设，这是导致其局限性的重要原因之一。金斯特林格采用了杨德的球状模型，但放弃了扩散截面不变的假设，从而导出了更具有普遍性的新动力学关系。如图 7-13 所示，设反应物 A 是扩散相，且 B 是平均半径为 R_0 的球形颗粒，反应沿整个球面同时进行。首先 A 和 B 形成产物 AB，其厚度 x 随反应进行不断增厚。若 A 扩散到 A-AB 界面的阻力远小于通过 AB 层的扩散阻力，则 A-AB 界面上 A 的浓度可视为不变，即等于 C_0。因过程是扩散控制，故 A 在 B-AB界面上的浓度为零。

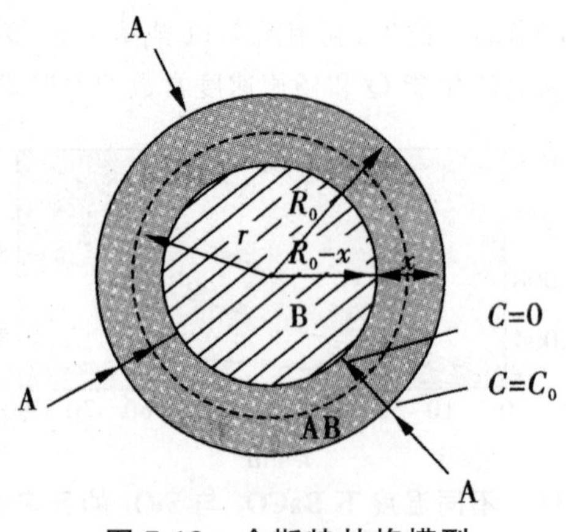

图 7-13 金斯特林格模型

由于粒子是球形的，产物两侧界面上A的浓度不变，故随产物层增厚，A在层内的浓度分布是半径r和时间t的函数，即过程是一个不稳定扩散问题，可以用球面坐标情况下的菲克扩散方程描述：

$$\frac{\partial C(r \cdot t)}{\partial t}=D\left[\frac{\partial^2 C}{\partial r^2}+\frac{2}{r}\left(\frac{\partial C}{\partial r}\right)\right] \tag{7-20}$$

根据初始和边界条件：

$$t=0 \quad x=0$$

$$r=R_0 \; t>0 \quad C_{(R_0,t)}=C_0$$

$$r=R_0-x \; t>0 \quad C_{(R_0-x,t)}=0$$

$$\frac{dx}{dt}=\frac{D}{\varepsilon}\left(\frac{\partial C}{\partial r}\right)_{r=R_0-x}$$

式中$\varepsilon=\frac{\rho n}{\mu}$，是比例常数；其中$\rho$和$\mu$分别是产物AB的相对密度和分子量，$n$是反应的化学计量常数，即和一个B分子化合所需的A分子数，D是A在AB中的扩散系数。

为了简化求解，可以近似地把不稳定的球形扩散问题的解，归结为一个等效的稳定扩散问题的解。在等效稳定扩散条件下，球表面处A的浓度为C。在AB层厚度为任意x时，单位时间通过该层的A物质量M(x)不随时间变化，而仅仅和x有关，则

$$D\frac{\partial C}{\partial r}4\pi r^2=M(x)=\text{常数} \tag{7-21}$$

$$\frac{\partial C}{\partial r}=\frac{M(x)}{4\pi r^2 D} \tag{7-22}$$

将式(7-22)在$r=R_0-x$和$r=R_0$范围内积分，得

$$C_0=-\frac{M(x)}{4\pi D}\cdot\frac{1}{r}\Big|_{R_0-x}^{R_0}=\frac{M(x)}{4\pi D}\times\frac{x}{R_0(R_0-x)} \tag{7-23}$$

由此

$$M(x)=\frac{C_0R_0(R_0-x)\cdot 4\pi D}{x} \tag{7-24}$$

将式(7-24)代入式(7-22)得

$$\frac{\partial C}{\partial r}=\frac{C_0R_0(R_0-x)}{xr^2} \tag{7-25}$$

将式(7-25)代入式$\frac{dx}{dt}=\frac{D}{\varepsilon}\left(\frac{\partial C}{\partial r}\right)_{r=R_0-x}$，即可得到球形颗粒中AB产物层增厚速度为

$$\frac{dx}{dt}=K_6'\frac{R_0}{x(R_0-x)} \tag{7-26}$$

式中$K_6'=\frac{D}{\varepsilon}C_0'$。积分上式得

$$x^2\left(1-\frac{2x}{3R_0}\right)=K_6 t(K_6=2K_6') \tag{7-27}$$

将$R_0-x=R_0(1-G)^{1/3}$代入式(7-26)和(7-27)即可得到，以G表示的金斯特林格动力学方程的微分和积分形式：

$$\frac{dG}{dt}=K_6\frac{(1-G)^{1/3}}{1-(1-G)^{1/3}}=K_r\frac{(1-G)^{1/3}}{1-(1-G)^{1/3}} \tag{7-28}$$

$$F_6(G)=1-\frac{2}{3}G-(1-G)^{2/3}=K_6t \tag{7-29}$$

许多试验研究表明，金斯特林格方程具有更好的普遍性。图 7-14 是在 1350℃、SiO_2：$CaCO_3$ = 1：2 时，C_2S 合成反应的 $F(G)-t$ 的关系。由图可见，在反应进行了相当长的时间内，即在较高转化程度的条件下，式(7-29)仍然适用。但若用杨德方程处理这些数据则会有较大偏差；其动力学常数 K_5 将随 G 值变化而变化。此外，对于半径为 R_0 的圆柱形颗粒，当反应物沿圆柱表面形成的产物层扩散的过程起控制作用时，其动力学方程为：

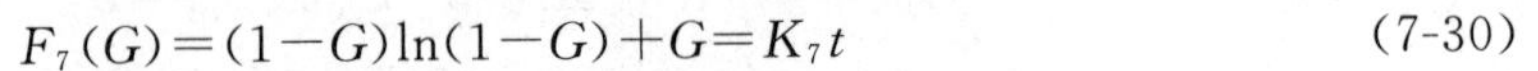

$$F_7(G)=(1-G)\ln(1-G)+G=K_7t \tag{7-30}$$

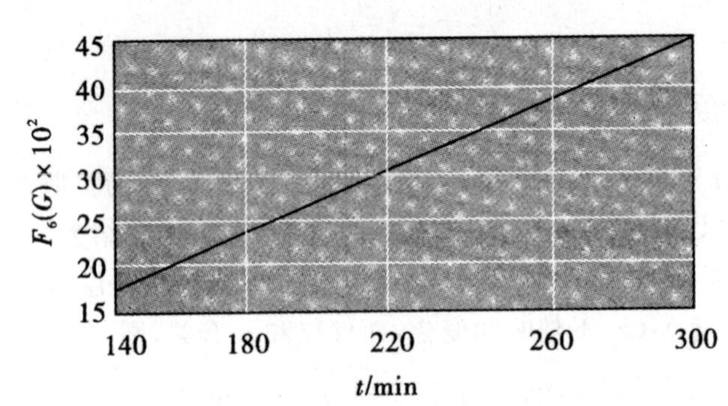

图 7-14 C_2S 在 1350℃ 时合成反应的 $F(G)-t$ 图

7.3 影响固相反应的因素

7.3.1 反应物化学组成、结构及活性影响

反应物化学组成与结构是影响固相反应的内因，是决定反应方向和反应速率的重要因素。从热力学角度看，在一定温度、压力条件下，反应可能进行的方向是自由能减少($\Delta G<0$)的方向，而且 ΔG 的负值越大，反应的热力学推动力也越大。从结构的观点看，反应物的结构状态、质点间的化学键性质以及各种缺陷的多少都将对反应速率产生影响。事实表明，同组成反应物的结晶状态、晶形由于其热历史不同会出现很大的差别，从而影响到这种物质的反应活性。例如，用氧化铝和氧化钴合成钴铝尖晶石($Al_2O_3+CoO\rightarrow CoAl_2O_4$)的反应中，若分别采用轻烧 Al_2O_3 和在较高温度下过烧的 Al_2O_3 做原料，其反应速率可相差近 10 倍。研究表明，轻烧 Al_2O_3 是由于 $\gamma-Al_2O_3\rightarrow\alpha-Al_2O_3$ 转变而大大地提高了 Al_2O_3 的反应活性，即在相转变温度附近物质质点可动性显著增大，晶格松懈、结构内部缺陷增多，从而反应和扩散能力增加。因此，在生产实践中往往可以利用多晶转变、热分解和脱水反应等过程引起的晶格活化效应来选择反应原料和设计反应工艺条件以达到高的生产效率。

其次，在同一反应系统中，固相反应速率还与各反应物间的比例有关。颗粒尺寸相同的 A 和 B 反应形成产物 AB，若改变 A 与 B 的比例就会影响到反应物表面积和反应截面积的大小，从而改变产物层的厚度和影响反应速率。例如，增加反应混合物中“遮盖”物的含量，则反应物接触机会和反应截面就会增加，产物层变薄，相应的反应速率就会增加。

7.3.2 反应物颗粒尺寸、均匀性及比例的影响

反应物颗粒尺寸通过下述途径影响反应速率：首先是通过改变反应界面和扩散截面以及改变颗粒表面结构等效应来完成的。颗粒尺寸越小，反应体系比表面积越大，反应界面和扩散截面也相应增加，因此反应速率增大。同时按威尔表面学说，随颗粒尺寸减小，键强分布曲线变平，弱键比例增加，故而使反应和扩散能力增强。其次，杨德、金斯特林格动力学方程表明，反应速率常数 K 值是反比于颗粒半径平方。颗粒尺寸越小，反应速率越快。在实际生产中，物料的尺寸需控制在一定的粒级范围内，即使少数大颗粒的存在也可能显著延缓反应过程的完成。水泥生产中，对某些矿物颗粒做合理控制能提高生料的易烧性。试验表明，石英最大允许尺寸必须限制在 44μm 以下。在固体材料的合成中，特别是精细陶瓷的合成，减小颗粒度，采用超细粉已经是一个非常重要的手段。图 7-15 表示出不同颗粒尺寸对 $CaCO_3$ 和 MoO_3 在 600℃反应生成 $CaMoO_4$ 的影响，比较曲线 1 和曲线 2 可以看出颗粒尺寸的微小差别对反应速率有明显的影响。

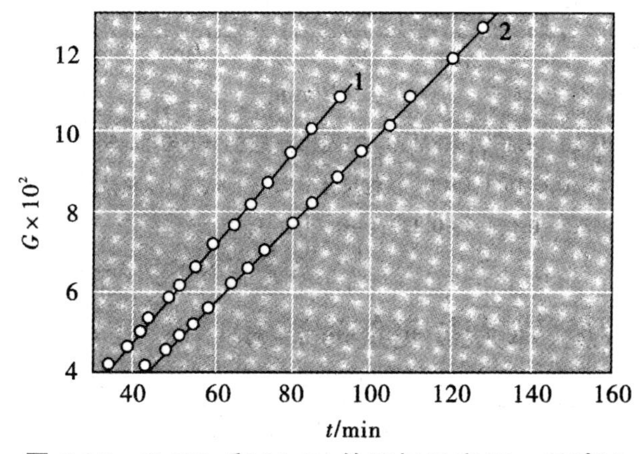

图 7-15 $CaCO_3$ 和 MoO_3 的固相反应(T＝600℃)

同一反应体系由于物料颗粒的尺寸均匀性不同，其反应机理也可能会发生变化，而属不同动力学范围控制。例如前面提及的 $CaCO_3$ 和 MoO_3 反应，若两者摩尔比为 1∶1，$CaCO_3$ 粒径为 0.13mm，MoO_3 为 0.036mm，反应温度为 600℃，反应符合金斯特林格方程。这是由于 MoO_3 颗粒小，表面积大，升华速度快；而 $CaCO_3$ 颗粒粗，表面积小，形成的产物层厚度大，扩散速度慢所致。若反应条件为 $CaCO_3$∶MoO_3＝15∶1，$CaCO_3$ 粒径小于 0.03mm，MoO_3 为 0.052mm，反应温度为 620℃，如图 7-17 所示。由于产物层变薄，扩散阻力减少，反应符合由布尼柯夫推导的升华动力学方程：

$$F(G)=1-(1-G)^{2/3}=Kt$$

应该指出，反应物料混合的均匀性同样是重要的。物料混合越均匀，反应物越有充分接触的机会。如水泥生产中原料的预均匀化和生料的均化不仅有利于熟料的烧成，还能降低熟料中的游离 CaO。

图 7-15 $CaCO_3$ 和 MoO_3 的固相反应(T＝600℃，升华控制)

在同一反应系统中，固相反应速度还与各反应物间的比例有关，如果颗粒尺寸相同的 A 和 B 反应形成产物 AB，若改变 A 与 B 的比例就会影响到反应物表面积和反应截面积的大小，从而改变产物层的厚度和影响反应速率。例如增加反应混合物中“被遮盖”物的含量，则反应接触机会和反应截面就会增加，产物层变薄，相应的反应速度就会增加。

7.3.3 反应温度、压力与气氛的影响

温度是影响固相反应速率的重要外部条件之一。一般可以认为温度升高均有利于反应进行。这是因为温度升高，固体结构中质点热振动动能增大、反应能力和扩散能力均得到增强。对于化学反应，其速率常数 $K=A\exp\left\{-\frac{\Delta G_R}{RT}\right\}$，式中，$\Delta G_R$ 为化学反应活化能，A 是与质点活化机构相关的指前因子。对于扩散，其扩散系数 $D=D_0\exp\left\{-\frac{Q}{RT}\right\}$。因此无论是扩散控制或化学反应控制的固相反应，温度的升高都将提高扩散系数或反应速率常数。而且由于扩散活化能 Q 通常比反应活化能 ΔG_R 小，而使温度的变化对化学反应的影响远大于对扩散的影响。

压力是影响固相反应的另一外部因素。对于纯固相反应，压力的提高可显著地改善粉料颗粒之间的接触状态，如缩短颗粒之间距离、增加接触面积等并提高固相的反应速率。但对于有液相、气相参与的固相反应中，扩散过程主要不是通过固相粒子直接接触进行的。因此提高压力有时并不表现出积极作用，甚至会适得其反。例如，黏土矿物脱水反应和伴有气相产物的热分解反应以及某些由升华控制的固相反应等，增加压力会使反应速率下降。由表 7-1 所列数据可见，随着水蒸气压的增高，高岭土的脱水温度和活化能明显提高，脱水速率降低。

表 7-1 不同水蒸气压力下高岭土的脱水活化能

水蒸气压力 p/Pa	温度 T/℃	活化能/(kJ/mol)
<0.10	390～450	214
613	435～475	352
1867	450～480	377
6265	470～495	469

此外，气氛对固相反应也有重要的影响。它可以通过改变固体吸附特性而影响表面反应活性。对于一系列能形成非化学计量的化合物 ZnO、CuO 等，气氛可直接影响晶体表面缺陷的浓度、扩散机构和扩散速率。

7.3.4 矿化剂及其他影响因素

在固相反应体系中加入少量的非反应物物质或某些可能存在于原料中的杂质常会对反应产生特殊的作用，这些物质被称为矿化剂，它们在反应过程中不与反应物或反应产物起化学反应，但它们以不同的方式和程度影响着反应的某些环节。实验表明，矿化剂可以产生如下作用：①改变反应机构，降低反应活化能；②影响晶核的生成速率；③影响结晶速率及晶格结构；④降低体系共熔点，改善液相性质等。例如，在 Na_2CO_3 和 Fe_2O_3 反应体系加入 NaCl，可使反

应转化率提高 1.5～1.6 倍之多。而且颗粒尺寸越大，这种矿化效果越明显。又如，在硅砖中加入 1%～3%[Fe_2O_3+$Ca(OH)_2$]作为矿化剂，能使其大部分 α－石英不断熔解析出 α－鳞石英，从而促使 α－石英向鳞石英的转化。关于矿化剂的一般矿化机理是复杂多样的，可因反应体系的不同而完全不同，但可以认为矿化剂总是以某种方式参与到固相反应过程中去的。

以上从物理化学的角度对影响固相反应速率的诸因素进行了分析讨论，但必须提出，实际生产科研过程中遇到的各种影响因素可能会更多更复杂。对于工业性的固相反应除了有物理化学因素外，还有工程方面的因素。例如，水泥工业中的碳酸钙的分解速率，一方面受到物理化学基本规律的影响，另一方面与工程上的换热传质效率有关。在同温度下，普通旋窑中的分解率要低于窑外分解炉中的，这是因为在分解炉中处于悬浮状态的碳酸钙颗粒在传质换热条件上比普通旋窑中好得多。因此从反应工程的角度考虑传质传热效率对固相反应的影响是具有同样的重要性，尤其是硅酸盐材料生产通常都要求高温条件，此时传热速率对反应进行的影响极为显著。例如，把石英砂压成直径为 50mm 的球，以约 8℃/min 的速率进行加热使之进行 $\beta \rightarrow \alpha$ 相变，约需 75min 完成。而在同样的加热速率下，用相同直径的石英单晶球做实验，则相变所需时间仅为 13min。产生这种差异的原因除两者的传热系数不同外[单晶体约为 5.23W/(m^2·K)，而石英砂球约为 0.58W/(m^2·K)]，还由于石英单晶是透辐射的，其传热方式不同于石英砂球，即不是传导机构连续传热而可以直接进行透射传热。因此相变反应不是在依序向球中心推进的界面上进行，而是在具有一定的厚度范围内以至于在整个体积内同时进行，从而大大加速了相变反应的速度。

第 8 章　材料的烧结

8.1　烧结概述

8.1.1　烧结的定义、示意图及其区别

1. 烧结定义

宏观定义：粉体原料经过成型、加热到低于熔点的温度，发生固结、气孔率下降、收缩加大、致密度提高、晶粒增大，变成坚硬的烧结体，这个现象称为烧结。

微观定义：固态中分子（或原子）间存在相互吸引，通过加热使质点获得足够的能量进行迁移，使粉末体产生颗粒黏结，产生强度并导致致密化和再结晶的过程称为烧结。

2. 烧结示意图

粉料成型后颗粒之间只有点接触，形成具有一定外形的坯体，坯体内一般包含气体（35%～60%）（见图 8-1）。在高温下颗粒间接触面积扩大、颗粒聚集、颗粒中心距逼近、逐渐形成晶界，气孔形状变化、体积缩小，从连通的气孔变成各自孤立的气孔并逐渐缩小，以致最后大部分甚至全部气孔从晶体中排除。这就是烧结所包含的主要物理过程，这些物理过程随烧结温度的升高而逐渐推进。

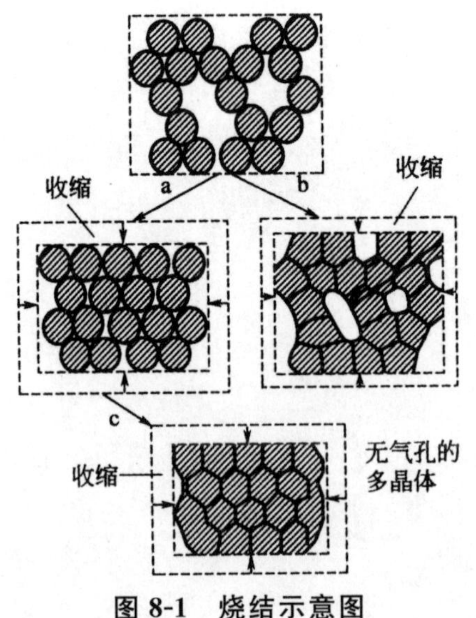

图 8-1　烧结示意图

a—气体以开口气孔排除；b—气体封闭在闭口气孔内；c—无闭口气孔的烧结体

烧结体宏观上出现体积收缩、致密度提高和强度增加，因此烧结程度可以用坯体收缩率、气孔率、吸水率或烧结体密度与理论密度之比（相对密度）等指标来表示。同时，粉末压块的性质也随这些物理过程的进展而出现坯体收缩、气孔率下降、致密度提高、强度增加、电阻率下降等变化，如图 8-2 所示。随着烧结温度升高，气孔率下降、密度升高、电阻下降、强度升高、晶粒尺寸增大。

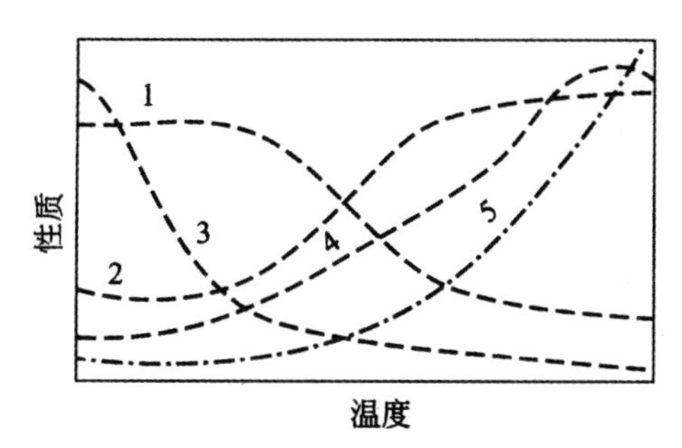

图 8-2　粉末压块性质与烧结温度的关系

1—气孔率变化曲线；2—密度变化曲线；3—电阻变化曲线；
4—强度变化曲线；5—晶粒尺寸变化曲线

3. 烧结与烧成、熔融和固相反应的区别

（1）烧结与烧成

烧成包括多种物理和化学变化，如脱水、坯体内气体分解、多相反应和熔融、溶解、烧结等。而烧结仅仅指粉料成型体经加热而致密化的简单物理过程。显然烧成的含义更多，其包括的范围更宽，它一般都发生在多相系统内。而烧结仅仅是烧成过程中的一个重要部分。

（2）烧结和熔融

烧结是在远低于固态物质的熔融温度下进行的。烧结和熔融这两个过程都是由于原子热振动而引起的，但熔融时全部组元都转变为液相，而烧结时至少有一个组元是处于固态的。泰曼发现烧结温度（T_s）和熔融温度（T_m）的关系有一定规律：

金属粉末：$T_s \approx (0.3 \sim 0.4) T_m$

盐类：$T_s \approx 0.57 T_m$

硅酸盐：$T_s \approx (0.8 \sim 0.9) T_m$

（3）烧结与固相反应

这两个过程均在低于材料熔点或熔融温度下进行，并且在过程的自始至终都至少有一相是固态。这两个过程的不同之处是固相反应必须至少有两个组元参加（如 A 和 B），并发生化学反应，最后生成化合物 AB。AB 的结构与性能不同于 A 与 B。而烧结可以只有单组元，或者两个组元参加，但两个组元之间并不发生化学反应，仅仅是在表面能驱动下，由粉末体变成致密体。从结晶化学观点看，烧结体除可见的收缩外，微观晶相组成并未变化，仅仅是晶相显微组织上排列致密和结晶程度更完善。当然，随着粉末体变为致密体，物理性能也随之有相应的变化。实际生产中往往不可能是纯物质的烧结。例如，纯氧化铝烧结时，除了为促进烧结而人为地加入一些添加剂外，往往“纯”原料氧化铝中还或多或少含有杂质。少量添加剂与杂质的存在，就出现了烧结的第二组元，甚至第三组元。因此，固态物质烧结时，就会同时伴随发生固相反应或局部熔融出现液相。实际生产中，烧结、固相反应往往是同时穿插着进行的。

8.1.2 烧结过程推动力

粉体颗粒表面能是烧结过程推动力。

为了便于烧结，通常都是将物料制备成超细粉末，粉末越细比表面积越大，表面能就越高，颗粒表面活性也越强，成型体就越容易烧结成致密的陶瓷。烧结过程推动力的表面能具体表现在烧结过程中的能量差、压力差、空位差。

1. 能量差

能量差是指粉状物料的表面能与多晶烧结体的晶界能之差。

粉料在粉碎与研磨过程中消耗的机械能以表面能形式储存在粉体中，又由于粉碎引起晶格缺陷，由于表面积大而使粉体具有较高的活性，粉末体与烧结体相比是处在能量的不稳定状态。任何系统降低能量是一种自发趋势，近代烧结理论的研究认为，粉体经烧结后，晶界能取代了表面能，这是多晶材料稳定存在的原因。

粒度为 1μm 的材料烧结时所发生的自由焓降低约 8.3J/g。而 α-石英转变为 β-石英时能量变化为 1.7kJ/mol，一般化学反应前后能量变化超过 200kJ/mol。因此烧结推动力与相变和化学反应的能量相比还是极小的。烧结在常温下不能自发进行，必须对粉体加以高温，才能促使粉末体转变为烧结体。

目前，常用 γ_{GB} 晶界能和 γ_{SV} 表面能之比来衡量烧结的难易，某材料的 γ_{GB}/γ_{SV} 愈小愈容易烧结，反之难烧结。为了促进烧结，必须使 $\gamma_{SV} \gg \gamma_{GB}$。一般氧化铝粉的表面能约为 1J/m^2，而晶界能为 0.4J/m^2，二者之差较大，比较易烧结。而一些共价键化合物如（SiC、A1N、Si_3N_4 等），它们的 γ_{GB}/γ_{SV} 比值高，烧结推动力小，因而不易烧结。清洁的 Si_3N_4 粉末 γ_{SV} 为 1.8J/m^2，但它极易在空气中被氧污染而使 γ_{SV} 降低，同时由于共价键材料原子之间强烈的方向性而使 γ_{GB} 增高。固体表面能一般不等于表面张力，但当界面上原子排列是无序的，或在高温下烧结时，这两者仍可当作数值相同来对待。

2. 压力差

粉末体紧密堆积以后，烧结产生的液相，在这些颗粒弯曲的表面上由于液相表面张力的作用而造成的压力差为：

$$\Delta p = \frac{2\gamma}{r} \tag{8-1}$$

式中 γ——粉末体表面张力（液相表面张力与表面能相同）；

r——粉末球形半径。

若为非球形曲面，可用两个主曲率 r_1 和 r_2 表示：

$$\Delta p = \gamma\left(\frac{1}{r_1} + \frac{1}{r_2}\right) \tag{8-2}$$

以上两个公式表明，弯曲表面上的附加压力与球形颗粒（或曲面）曲率半径成反比，与粉料表面张力(表面能)成正比。由此可见,粉料愈细,由曲率面引起的烧结动力愈大。同样,表面能越大附加压力就越大,推动烧结的力量就越大。

8.1.3 烧结模型

烧结是一个古老的工艺过程,人们很早就利用烧结来生产陶瓷、水泥和耐火材料等,但于烧结现象及其机理的研究还是从1922年才开始的。当时是以复杂的粉末团块为研究对象,直至1949年,库津斯基(G. C. Kuczynski)提出孤立的两个颗粒或颗粒与平板的烧结模型,为研究烧结机理开拓了新的方法。陶瓷或粉末冶金的粉体压块是由很多细粉颗粒紧密堆积起来的,由于颗粒大小不一、形状不一、堆积紧密程度不一,因此无法进行如此复杂压块的定量化研究。而双球模型便于测定原子的迁移量,从而更易定量地掌握烧结过程并为进一步研究物质迁移的各种机理奠定基础。

随着烧结的进行,各接触点处开始形成颈部,并逐渐扩大,最后烧结成一个整体。由于各颈部所处的环境和几何条件相同,所以只需确定两个颗粒形成的颈部的成长速率就基本代表了整个烧结初期的动力学关系。其烧结模型可以有图8-3所示三种形式。

图8-3(a)是球形颗粒的点接触模型,烧结过程的中心距离不变;(b)是球形颗粒的点接触模型,但是烧结过程的中心距离减小;(c)是球形颗粒与平面的点接触模型,烧结过程中心距离也变小。由简单的几何关系可以计算颈部曲率半径 ρ、颈部体积 V、颈部表面积 A、颗粒半径 r 和接触部半径 x 之间的关系。

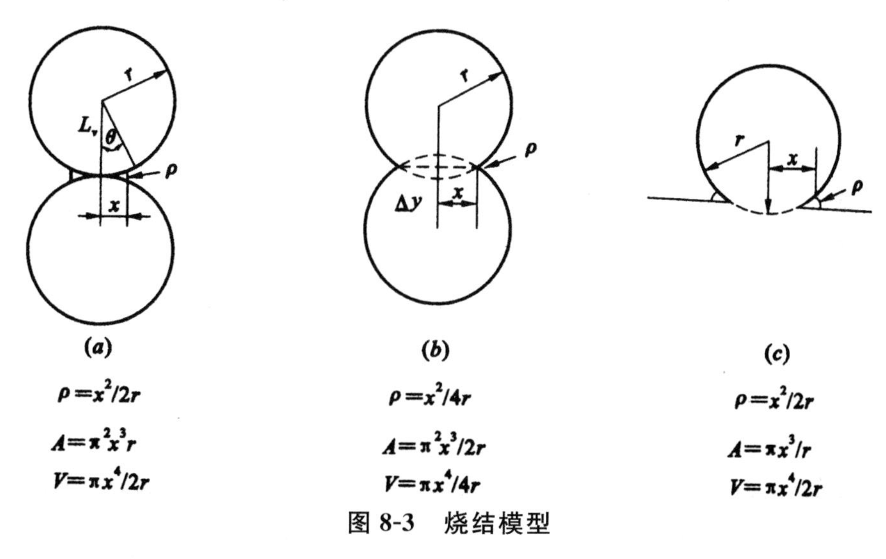

图8-3 烧结模型

以上三个模型对烧结初期一般是适用的,但随着烧结的进行,球形颗粒逐渐变形,因此在烧结中、后期应采用其他模型。

描述烧结的程度或速率一般用颈部生长率 x/r 和烧结收缩率 $\Delta L/L_0$ 来表示,因实际测量 x/r 比较困难,故常用烧结收缩率 $\Delta L/L_0$ 来表示烧结的速率。对于图8-3(a)模型虽然存在颈部生长率 x/r,但烧结收缩率 $\Delta L/L_0=0$;对于图8-3(b)模型,烧结时两球靠近,中心距缩短,设两球中心之间缩短的距离为 ΔL,如图8-4所示,则:

$$\frac{\Delta L}{L_0}=\frac{r-(r+\rho)\cos\varphi}{r}$$

式中 L_0——两球初始时的中心距离(2r)。

烧结初期 φ 很小，$\cos\varphi\approx1$，则上式变为：

$$\frac{\Delta L}{L_0}=\frac{r-r-\rho}{r}=-\frac{\rho}{r}=-\frac{x^2}{4r^2}$$

式中的负号表示 $\Delta L/L_0$ 是一个收缩过程，所以上式可写为：

$$\frac{\Delta L}{L_0}=-\frac{x^2}{4r^2}$$

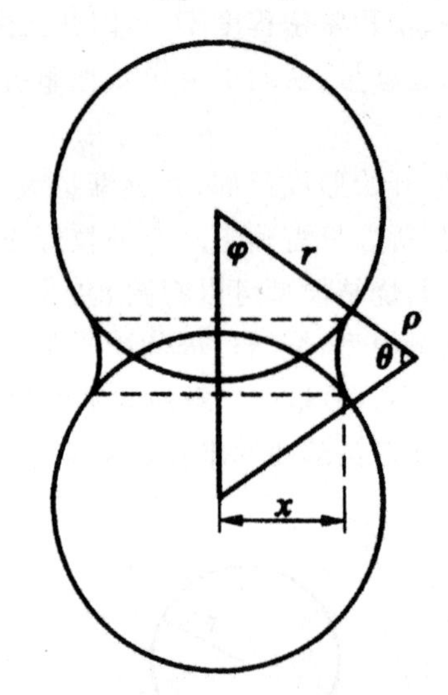

图 8-4　球形颗粒颈部烧结示意图

8.2　固相烧结

固态烧结完全是固体颗粒之间的高温固结过程，没有液相参与。

固态烧结的主要传质方式有蒸发一凝聚、扩散传质和塑性流变。

8.2.1　蒸发一凝聚传质

固体颗粒表面曲率不同，在高温时必然在系统的不同部位有不同的蒸气压。质点通过蒸发，再凝聚实现质点的迁移，促进烧结。

这种传质过程仅仅在高温下蒸气压较大的系统内进行，如氧化铍、氧化铅和氧化铁的烧结。这是烧结中定量计算最简单的一种传质方式，也是了解复杂烧结过程的基础。

图 8-5 所示为蒸发一凝聚传质采用的模型。在球形颗粒表面有正曲率半径，而在两个颗粒连接处有一个小的负曲率半径的颈部，根据开尔文公式可以得出，物质将从蒸气压高的凸形颗粒表面蒸发，通过气相传递而凝聚到蒸气压低的凹形颈部，从而使颈部逐渐被填充。

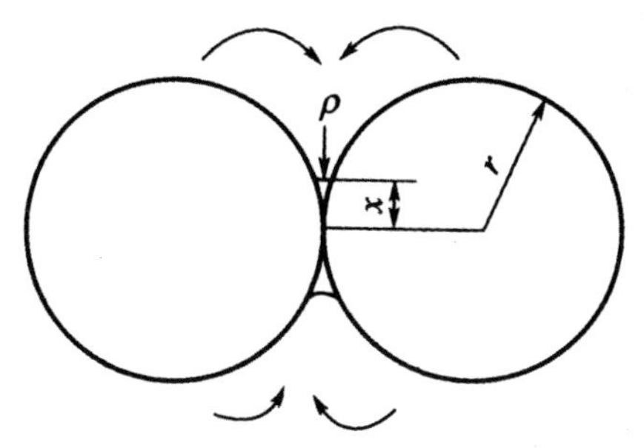

图 8-5　蒸发一凝聚传质模型

根据开尔文公式、朗格缪尔公式，可以推导出球形颗粒接触面积颈部生长速率关系式：

$$\frac{x}{r}=\left[\frac{3\sqrt{\pi}\gamma M^{\frac{3}{2}}p_0}{\sqrt{2}R^{\frac{3}{2}}T^{\frac{3}{2}}d^2}\right]^{\frac{1}{3}}\cdot r^{-\frac{2}{3}}\cdot t^{\frac{1}{3}} \tag{8-3}$$

式中　$\frac{x}{r}$——颈部生长速率；

x——颈部半径；

r——颗粒半径；

γ——颗粒表面能；

M——相对分子质量；

p_0——球型颗粒表面蒸气压；

R——气体常数；

T——温度；

t——时间。

金格尔等人曾以氯化钠球进行烧结试验，氯化钠在烧结温度下有很高的蒸气压。实验证明式(8-3)是正确的。实验结果用线性坐标图 8-6(a)和对数坐标图 8-6(b)两种形式表示。

由方程式(8-3)可知，接触颈部的生长 x/r 随时间 t 的 1/3 次方变化。在烧结初期可以观察到这样的速率规律，如图 8-6(b)所示。由图 8-6(a)可见颈部增长只在开始时比较显著，随着烧结的进行，颈部增长很快就停止了。因此对这类传质过程用延长烧结时间不能达到促进烧结的效果。

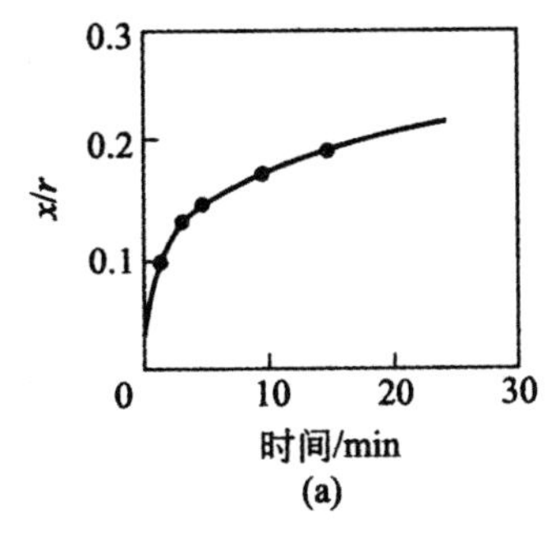

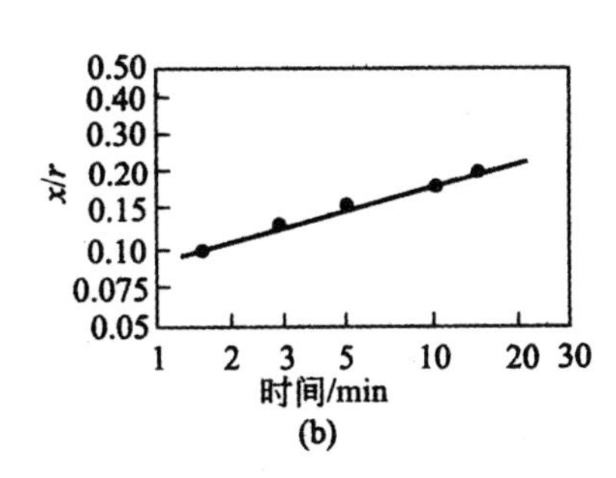

图 8-6　氯化钠在 750℃ 时球形颗粒之间颈部生长

(a)线性坐标；(b)对数坐标

从工艺控制考虑，两个重要的变量是烧结温度和原料起始粒度。粉末的起始粒度愈小，烧结速率愈大。由于蒸气压随温度而呈指数地增加，因而提高温度对烧结有利。

蒸发一凝聚传质的特点是烧结时颈部区域扩大，球的形状改变为椭圆，气孔形状改变，但球与球之间的中心距不变，也就是在这种传质过程中坯体不发生收缩。坯体密度不变。气孔形状的变化对坯体的一些宏观性质有可观的影响，但不影响坯体密度。气相传质过程要求把物质加热到可以产生足够蒸气压的温度。

8.2.2 扩散传质

在大多数固体材料中，由于高温下蒸气压低，因此传质更易通过固态内质点扩散过程来进行。

1. 颈部应力分析

烧结的推动力是如何促使质点在固态中发生迁移的呢？库津斯基于 1949 年提出颈部应力模型。假定晶体是各向同性的。图 8-7 表示两个球形颗粒的接触颈部，从其上取一个弯曲的曲颈基元 $ABCD$，ρ 和 x 为两个主曲率半径。假设指向接触面颈部中心的曲率半径 x 为正号，而颈部曲率半径 ρ 为负号。又假设 x 与 ρ 各自间的夹角均为 θ，作用在曲颈基元上的表面张力 F_x 和 F_ρ 可以通过表面张力的定义来计算。由图 8-7 可见：

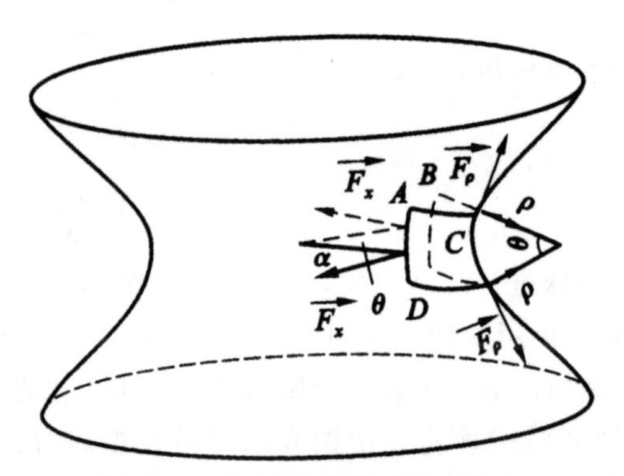

图 8-7 作用在颈部表面的力

$$\overrightarrow{F_x}=\gamma\,\overline{AD}=\gamma\,\overline{BC}$$

$$\overrightarrow{F_\rho}=-\gamma\,\overline{AB}=-\gamma\,\overline{DC}$$

$$\overline{AB}=\overline{DC}=x\theta$$

由于 θ 很小，所以：

$$\sin\theta=\theta$$

得：

$$\overrightarrow{F_x}=\gamma\rho\theta$$

$$\overrightarrow{F_\rho}=-\gamma x\theta$$

作用在垂直于 $ABCD$ 元上的力 F 为：

$$\overrightarrow{F}=2\left(F_x\sin\frac{\theta}{2}+F_\rho\sin\frac{\theta}{2}\right)$$

将 F_x 和 F_ρ 代入上式，并考虑 $\sin\frac{\theta}{2}\approx\frac{\theta}{2}$，可得：

$$\vec{F}=\gamma\theta^2(\rho-x)$$

$$ABCD\text{ 元的面积 } S=\overline{AD}\cdot\overline{AB}=\rho\theta\cdot x\theta=\rho x\theta^2$$

则作用在基元上的应力为：

$$\sigma=\frac{F}{A}=\frac{\gamma\theta^2(\rho-x)}{x\rho\theta^2}=\gamma\left(\frac{1}{x}-\frac{1}{\rho}\right)$$

因为 $x\gg\rho$，所以：

$$\sigma\approx-\frac{\gamma}{\rho} \tag{8-4}$$

根据方程式式(8-4)知，作用在颈部的应力主要由 F_ρ 产生，F_x 可以忽略不计。从图 8-7 与式(8-4)可见，σ 是张应力，并且是从颈部表面沿半径指向外部的张力，两个相互接触的晶粒系统处于平衡，如果将两晶粒看作弹性球模型，根据应力分布分析可以预料，颈部的张应力 σ_ρ 由两个晶粒接触中心处的同样大小的压应力 σ_2 平衡，这种应力分布如图 8-8 所示。

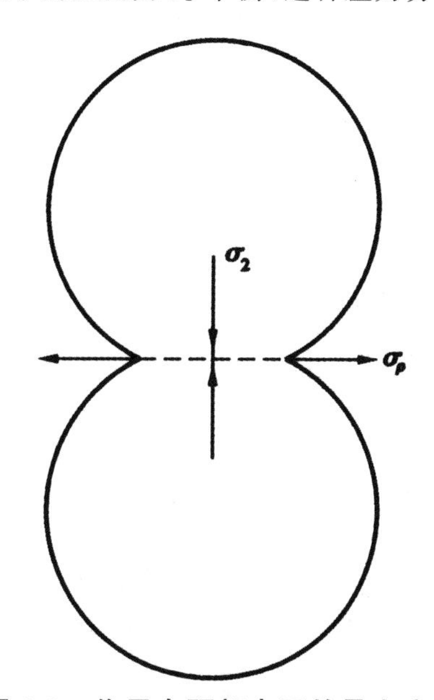

图 8-8　作用在颈部表面的最大应力

在烧结前的粉末体如果是由同径颗粒堆积而成的理想紧密堆积，颗粒接触点上最大压应力相当于外加一个静压力。在真实系统中，由于球体尺寸不一、颈部形状不规则、堆积方式不相同等原因，使接触点上应力分布产生局部剪切应力。因此，在剪切应力作用下可能出现晶粒彼此沿晶界剪切滑移，滑移方向由不平衡的剪切应力方向而定。在烧结开始阶段，在这种局部剪切应力和流体静压力的影响下，颗粒间出现重新排列，从而使坯体堆积密度提高，气孔率降低，坯体出现收缩，但晶粒形状没有变化，颗粒重排不可能导致气孔完全消除。

2. 颈部空位浓度分析

在扩散传质中要达到颗粒中心距离缩短必须有物质向气孔迁移，气孔作为空位源，空位进行反向迁移。颗粒点接触处的应力促使扩散传质中物质的定向迁移。

下面通过晶粒内不同部位空位浓度的计算来说明晶粒中心靠近的机理。

在无应力的晶体内,空位浓度 c_0 是温度的函数,可写作

$$c_0=\frac{n_0}{N}\exp\left(-\frac{E_V}{kT}\right) \tag{8-5}$$

式中 n_0——晶体内空位数;

N——晶体内原子总数;

E_V——空位生成能。

颗粒接触的颈部受到张应力,而颗粒接触中心处受到压应力。由于颗粒间不同部位所受的应力不同,不同部位形成空位所做的功也有差别。

颗粒不同部位的空位浓度不同,颈表面张应力区空位浓度大于晶粒内部,受压应力的颗粒接触中心的空位浓度最低。空位浓度差是颈至颗粒接触点大于颈至颗粒内部的值。系统内不同部位空位浓度的差异对扩散时空位的迁移方向是十分重要的。扩散首先从空位浓度最大的部位(颈表面)向空位浓度最低的部位(颗粒接触点)进行。其次是颈部向颗粒内部扩散、空位扩散即原子或离子的反向扩散。因此,扩散传质时,原子或离子由颗粒接触点向颈部迁移,从而达到气孔充填的结果。

3. 扩散传质途径

扩散传质途径如图 8-9 所示,图 8-9 中的传质路径见表 8-1,从图中可以看到,扩散可以沿颗粒表面进行,也可以沿着两颗粒之间的界面进行或在晶粒内部进行,分别称为表面扩散、界面扩散和体积扩散。

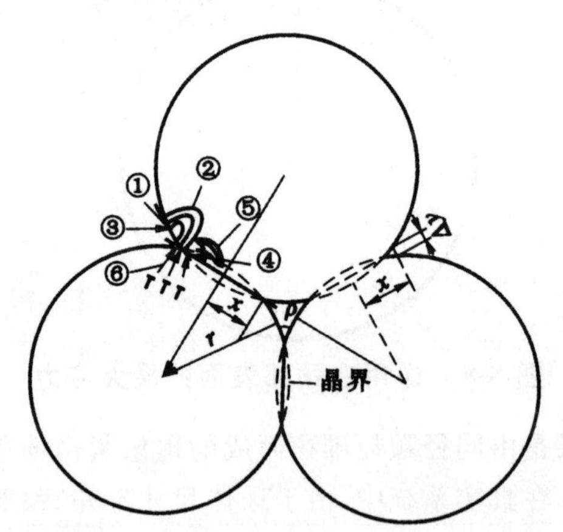

图 8-9 烧结初期物质的迁移路线

表 8-1 烧结初期物质的迁移路线

图示号	传质路径	物质来源	物质抵达的部位
①	表面扩散	表面	颈部
②	晶格扩散	表面	颈部

续表

图示号	传质路径	物质来源	物质抵达的部位
③	蒸发一凝聚	表面	颈部
④	晶界扩散	晶界	颈部
⑤	晶格扩散	晶界	颈部
⑥	晶格扩散	位错	颈部

当晶格内结构基元(原子或离子)移至颈部,原来结构基元所占位置成为新的空位,晶格内其他结构基元补充新出现的空位,就这样物质以"接力"的方式向内部传递而空位向外部转移。空位在扩散传质中可以在三个部位消失,即自由表面、内界面(晶界)和位错。随着烧结的进行,晶界上的原子(或离子)活动频繁,排列很不规则,因此晶格内空位一旦移动到晶界上,结构基元的排列只需稍加调整空位就易消失。随着颈部填充和颗粒接触点处结构基元的迁移,出现了气孔的缩小和颗粒中心距逼近。表现在宏观上则为气孔率下降和坯体收缩。

8.3　液相烧结

液态烧结概念:凡有液相参加的烧结过程称为液态烧结。

由于粉末中总含有少量的杂质,因而大多数材料在烧结中都会或多或少地出现液相。即使在没有杂质的纯固相系统中,高温下还会出现"接触"熔融现象。因而纯粹的固态烧结实际上不易实现。在无机材料制造过程中,液相烧结的应用范围很广泛。如长石质瓷、水泥熟料、高温材料(如氮化物、碳化物)等都采用液相烧结原理。

液相烧结与固态烧结的共同点:推动力都是表面能。烧结过程也是由颗粒重排、气孔充填和晶粒生长等阶段组成。

不同点是:由于流动传质速率比扩散传质快,因而液相烧结致密化速率高,可使坯体在比固态烧结温度低得多的情况下获得致密的烧结体。此外,液相烧结过程的速率与液相数量、液相性质(黏度和表面张力等)、液相与固相润湿情况、固相在液相中的溶解度等有密切的关系。因此,影响液相烧结的因素比固相烧结更为复杂,为定量研究带来困难。

液相烧结有以下 2 种结构模型:

①LSW 模型:当坯体内有大量的液相而且晶粒大小不等时,由于晶粒间曲率差导致小晶粒溶解通过液相传质到大晶粒上沉积。

②金格尔液相烧结模型:在液相量较少时,溶解一沉淀传质过程在晶粒接触界面处溶解,通过液相传递扩散到球型晶粒自由表面上沉积。

8.3.1　流动传质

1. 黏性流动

在液相烧结时,由于高温下黏性液体(熔融体)出现牛顿型流动而产生的传质称为黏性流动传质(或黏性蠕变传质)。

在高温下依靠黏性液体流动而致密化是大多数硅酸盐材料烧结的主要传质过程。

在固态烧结时,晶体内的晶格空位在应力作用下,由空位的定向流动引起的形变称为黏性蠕变或纳巴罗—赫林蠕变。它与由空位浓度差引起的扩散传质的区别在于,黏性蠕变是在应力作用下,整排原子沿着应力方向移动,而扩散传质仅是一个质点的迁移。

黏性蠕变是通过黏度系数(η)把黏性蠕变速率与应力联系起来。

$$\varepsilon=\frac{\sigma}{\eta} \tag{8-6}$$

式中 ε——黏性蠕变速率;

σ——应力;

η——黏度系数。

由计算可得烧结系统的宏观黏度系数为:

$$\eta=\frac{KTd^2}{8D^*\Omega}$$

式中 d——晶粒尺寸,因而 ε 写作:

$$\varepsilon=\frac{8D^*\Omega\sigma}{KTd^2} \tag{8-7}$$

对于无机材料粉体的烧结,烧结时宏观黏度系数的数量级为 $10^8\sim10^9$ dPa·s,由此推测在烧结时黏性蠕变传质起决定性作用的仅限于路程为 0.01~0.1μm 数量级的扩散,即通常限于晶界区域或位错区域,尤其是在无外力的作用下。烧结晶态物质形变只限于局部区域。如图 8-10 所示,黏性蠕变使空位通过对称晶界上的刃型位错攀移而消失。然而当烧结体内出现液相时,由于液相中扩散系数比结晶体中大几个数量级,因而整排原子的移动甚至整个颗粒的形变也是能发生的。

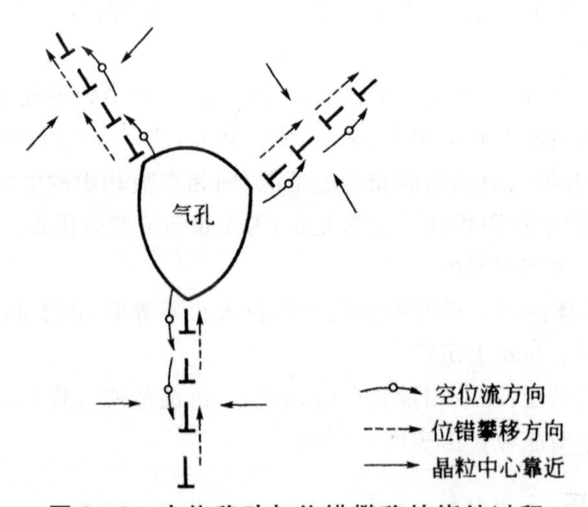

图 8-10 空位移动与位错攀移的烧结过程

在高温下物质的黏性流动可以分为两个阶段:一是相邻颗粒接触面增大,颗粒黏结直至孔隙封闭;封闭气孔的黏性压紧,残留闭气孔逐渐缩小。

弗伦克尔导出黏性流动初期颈部增长公式:

$$\frac{x}{r}=\left(\frac{3\gamma}{2\eta}\right)^{\frac{1}{2}}\cdot r^{-\frac{1}{2}}\cdot t^{\frac{1}{2}} \tag{8-8}$$

式中　r——颗粒半径；

x——颈部半径；

η——液体黏度；

γ——液一气表面张力；

t——烧结时间。

由颗粒间中心距逼近而引起的收缩是：

$$\frac{\Delta L}{L_0}=\frac{3\gamma}{4\eta r}t \tag{8-9}$$

上式说明收缩率正比于表面张力，反比于黏度和颗粒尺寸。式(8-8)和式(8-9)仅适用于黏性流动的初期情况。

随着烧结进行，坯体中的小气孔经过长时间烧结后，会逐渐缩小形成半径为 r 的封闭气孔。这时，每个闭口孤立气孔内部有一负压力等于 $-2\gamma/r$，相当于作用在压块外面使其致密的一个相等的正压。麦肯基等人推导了带有相等尺寸的孤立气孔的黏性流动坯体内的收缩率关系式。利用近似法得出的方程式为：

$$\frac{\mathrm{d}\theta}{\mathrm{d}t}=\frac{3}{2}\times\frac{\gamma}{r\eta}(1-\theta) \tag{8-10}$$

式中　θ——相对密度，即为体积密度/理论密度；

r——颗粒半径；

γ——液一气表面张力；

t——烧结时间。

式(8-10)是适合黏性流动传质全过程的烧结速率公式。

根据硅酸盐玻璃致密化的一些试验数据作的曲线如图 8-11 所示。图中实线是由方程式(8-10)计算而得。起始烧结速率用虚线表示，它们是由方程式(8-9)计算而得。由图可见，随温度升高，因黏度降低而导致致密化速率迅速提高，图中圆点是实验结果，它与实线很吻合，说明式(8-10)适用于黏性流动的致密化过程。

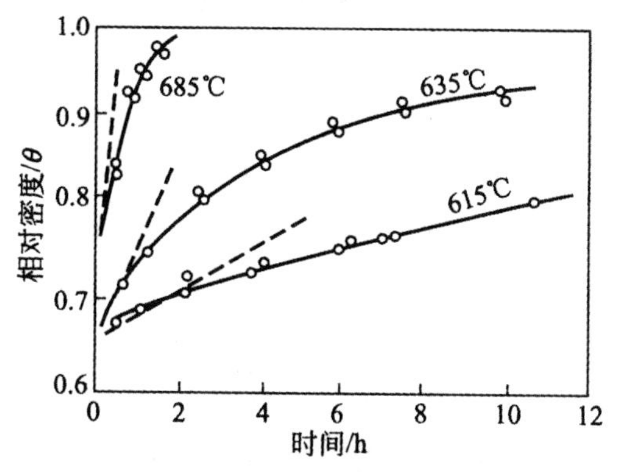

图 8-11　硅酸盐玻璃的致密化

决定烧结速率的三个主要参数是颗粒起始粒径、黏度和表面张力。颗粒尺寸从 10μm 减少至 1μm，烧结速率增大 10 倍。黏度随温度的迅速变化是需要控制的最重要因素。一个典型是钠钙硅玻璃，若温度变化 100℃，黏度约变化 1000 倍。如果某坯体烧结速率太低，可以采用加入黏度较低的液相组分来提高烧结速率。对于常见的硅酸盐玻璃，其表面张力不会因组分变化而有很大的改变。

2. 塑性流动

当坯体中液相含量很少时，高温下流动传质不能看成是纯牛顿型流动，而类似于塑性流动型。也即只有作用力超过屈服值时，流动速率才与作用的剪应力成正比。

在固态烧结中也存在塑性流动。在烧结早期，表面张力较大，塑性流动可以靠位错的运动来实现；而烧结后期，在低应力作用下靠空位自扩散而形成黏性蠕变，高温下发生的蠕变是以位错的滑移或攀移来完成的。塑性流动机理目前应用在热压烧结的动力学过程是很成功的。

8.3.2 溶解—沉淀传质

在有固液两相的烧结中，当固相在液相中有可溶性，这时烧结传质过程为部分固相溶解而在另一部分固相上沉积，直至晶粒长大和获得致密的烧结体。研究表明，发生溶解—沉淀传质的条件：有显著数量的液相；固相在液相内有显著的可溶性；液体润湿固相。

颗粒的表面能是溶解—沉淀传质过程的推动力。由于液相润湿固相，每个颗粒之间的空间都组成一系列毛细管。表面能(表面张力)以毛细管力的方式使颗粒拉紧，毛细管中的熔体起着把分散在其中的固态颗粒结合起来的作用。微米级颗粒之间有 0.1～1μm 直径的毛细管，如果其中充满硅酸盐液相，毛细管压力达 1.23～12.3MPa。可见毛细管压力所造成的烧结推动力是很大的。

溶解—沉淀传质过程分 2 个阶段。

(1)颗粒重排

随烧结温度升高，出现足够量的液相。分散在液相中的固体颗粒在毛细管力的作用下，发生相对移动，重新排列，堆积更加紧密。被薄的液膜分开的颗粒之间搭桥，在那些点接触处有高的局部应力，导致塑性变形和蠕变，促进颗粒进一步重排。

颗粒在毛细管力的作用下，通过黏性流动或在一些颗粒间接触点上由于局部应力的作用而进行重新排列，结果得到了更紧密的堆积。在这阶段可粗略地认为，致密化速率是与黏性流动相应，线收缩与时间呈线性关系。

$$\frac{\Delta L}{L_0} \propto t^{1+x} \tag{8-11}$$

式中，指数$(1+x)$的意义是约大于 1，这是考虑到烧结进行时，被包裹的小尺寸气孔减小，作为烧结推动力的毛细管压力增大，所以略大于 1。

颗粒重排对坯体致密度的影响取决于液体的数量。如果液相数量不足，则溶液既不能完全包围颗粒，也不能填充粒子间空隙。当溶液由甲处流到乙处后，在甲处留下空隙，这时能产生颗粒重排但不足以消除气孔。当液相数量超过颗粒边界薄层变形所需的量时，在重排完成后，固体颗粒约占总体积的 60%～70%，多余的液相可以进一步通过流动传质、溶解—沉淀传质,达到填充气孔的目的。这样可使坯体在这一阶段的烧结收缩率达总收缩率的 60%以上。图 8-12 表示液相含量与坯体气孔率的关系。

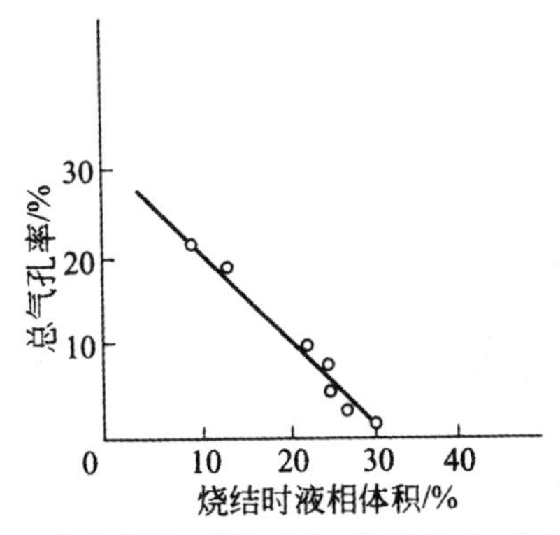

图 8-12　黏土煅烧时的液相含量和气孔率的关系

(2)溶解传质

由于较小的颗粒在颗粒接触点处溶解,通过液相在较大的颗粒或颗粒自由表面上沉积,从而出现晶粒长大和晶粒形状的变化,同时颗粒不断进行重排而致密化。

影响溶解一沉淀传质过程的因素有时间、颗粒的起始粒度、粉末特性(溶解度、润湿性能)、液相数量、烧结温度等。由于固相在液相中的溶解度、扩散系数以及固液润湿性能等目前几乎没有确切的数值可以利用,因此液相烧结的研究远比固相烧结更为复杂。

8.4　晶粒生长与二次再结晶

晶粒生长与二次再结晶过程往往与烧结中、后期的传质过程是同时进行的。晶粒生长是指无应变的材料在热处理时,平衡晶粒尺寸在不改变其分布的情况下,连续增大的过程。

初次再结晶是指在已发生塑性形变的基质中出现新生的无应变晶粒的成核和长大过程。这个过程的推动力是基质塑性变形所增加的能量。

二次再结晶是指是少数巨大晶粒在细晶消耗时成核长大的过程。

8.4.1　晶粒生长

在烧结的中、后期,细晶粒要逐渐长大,而一些晶粒生长过程也是另一部分晶粒缩小或消灭的过程,其结果是平均晶粒尺寸都增长了。这种晶粒长大并不是小晶粒的相互黏结,而是晶界移动的结果。在晶界两边物质的自由焓之差是使界面向曲率中心移动的驱动力。小晶粒生长为大晶粒,则使界面面积和界面能降低。晶粒尺寸由 1μm 变化到 1cm,对应的能量变化约为 0.42～21J/g。

1. 界面能与晶界移动

图 8-13(a)所示为两个晶粒之间的晶界结构,弯曲晶界两边各为一晶粒,小圆代表各个晶粒中的原子。对凸面晶粒表面 A 处与凹面晶粒的 B 处而言,曲率较大的 A 点自由焓高于曲

率小的 B 点。位于 A 点晶粒内的原子必然有向能量低的位置跃迁的自发趋势。当 A 点原子到达 B 点并释放出 ν[图 8-3(b)]的能量后就稳定在 B 晶粒内。如果这种跃迁不断发生，则晶界就向着 A 晶粒的曲率中心不断推移，导致 B 晶粒长大而 A 晶粒缩小，直至晶界平直化，界面两侧自由焓相等为止。由此可见晶粒生长是晶界移动的结果，而不是简单的晶粒之间的黏结。

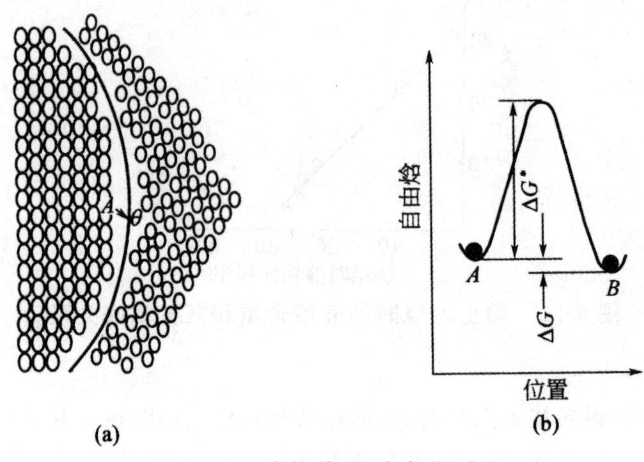

图 8-13　液相烧结致密化过程

2. 晶界移动的速率

晶粒生长取决于晶界移动的速率。在图 8-13(a)中，A、B 晶粒之间由于曲率不同而产生的压力差为：

$$\Delta p=\gamma\left(\frac{1}{r_1}+\frac{1}{r_2}\right)$$

式中　γ——表面张力；

r_1,r_2——曲面的主曲率半径。

由热力学可知，当系统只做膨胀功时：

$$\Delta G=-S\Delta T+V\Delta p$$

当温度不变时：

$$\Delta G=V\Delta p=\gamma V'\left(\frac{1}{r_1}+\frac{1}{r_2}\right)$$

式中　ΔG——跨越一个弯曲界面的自由焓变化；

V'——摩尔体积。

粒界移动速率还与原子跃过粒界的速率有关。原子由 A→B 的频率 f 为原子振动频率(ν)与获得 ν 能量的粒子的概率(P)的乘积。

$$f=P\nu=\nu\exp\left(\frac{\Delta G^*}{RT}\right)$$

由于可跃迁的原子的能量是量子化的，即 $E=h\nu$，一个原子平均振动能量 $E=kT$，所以：

$$\nu=\frac{E}{h}=\frac{kT}{h}=\frac{RT}{Nh}$$

式中　h——普朗克常数；

k——玻耳兹曼常数；

R——气体常数；

N——阿伏伽德罗常数。

因此，原子由 A→B 跳跃频率为：

$$f_{AB}=\frac{RT}{Nh}\exp\left(-\frac{\Delta G^*}{RT}\right)$$

原子由 B→A 跳跃频率：

$$f_{BA}=\frac{RT}{Nh}\exp\left(-\frac{\Delta G^*+\Delta G}{RT}\right)$$

粒界移动速率 $v=\lambda f$，λ 为每次跃迁的距离。

$$v=\lambda(f_{AB}-f_{BA})=\frac{RT}{Nh}\lambda\exp\left(-\frac{\Delta G^*}{RT}\right)\left[1-\exp\left(-\frac{\Delta G^*+\Delta G}{RT}\right)\right]$$

化简得：

$$v=\frac{RT}{Nh}\lambda\left[\frac{\gamma V'}{RT}\left(\frac{1}{r_1}+\frac{1}{r_2}\right)\right]\exp\frac{\Delta S^*}{R}\left(-\frac{\Delta H^*}{RT}\right)\tag{8-12}$$

通过式(8-12)得出晶粒生长速率随温度成指数规律增加。因此，晶界移动的速率是与晶曲率以及系统的温度有关。温度愈高，曲率半径愈小，晶界向其曲率中心移动的速率也愈快。

由许多颗粒组成的多晶体界面移动情况如图 8-14 所示。从图 8-14 看出大多数晶界都是弯曲的。从晶粒中心往外看，大于六条边时边界向内凹，由于凸面界面能大于凹面，因此晶界向凸面曲率中心移动。结果小于六条边的晶粒缩小，甚至消灭，而大于六条边的晶粒长大，总的结果是平均晶粒增长。

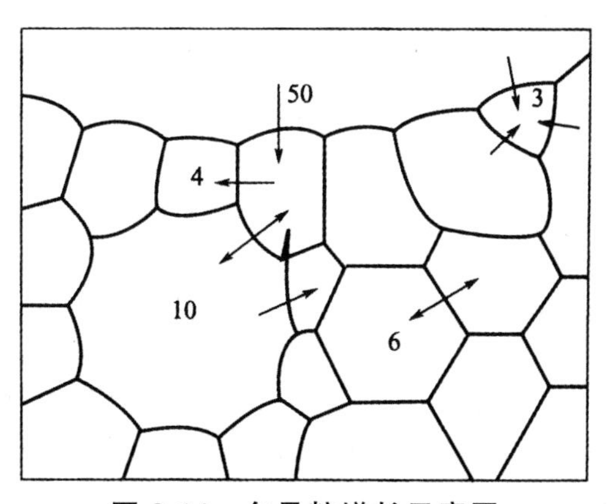

图 8-14　多晶粒增长示意图

3. 晶粒长大的几何学原则

所有晶粒长大的几何情况可以从三个一般性原则推知：

(1)晶界上有晶界能的作用，因此晶粒形成一个在几何学上与肥皂泡沫相似的三维阵列。

(2)晶粒边界如果都具有基本上相同的表面张力，则界面间交角成 120°，晶粒呈正六边形。实际多晶系统中多数晶粒间界面能不等，因此从一个三界汇合点延伸至另一个三界汇合点的晶界都具有一定的曲率，表面张力将使晶界移向其曲率中心。

(3)在晶界上的第二相夹杂物(杂质或气泡),如果它们在烧结温度下不与主晶相形成液相,则将阻碍晶界移动。

4. 影响晶粒生长的因素

从理论上说,经相当长时间的烧结后,应当从多晶材料烧结至一个单晶,但实际上由于存在第二相夹杂物如杂质、气孔等阻碍作用使晶粒长大受到阻止。晶界移动时遇到夹杂物如图8-15所示。晶界为了通过夹杂物,界面能就被降低,降低的量正比于夹杂物的横截面积。通过障碍以后,弥补界面又要付出能量,结果使界面继续前进能力减弱,界面变得平直,晶粒生长就逐渐停止。

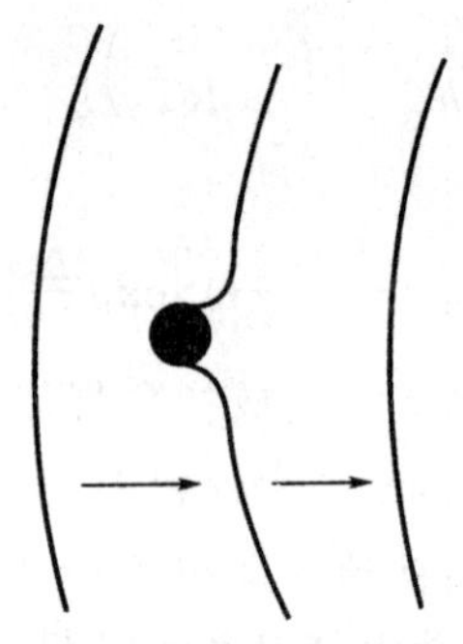

图 8-15　晶界通过杂物的晶态示意图

随着烧结的进行,气孔往往位于晶界上或3个晶粒交汇点上。气孔在晶界上是随晶界移动还是阻止晶界移动,这与晶界曲率有关,也与气孔直径、数量、气孔作为空位源向晶界扩散的速度、包围气孔的晶粒数等因素有关。当气孔汇集在晶界上时,晶界移动会出现以下情况,如图8-16所示。在烧结初期,晶界上气孔数目很多,气孔牵制了晶界的移动,如果晶界移动速率为V_b,气孔移动速率为V_p,此时气孔阻止晶界移动,因而$V_b=0$[图8-16(a)]。烧结中、后期,温度控制适当,气孔逐渐减少。可以出现$V_b=V_p$,此时晶界带动气孔以正常速率移动,使气孔保持在晶界上,如图8-16(b)所示,气孔可以利用晶界作为空位传递的快速通道而迅速汇集或消失。图8-17说明气孔随晶界移动而聚集在三晶粒交汇点的情况。

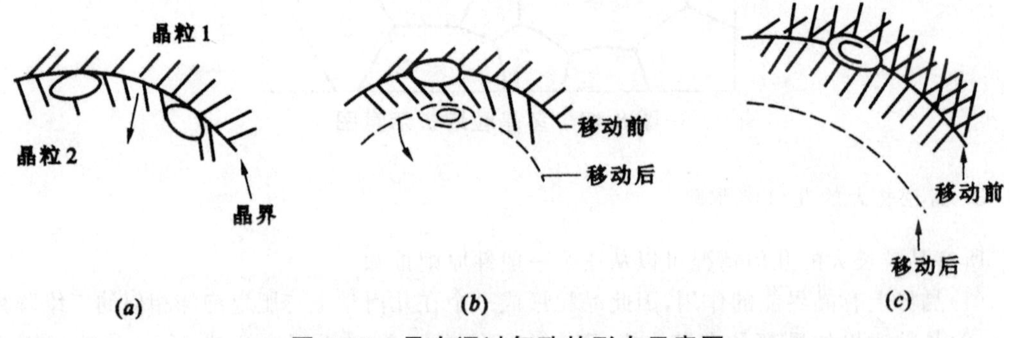

图 8-16　晶态通过气孔的形态示意图

(a)$V_b=0$;(b)$V_b=V_p$;(c)$V_b>V_p$

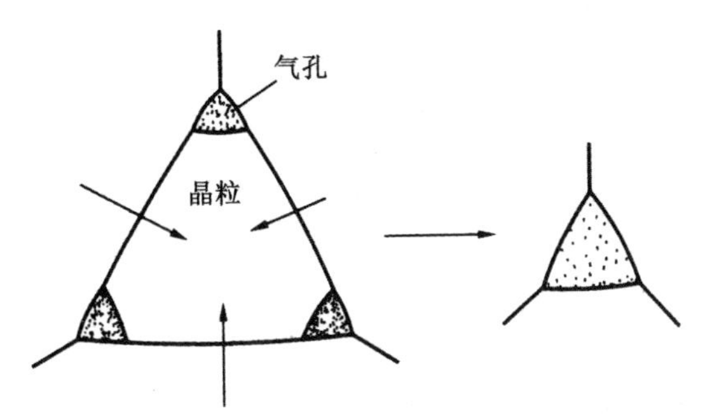

图 8-17 气孔在三个晶粒交汇点聚集

当烧结达到 $V_b=V_p$ 时，烧结过程已接近完成。严格控制温度是十分重要的。继续维持 $V_b=V_p$，气孔易迅速排除而实现致密化，如图 8-18 所示。此时烧结体应适当保温，如果再继续升高温度，由于晶界移动速率随温度而呈指数增加，必然导致 $V_b>V_p$，晶界越过气孔而向曲率中心移动，一旦气孔包人晶体内部(图 8-18)，只能通过体积扩散来排除，这是十分困难的。在烧结初期，当晶界曲率很大和晶界迁移驱动力也很大时，气孔常常被遗留在晶体内，结果在个别大晶粒中心会留下小气孔群。烧结后期，若局部温度过高和以个别大晶粒为核出现二次再结晶，由于晶界移动太快，也会把气孔包人晶粒内，晶粒内的气孔不仅使坯体难以致密化，而且还会严重影响材料的各种性能。因此，烧结中控制晶界的移动速率是十分重要的。

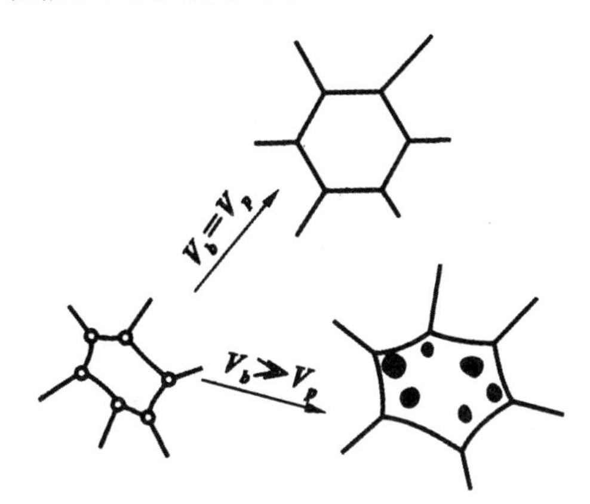

图 8-18 晶界移动与坯体致密化

约束晶粒生长的另一个因素是有少量液相出现在晶界上。少量液相使晶界上形成两个新的固－液界面，从而使界面移动的推动力降低和扩散距离增加。气孔在烧结过程中能否排除，除了与晶界移动速率有关，还与气孔内压力的大小有关。

8.4.2 二次再结晶

二次再结晶是指在细晶消耗时，成核长大形成少数巨大晶粒的过程。

当正常的晶粒生长由于夹杂物或气孔等的阻碍作用而停止以后，如果在均匀基相中有若干大晶粒，这个晶粒的边界比邻近晶粒的边界多，晶界曲率也较大，导致晶界可以越过气孔或夹杂物而进一步向邻近小晶粒曲率中心推进，而使大晶粒成为二次再结晶的核心，不断吞并周围小晶粒而迅速长大，直至与邻近大晶粒接触为止。

二次再结晶的推动力是表面能差，即大晶粒晶面与邻近高表面能的小曲率半径的晶面相比有较低的表面能。在表面能驱动下，大晶粒界面向曲率半径小的晶粒中心推进，以致造成大晶粒进一步长大与小晶粒的消失。

大晶粒的长大速率开始取决于晶粒的边缘数。在细晶粒基相中，少数晶粒比平均晶粒尺寸大，这些大晶粒成为二次再结晶的晶核。如果坯体中原始晶粒尺寸是均匀的，烧结体中每个晶粒的晶界数为 3～7 或 3～8 个。晶界弯曲率都不大，不能使晶界超过夹杂物运动，则晶粒生长停止。如果烧结体中有大于晶界数为 10 的大晶粒，当长大达到某一程度时，大晶粒直径远大于基质晶粒直径，大晶粒长大的驱动力随着晶粒长大而增加，晶界移动时快速扫过气孔，在短时间内第一代小晶粒为大晶粒吞并，而生成含有封闭气孔的大晶粒。这就导致不连续的晶粒生长。

当由细粉料制成多晶体时，则二次再结晶的程度取决于起始物料颗粒的大小。粗的起始粉料的二次再结晶的程度要小得多，图 8-19 为 BeO 晶粒相对生长率与原始粒度的关系。由图可推算出：起始粒度为 2μm，二次再结晶后晶粒尺寸为 60μm；而起始粒度为 10μm，二次再结晶粒度约为 30μm。

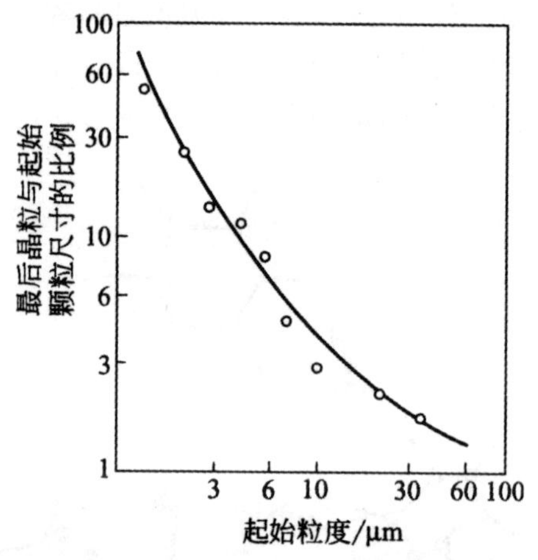

图 8-19　BeO 在 2000℃ 下保温 0.5h 晶粒生长率与物料粒度关系

从工艺控制角度考虑，造成二次再结晶主要原因是原始粒度不均匀、烧结温度偏高和烧结速率太快。其他还有坯体成型压力不均匀、局部有不均匀液相等。图 8-20 为原始颗粒尺寸分布对烧结后多晶结构的影响。在原始粉料很细的基质中夹杂着个别粗颗粒，最终晶粒尺寸比原始粉料粗而均匀的坯体要粗大的多。

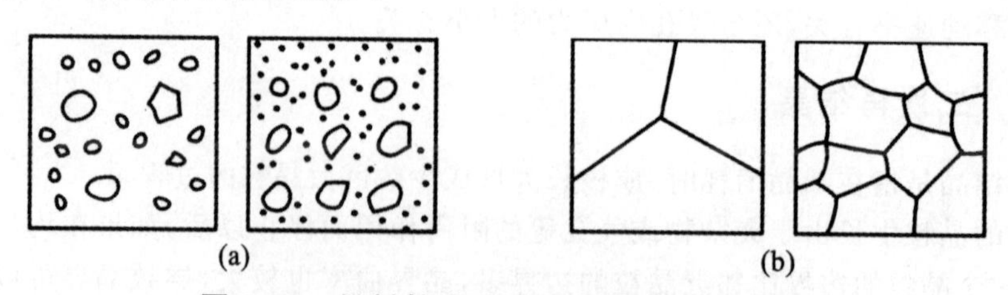

图 8-20　粉料粒度分布对多晶结构的影响

(a)烧结前；(b)烧结后

为避免气孔封闭在晶粒内，避免晶粒异常生长，应防止致密化速率太快。在烧结体达到一定的体积密度以前，应该用控制温度来抑制晶界移动速率。为避免气孔封闭在晶粒内，避免晶粒异常生长，应防止致密化速率太快。在烧结体达到一定的体积密度以前，应该控制温度来抑制晶界移动速率。例如 $MgO \cdot Al_2O_3$ 材料在烧结时，坯体密度达到理论密度的 94%以前，致密化速率应以 1.7×10^{-3}/min 为宜。

引入适当的添加剂是防止二次再结晶的最好方法，它能抑制晶界迁移，有效地加速气孔的排除。如氧化镁加入氧化铝中可制成达到理论密度的制品。当采用晶界迁移抑制剂时，晶粒生长公式如下：

$$G^3 - G_0^3 = Kt$$

烧结体中出现二次再结晶，由于大晶粒受到周围晶界应力的作用或由于本身易产生缺陷，结果常在大晶粒内出现隐裂纹，导致材料机械、电性能恶化。因而工艺上需采取适当的措施防止其发生。但在硬磁铁氧体 $BaFe_2O_4$ 的烧结中，在形成择优取向方面利用二次再结晶是有益的，在成型时通过高强磁场的作用，使颗粒取向，烧结时控制大晶粒为二次再结晶的核，从而得到高度取向、高导磁率的材料。

8.4.3　晶界在烧结中的作用

晶界是多晶体中不同晶粒之间的交界面，据估计，晶界宽度为 5～60nm，晶界上原子排列疏松混乱，在烧结传质和晶粒生长过程中晶界对坯体致密化起着十分重要的作用。

晶界是气孔（空位源）通向烧结体外的主要扩散通道。如图 8-21 所示，在烧结过程中坯体内空位流与原子流利用晶界作相对扩散，空位经过无数个晶界传递最后排泄出表面，同时导致坯体的收缩。接近晶界的空位最易扩散至晶界，并于晶界上消失。

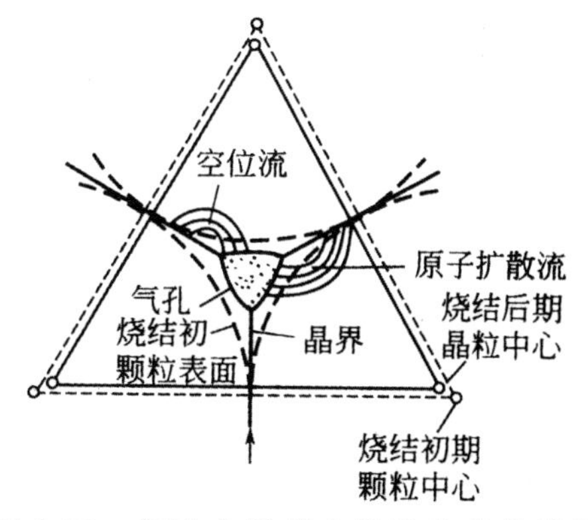

图 8-21　气孔在晶界上排除和收缩模型

阴、阳离子必须同时扩散才能导致物质的传递与烧结。究竟何种离子的扩散取决于扩散速率。一些实验表明，在氧化铝中，氧离子在 20～30μm 多晶体中的自扩散系数比在单晶体中约大两个数量级，而铝离子自扩散系数则与晶粒尺寸无关。Coble 等提出在晶粒尺寸很小的多晶体中，氧离子依靠晶界区域所提供的通道而大大加速其扩散速率，并有可能铝离子的体积扩散成为控制因素。

晶界上溶质的偏聚可以延缓晶界的移动，加速坯体致密化。为了从坯体中完全排除气孔获得致密烧结体，空位扩散必须在晶界上保持相当高的速率。只有通过抑制晶界的移动才能使气孔在烧结的始终都保持在晶界上，避免晶粒的不连续生长。利用溶质易在晶界上偏析的特征，在坯体中添加少量的溶质(烧结助剂)，就能达到抑制晶界移动的目的。

晶界对扩散传质烧结过程是有利的。在多晶体中晶界阻碍位错滑移，因而对位错滑移传质不利。

晶界组成、结构和特性是一个比较复杂的问题，晶界范围仅几十个原子间距，由于研究手段的限制，其特性还有待进一步探索。

8.5 影响烧结的因素

1. 原始粉料的粒度

无论在固态烧结还是液态烧结中，细颗粒由于增加了烧结的推动力，缩短了原子扩散距离和提高了颗粒在液相中的溶解度而导致烧结过程加速。如果烧结速率与起始粒度的1/3次方成比例，从理论上计算，当起始粒度从2μm缩小到0.5μm，烧结速率增加64倍。该结果相当于粒径小的粉料烧结温度降低150℃～300℃。

有资料报道，当氧化镁的起始粒度为20μm以上时，即使在1400℃下保持很长时间，相对密度仅能达70%而不能进一步致密化；如果粒径在20μm以下，温度为1400℃或粒径在1μm以下，温度为1000℃，烧结速度很快；如果粒径在0.1μm以下，其烧结速率与热压烧结相差无几。

从防止二次再结晶的角度考虑，起始粒径必须细而均匀，如果细颗粒内有少量大颗粒存在，则易发生晶粒的异常生长而不利于烧结。一般氧化物材料最适宜的粉末粒度为0.05～0.5μm。

2. 外加剂的作用

在固相烧结中，少量外加剂(烧结助剂)可与主晶相形成固溶体促进缺陷增加；在液相烧结中，外加剂能改变液相的性质(如黏度、组成等)，因而都能起促进烧结的作用。外加剂在烧结体中的作用现分述如下。

(1)外加剂与烧结主体形成固溶体

当外加剂与烧结主体的离子大小、晶格类型及电价数接近时，它们能互溶形成固溶体，致使主晶相晶格畸变、缺陷增加，便于结构基元移动而促进烧结。一般地说它们之间形成有限置换型固溶体比形成连续固溶体更有助于促进烧结。外加剂离子的电价、半径与烧结主体离子的电价、半径相差愈大，晶格畸变程度增加愈多，促进烧结的作用也愈明显。例如氧化铝烧结时，加入3%氧化铬形成连续固溶体可以在1860℃下烧结，而加入1%～2%二氧化钛，只需在1600℃左右就能致密化。

(2)外加剂与烧结主体形成液相

外加剂与烧结体的某些组分生成液相，由于液相中扩散传质阻力小、流动传质速度快，因而降低了烧结温度和提高了坯体的致密度。例如在制造95%氧化铝材料时，一般加入氧化钙、二氧化硅，在氧化钙与二氧化硅的比值为1时，由于生成 $CaO\text{-}Al_2O_3\text{-}SiO_2$ 液相，而使材料在1540℃即能烧结。

(3)外加剂与烧结主体形成化合物

在烧结透明的氧化铝制品时，为抑制二次再结晶，消除晶界上的气孔，一般加入氧化镁或氟化镁。高温下形成镁铝尖晶石($MgAl_2O_4$)而包裹在氧化铝晶粒表面，抑制晶界移动速率，充分排除晶界上的气孔，对促进坯体致密化有显著作用。

(4)外加剂阻止多晶转变

ZrO_2 由于有多晶转变，体积变化较大而使烧结发生困难，当加入5%氧化钙以后，Ca^{2+} 离子进入晶格置换 Zr^{4+} 离子，由于电价不等而生成阴离子缺位固溶体，同时抑制晶型转变，使致密化易于进行。

(5)外加剂起扩大烧结范围的作用

加入适当外加剂能扩大烧结温度范围，给工艺控制带来方便。例如锆钛酸铅材料的烧结范围只有20℃～40℃，如加入适量 La_2O_3 和 Nb_2O_5 以后，烧结范围可以扩大到80℃。

必须指出的是外加剂只有加入量适当时才能促进烧结，如不恰当地选择外加剂或加入量过多，反而会阻碍烧结，因为过多量的外加剂会妨碍烧结相颗粒的直接接触，影响传质过程的进行。氧化铝烧结时加入2%氧化镁使氧化铝烧结活化能降低到398kJ/mol，比纯氧化铝活化能502kJ/mol低，因而促进烧结。而加入5%氧化镁时，烧结活化能升高到545kJ/mol，反而起抑制烧结的作用。

烧结加入何种外加剂，加入量多少较合适，目前尚不能完全从理论上解释或计算，还应根据材料性能要求通过试验来决定。

3. 烧结温度与时间

在晶体中晶格能愈大，离子结合也愈牢固，离子的扩散也愈困难，所需烧结温度也就愈高。各种晶体键合情况不同，因此烧结温度也相差很大，即使对同一种晶体烧结温度也不是一个固定不变的值。提高烧结温度无论对固相扩散或对溶解－沉淀等传质方式都是有利的。但是单纯提高烧结温度不仅浪费燃料，很不经济，而且还会促使二次再结晶而使制品性能恶化。在有液相的烧结中，温度过高使液相量增加，黏度下降而使制品变形。因此不同制品的烧结温度必须仔细通过试验来确定。

根据烧结机理可知，只有体积扩散导致坯体致密化，表面扩散只能改变气孔形状而不能引起颗粒中心距的逼近，因此不出现致密化过程。在烧结高温阶段主要以体积扩散为主，而在低温阶段以表面扩散为主。如果材料的烧结在低温时间较长，不仅不引起致密化反而会因表面扩散改变了气孔的形状而给制品性能带来了损害。因此从理论上分析应尽可能快地从低温升到高温以创造体积扩散的条件。高温短时间烧结是制造致密陶瓷材料的好方法，但还要结合考虑材料的传热系数、扩散系数、二次再结晶温度等各种因素，合理制定烧结温度。

4. 盐类的选择及其煅烧条件

一般情况下，原始配料均以盐类形式加入，经过加热后以氧化物形式发生烧结。盐类具有层状结构，当将其分解时，这种结构往往不能完全破坏，原料盐类与生成物之间若保持结构上的关联性，那么盐类的种类、分解温度和时间将影响烧结氧化物的结构缺陷和内部应变，从而影响烧结速率与性能。

(1)煅烧条件

关于盐类的分解温度与生成氧化物性质之间的关系有大量的研究报道。例如氢氧化镁分解温度与生成的氧化镁性质的关系如图 8-22 和图 8-23 所示。由图 8-22 可知，低温下煅烧所得的氧化镁，其晶格常数较大，结构缺陷较多，随着煅烧温度升高，结晶性变好，烧结温度相应提高。图 8-23 表明，随着氢氧化镁煅烧温度的变化，烧结表观活化能 E 及频率因子 A 的变化。实验结果显示在 900℃下煅烧氢氧化镁所得到的烧结活化能最小，烧结活性较高。可以认为，煅烧温度愈高，烧结性愈低是由氧化镁的结晶良好，活化能增高所造成的。

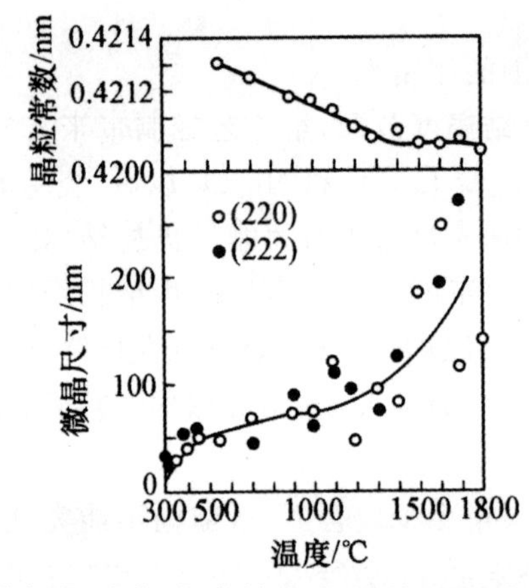

图 8-22 氢氧化镁分解温度与生成的氧化镁的晶格常数及晶粒尺寸的关系

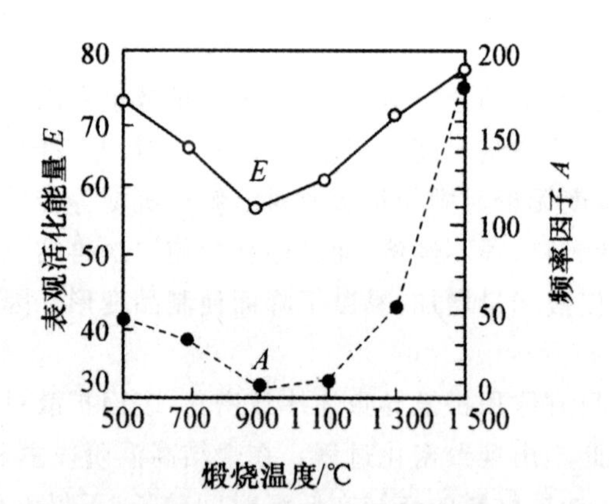

图 8-23 氢氧化镁分解温度与所得氧化镁形成体相对于扩散烧结的表观活化能和频率因子的关系

(2)盐类的选择

随着原料盐种类的不同，例如用不同的镁化合物分解所制得活性氧化镁的烧结性能有明显差别，由碱式碳酸镁、草酸镁、醋酸镁、氢氧化镁制得的氧化镁，其烧结体可以分别达到理论密度的 93%～82%，而由氯化镁、硫酸镁、硝酸镁、等制得的氧化镁，在同样条件下烧结，仅能达到理论密度的 66%～50%，如果对煅烧获得的 MgO 性质进行比较，则可以看出，用能够生成粒度小、微晶较小、晶格常数较大、结构松弛的氧化镁的原料盐来获得活性氧化镁，其烧结性良好；反之，用生成结晶性较高，粒度大的氧化镁的原料盐来制备氧化镁，其烧结性差。

5. 气氛的影响

烧结气氛一般分为氧化、还原和中性三种，在烧结中气氛的影响是很复杂的。一般来说，在由扩散控制的氧化物烧结中，气氛的影响与扩散控制因素有关，与气孔内气体的扩散和溶解能力有关。例如氧化铝材料是由阴离子(O^{2-})扩散速率控制烧结过程，当它在还原气氛中烧结时，晶体中的氧从表面脱离，从而在晶格表面产生很多氧离子空位，使 O^{2-} 扩散系数增大导致烧结过程加速。用透明氧化铝制造的钠光灯管必须在氢气炉内烧结，就是利用加速 O^{2-} 扩散，使气孔内气体在还原气氛下易于逸出的原理来使材料致密从而提高透光度。若氧化物的烧结是由阳离子扩散速率控制，则在氧化气氛中烧结，表面积聚了大量氧，使阳离子空位增加，从而有利于阳离子扩散加速而促进烧结。

进入封闭气孔内气体的原子尺寸越小，越易于扩散，气孔消除也愈容易。例如氮或氩之类的大分子气体，在氧化物晶格内不易自由扩散最终残留在坯体中。但氢或氦之类的小分子气体，扩散性强，可以在晶格内自由扩散，因而烧结与这些气体的存在无关。

当样品中含有铅、锂、铋等易挥发物质时，控制烧结时的气氛更为重要。如锆钛酸铅材料烧结时，必须要控制一定分压的铅气氛，以抑制坯体中铅的大量逸出，并保持坯体严格的化学组成，否则将影响材料的性能。

关于烧结气氛的影响常会出现不同的结论。这与材料的组成、烧结条件、外加剂种类和数量等因素有关，必须根据具体情况慎重选择。

6. 成型压力的影响

粉料成型时必须加一定的压力，除了使其具有一定形状和强度外，同时也给烧结创造了颗粒间紧密接触的条件，使其烧结时扩散阻力减小。一般来说，成型压力愈大，颗粒间接触愈紧密对烧结愈有利。但若压力过大使粉料超过塑性变形限度，就会发生脆性断裂。适当的成型压力可以提高生坯的密度。而生坯的密度与烧结体的致密化程度有正比关系。

影响烧结的因素除了以上六点以外，还有生坯内粉料的堆积程度、保温时间、加热速度、粉料的粒度分布等。影响烧结的因素很多，而且相互之间的关系也较复杂，在研究烧结时如果不充分考虑这些因素，并恰当地加以运用，就不能获得具有重复性和高致密度的制品。并且，会进一步对烧结体的显微结构和机、电、光、热等性质产生显著的影响。

由此可以看出，要获得一个好的烧结材料，必须对原料粉末的形状、尺寸、结构和其他物性有充分的了解，并对工艺制度控制与材料显微结构形成的相互联系进行综合考察，只有这样才能真正理解烧结过程。

第 9 章 玻璃材料

9.1 玻璃的形成

玻璃态是物质的一种聚集状态，研究和认识玻璃的形成规律，即形成玻璃的物质及方法、玻璃形成的条件和影响因素对于揭示玻璃的结构和合成更多具有特殊性能的新型非晶态固体材料具有重要的理论与实际意义。

1. 形成玻璃的物质

只要冷却速率足够快，很多物质都能形成玻璃，参见表 9-1 和 9-2。

表 9-1 由熔融法形成玻璃的物质

种类	物 质
元素	O、S、Se、P
氧化物	P_2O_5、B_2O_3、As_2O_3、SiO_2、GeO_2、Sb_2O_3、In_2O_3、Te_2O_3、SnO_2、PbO、SeO
硫化物	B、Ga、In、Ti、Ge、Sn、N、P、As、Sb、Bi、O、Sc 的硫化物，如 As_2S_3、Sb_2S_3、CS_2 等
硒化物	Ti、Si、Sn、Pb、P、As、Sb、Bi、O、S、Te 的硒化物
碲化物	Ti、Sn、Pb、Sb、Bi、O、Se、As、Ge 的碲化物
卤化物	BeF_2、AlF_3、$ZnCl_2$、As(Cl、Br、I)、Pb(Cl_2、Br_2、I_2)和多组分混合物
硝酸盐	R^1NO_3-$R^2(NO_3)_2$，其中 R^1 为碱金属离子，R^2 为碱土金属离子
碳酸盐	K_2CO_3、$MgCO_3$ 等
硫酸盐	Ti_2SO_4、$KHSO_4$ 等
有机化合物	非聚合物如甲苯、甲醇、乙醇、乙醚、甘油、葡萄糖等，聚合物如聚乙烯等，种类很多
水溶液	酸、碱、氧化物、硝酸盐、磷酸盐、硅酸盐等，种类很多
金属	Au_4Si、Pd_4Si、Te_x-$Cu_{2.5}$-Au_5（特殊急冷法）

表 9-2 由非熔融法形成玻璃的物质

原始物质	形成原因	获得方法	实 例
固体（结晶）	剪切应力	冲击波	石英、长石等晶体，通过爆炸的冲击波面非晶化
		磨碎	晶体通过磨碎，粒子表面层逐渐非晶化
	放射线照射	高速中子线	石英晶体经高速中子线照射后转变为非晶体石英

续表

原始物质	形成原因	获得方法	实　例
液体	形成配合物	金属醇盐水解	Si、B、P、Al、Na、K 等醇盐酒精溶液水解得到胶体，加热形成单组分或多组分氧化物玻璃
气体	升华	真空蒸发沉积	在低温基板上用蒸发沉积形成非晶质薄膜，如 Bi、Si、Ge、B、MgO、Al_2O_3、SiC 等化合物
		阴极飞溅和氧化反应	在低压氧化气氛中，把金属或合金做成阴极，飞溅在基极上形成非晶态氧化物薄膜，如 SiO_2、PbO-TeO_2、Pb-Si_2 系统薄膜等
	气相反应	气相反应	$SiCl_4$ 水解或 SiH_4 氧化形成 SiO_2 玻璃。在真空中加热 $B(OC_2H_3)_3$ 到 700℃～900℃形成 B_2O_3 玻璃
		辉光放电	利用辉光放电形成原子态氧和低压中金属有机化合物分解，在基极上形成非晶态氧化物薄膜
	电解	阴极法	利用电解质溶液的电解反应，在阴极上析出非晶质氧化物

2. 玻璃形成的经典规则

(1)Zachariasen 规则

Zachariasen(查哈里阿生)曾对简单氧化物生成玻璃的状况进行了研究。他认为，生成玻璃的理想条件是该材料应能生成没有长程有序在三维伸展的网络结构。根 Goldschmidt(哥尔什密特)的结晶化学原理，假设玻璃态物质与相应晶态物质有相似的键型和配位多面体，1932 年 Zachariasen 提出了一套玻璃形成规则。为了表述的方便，我们将玻璃中元素分为氧元素和成玻璃元素(如 Si，B 等)。该规则主要有下列内容：

1)一个氧原子至多可与两个成玻璃元素的原子相连接。

2)成玻璃元素的配位数应较小。

3)成玻璃元素与氧形成的配位多面体采取共顶点的方式连接，而不采取共棱或共面连接。

4)这些多面体连接起来形成三维网络。

成玻璃元素的原子与氧原子形成的多面体要通过共顶点连接，则氧原子只可能与 2 个成玻璃元素的原子连接。这两条规则使玻璃材料可以形成具有长程无序的三维网络结构，如：玻璃态 SiO_2 是由共用顶点的 SiO_4 四面体构成的，在其中每个氧原子仅与 2 个硅原子相连接，这样产生了一个颇为开放的结构。在这个结构中 Si—O—Si 的键角可能是变化的，但 SiO_4 四面体基本不变形，这样就可能生成没有周期性或没有长程有序的三维网络结构。与玻璃态氧化硅不同，在晶状氧化硅中，SiO_4 四面体之间也是共顶点连接，但 Si—O—Si 键角恒定不变，这就使得 SiO_4 四面体成周期性排列。如果违反规则，使氧原子的配位数大于 2，同时多面体以共棱或共面连接，这样要形成无序网络结构，则多面体就不得不发生严重畸变。

对于给定的化学式来说，不同原子的配位数是相互关联的。在 SiO_2 中，氧的配位数是 2，则硅的配位数必然是 4。

规则中要求多面体连接成三维网络结构，这样在熔融状态下材料内部有大的基团，使得熔体有较大的粘度，这样在冷却过程中易形成玻璃态。

现在我们来讨论怎样用 Zachariasen 规则理解周期表中不同元素氧化物形成玻璃的能力。对于碱金属和碱土金属元素氧化物，如 MgO 和 Na_2O，氧在其中的配位数分别为 6 和 8，所形成的多面体 MgO_6 和 NaO_4 共棱连接，而不是共顶点连接，因而它们不能形成玻璃。

第Ⅲ族元素的氧化物分子式通式为 M_2O_3，使氧的配位数为 2，则 M 的配位数必为 3，这样即能符合上述规则，形成玻璃。B_2O_3 符合这个规则，B 对 O 是三配位的，因此 B_2O_3 是可以单独形成玻璃的氧化物。但在 Al_2O_3 中 Al 是八面体配位的，不符合上述规则，所以 Al_2O_3 不能单独形成玻璃。

对于第Ⅳ族和第Ⅴ族元素来说，只要它们与氧是四面体配位的，就能符合这些规则。这样第Ⅳ族元素氧化物中氧的配位数为 2，而第Ⅴ族元素氧化物中氧的配位数平均略小于 2，实际是一些氧的配位数为 2，而另一些则为 1。P_2O_5 符合这些规则，是可以单独形成玻璃的氧化物。

(2)Sun 和 Rawson 准则

对于简单氧化物的结构特点与生成玻璃的倾向之间的关系也有人提出过其他的理论假设。Sun(孙氏)提出用成玻璃元素与氧的键能作为氧化物是否能生成玻璃的判据。能够生成玻璃的氧化物其键能都在 330kJ/mol 以上，那些不能形成网络结构，仅能成为玻璃改性离子的元素，其氧化物键能都小于此值。

Rawson(劳森)用键能与熔点的比值来判断氧化物是否可以生成玻璃，这比 Sun 的准则有所改进。熔点与打断网络骨架的热能相关，键能越大，表明氧化物的网络骨架越稳定，不容易被破坏，因此在熔融态熔体的粘度大，易形成玻璃。氧化物的熔点低，说明在熔点附近能够提供的破坏骨架的能量少，这样骨架难于被打断，因此形成玻璃的倾向大。例如 B_2O_3 中 B—O 单键的键能为 497kJ/mol，而熔点仅有 460℃，其键能与熔点的比值在所有氧化物中是最大的，这可以说明为什么 B_2O_3 析晶是十分困难的。对于有些不能单独生成玻璃的氧化物，若组成二元熔融体系，则可以生成玻璃，而且生成玻璃的组成往往在低共熔点附近。用 Rawson 规则说明，如：CaO 和 Al_2O_3 本身都不能生成玻璃，但在 $CaAl_2O_4$ 和 $Ca_3Al_2O_6$ 之间的组成却容易生成玻璃，这些组成都位于低熔点的低共熔区，其液相线在 1400℃～1600℃之间，远远低于 $CaAl_2O_4$ 和 $Ca_3Al_2O_6$ 的熔点。

9.2 玻璃生成的热力学及动力学

9.2.1 玻璃生成的热力学

熔体是物质在熔融温度以上存在的一种高能量状态。随着温度降低，熔体释放能量大小不同，可以有三种冷却途径。

1)结晶化。有序度不断增加，直到释放全部多余能量而使整个熔体晶化为止。

2)玻璃化。过冷熔体在转变温度 T_g 化为固态玻璃的过程。

3)分相。质点迁移使熔体内某些组成偏聚，从而形成互不混溶的组成不同的两个玻璃相。

玻璃化和分相过程均没有释放出全部多余的能量。因此与结晶化相比这两个状态都处于能量的介稳状态。大部分玻璃熔体在过冷时，这三种过程总是程度不等的发生。

从热力学观点分析，玻璃态物质总有降低内能向晶态转变的趋势，在一定条件下通过析晶或分相放出能量使其处于低能量稳定状态。表 9-3 列出了几种硅酸盐晶体和相应组成玻璃体内能的比较。由表 9-3 可见玻璃体和晶体两种状态的内能差值不大，故析晶的推动力较小，因此玻璃这种能量的亚稳态在实际上能够长时间稳定存在。

表 9-3　几种硅酸盐晶体与玻璃体的生成焓

组成	状态	$-\Delta H/(\mathrm{kJ/mol})$
Pb_2Si_4	晶态	1309
	玻璃态	1294
SiO_2	β-石英	860
	β-鳞石英	854
	β-方石英	858
	玻璃态	848
Na_2SiO_3	晶态	1258
	玻璃态	1507

9.2.2　玻璃生成的动力学

熔体冷却过程中既有发生结晶的可能性，又有使熔体过冷形成玻璃的可能。只要了解结晶过程的动力学规律，就可以尽量避免使熔体结晶，而达到使熔体转变为玻璃的目的。

过冷熔体的结晶过程是由两步组成的，它包括晶核的生成和随后的晶体生长。生成玻璃的动力学条件是晶核生成速率和晶体生长的速率都要很慢，晶核的生成可分为两种机理——多相成核和均相成核。一般情况下过冷熔体生成晶核是通过多相成核机理实现的，因为在体系中总会有一些杂质粒子，并且容器表面也是多相成核的场所。这样在过冷熔体中生成晶核是容易的，晶体的生长速率决定了结晶速率，结晶速率是随温度而变化的，其变化关系表示在图 9-1 中。在熔点 T_m 时，结晶速率为零；当温度下降，结晶速率增加，当温度下降到某一温度时，结晶速率达到最大值；当温度继续降低，结晶速率下降直至为零。

当温度降低时，特别是对于容易生成玻璃的熔体来说，另一个阻碍晶体生长的因素在增加，即过冷熔体的粘度在增大。粘度增大，原子或离子通过熔体扩散到晶体表面使其生长就变的越来越困难，因而结晶速率倾向于减慢。于是随着温度的降低，使晶体生长速率增加的 ΔG 因素与阻碍晶体生长的粘度因素相互竞争，当这两种因素竞争达到平衡，则结晶速率出现极大值。在峰的高温侧 ΔG 因素起主导作用；而在低温侧粘度因素起主导作用。结晶速率最大值附近的温度区域是生成玻璃的危险区。如果在熔体冷却过程中设法使熔体尽快通过危险区，这样有利于玻璃的生成。

通过增加容器表面的光洁度，减少体系中的杂质粒子，有利于减低多相成核的倾向，从而使熔体向着有利于玻璃生成的方向发展。然而即使多相成核过程可以减缓或避免，熔体仍会发生自发的均相成核作用，在条件具备的情况下，这种作用在熔体内部任何地方都会发生，不需要外来成核场所。

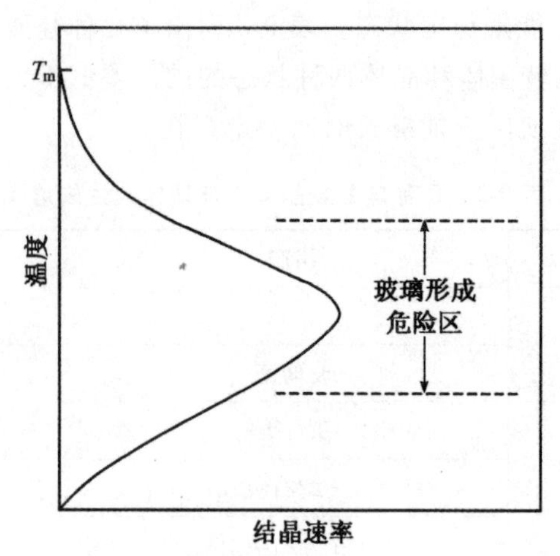

图 9-1　过冷液体结晶速率与温度的依赖关系

均相成核作用的速率与图 9-1 中晶体生长速率有类似的温度依赖关系，但整条曲线应往低温方向移动。其中原因有以下两方面：

1）成核作用是一种三维过程，而晶体生长至多是一个二维过程（在已有的晶面上生长），因此成核作用的活化能比晶体生长的活化能大的多，需要更大的 ΔG 作为推动力。

2）小晶核在形成和最初生长时，其表面能的增加是引起体系自由能的增加的因素，而这部分自由能的增加需要由晶核体积自由能的降低来抵消。在过冷度较小的情况下，晶核的体积自由能下降很小，晶核不能稳定存在。只有存在相当的过冷度时，晶核的体积自由能的降低方能抵消表面能引起的自由能增加，使晶核能稳定存在和生长。

对于能够稳定存在的晶核，其尺寸大小称为临界尺寸。低于临界尺寸的晶核不能稳定存在，只有大于临界尺寸的晶核可以稳定存在并生长；处于临界尺寸的晶核刚好是晶核的表面能的增加与体积自由能降低达到平衡。晶核的临界尺寸是随温度变化的，在 T_m 附近临界尺寸是无限大的，也就是说，在这个温度下晶核是不能形成的。随着过冷程度的增大，晶核的临界尺寸迅速减小。在一定的过冷程度下，由于熔体中的无序热运动和组成波动使临界尺寸变得相当小，这样过冷的熔体内可以容易地生成稳定的晶核，此时即自发地发生成核作用。对于较难生成玻璃的体系，如果在实际中设法使熔体的温度能尽快降低到成核速率最大温度之下，将有利于玻璃的生成。

9.3　玻璃的结构

9.3.1　无规则网络学说和晶子学说

研究玻璃态物质的结构，不仅可以丰富物质结构理论，而且对于探索玻璃态物质的组成、结构、缺陷和性能之间的关系，进而指导工业生产及制备预计性能的玻璃都有重要的实际意义。玻璃结构是指玻璃中质点在空间的几何配置、有序程度及它们彼此间的结合状态。由于玻璃结构具有远程无序的特点以及影响玻璃结构的因素众多，与晶体结构相比，玻璃结构理论发展缓慢，目前人们还不能直接观察到玻璃的微观结构，关于玻璃结构的信息是通过特定条件下某种性质的测量而间接获得的。往往用一种研究方法根据一种性质只能从一个方面得到玻璃结构的局部认识，而且很难把这些局部认识相互联系起来。一般对晶体结构研究十分有效的研究方法在玻璃结构研究中则显得力不从心。长期以来，人们对玻璃的结构提出了许多假说，其中具有代表性的玻璃结构学说是无规则网络学说和晶子学说。

1. 无规则网络学说

玻璃材料内原子的排列具有短程有序而长程无序的特点，所谓短程有序是指对于特定的原子其与周围原子配位的个数、键长和键角等基本恒定，且与同化学组成晶体的情况形似。而长程无序是指这些由中心原子与配位原子组成的集团相互连接时采取较为自由的方式，使原子的排列在大范围内不具有周期性。如在 SiO_2 玻璃材料中，Si 总是与 4 个氧配位组成 SiO_4 四面体，并且在四面体内其 Si—O 键长和 O—Si—O 键角基本不变；这些四面体以共顶点的方式相连接，连接中的 Si—O—Si 键角却可以有较大的变化，这样就形成了无规的三维网络结构。实际上，前面介绍的 Zachariasen 规则就是无规网络学说的一种表述。1936 年 Warren（沃伦）的 X 射线衍射结果为这个学说提供了实验上的支持。

玻璃材料的 X 射线粉末衍射图是很宽的驼峰，而不是像晶体材料那样的锐峰。比较一下玻璃态石英和晶状方石英的 X 射线粉末衍射图（图 9-2），可以发现玻璃态石英的驼峰最大值与晶状方石英的主谱线一致，说明在这两种物相中其原子间距有相似性。从 X 射线粉末衍射图中不能直接得到玻璃态物质像晶体衍射图那样多的关于结构的知识，但是对玻璃态物质的衍射图进行 Fourier（傅里叶）变换，则可以得到原子的径向分布曲线。图 9-3 为 SiO_2 玻璃的原子径向分布曲线。直线代表对一种由无相互作用的点原子随机分布所组成的假想体系所预期的结果，图中 1.62Å 处的最强峰和 2.65Å 处的小峰分别相当于 SiO_4 四面体中 Si—O 间距和 O—O 间距，这些间距数值与晶体 SiO_2 和其他硅酸盐中的数值是相同的。原子间距小的这两个峰比较尖锐，说明在玻璃态中 Si—O 间距和 O—O 间距分布很窄，也就是说 SiO_4 四面体基本没有变形。不过随横坐标的增加，峰逐渐变宽，这表明在玻璃中相应原子间距越来越分散。

在 3.12Å 附近处的第三个峰代表最近的 Si—Si 距离，也就是 2 个 SiO_4 四面体中心的距离。由于 2 个 SiO_4 四面体之间以共顶点连接时 Si—O—Si 键角可以有较大的变化，这样使得 Si—Si 间距的数值是分散的。4.15Å 附近的峰是硅与第二氧原子间的距离；5.1Å 附近的峰是氧与第二氧原子和硅与第二硅原子距离的组合峰；超过 6～7Å 就很难观察到清晰的峰了，这与玻璃态 SiO_2 结构的无序网络模型是一致的。

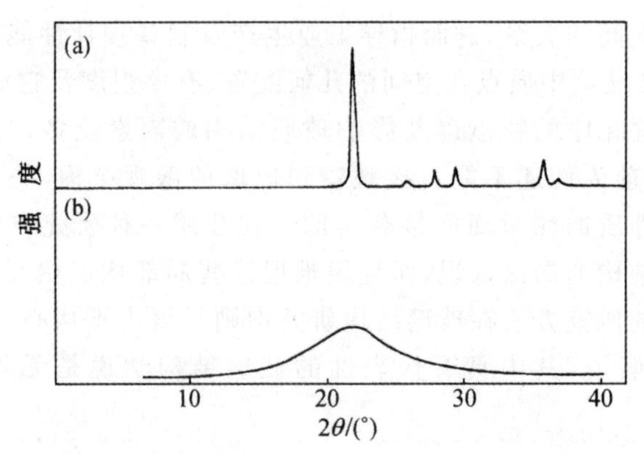

图 9-2　方石英(a)和玻璃态 SiO_2(b)的 X 射线衍射图，Cu Ka 射线

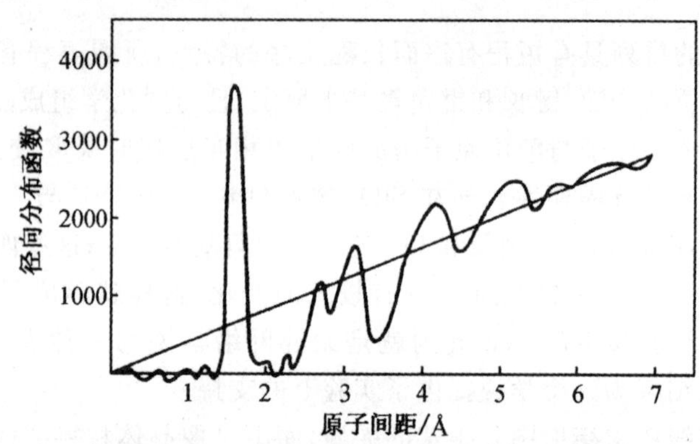

图 9-3　SiO_2 玻璃的 X 射线径向分布曲线

2. 晶子学说

苏联学者列别捷夫 1921 年提出晶子学说。他在研究硅酸盐玻璃时发现，无论是加热还是冷却，玻璃的折射率在 573℃左右都会发生急剧变化(图 9-4)。而 573℃正是 α-石英与 β-石英的晶型转变温度。上述现象对不同玻璃都有一定的普遍性。因此，他认为玻璃是高分散的石英微晶体(晶子)的集合体。

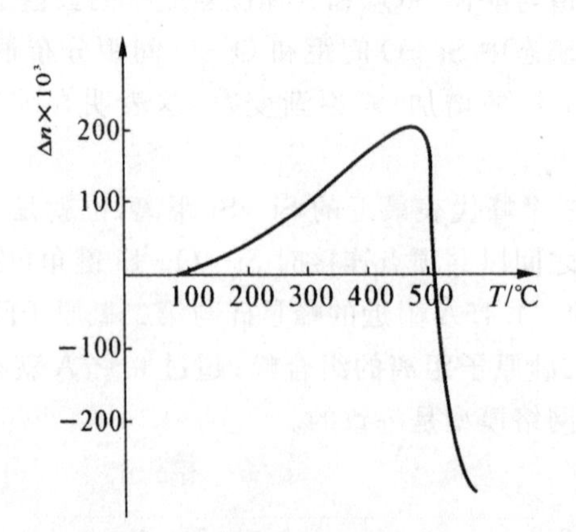

图 9-4　硅酸盐玻璃折射率随温度的变化曲线

瓦连可夫和波拉依一柯希茨研究了成分递变的钠硅双组分玻璃的X射线散射强度曲线。他们发现第一峰是石英玻璃衍射线的主峰与石英晶体的特征峰相符。第二峰是$Na_2O \cdot SiO_2$玻璃的衍射线主峰与偏硅酸钠晶体的特征峰一致。在钠硅玻璃中上述两个峰均同时出现。随着钠硅玻璃中SiO_2含量增加，第一峰愈明显，而第二峰愈模糊。他们认为钠硅玻璃中同时存在偏硅酸钠晶子和方石英晶子，这是X射线强度曲线上有两个极大值的原因。他们又研究了升温到400℃～800℃再淬火、退火和保温几小时的玻璃。结果表明：玻璃X射线衍射图不仅与成分有关，而且与玻璃制备条件有关。提高温度，延长加热时间，主峰陡度增加，衍射图也愈清晰(图9-5)。他们认为这是晶子长大所致。由实验数据推论，普通石英玻璃中的方石英晶子尺寸平均为1nm。

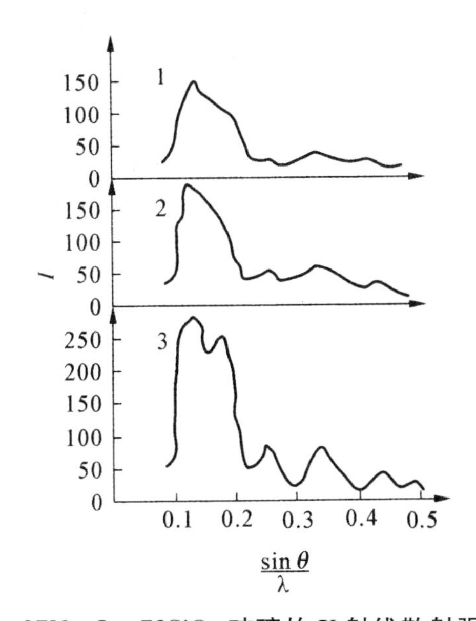

图9-5　$27Na_2O \cdot 73SiO_2$玻璃的X射线散射强度曲线

1—未加热；2—在618℃保温1h；3—在800℃保温10min和670℃保温20h

马托西等研究了结晶氧化硅和玻璃态氧化硅在3～26μm的波长范围内的红外反射光谱。结果表明，玻璃态石英和晶态石英的反射光谱在12.4μm处具有同样的最大值。这种现象可以解释为反射物质的结构相同。

弗洛林斯卡娅的工作表明，在许多情况下，观察到玻璃和析晶时以初晶析出的晶体的红外反射和吸收光谱极大值是一致的。这就是说，玻璃中有局部不均匀区，该区原子排列与相应晶体的原子排列大体一致。图9-6比较了$Na_2O\text{-}SiO_2$系统在原始玻璃态和析晶态的反射光谱。由研究结果得出结论：结构的不均匀性和有序性是所有硅酸盐玻璃的共性。

晶子学说的要点为(根据许多实验研究所得)：玻璃结构是一种不连续的原子集合体，即无数“晶子”分散在无定形介质中；“晶子”的化学组成和数量取决于玻璃的化学组成；“晶子”不同于一般微晶，而是带有晶格极度变形的微小有序区域，在“晶子”中心质点排列较有规律，愈远离中心则变形愈大；从“晶子”部分到无定形部分的过渡是逐步完成的，两者之间无明显界限。

晶子学说强调了玻璃结构的不均匀性、不连续性及有序性等方面特征，成功地解释了玻璃折射率在加热过程中的突变现象。

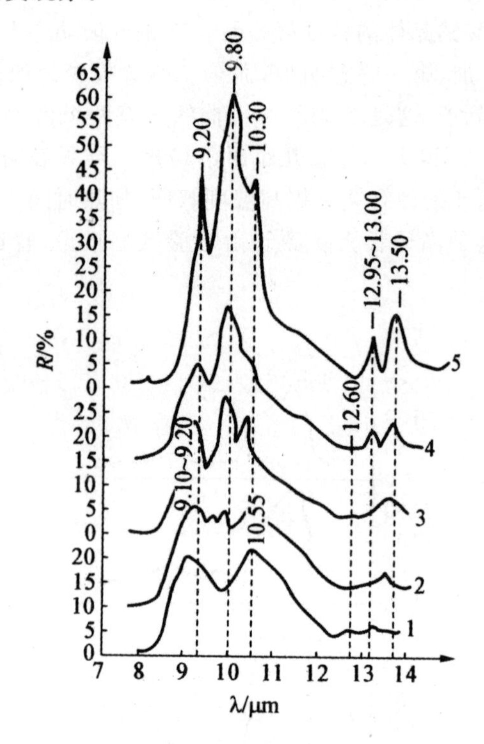

图 9-6　33.3Na_2O·66.7SiO_2 玻璃的反射光谱

1—原始玻璃；2—玻璃表层部分，在 620℃保温 2h；3—玻璃表面有间断薄雾析晶，保温 3h；4—连续薄雾析晶，保温 3h；5—析晶玻璃，保温 6h

9.3.2　几种典型的玻璃结构

1. 硅酸盐玻璃

硅酸盐玻璃由于资源广泛、价格低廉、对常见试剂和气体介质化学稳定好、硬度高和生产方法简单等优点而成为实用价值最大的一类玻璃。

(1)石英玻璃结构

石英玻璃的结构基本符合无规则网络模型，即每个硅原子，与周围 4 个氧原子组成硅氧四面体$[SiO_4]^{4-}$，各四面体之间通过顶点互相连接而形成三维空间的连续网络，氧硅比等于 2，但其与石英晶体(方石英)的区别在于以下两方面：

1)硅氧四面体空间排列无序。

2)Si—O—Si 的键角有一个较大韵分布范围，差不多在 120°～180°之间，其中心在 144°左右，而方石英中 Si—O—Si 键角的分布范围更窄一些，如图 9-7 所示。而 Si—O 和 O—O 距离在玻璃中的均匀性几乎与相应的晶体中一样，由于，Si—O—Si 键角变动范围大，使石英玻璃中的硅氧四面体$[SiO_4]^{4-}$排列成无规则网络结构而不像方石英晶体中四面体有良好的对称性。

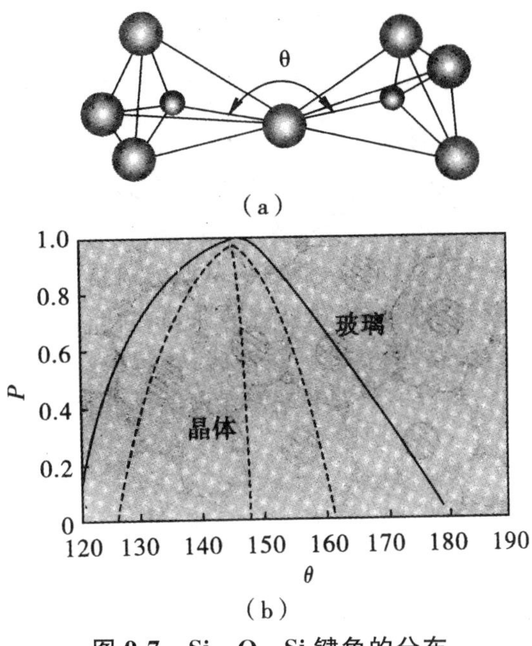

图 9-7　Si—O—Si 键角的分布

(2)钠硅酸盐玻璃结构

若在二氧化硅璃中加入碱金属氧化物(氧化钠)或碱土金属氧化物(氧化钙)后，会发现这时玻璃体的黏度比石英玻璃要低得多，这是因为氧化钠或氧化钙会使硅氧四面体组成的网络结构断裂，即原来靠氧离子连接起来的硅氧四面体≡Si—O—Si≡与 Na_2O 反应为

$$\equiv Si—O—Si\equiv + Na—O—Na \longrightarrow \equiv Si—O\diagup^{Na}\ \ Na\diagup^{O—SiO\equiv}$$

可知，原来在纯二氧化硅玻璃中，每个 O^{2-} 都与 2 个 Si^{4+} 结合，成为相邻 Si^{4+} 之间的桥梁，故称为桥氧离子，当加入氧化钠后，其完整结构遭到破坏，部分 O^{2-} 只与 1 个 Si^{4+} 结合，两相邻的$[SiO_4]^{4-}$之间出现缺口，这时的 O^{2-} 称为非桥氧离子，结构示意图如图 9-8 所示。因此当如 R_2O 或 RO 等氧化物加入到石英玻璃中，形成二元、三元甚至多元硅酸盐玻璃时，由于增加了 O/Si 比例，使原来 O/Si 比为 2 的三维架状结构破坏，因此玻璃性质也随之发生变化。尤其从连续三个方向发展的硅氧骨架结构向两个方向层状结构变化以及由层状结构向只有一个方向发展的硅氧链结构变化时，性质变化更大。只要氧化钠的加入量使 O/Si 仍然小于 2.5，那么 Si—O 网络仍然可以保持，因为所有$[SiO_4]^{4-}$四面体至少有 3 个顶角与其他四面体相连。当氧化钠加入量超过这个值而使 O/Si 达到 2.5～3.0，在网络中将出现链状或环状结构。

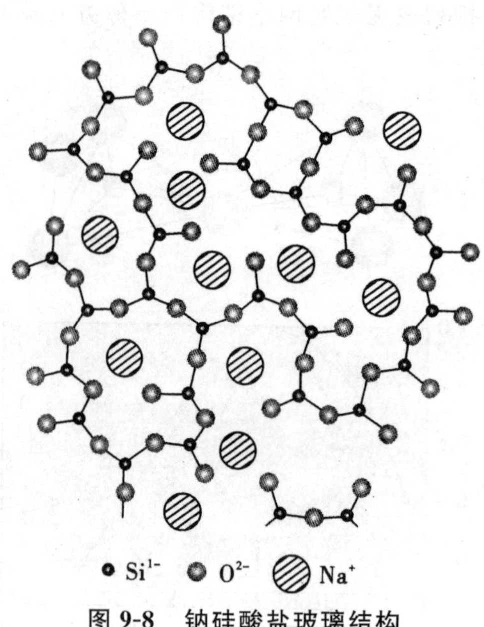

图 9-8　钠硅酸盐玻璃结构

(3)钠铝硅酸盐玻璃结构

若在二氧化硅璃中不仅混入氧化钠氧化物,还混有氧化铝时,且而$\frac{Al_2O_3}{Na_2O}\leqslant 1$时,铝离子就不是作为网络修饰离子,而是作为网络形成离子进入网络结构中,可以把断裂的网络重新连接起来(图 9-9)。其中,Al^{3+}和O^{2-}形成配位数为 4 的四面体,为了使化合价平衡,每个铝离子必须配 1 个Na^+在其附近(处于空隙网中),这样网络的缺口就不存在了。但当$\frac{Al_2O_3}{Na_2O}>1$时,多余的铝离子就可以配位数 6 形成八面体,在网络中其修饰离子作用,故称铝离子为网络中间离子。

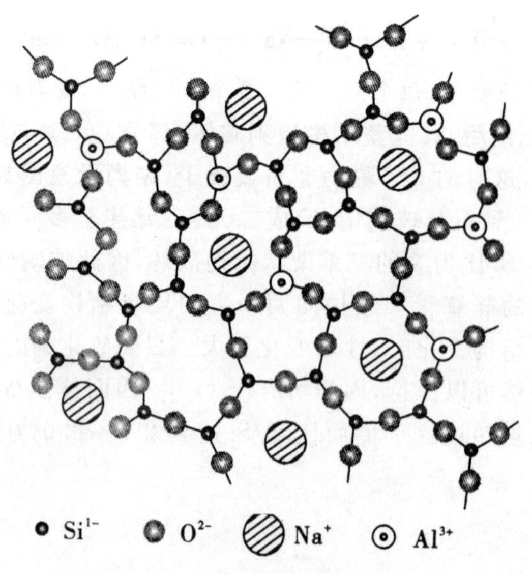

图 9-9　钠铝硅酸盐玻璃结构

2. 硼酸盐玻璃

B_2O_3 玻璃中其基本结构单元为 BO_3 三角形，在硼酸盐玻璃中，随组成的不同，可含有 BO_3 三角形和 BO_4 四面体。B_2O_3 玻璃中 BO_3 三角形相互连接形成平面的硼氧六元环基团，B_2O_3 玻璃中存在 BO_3 三角形和硼氧六元环是通过对 X 射线衍射，^{11}B 核磁共振谱等研究结果分析出来的，图 9-10 表示了 B_2O_3 玻璃 X 射线径向分布曲线与硼氧六元环基团中原子间距的对应关系，图中字母所指位置表示径向分布曲线峰所对应的六元环中的相应原子间距；图中 a 峰和 b 峰，其原子间距数值分别为 1.37Å 和 2.40Å，它们对应于 B_2O_3 三角形中的 B—O 和 O—O 间距。这两个原子间距数值与晶态硼酸盐中的略有不同，晶态硼酸盐中含有 BO_4 四面体，硼氧距离稍大一些，为 1.48Å。c 峰和 e 峰其原子间距数值分别为 2.9Å 和 4.2Å，说明硼玻璃结构中有硼氧三元环集团存在。在 800℃时这些峰值趋于消失或发生改变，说明硼氧三元环在高温下不稳定。根据这些数据可以推测 B_2O_3 玻璃在不同的温度下结构有所不同。

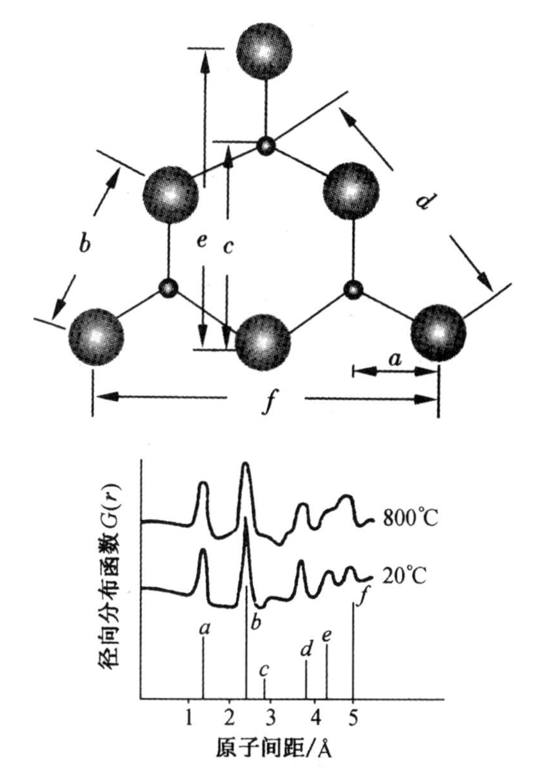

图 9-10　B_2O_3 玻璃 X 射线径向分布函数 $G(r)$ 与硼氧六元环中原子间距的对比

B_2O_3 玻璃在不同温度下的结构模型如图 9-11 所示，在较低温度时，B_2O_3 玻璃结构是由桥氧连接的硼氧三角体和硼氧三元环形成的在两度空间发展的网络，具有层状结构。由于键角可以有比较大的改变，故层可能交叠、卷曲或分裂成复杂的形式，如图 9-11(a)所示。当温度提高时，一些硼氧键断裂，网络结构转变成链状结构，它是由 2 个三角体在 2 个顶角上相连接（即共边连接）而形成的结构单元，通过桥氧连接而成的，如图 9-11(b)。图 9-11(c)是更高温度下 B_2O_3 玻璃的结构，其中包括蒸气状态。这时每一对三角体均共用 3 个氧，2 个硼原子则处于 3 个氧原子平面之外的平衡位置，形成具有双锥体形状的 B—O_3—B 结构单元。这些双锥体通过氧的一对孤对电子与 B 的一个空的 sp^3 成键而结合成短链。

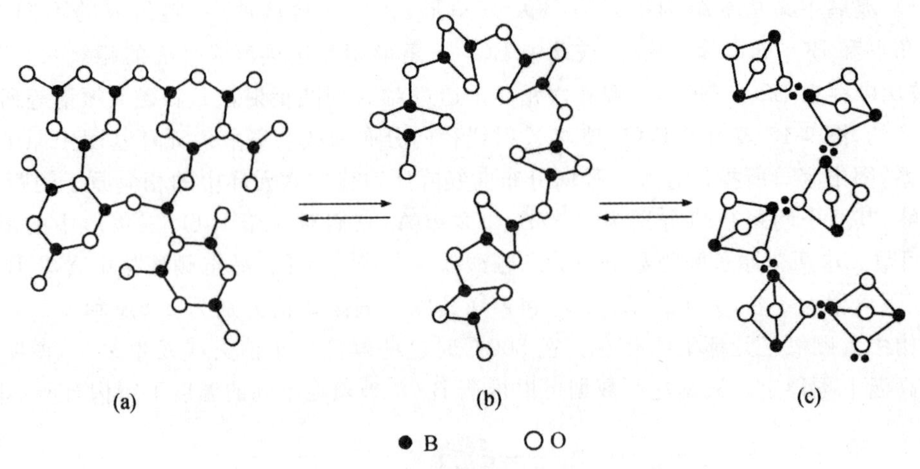

图 9-11　B_2O_3 在不同温度下的结构模型

单组分的 B_2O_3 玻璃软化点低(约 450℃)；化学稳定性差，易在空气中发生潮解，热膨胀系数高，因而纯 B_2O_3 玻璃实用价值很小。它只有与 R_2O 或 RO 等氧化物组合才能制成稳定的有实用价值的硼酸盐玻璃。

前面已经讨论过，在碱金属硅酸盐玻璃中随着碱金属含量的增加，熔体粘度不断降低，变的越来越容易流动，它们的热膨胀系数亦随之稳步增长，不出现性质上的极大或极小现象。而向玻璃态 B_2O_3 中加入碱金属氧化物所产生的结果与相应的碱金属硅酸盐有很大的不同。例如，在 Na_2O-B_2O_3 体系中，熔体的粘度随氧化钠含量的增大而增大，并在氧化钠摩尔分数达到约 16％时粘度为极大。玻璃体的热膨胀系数随氧化钠含量的增大而变小，在约为 16％时通过一极小值。其他性质在此组成附近也出现极大或极小，人们把硼酸盐玻璃这一现象称为“氧化硼反常现象”。

Bray(布雷)用^{11}B NMR 谱证明，当向 B_2O_3 中加入碱金属氧化物时，硼的配位数逐渐由 3 变到 4，当加入约 30％的碱金属氧化物时，大约有 40％的硼变为四面体配位，这种变化与碱金属的性质无关。从硼的配位数观点来看，NMR 的结果不能说明组成 16％氧化钠有什么特殊之处，当氧化钠含量在 0～30％范围变化时，四面体配位的硼原子所占百分数是直线增长的。

对氧化硼反常现象的部分解释为：当加入少量碱金属氧化物时，一些硼原子由三角形的三配位变为四面体的四配位，四配位的 BO_4 四面体起着将硼玻璃的二维网络连接成三维网络的作用，从而使粘度增加。当加入碱金属氧化物时，可使 B_2O_3 中的硼氧比由原来的 1∶1.5 增加到 1∶2，这正是玻璃态二氧化硅中的硅氧比。从理论上讲，当加入 50％碱金属氧化物时，应达到完全的四面体三维网络结构。但实际上远在达到此状况之前粘度就开始下降了。或许这是由于含有大量 BO_4 四面体的网络结构不具有相应硅酸盐网络结构的那种强度或坚实性，硼的式电荷为＋3，低于硅的式电荷＋4，四面体中 B—O 键要比四面体 Si—O 键弱的多。

9.4　特种玻璃

9.4.1　光学玻璃

均匀而透明的玻璃，早就用作光学材料，各种曲率的球面透镜和非球面透镜、各种消像差的透镜组、各种球面或抛物面、双曲面、椭球面反射镜，以及各种形状的折光棱镜制成的光学仪器，已广泛应用于工业、军事和科学研究中。如机械工业中的测量工件尺寸、角度、表面粗糙度的光学仪器；在工程技术中的经纬仪、水平仪以及高空或水下摄影机；科研和医学领域中的生物显微镜、金相显微镜、偏光显微镜和各种光谱仪；国防上的各种望远镜、瞄准镜、潜望镜、测远仪和夜视仪等；民用方面的各种照相机、放映机、电影机、摄像机等。

光学玻璃品牌很多，性能及应用也各不相同。经常被用作各种光学仪器的光学玻璃主要有无色光学玻璃、滤色玻璃、耐辐照玻璃和防护玻璃等几种。

1. 无色光学玻璃

无色光学玻璃是应用最广的光学玻璃，它除具有一般光学玻璃的特性外，最主要特点是在400～700nm 波长整个可见光范围对光吸收系数很低，因而看上去是无色透明的，玻璃的组分中不含着色离子基团，过渡金属和部分稀土离子的氧化物，特别是铁、钴、镍、铜等过渡金属氧化物的含量极低，故无色光学玻璃在制作时应作特殊的提纯处理。

光学玻璃成分中引入钡、锌、硼、磷等氧化物，制成轻冕玻璃、硼冕玻璃和锌冕玻璃，其折射率较低、大都在 1.5 左右。重冕玻璃和火石玻璃折射率较高(1.57～1.62)，用于制高质量的照相机和显微镜的物镜。将稀土铜氧化物引入组分，发展了高折射低色散的镧冕玻璃、镧火石玻璃和重镧火石玻璃。氟化物、氟磷玻璃是透光波段宽的光学玻璃品种。目前常用的一些无色光学玻璃性能见表 9-4。

表 9-4　常用的无色光学玻璃性能

品种	代号	基本组分	折射率	中部色散
氟冕玻璃	FK	$RF\text{-}RF_2\text{-}RPO_3\text{-}R(O_3)_2$	约 1.486	约 0.006
轻冕玻璃	QK	$R_2O\text{-}B_2O_3(\text{-}Al_2O_3)\text{-}SiO_2(\text{-}RF)$	1.47～1.487	约 0.007
磷冕玻璃	PK	$R_2O\text{-}RO\text{-}B_2O_3\text{-}Al_2O_3\text{-}P_2O_5$	1.51～1.54	0.007～0.008
冕玻璃	K	$R_2O\text{-}RO\text{-}B_2O_3\text{-}SiO_2$	1.49～1.53	0.008～0.0096
钡冕玻璃	BaK	$R_2O\text{-}BeO(ZnO,CaO)\text{-}B_2O_3 \cdot SiO_2$	1.53～1.57	0.008～0.010
重冕玻璃	ZK	$BaO(ZnO,CaO)\text{-}B_2O_3\text{-}SiO_2$	1.57～1.63	0.009～0.0108
镧冕玻璃	LK	$RO\text{-}La_2O_3\text{-}B_2O_3\text{-}SiO_2$	1.66～1.746	0.011～0.014
特冕玻璃	TK	$RF\text{-}RF_2\text{-}As_2O_3$	约 1.586	约 0.0096
冕火石玻璃	KF	$R_2O\text{-}PbO\text{-}B_2O_3\text{-}SiO_2(\text{-}RF)$	1.50～1.526	0.008～0.010

续表

品种	代号	基本组分	折射率	中部色散
轻火石玻璃	QF	R_2O-PbO(-B_2O_3)-SiO_2(TiO_2-Rr)	1.53～1.59	0.010～0.015
火石玻璃	F	R_2O-PbO-SiO_2	1.60～1.63	0.015～0.018
重钡火石玻璃	ZBaF	BaO(ZnO)-PbO(TiO_2)-B_2O_3-SiO_2	1.62～1.72	0.011～0.019
钡火石玻璃	BaF	R_2O-BeO-PbO-B_2O_3-SiO_2	1.55～1.63	0.010～0.016
重火石玻璃	ZF	PbO(TiO_2)-SiO_2	1.64～1.917	0.019～0.04
钛火石玻璃	TiF	R_2O-PbO-B_2O_3-TiO_2-SiO_2-RF	1.53～1.616	0.011～0.019
特种火石玻璃	TF	R_2O-Sb_2O_3-B_2O_3-SiO_2； PbO-Al_2O_3-B_2O_3	1.53～1.68	0.010～0.018

注：表中R表示碱或碱土金属原子。

玻璃的光吸收系数 α 用白光通过玻璃中每厘米路程内的透过率 T 的自然对数负值表示

$$\alpha = -\ln T / D$$

D 为通光长度，最好的特级光学玻璃要求 $\alpha < 0.001\text{cm}^{-1}$；优级要求 $\alpha < 0.002\text{cm}^{-1}$；一级要求 $\alpha < 0.004\text{cm}^{-1}$；最差的为六级，要求 $a < 0.03\text{cm}^{-1}$，即每厘米的吸收要小于7%。

折射率表征玻璃的折光能力，是光学玻璃元件设计的重要光学参数，定义为玻璃介质中的光速与真空中光速的比值，这个比值称为绝对折射率；工程中常用的是相对折射率，它定义为介质与空气中光速的比值，绝对折射率与相对折射率差别甚小。光学玻璃的折射率与玻璃的组成及结构以及制备工艺条件密切相关。含重金属（钡、镧、铅等）氧化物的光学玻璃折射率高、相应的玻璃密度也大，折射率与密度有很好的线性比例关系。

折射率值随波长改变的关系被称为色散，也是设计光学元件的一个重要参数。由于色散，不同波长的光波有不同的折射，因而造成像的色差。色差与球差、慧差、像散和像畸变等共同组成像差。光学设计的主要目的在于消除各种像差，使之达到规定的很小的值，以保证光学元件的质量。光学玻璃的色散通常用中部色散和色散系数（或称阿贝系数）来表示。

中部色散：$n_F - n_C$；色散系数：$\upsilon_D = (n_D - 1)/(n_F - n_C)$。$n_F$、$n_D$ 和 n_C 分别为光学玻璃在标志为F、D和C三条弗朗和夫线波长的折射率。F线波长为486.13nm；D线波长为589.29nm；C线波长为656.27nm。除非特别需要，通常光学玻璃的折射率就用 n_D 值近似表示。

表征光学玻璃质量的另两个重要参数是光学均匀性和应力双折射。宏观气泡和条纹外，一些观察不到的微缺陷以及在冷却固化过程中退火工艺不良导致的微小析晶和组分不均匀都会使折射率不均匀。光学玻璃制备中残剩的结构应力，除引起折射率变化外、还形成局部的光学双折射，这称为应力双折射。光学不均匀性主要由样品内各部分折射率的最大差值 Δn_{max} 来表征。应力双折射则用样品各部分单位长度间距的光程差来表征。

无色光学玻璃除作为光学仪器外，应用领域正在逐渐拓宽。例如，光学玻璃作为衬底，制作各种无源的波导器件。光学玻璃作为基板玻璃，用于小到计算器，大到壁挂式大屏幕液晶显示器。此外，光学玻璃还被广泛地用作太阳能电池、磁盘和光盘的基板。

2. 滤色玻璃

某些光学仪器，特别是用激光作为光源的仪器或分光仪等，所用光源都是单色光。滤色玻璃在这些仪器中作为滤色元件，滤去其他光波避免受它们的干扰。这种应用目的，要求对不同波长的光波有不同的透过率，特别要保证所用波长高的透光特性。这类玻璃当其吸收了某些特定波长后，透过的光就呈现所吸收波长的补色，因而玻璃就带有特定的颜色，故也称为有色玻璃或颜色玻璃。

使无色光学玻璃基质着色的另一种方法是利用硫化镉、硒化镉、三硫化二锑或三硒化二锑等一些对可见光有吸收特性的硫硒化合物着色剂。硒红玻璃就是这种滤色玻璃的代表，在这种滤色玻璃中，上述硫硒化合物中硫和硒可能以－2、0、＋4、＋6 四种价态与过渡金属元素化合。因而可以形成对多种波长有不同吸收率的滤色玻璃。上述的硒红玻璃中硫化镉和硒粉经高温熔融后，形成硒化镉和硫化镉固溶体，硒红玻璃的选择吸收会随固熔体组成的改变而变化：当硒化镉与硫化镉的比值增大时，短波吸收截止波长红移，形成黄、橙、红、深红等颜色的一系列滤色玻璃。

3. 耐辐照玻璃

一般光学玻璃很容易在高能射线辐照下产生电子和空穴，进而形成色心使玻璃着色。耐辐照玻璃是人为地在其组分中引入变价的阳离子，它们可以吸收由辐照产生的大部分电子和空穴，使因辐照而形成的在可见光波段的色心数目明显地减少，从而保证光学玻璃可以在强辐照条件下使用，是一种特殊的无色光学玻璃，在较高剂量的 γ 射线和 X 射线的辐照下，保持可见光波段高的透明特性。常用的耐辐照变价离子为铈，一般在光学玻璃中掺入含量约为 0.5%～1.0%（质量）的铈离子氧化物，在强辐射时，三价铈离子起强的空穴俘获中心作用，而四价的铈离子则是电子的俘获中心，从而使玻璃的着色大为减轻。

4. 防护玻璃

为了防护 X 射线、γ 射线、β 射线对人体的危害，要求生产有特殊性能的防护材料。防护玻璃是其中重要的材料，大致有以下系列：$PbO\text{-}CdO\text{-}SiO_2$ 系统的玻璃，有吸收 γ 射线、快中子和慢中子的能力；$PbO\text{-}Bi_2O_4\text{-}SiO_2$ 系统，有较高的吸收 X 射线、γ 射线的能力；$BaO\text{-}PbO\text{-}B_2O$ 系统，有吸收 γ 射线和中子的能力；$PbO\text{-}Ta_2O_5\text{-}B_2O_3$ 系统的玻璃也具有吸收 γ 射线的能力，防护的作用机理是当射线穿过防护材料时在物质内部产生光电效应，生成正负电子对，同时产生激发态和自由态的电子，使射入的 γ 射线等的能量降低，不能透过，因而起到了防护作用。

9.4.2　功能玻璃

具有独特光、电、磁等性能的材料常被人们称为功能材料，玻璃由于其制备工艺简单，具有宏观均匀性、各向同性等优点，在功能材料中有特殊的地位。这里介绍几类玻璃功能材料。

1．激光玻璃

很多激光工作物质都是无机单晶体，生长大尺寸的激光单晶工艺比较复杂，因而成本较高。玻璃材料比较容易制成大尺寸的均匀块体，一直受到人们的重视，与单晶激光物质相比，激光玻璃有一些独特的优点：

1）玻璃的化学组成可以在很宽的范围内连续改变。

2）掺入玻璃中的激活离子的种类和数量限制较小。

硅酸盐、硼酸盐及磷酸盐等各种玻璃都可以作为激光基质玻璃，激光玻璃中最重要的是钕玻璃，其组成大致为二氧化硅（摩尔分数）65％～80％，碱金属约5％，碱土金属10％～20％，Nd_2O_3 1％～2％。与晶体激光材料相比，玻璃激光材料的缺点是效率较低，单色性稍差。光纤通讯的明显优点是容量大、质量轻、占用空间小、抗电磁干扰和串话少等。现在使用的光纤材料主要是以氧化硅为基的石英玻璃。

利用激光玻璃优良的单色性，可作为分光光度计的光源；利用它高度的定向性和相干性。能将它发射到非常遥远的空间，广泛用于激光定向和激光测距；特别是由于激光束可以聚焦成极小的“一点”，能量密度极高，可用来进行激光核聚变反应和激光打孔、激光点焊等精密加工以及外科手术；配合光导纤维传输的激光通讯，正日益受到世界各国的重视。激光玻璃由于容易获得均质大块材料，而且便于成形加工，因而大有发展前途。

2．光纤和光纤放大器玻璃

光纤通讯技术的出现是信息传输的一场革命，光纤通讯是通过信号光在玻璃光纤中的全反射实现的。目前商用的光纤大多以折射率较大的 GeO_2-P_2O_5-SiO_2 玻璃为芯料，而以折射率较小的 P_2O_5-B_2O_3-SiO_2 和 P_2O_5-F-SiO_2 玻璃为包层。制备光纤的重要的一点是得到高纯材料，主要是降低过渡金属离子和羟基的含量，这样有利于降低材料的损耗。为了达到这一点，可以使用 $SiCl_4$、$GeCl_4$ 和 $POCl_3$ 等氯化物为前驱体通过气相沉积法（CVD）制成光纤预制棒，最后通过拉制得到光纤。在气相沉积过程中，使氯化物气体通过甲烷－氧或氢－氧焰进行火焰水解形成氧化物微粒，并同时使其部分烧结成为玻璃。

在光纤通讯中，光信号在传播中会有一定的衰减，这就需要在长距离通讯中，当信号传递一定距离后对其进行放大。以往采取的方法是把光信号转换成电信号，对电信号进行放大，然后再把电信号转换成光信号继续传输。系统麻烦且稳定性差，近来人们发展了掺稀土离子（如 Nd^{3+}、Pr^{3+} 或 Er^{3+} 等）的玻璃光纤放大器，实现了光信号的直接放大，这对长距离光纤通讯十分有利。图 9-12 示意地表示了不使用和使用光纤放大器的光纤通讯系统。稀土离子有丰富的 f 能级，理论上讲，电子在 f—f 能级之间的跃迁是禁阻的，然而由于配位原子的影响，在玻璃中其跃迁还是可以发生的，但激发态 f 能级的寿命相对较长（约为 ms 量级），成为亚稳激发态。光纤放大器的工作原理与激光器相似：首先用泵浦光将稀土离子激发至亚稳激发态，当信号光通过放大器光纤时，稀土离子发生受激辐射，使信号光得到放大。放大器光纤的制备方法与普通光纤相似：先用气相沉积法制成多孔未烧结体，然后将多孔未烧结体在含有稀土离子的溶液中浸泡，使多孔未烧结体充分吸附稀土离子，然后进一步在含氯和含氧的气氛中去水，进而在高温下烧结，最后用烧结好的预制棒拉制纤维。

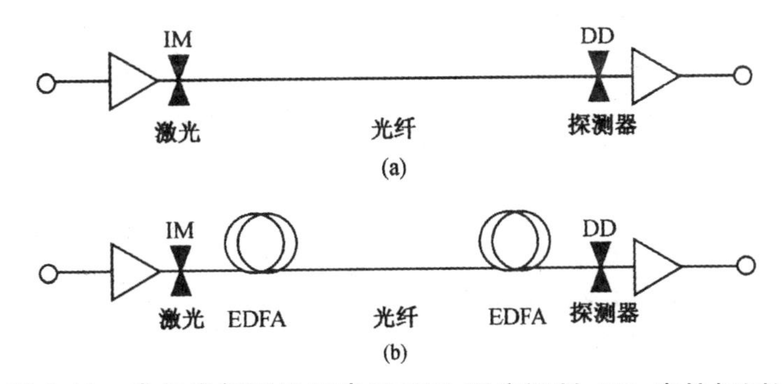

图 9-12　常规光纤通讯示意图(IM:强度调制,DD:直接探测)

(a)无光纤放大器系统;(b)带掺铒石英光纤放大器系统(EDFA)

9.4.3　微晶玻璃

将加有成核剂(个别可不加)的特定组成的基础玻璃,在一定温度下经热处理后,就变成具有微晶体和玻璃相均匀分布的复合材料,称之为微晶玻璃。利用基质玻璃成分的变化和控制析出晶相类型及微晶大小等手段能制成一系列特殊性能的材料,如零膨胀、高强度、可切削以及不同电性能的材料。传统的微晶玻璃为 Li_2O-Al_2O_3-SiO_2 及 MgO-Al_2O_4-SiO_2 系统,前者在玻璃中形成 β-锂辉石及 β-石英固熔体,这些晶体具有负膨胀系数,通过热处理控制原始玻璃中的晶相及玻璃相的比例,可制成一系列从负到正膨胀系数的微晶玻璃。若将晶体尺寸控制在一定范围内,则可制成透明或半透明材料。组成在 $Li_2O \cdot SiO_2$ 及 $Li_2O \cdot 2SiO_2$ 区的微晶,利用晶体与玻璃对 HF 侵蚀性能的差别,可通过光刻制成薄板电子元件。微晶玻璃的发现大大地丰富了玻璃结构的研究内容,同时也开发了数以千计的微晶玻璃新材料,作为先进结构材料和高性能功能材料,在生产、建筑、运输、国防、科研及生活等领域内得到了广泛应用。

1. 微晶玻璃的分类

微晶玻璃可按不同标准分类,从外观看,有透明微晶玻璃和不透明微晶玻璃;按微晶化原理可分为光敏微晶玻璃和热敏微晶玻璃;按照性能分为耐高温、耐热冲击、高强度、耐磨、易机械加工、易化学蚀刻、耐腐蚀、低膨胀、零膨胀、低介电损失、强介电性、强磁性和生物相容等种类;按基础玻璃组成可分为硅酸盐、铝硅酸盐、硼硅酸盐、硼酸盐及磷酸盐等五大类;按所用材料则分为技术微晶玻璃和矿渣微晶玻璃两类。

2. 微晶玻璃的特性

(1)透明和不透明

对于某些易引起制品着色的杂质元素,不像透明玻璃那样的控制严格,同时,为了防止晶体成长过大,需要玻璃体具有必要的粘度,因此,对于通常氧化铝、氧化铁、氧化亚铁含量比较高的材料作为该种玻璃的主原料,是非常有利的。某些微晶玻璃除制成不透明的之外,析出晶体与剩余玻璃相折射率相差微小时可制成透明的形式。后者抗化学试剂侵蚀能力及气密性也特别好,从而使它们获得特殊用途。当微晶玻璃中晶体尺寸很小(约 $50\mu m$),晶体与玻璃的折射率相近时，微晶玻璃是非常透明的。

(2)高热导率

室温其热导率一般比玻璃高，但比其他晶体材料仍很低，它的热导率与晶相的性质和尺寸及残余玻璃相的量有关，和室温以上，热导率随温度升高而下降。

(3)低热膨胀系数

微晶玻璃中含有堇青石、锂辉石和锂霞石，母锂辉石的膨胀系数约为零，它们的热膨胀系数很低甚至为负值。当微晶玻璃组成中 $LiAlO_2$、SiO_2、$MgAl_2O_4$、$ZnAl_2O_4$ 和 $A1PO_4$ 形成固溶体时，微晶玻璃的热膨胀系数在很宽的温度范围内约为 0。

(4)良好的力学性能

微晶玻璃具有坚硬、抗弯强度、耐磨性好、断裂韧度较高，某些微晶玻璃的表面硬度与硬化处理后的工具钢相等。

(5)较高的耐热冲击性

微晶玻璃的性质由其晶相性质及数量决定的，微晶玻璃的刚性晶体结构说明它比同组成的玻璃具有更高的耐热冲击性。

(6)良好化学稳定性

在机械强度、化学稳定性、热稳定性方面都大大提高，在抗风化、抗磨蚀方面优于天然花岗石和陶瓷制品，因此，非常适合用于建筑物的外墙和地面装饰。化学稳定性和热稳定性好的特点，不仅可用于建筑物的地面、内外墙、台阶装修，还可用于制作各种耐酸、耐磨容器和管槽。

3. 微晶玻璃的应用

$BaTiO_3$ 或 $NaNbO_3$ 含量很高的微晶玻璃具有铁电性质。新型微晶玻璃的电性质起特别作用，在电绝缘能力方面超过了市场上最优的瓷器。

由于化学稳定性好，具有耐腐蚀性，可以用在化工管道、高纯化工产品生产设备方面。在透明的微晶玻璃上喷上金属蒸汽层，可以用作天文望远镜。一类含有氟云母的微晶玻璃为可机械加工膨胀系数最小的微晶玻璃，一个异常重要的用途就是用来制取巨大的天文望远镜的镜头。因为膨胀系数最小，硬度又高，就可以将镜头厚度做得比普通玻璃镜头薄得多，这样，直径 2～5m 的大型天文望远镜既不会因自重，也不会因温度波动而发生变化(挠度变化和因此引起的曲率半径变化)，在应用中这些变化会严重干扰天文照片的拍摄。

这种材料已用来制造飞机部件、雷达天线罩、压缩机透平叶片、排气阀，也用来制造发动机曲轴。由玻璃制成的新型瓷化材料，可作为火箭头部的涂层。

由于膨胀系数极微，微晶玻璃的耐温度急变性优异，所以它在取代钢板作成煤气炉或电炉垫板方面有广阔的应用领域。

4. 可切削微晶玻璃

无论何种玻璃和陶瓷原则上都可以进行研磨、抛光及用金刚砂锯片锯开等机械加工，而所谓“可切削微晶玻璃”，是说它与金属相似，能被车、钻、铣或刻螺纹。所以，这种微晶玻璃的特点便表现在能程度不等地使用普通的金属加工方法或采用同样的加工机械进行加工。可切削微晶玻璃是一个崭新，又正迅速扩大的研究领域。

(1)特性与成分

用加工金属同样方法进行机械加工一般玻璃或一般微晶玻璃的话，工件会炸裂，可切削微晶玻璃在某种底玻璃中受控地析出云母晶相而获得了可加工性。供应国际市场上的第一批产品“Macor”，玻璃的制造和瓷化是按微晶玻璃特有的方式进行的，它的底玻璃成分(质量分数)是：44%SiO_2+16%Al_2O_3+8%B_2O_3+16%MgO+10%K_2O+6%F。

其析出的晶相是一种钾金云母类的晶相，也就是一种云母相。为了得到可切削性，云母相须占微晶玻璃总体积的三分之二以上。

通常，线性地迅速扩展的开裂使玻璃体特别容易炸裂，它开裂是沿(001)方向扩展。而金云母微晶玻璃的特定情况下结构象用纸牌搭起的房子，结果就完全不同了。当越过接壤的其他金云母晶体时，前进的方向改变，也就很快截止，是微晶玻璃不致炸裂的道理。

(2)晶体大小的影响

晶体大小是对可切削性有非常重要影响的另一因素。金云母晶体很细的微晶玻璃虽然也可以切削，但与粗大晶体的微晶玻璃相比，其可切削性指标较差。这是因为晶体很细，与其他晶体的交联逐渐消失，微晶玻璃开裂过程迅速终止，为引发新的解理过程，就得在加工过程中一次又一次添加新的机械能，称这种情况为可切削性较差。事实证明，对良好的可切削性存在一个最佳的晶体尺寸。

5. 高强度微晶玻璃

(1)急冷强化

提高玻璃制品强度的实用方法，主要是考虑了克服大部分来自表面宏观伤痕影响或使之不发生作用的方法。玻璃钢化法就是这样的方法，就是将壁厚足够大的玻璃制品热至转变温度，然后吹以冷风或压以冷金属板使之骤冷。这时玻璃表面迅速冻结下来，而玻璃内部继续收缩。这样一来，玻璃表面形成了强烈压应力，玻璃内部则处于张应力下以抵消压应力，当负荷大于所产生的压应力，才有开裂的危险。要使玻璃钢化得好，它必须有足够的壁厚，壁厚太小，则玻璃各层之间快冷度之差不够大，所得的压应力带太薄，原有的裂纹仍然可深入到较深的张应力带内，降低强度的作用。

经过钢化的玻璃板，上下表面呈现压应力，向玻璃相中部靠近，压应力逐渐减小，最终过渡到张应力，张应力在玻璃板中央达到最大，应力分布呈抛物线表示。当这种钢化玻璃板承受报弯曲负荷时，上表面压应力减小弯曲负荷，下表面压应力增加相同的负荷，在表面达到张应力之前都能承受，这类高强度板在汽车制造和飞机制造中具有重要意义。

(2)化学强化法

化学强化也是使玻璃表面上产生压应力，阻碍负荷下玻璃开裂过程的引发。将玻璃放入锂盐熔体(主要是硫酸锂)中，Na_2O/K_2O-Al_2O_3-SiO_2-(TiO_2)底玻璃表面发生钠离子或钾离子与锂离子交换，通过晶化热处理，使表面形成高温型锂辉石和高温型锂霞石微晶，此表面层具低的或甚至负的膨胀使表面层形成极高的压应力。因在极薄的表面，所以可保持玻璃的透明度。

采用这种方法，即离子交换后使表面受控结晶，大件玻璃制品的强度达到约590～690MPa细薄件的强度还可以提得更高些。

(3)含尖晶石的高强度微晶玻璃

通过使析出的初晶相具有比周围玻璃高的热膨胀,晶体因热膨胀系数较大,强烈收缩,晶体周围的玻璃相便处于压应力。玻璃与晶相之间热膨胀系数之差越大,形成的压应力便越大,强化效果同时也越大。

在(质量分数)68.9%SiO_2+21%Al_2O_3+10%MgO 玻璃中添加 10%(摩尔分数)NiO,此类玻璃在 900℃以下已从母体玻璃体结晶析出一种镍尖晶石相,具有很高的形成速度,它的膨胀系数高,制成微晶玻璃的强度由原来的约 90MPa 提高到 90MPa,膨胀系数从 $33\times10^{-7}K^{-1}$ 提高到 $44\times10^{-7}K^{-1}$。

与化学强化相比,在热处理第一阶段(析出尖晶石)后,仍可用机械方法(磨光、锯开、抛光)进行造形,在第二阶段才以较高成形精度建立起使强度进一步提高的表面层。

(4)含 Ti^{3+} 离子的高强度微晶玻

(质量分数)45%~70%SiO_2+10%~30%Al_2O_3+8%~23%MgO+2%~15%TiO_2 玻璃中的 Ti^{4+} 离子不仅一般地促进结晶,而且在特定情况下导致低温石英晶体优先析出,低温石英晶体的热膨胀系数很高,所以在低温石英晶体周围的母体玻璃中产生很大的压应力,玻璃的抗弯强度达 892MPa。

6. 特种微晶玻璃

(1)矿渣微晶玻璃

高炉矿渣内含有很多的铜、铁、镍、铬等物质,它们可以起成核剂作用。所以高炉矿渣的成分与微晶玻璃的最终成分近似。在前苏联,用高炉矿渣添加一些物质已可连续生产矿渣微晶玻璃,产品可作耐酸耐碱的配件和泵体,在化学工业意义重大。

(2)焊接微晶玻璃

焊接微晶玻璃广泛地用于电子业的连接件的各种特件。

(3)生物微晶玻璃

生物微晶玻璃在现代医学,尤其是是在牙科和人造骨头方面发挥巨大作用。含磷灰石微晶玻璃与人骨相近,比不锈钢人造肢体对肌肉组织有更好的相容性,金属移植常有排异反应,须隔一段时间取出来,而磷灰石微晶玻璃与人骨组织却牢固地长合在一起。由于人骨组织与微晶玻璃之间会发生离子交换,使细胞中的钾离子和钠离子的浓度发生改变,但可通过一种 $SiO_2-P_2O_5-CaO-MgO-K_2O-Na_2O-F$ 系统的磷灰石微晶玻璃避免。以氧化钙、氧化钠和氧化钾的合适比例,可以制止磷灰石微晶玻璃与细胞中的钾离子和钠离子交换。

人体骨组织的矿物质为含磷及钙元素的羟磷灰石微晶体,在骨组织的不同部位,微晶大小及数量存在较大的差异。在釉质中,这种矿物质的质量分数达 90%以上,因而强度高、硬度大,可作为铸造牙修复体的微晶玻璃,在材料的理化特性、力学性能、可铸造性、半透明性等方面有着很高的要求。

9.5 玻璃材料的研究与发展

新材料的发展是由于科学技术的需要,反过来,某些科学技术的成功和发展则是基于新材料的不断出现。近一二十年，玻璃材料科学与工艺得到迅猛发展，玻璃材料的研究水平不断提高，新型玻璃材料和特种玻璃的开发十分活跃。特种玻璃已成为高技术领域中不可缺少的重要材料，特别是成为了光电子技术开发的基础材料。在今后的几年内，光电子功能玻璃如激光玻璃、光记忆玻璃、集成电路（IC）光掩模板、光集成电路用玻璃以及电磁、光电、声光、压电、磁光、非线性光学玻璃、高强度微晶玻璃、溶胶一凝胶玻璃及生物玻璃将有大幅度的发展，有可能形成很大的商品市场。

由于核磁共振（NMR）、拉曼光谱（RAMAN）、扩展X射线衍射分析（EXAFS）、透射电镜（TEM）、化学位移、扫描电镜（SEM）、中子衍射等先进手段的综合应用，使玻璃材料的研究从宏观进入了微观，从定性进入了半定量或定量阶段。随着固体物理学的研究重心向非晶态转移，玻璃材料的研究正在向更深更高层次发展，促使玻璃材料不断地探索新系统，从传统的硅酸盐玻璃向非硅酸盐玻璃和非氧化物玻璃领域拓展。现在已经可以利用已知晶体结构与玻璃基团的关系，或通过原始结晶和分相过程的直接观测，或运用计算机模拟与分子动力学方法，对一些玻璃系统的结构进行分析和推算，进而了解玻璃的组成、结构与制备因素对玻璃的形成、分相、析晶以及性能、功能的影响，并成功开发了一系列重要特种玻璃。

第 10 章　纳米材料

10.1　纳米材料的发展与分类

10.1.1　纳米科技进展

纳米科学技术是 20 世纪 80 年代末刚刚诞生并正在崛起的新科技，它的基本含义是在纳米尺寸范围内认识和改造自然，通过直接操作和安排原子、分子创造新物质。纳米科技是研究尺寸在 0.1～100nm 的物质组成的体系的运动规律和相互作用以及可能的实际应用中的技术问题的科学技术。

对纳米材料的研究始于 19 世纪 60 年代，随着胶体化学的建立，科学家就开始对纳米微粒系统的研究。而真正将纳米材料作为材料科学的一个独立分支加以研究，则始于 20 世纪 80 年代末至 90 年代初。1959 年诺贝尔奖获得者理查德・费曼提出了纳米材料的概念："我不怀疑，如果我们对物质微小规模上的排列加以某种控制的话，我们就能够使物质具有各种可能的特性"。1982 年 Boutonnét 首先报道了应用微乳液制备出纳米颗粒：用水合肼或者氢气还原在 W/O 型微乳液水核中的贵金属盐，得到了单分散的铂、钯、铑、铱金属颗粒(3～5nm)。1984 年德国物理学家 Gleiter 首次用惰性气体蒸发原位加热法制备了具有清洁表面的纳米块材料，并对其各种物性进行了系统的研究。1987 年美国和德国同时报道，成功制备了具有清洁界面的陶瓷二氧化钛。

1990 年第一届国际纳米科学技术会议在美国召开，标志着纳米科学的诞生。纳米材料科学正式作为材料科学的分支，标志着材料科学进入了一个新的阶段。1992 年，世界上第一本"纳米结构材料"杂志创刊。自此纳米科学和技术的研究在全球如火如荼的开展起来。

20 世纪 80 年代末，中国开始有组织地研究纳米材料，主要集中在中国科学院和大学。1993 年中国科学院北京真空物理实验室操纵原子成功写出了"中国"二字，标志我国进入国际纳米科技前沿。1998 年清华大学在国际上首次成功制备出直径为 3～50nm、长度达微米级的氮化镓半导体一维纳米棒。不久中国科学院物理研究所合成了世界上最长(达 3mm)、直径最小的超级纤维碳纳米管。1999 年上半年北京大学电子系在世界上首次将单壁竖立在金属表面，组装出世界上最细、性能良好的扫描隧道显微镜用探针。1999 年中国科学院金属研究所合成出高质量的碳纳米材料，用作新型储氢材料，一举跃入世界水平。这个研究所还在世界上首次直接发现了纳米金属的超塑延展性。中国对纳米技术的研究覆盖了基础理论和应用领域。基础研究包括纳米微粒的结构与物理性质，纳米微粒的化学性质，纳米微粒的制备与表面修饰等；应用研究包括纳米制品和纳米复合材料。

10.1.2　纳米材料的分类

纳米材料的分类方法有很多种，可依据组成、结构、性质或应用领域等的不同对其进行各种分类。比如，根据组成可以将其分为无机纳米材料、有机和高分子纳米材料、复合纳米材料等等；无机纳米材料还可以进一步细分为金属纳米材料、半导体纳米材料等。目前相对比较方便的一种分类方法是根据材料在三维方向上的尺度将其分为零维（点）、一维（线）和二维（面）纳米材料（图 10-1）。

图 10-1　零维、一维和二维纳米材料

1)零维纳米材料。在空间三维方向上均为纳米尺度的颗粒、原子团簇等，这样的材料一般被称为纳米粒子，半导体纳米粒子又常被称作量子点。

2)一维纳米材料。在两个维度上是纳米尺度，而在另一个方向上是宏观尺度，通常所说的纳米线或量子线、纳米带和纳米管都可看作是一维纳米材料。

3)二维纳米材料。在两个方向上为宏观尺度而另一个方向上为纳米尺度的材料，纳米厚度的膜材料就是典型的二维纳米材料。

图 10-2(a)和(b)分别是用液相方法制备出的铁纳米粒子及 CdS 纳米线的透射电镜照片，它们是很具代表性的零维和一维纳米材料的例子，除了上述这些类型的纳米材料外，还有一类是含有纳米尺度孔道的材料，如孔道尺寸为 1～50nm 的介孔分子筛就是纳米孔材料。

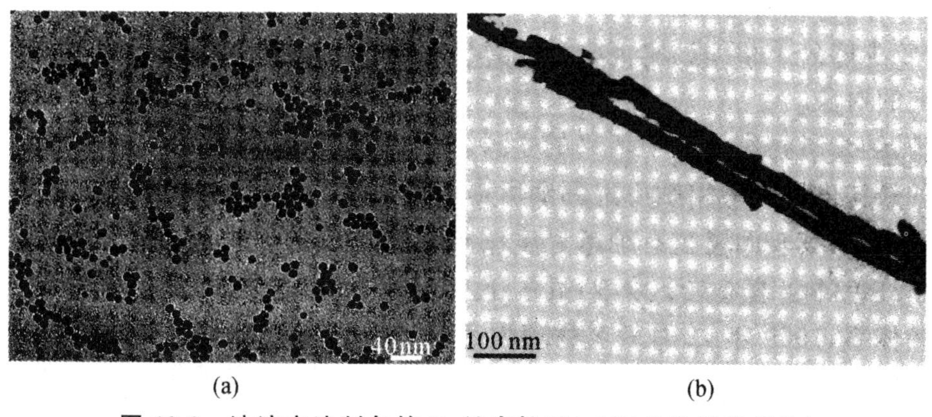

图 10-2　溶液方法制备的 Fe 纳米粒子(a)和 CdS 纳米线(b)

除了简单的纳米材料，其有序组装体系从某种意义上说是大家所更感兴趣的，因为它们可能具有一些新颖、奇特的性质。纳米粒子、纳米线或者纳米薄膜规则地排列起来就可以形成超晶格结构，不同半导体晶态薄膜有序地排列起来形成的层状复合材料往往被称作量子阱（如图 10-3 所示），它具有超晶格结构，在微电子等领域有重要的应用。

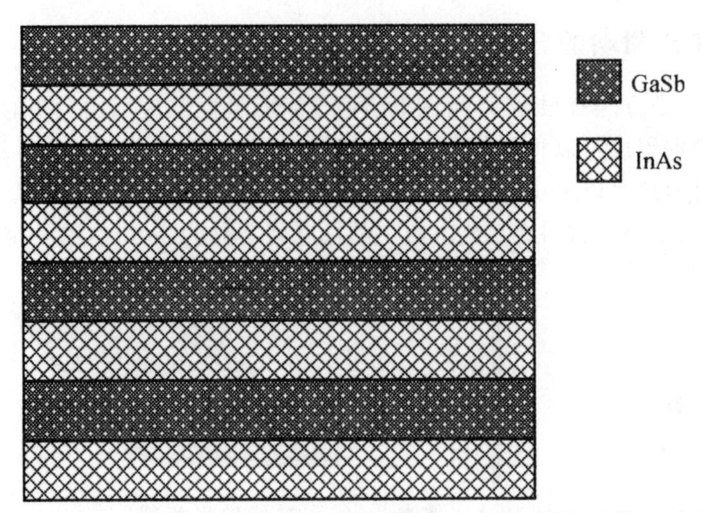

图 10-3　GaSb 和 InAs 组成的超晶格量子阱材料的结构示意图

纳米复合材料往往可以将不同材料的特性有效地结合到一起，赋予材料更丰富、更优良的性能。例如，将无机纳米粒子与高分子材料复合，就有可能使获得的复合材料同时兼具无机粒子的光、电、磁等功能性和高分子材料的易加工性，大大拓展了材料的应用范围。

10.2　纳米材料的特性

当粒子尺寸进入纳米量级(1～100nm)时，其本身具有量子尺寸效应、小尺寸效应、表面效应和宏观量子隧道效应，因而展现出许多特有的性质，在催化、滤光、光吸收、医药、磁介质及新材料等方面有广阔的功能特性。由于金属超微粒子中电子数较少，因而不再遵守 Fermi 统计。小于 10nm 的纳米微粒强烈地趋向于电中性。这就是 Kubo 效应，它对微粒的比热容、磁化强度、超导电性、光和红外吸收等均有影响。正因为如此，认为原子族和纳米微粒是由微观世界向宏观世界的过渡区域，许多生物活性由此产生和发展。

10.2.1　表面效应

随着粒子尺寸的减小，其表面原子所占的比重逐渐增加，对宏观尺寸的粒子来说，这种增加是非常缓慢的，基本可以忽略不计；但是当粒子小到纳米尺度时，继续减小粒子的尺寸表面原子的比例就会急剧增加。图 10-4 为表面原子所占的比重随粒子半径变化的情况，对于一个小到 1nm 的金属粒子来说，几乎所有的原子都将成为表面原子。纳米粒子的表面原子所处的晶体场环境及结合能，与内部原子有所不同，存在许多悬空键，并具有不饱和性质，因而极易与其他原子相结合而趋于稳定，所以具有很高的化学活性。

金属纳米微粒在空气中会自燃。纳米粒子的表面吸附特性引起了人们极大的兴趣，尤其是一些特殊的制备工艺，例如氢电弧等离子体方法，在纳米粒子的常备过程中就有氢存在的环境。纳米过渡金属有储存氢的能力。氢可以分为在表面上吸附的氢和作为氢与过渡金属原子结合而形成的固溶体形式的氢。随着氢的含量的增加，纳米金属粒子的比表面积或活性中心的数目也大大增加。

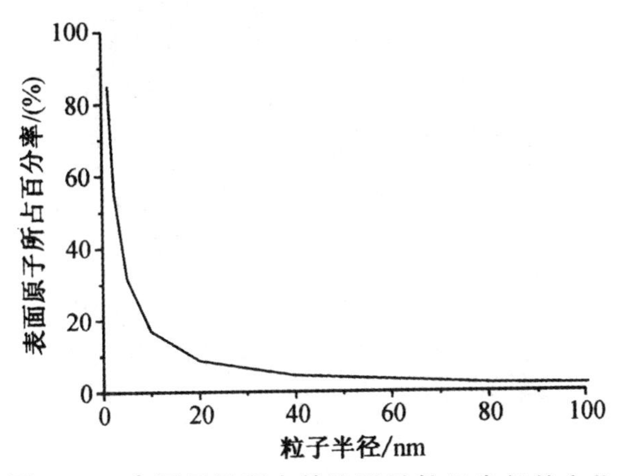

图 10-4　表面原子所占的比重随粒子半径的变化

10.2.2　尺寸效应

纳米材料中的微粒尺寸小到与光波波长或德布罗意波波长、超导态的相干长度等物理特征相当或更小时，晶体周期性的边界条件被破坏，非晶态纳米微粒的颗粒表面层附近原子密度减小，使得材料的声、光、电、磁、热、力学等特性表现出改变而导致出现新的特性。纳米颗粒的小尺寸所引起的宏观物理性质的变化称为小尺寸效应。

(1)特殊的光学性质

粒径小于 300nm 的纳米材料具有可见光反射和散射能力，它们在可见光范围内是透明的，但对紫外光具有很强的吸引和散射能力(当然吸收能力还与纳米材料的结构有关)。当黄金(Au)被细分到小于光波波长的尺寸时，即失去了原有的富贵光泽而呈黑色。事实上，所有的金属在纳米颗粒状态都呈现为黑色。尺寸越小，颜色愈黑，银白色的铂变成铂黑，金属铬变成铬黑。金属纳米颗粒对光的反射率很低，通常可低于 1%，大约几千纳米的厚度就能完全消光。利用这个特性，纳米材料可以作为高效率的光热、光电等转换材料，可以高效率地将太阳能转变为热能、电能。此外又有可能应用于红外敏感元件、红外隐身技术等。

(2)特殊的力学性质

由于纳米超微粒制成的固体材料分为两个组元：微粒组元和界面组元。具有大的界面，界面原子排列相当混乱。图 10-5 为纳米块体的结构示意图。陶瓷材料在通常情况下呈现脆性，而由纳米超微粒制成的纳米陶瓷材料却具有良好的韧性，使陶瓷材料具有新奇的力学性能。这就是目前的一些展销会上推出的所谓“摔不碎的陶瓷碗”。

氟化铯纳米材料在室温下可大幅度弯曲而不断裂。人的牙齿之所以有很高的强度，是因为它是由磷酸钙等纳米材料构成的。纳米金属固体的硬度是传统的粗晶材料硬度的 3～5 倍。至于金属－陶瓷复合材料，则可在更大的范围内改变材料的力学性质，应用前景十分广阔。

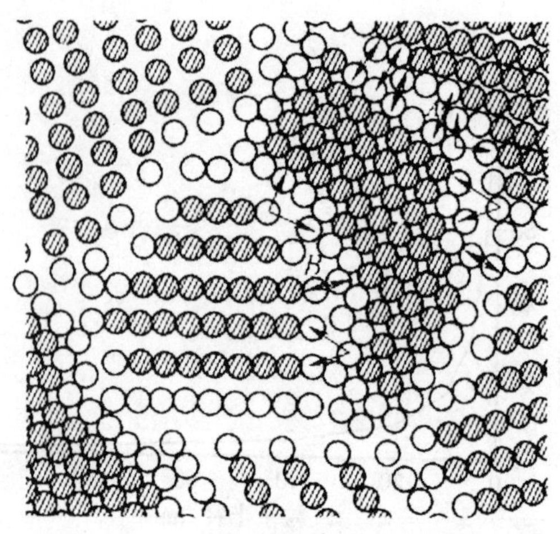

图 10-5　纳米块体的结构示意图

(3)特殊的热学性质

在纳米尺寸状态,具有减少了空间维数的材料的另一种特性是相的稳定性。当人们足够地减少组成相的尺寸时,由于在限制的原子系统中的各种弹性和热力学参数的变化,平衡相的关系将被改变。固体物质在粗晶粒尺寸时,有其固定的熔点,超细微化后,却发现其熔点显著降低,当颗粒小于 10nm 时变得尤为显著。如银的常规熔点为 690℃,而超细银熔点变为 100℃,因此银超细粉制成的导电浆料可在低温下烧结;块状的金的熔点为 1064℃,当颗粒尺寸减到 10nm 时,则降低为 1037℃,降低 27℃,2nm 时变为 327℃。这样元件基片不必采用耐高温的陶瓷材料,甚至可用塑料替代。

100~1000nm 的铜、镍纳米颗粒制成导电浆料可代替钯与银等贵重金属。纳米颗粒熔点下降的性质对粉末冶金工业也具有一定的吸引力。例如,在钨颗粒中附加质量分数为 0.1%~0.5%的纳米镍颗粒后,可以使烧结温度从 3000℃降低到 1200~1300℃,以致可在较低的温度下烧制成大功率半导体管的基片。

10.2.3　纳米材料的其他特性

纳米材料具有许多宏观材料所不具备的新颖特性。随着纳米科技的发展,一些新的物理现象逐渐被发现或获得实验证据,比如 Coulomb 堵塞、量子隧穿、巨磁阻效应、弹道输运等。

当体系小到一定临界尺寸(通常为几纳米或几十纳米)以下时,由于体系电容极其微小,造成充入每个电子所需要的能量($e^2/2C$,C 为电容)增加,而使得充电和放电过程变得不再连续,如图 10-6 所示,体系中充入电子的数目与电压的关系不再是一条直线,而呈台阶状,体系的电量也不再是连续变化的,而是“量子化”的,这种现象就称为 Coulomb 堵塞,也叫 Coulomb 阻断。充入每个电子所需要的能量称为 Coulomb 堵塞能,20 世纪 50 年代就已经发现了 Coulomb 堵塞效应,但是直到 80 年代末随着纳米科技的兴起才得以在实验上较容易地实现。图 10-7 中一个纳米粒子被置于两个电极之间,当电极之间的电压大到足以克服 Coulomb 堵塞能时,就会发生电子隧穿,图中的结构是一个典型的隧道结,这个纳米粒子一般称为 Coulomb 岛。

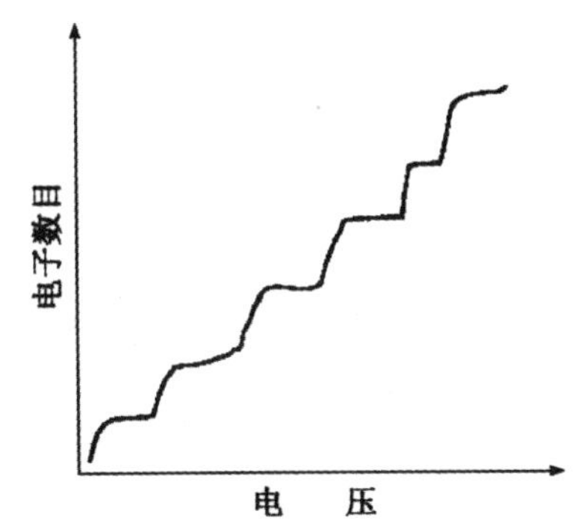

图 10-6　纳米粒子体系充入电子的数目与电压的关系

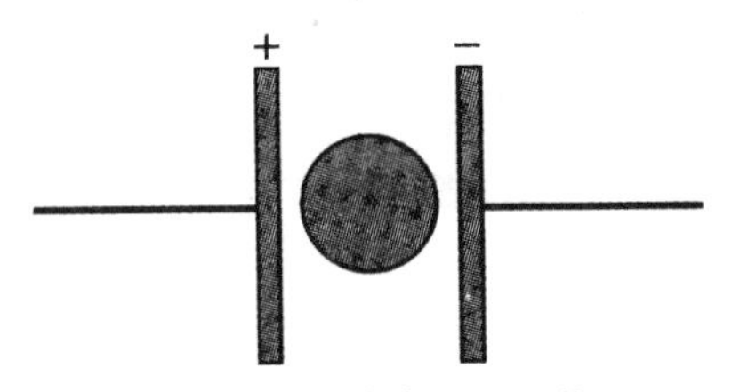

图 10-7　纳米粒子隧道结

Coulomb 堵塞能($e^2/2C$)大于 kT 时，Coulomb 堵塞和量子隧穿才能发生，因此一般只能在低温下观察到。但是当 Coulomb 岛的电容很小时，就可以在稍高的温度下实现隧穿。图 10-8 为第一个基于自组装膜和纳米粒子的室温隧穿结，置于巯基结尾的自组装膜上的金纳米粒子为 Coulomb 岛，金基底和 STM 针尖作为两极。由于所采用的纳米粒子尺寸非常小，只有 3nm，所以在这个体系中观察到了室温下的电压—隧穿电流的 Coulomb 台阶。

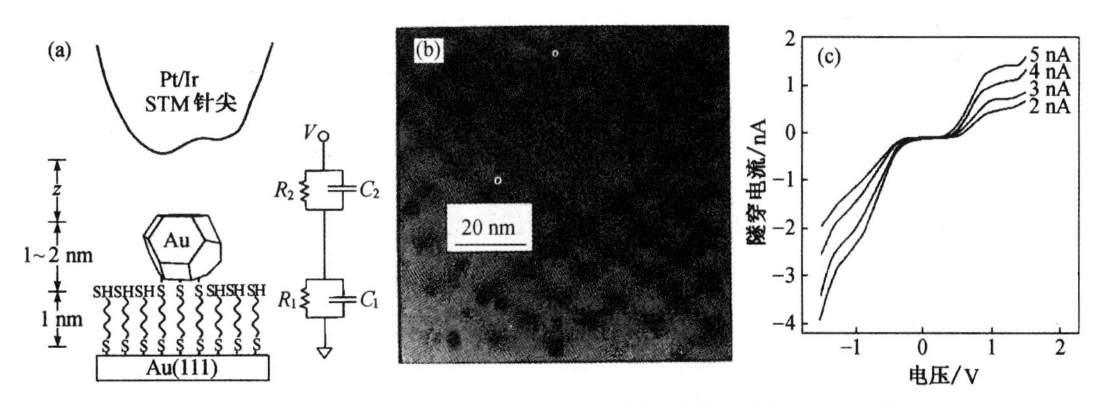

图 10-8　隧穿结的结构示意图(a)；所用金纳米粒子的 TEM 照片(b)；以及在室温下测量到的电压一隧穿电流 Coulomb 台阶(c)

1988 年，Baibich(百毕克)等在(001)Fe/(001)Cr 组成的多层纳米级薄膜超晶格体系中发现，其电阻值随外加磁场的变化而变化，在外加磁场为 2 T(特[斯拉])时，电阻值最多可降低两倍，此现象即巨磁阻效应(图 10-9)。

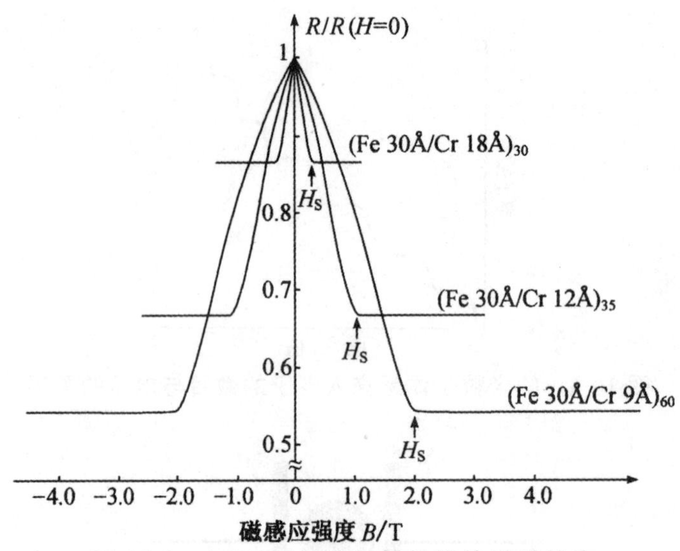

图 10-9 4.2K 时 Fe/Cr 超晶格的巨磁效应

巨磁阻效应示意图如图 10-10 所示，当相邻薄膜层的磁矩方向相反时，不同自旋方向的电子在穿过层间时均被散射，因此电阻较大[图 10-10(a)]；而当外加磁场较大时，相邻薄膜层的磁矩方向相同，这样一种自旋方向的电子就可以顺利通过而受到较少的散射，因此电阻较小[图 10-10(b)]。巨磁阻效应可应用于磁性存储的信息读写中。

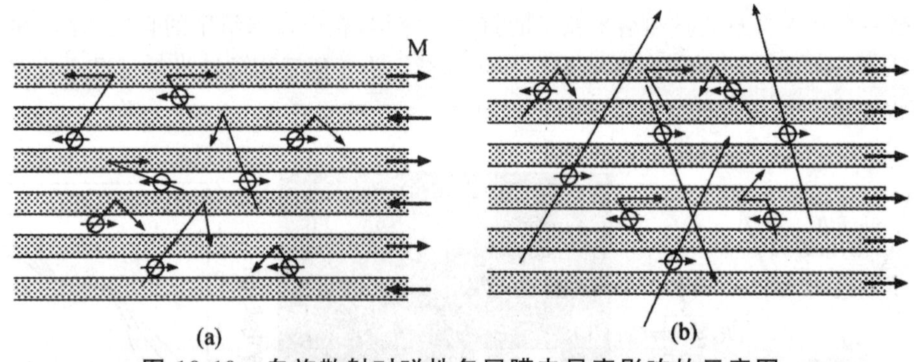

图 10-10 自旋散射对磁性多层膜电导率影响的示意图

10.3 纳米材料的制备

随着世界各国对纳米科技的重视和大规模的投入，纳米科技正蓬勃发展，作为纳米科技的基础，各种纳米材料如雨后春笋般涌现。纳米材料的形态和状态取决于纳米材料的制备方法，新材料制备工艺和设备的设计、研究和控制对纳米材料的微观结构和性能具有重要的影响。所以，国内外科学家一直致力于研究纳米材料的合成与制备方法，纳米制备技术也一直是纳米科学领域内的一个重要研究课题。

一般地，纳米材料制备方法可分为：物理法、化学法和综合法。

物理法是最早采用的纳米材料制备方法，这种方法是采用高能耗的方式，“强制”材料“细化"得到纳米材料。例如,惰性气体蒸发法、激光溅射法、电弧法、球磨法等。物理法制备纳米材料的优点是产品纯度高,缺点是产量低、设备投入大。

化学法采用化学合成方法,合成制备纳米材料,例如,水热法、沉淀法、相转移法、溶胶一凝胶法、界面合成法等,这类制备方法的优点是所合成的纳米材料均匀、设备投入小、可大量生产,缺点是产品含有一定杂质、高纯度难。同样还有化学气相法,例如,加热气相化学反应法、激光气相化学反应法、等离子体加强气相化学反应法等。

综合法是指在纳米材料制备中结合化学法和物理法的优点,同时进行纳米材料的合成与制备。例如,激光沉淀法、超声沉淀法及微波合成法等。这类法是把物理法引入化学法中,提高化学法的效率或是解决化学法达不到的效果。

也有人按所制备的体系状态进行分类,分为气相法、液相法和固相法。下面将选择性地研究一些常用的纳米材料制备方法

10.3.1　溶胶一凝胶法

溶胶一凝胶法法是 20 世纪 70 年代发展起来的一种材料高新制造技术,以无机盐或金属盐为前驱体,经水解缩聚逐渐凝胶化及相应的后处理而得到所需的材料。制备纳米材料的过程大致如图 10-11 所示:将一定量的前驱体溶解于适当的溶剂中,通常是水一醇的混合溶液,前驱体物质水解后先形成分子或者离子状态的单体,这些单体很快就聚合形成溶胶,溶胶进一步聚合形成含有被溶剂分子充满的大量孔道结构的凝胶,凝胶经过干燥和其他处理后就可以得到所需要的纳米材料。

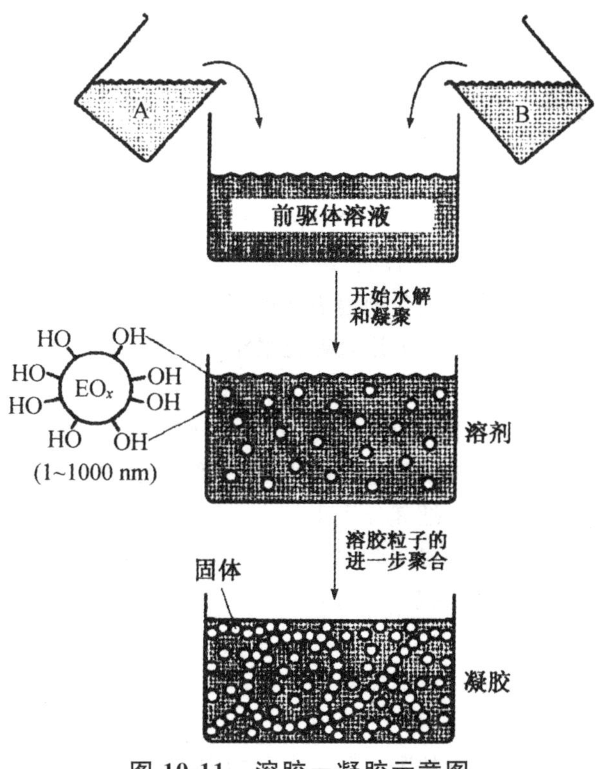

图 10-11　溶胶一凝胶示意图

溶胶—凝胶法是制备纳米氧化钛的重要方法之一，而形成溶胶的过程(如水醇比)对氧化钛的粒径有重要的影响。一定量的钛酸丁酯按不同的体积比溶于无水乙醇中，搅拌均匀，加入少量硝酸以抑制强烈的水解。将乙醇加水混合液缓慢加入钛酸丁酯溶液中，以水酯摩尔比4∶1的量边加水边搅拌，直至反应物完全混合。通过水解与缩聚反应而制得溶胶，进一步缩聚而制得凝胶，化学反应式如下。

水解：$Ti(OR)_4+nH_2O \longrightarrow Ti(OR)_{4-n}(OH)_n+nHOR$

缩聚：$Ti(OR)_{4-n}(OH)_n \longrightarrow [Ti(OR)_{4-n}(OH)_{n-1}]_2O+H_2O$

在50℃干燥得到干凝胶，再经充分研磨后，置于电炉以4℃/min的速率缓慢升温至500℃，保温2h，得到二氧化钛粉末。

研究表明，随着乙醇加入量的增加，凝胶时间变长，二氧化钛纳米颗粒的平均晶粒呈下降趋势，并提高对油酸光催化氧化的催化效果。

近年来，溶胶—凝胶法被广泛地应用于各类纳米材料的制备过程中，尤其是在无机氧化物纳米材料的制备中，溶胶—凝胶法更是发挥了很大的作用。与传统的制备方法相比，溶胶—凝胶法避免了高温、高压等条件，具有其突出的优点。但是，由于溶胶—凝胶法所需要的前驱体通常是金属有机化合物等成本较高而且较不易获得的材料，从一定程度上限制了该方法在工业生产中的应用。然而，室温溶液体系的反应条件使得溶胶—凝胶法在纳米生物学和分子生物学研究中可以发挥非常重要的作用，如溶胶—凝胶法可被用来固定生物酶或其他生物分子而不破坏其生物活性，甚至可以利用凝胶的性质来调节酶的催化活性，这些优点是其他方法所不具备的。

10.3.2 微乳液法

微乳液法又叫反相胶束法，是一种新的制备纳米材料的液相化学法。所谓微乳液法是指两种互不相溶的溶剂在表面活性剂的作用下形成乳液，也就是双亲分子将连续介质分割成微小空间形成微型反应器，反应物在其中反应生成固相。

微乳液：两种互不相溶液体在表面活性剂的作用下形成的热力学稳定、各相同性、外观透明或半透明、粒径在1～100nm范围内的分散体系。

微乳体系：水和油与表面活性剂和助表面活性剂混合形成一种热力学稳定的体系，该体系呈现透明或半透明状，分散相质点为球形且粒径很小，既可以是油包水(W/O)型，也可以是水包油(O/W)型。

微乳液通常由表面活性剂、助表面活性剂(常为醇类)、油(常为碳氢化合物)和水(或电解质水溶液)在适当的比例下自发形成的透明或半透明、低黏度和各向同性的热力学稳定体系。根据体系中油水比例及微观结构，把其分为正相微乳液(O/W)、反相微乳液(W/O)和中间态的双连续相微乳液。其中W/O型微乳液被广泛用于纳米微粒的制造。因为微乳液体系热力学稳定，可以自发形成，微乳液的制备方便，液滴大小可调控，实验装置和操作简单，所以微乳反应器已被用于纳米材料的制备。

1. 微乳液体系的配制

机械乳化法、转相乳化法和自然乳化法是常用的配制方法，但较多采用自然乳化法。在配制时，可以先把有机溶剂、表面活性剂、醇混合成为乳化液，再加入水，搅拌至透明。当一种液体以纳米级液滴均匀分散在与它不相溶的液体中时，形成微乳液。也可以把有机溶剂先和水及表面活性剂均匀混合成乳液，再向其中加入助表面活性剂，搅拌至透明。

2．微乳液原料的选取

在配制微乳液时，表面活性剂的亲水一亲油理论具有重要的地位。要使所用表面活性剂的HLB值与微乳液中油相的HLB值相适应。常用的油类物质有汽油、煤油、柴油、烷烃、苯、甲苯等。表面活性剂用作乳化剂，应选择分子结构与油相结构接近，能显著降低油水界面张力、可回收、既经济又安全的表面活性剂。常用的表面活性剂有：十六烷基三甲基溴化铵、双十八烷基二甲基氯化铵等阳离子表面活性剂；十二烷基硫酸钠、十二烷基苯磺酸钠、十二醇聚氧乙烯硫酸钠等阴离子表面活性剂；脂肪醇聚氧乙烯醚、烷基酚聚氧乙烯醚等非离子表面活性剂。一般采用多于一种表面活性剂复配，以提高界面膜的机械强度和弹性。特别是离子/非离子表面活性剂体系具有协同效应，可使吸附量增加，临界胶团浓度下降。常用的助表面活性剂是中高级醇类，如正丁醇、正十二醇等，其作用为调整体系HLB值，利于微乳液的生成，并增强界面膜的流动性和改善界面的柔性。

3．反相微乳液制备纳米粒子技术原理

反相微乳液由油连续相、水核、表面活性剂和助表面活性剂组成。（助）表面活性剂所成的单分子层界面包围水核成为微型反应器，其大小为几十纳米以下，可以增溶各种不同的化合物。不同的反应物分别溶于相同的两份微乳液中，混合后发生传质过程，并在水核内发生化学反应。产物微粒在水核内逐渐长大，粒径受水核大小控制。反应结束后，经过超高速离心分离，或加入水-丙酮混合物，使纳米粒子与微乳液分开，有机溶剂洗涤除去颗粒表面的油和表面活性剂，再经干燥就得到纳米微粒。

微乳液法的优点有：实验装置简单、操作容易、能耗低；所得纳米微粒粒径分布窄，而且分散性、界面性和稳定性好；与其它方法相比，粒径容易控制，适应面广。但此法也存在粒径较大和工艺条件难控制等问题。

W/O微乳液法制备纳米微粒已被证明是十分理想的方法。用该法制备了很多纳米材料，从组成来看有金属和合金（如Au）、氧化物（如TiO_2）、盐（如$CaCO_3$）和无机有机复合纳米微粒；从功能来看有功能性强、附加值高的产品，包括超细催化剂粒子、超细半导体粒子、超细超导材料等；从制备技术看微波、超声波、辐射、超临界萃取分离技术也逐渐引入到微乳液法中，使该方法日臻完善。

10.3.3　化学气相沉积法

气相沉积法是指气态前驱物在气相或者气一固界面生成固态沉积物的材料制备方法。如果过程中只发生物理变化，称为物理气相沉积（PVD）；若过程中涉及化学变化，则称为化学气相沉积（CVD）。化学气相沉积过程的示意图如图10-12所示，前驱体分子进入反应器，在一定温度及其他条件（比如催化剂存在）下发生化学反应，得到产物。如果反应发生在气相中，一般会用一定的基片去接收这些产物。很多情况下反应实际上是在基片表面也就是气-固界面发生的，如果将适当的催化剂置于基片上，控制一定条件，则反应就只在基片表面发生。化学气相沉积可用来制备二维（薄膜）、一维（纳米线、管）和零维（纳米粒子）的纳米材料。

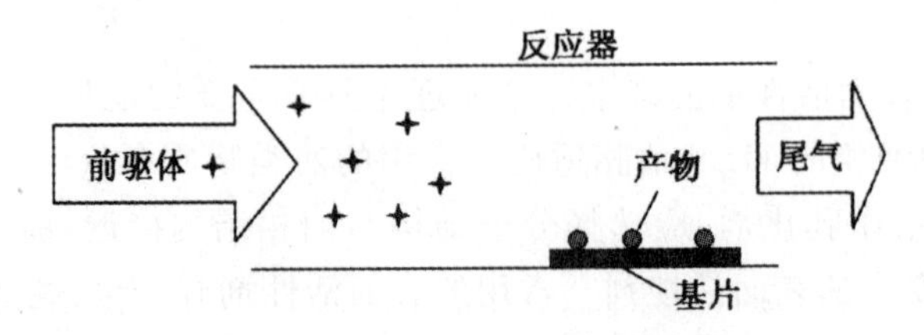

图 10-12　CVD 过程示意图

气相沉积比传统的化学法更适合于制备纳米非氧化物粉体。该法的优点是能获得粒径均匀、尺寸可控以及小于 50nm 的超细粉末。粉末可以是晶态也可以是非晶态。缺点是原料价格较高，且对设备要求高。近年来，随着半导体工业的发展，CVD 技术更是迅猛发展并得到了广泛的应用。工业上较高纯度的多晶硅一般用含硅的化合物作为起始材料利用 CVD 方法来制备；电子行业中用到的半导体、各种金属、绝缘体的薄膜也都可以用 CVD 方法来制备。一般情况下，CVD 过程所需要的条件不是太苛刻，比较容易实现工业化生产。如用 WF_6 作为前驱体材料，在 250℃～500℃的条件下就可以在硅基底上制备出 W 纳米薄膜。在此过程中，W(Ⅵ) 被硅衬底还原为 W(O)。众所周知，金属 W 的熔点和沸点都极高，分别为 3410℃和 5927℃，但由于选择了适当的起始材料，才使得 CVD 过程在很低的温度下就可以进行。

各种一维材料也可用 CVD 及 PVD 方法来制备，在有催化剂存在时通常纳米线生长过程为气-液-固（VLS）机制。即气相组分先溶解到液态的催化剂中，然后形成固体析出并继续长。CVD 法制备碳纳米管的过程一般认为是 V-L-S 机制，即碳源气体分解成单质碳并溶解到催化剂纳米粒子中，达到饱和后碳析出并形成碳纳米管。

以下列举一个制备 Ge 纳米线的例子，以完整地说明 CVD 法制备纳米线的过程。

环戊二烯锗在很低的温度下就可以发生以下的分解反应，形成金属锗

$$[Ge(C_5H_5)_2] \longrightarrow Ge(0) + C_nH_m + H_2$$

选定环戊二烯锗作为前驱体材料后，就要确定适当的催化剂。催化剂对目标产物应该具备一定的溶解能力，根据锗-铁体系的相图（图 10-13），二者在很大的范围内都可以形成熔体，因此，制备锗纳米线的催化剂可以选择铁。

以环戊二烯锗为前驱体在铁基底上制备锗纳米线的过程如图 10-14 所示。首先环戊二烯锗受热分解形成单质锗并溶解到铁基底中，在铁的表面形成一些 Fe-Ge 合金纳米岛，随着反应的进行，锗的溶解量逐渐增加，待达到饱和浓度以上时锗从纳米岛上析出，并不断生长，形成一维的锗纳米线。图 10-15 是形成的锗纳米线的扫描电镜和高分辨透射电镜照片。

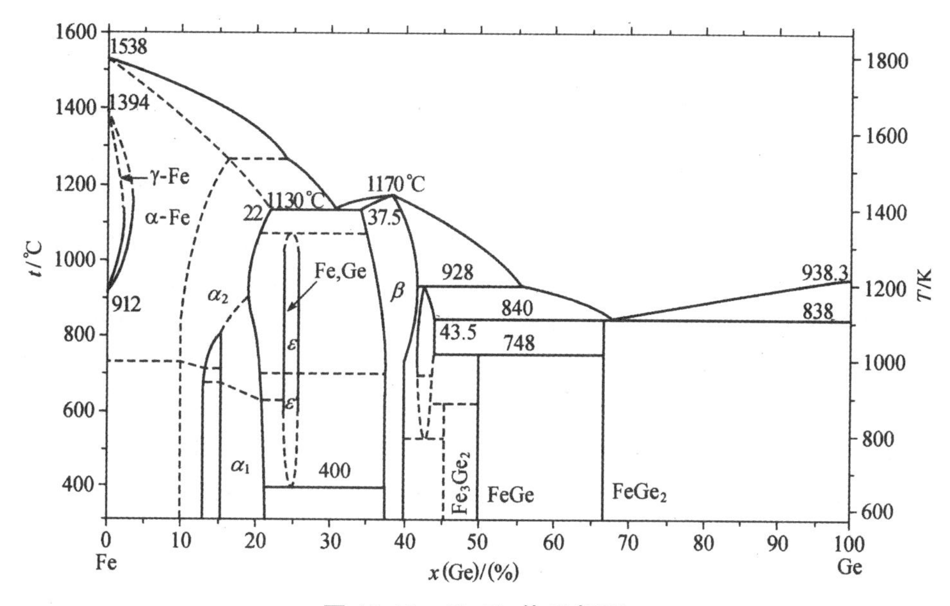

图 10-13　Ge-Fe 体系相图

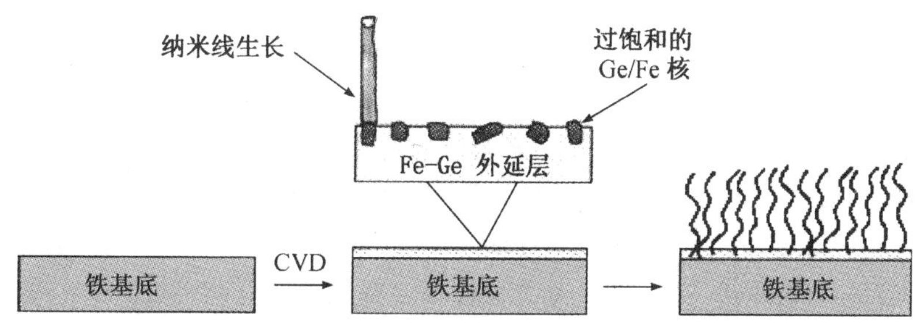

图 10-14　在铁基底上制备锗纳米线的示意图

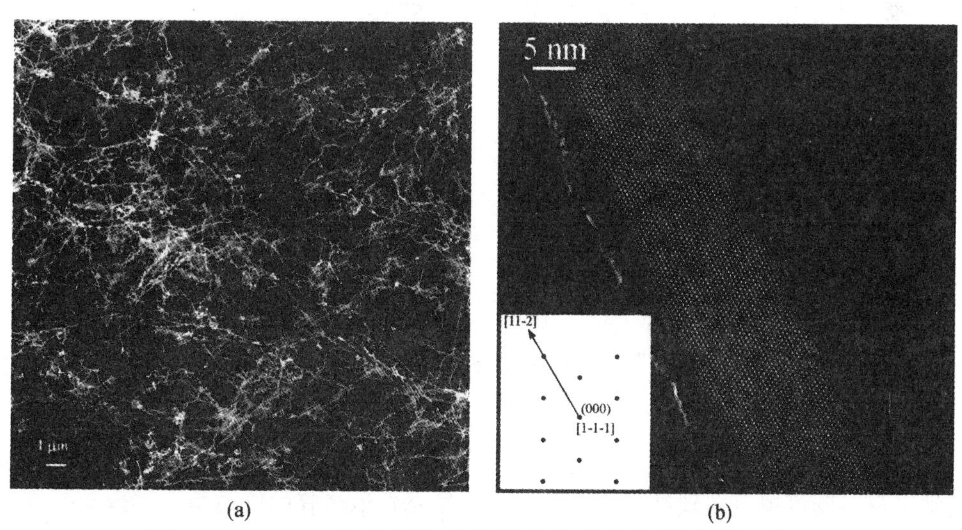

图 10-15　CVD 方法制备出的锗纳米线的扫描电镜示意图

(a)锗纳米线的扫描电镜;(b)高分辨透射电镜照片

10.3.4 模板法

所谓模板合成就是将具有纳米结构、价廉易得、形状容易控制的物质作为模子，通过物理或化学的方法将相关材料沉积到模板的孔中或表面，而后移去模板，得到具有模板规范形貌与尺寸的纳米材料的过程。模板法是合成纳米线和纳米管等一维纳米材料的一项有效技术，具有良好的可控制性，可利用其空间限制作用和模板剂的调试作用对合成材料的大小、形貌、结构和排布等进行控制。模板合成法制备纳米结构材料具有下列特点。

1)能合成直径很小的管状材料，形成的纳米管和纳米纤维容易从模板分离出来。

2)多数模板性质可在广泛范围内精确调控。

3)可同时解决纳米材料的尺寸与形状控制及分散稳定性问题。

4)特别适合一维纳米材料，如纳米线、纳米管和纳米带的合成。模板合成是公认的合成纳米材料及纳米阵列的最理想方法。

5)所用模板容易制备，合成方法简单，很多方法适合批量生产。

模板法的类型大致可分为硬模板和软模板两大类。硬模板包括多孔氧化铝、二氧化硅、碳纳米管、分子筛以及经过特殊处理的多孔高分子薄膜等。软模板两亲分子形成的各种有序聚集体，如液晶、胶束、LB 膜等以及高分子自组织结构、生物大分子及其聚集体等。

1. 碳纳米管模板法

自从 1991 年发现碳纳米管以来，碳纳米管合成方法的优化、结构表征以及性能方面已有很多研究。碳纳米管是一层或若干层石墨碳原子卷曲形成的笼状纤维，可由直流电弧放电、激光烧蚀、化学气相沉积等方法合成，直径一般为 0.4～20nm，管间距 0.34nm 左右，长度可从几十纳米到毫米级甚至厘米级，分为单壁碳纳米管和多壁碳纳米管两种(见图 10-16)。

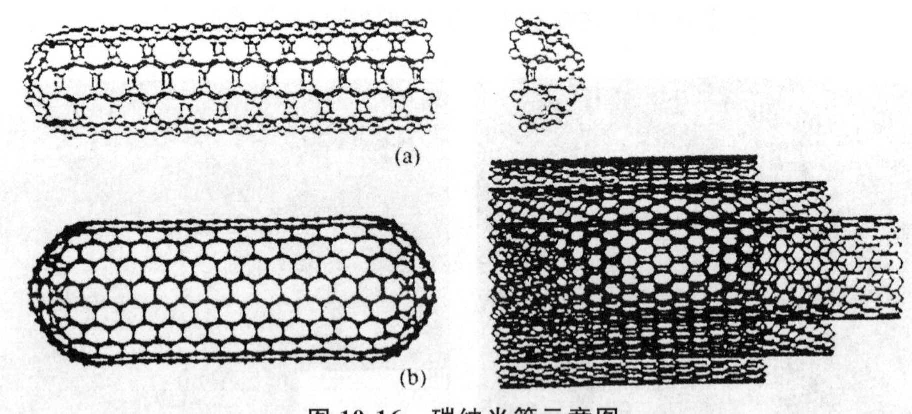

图 10-16　碳纳米管示意图

(a)单壁；(b)多壁

以碳纳米管为模板可以制得多种物质的纳米管、纳米棒和纳米线。以碳纳米管作为模板制备的纳米材料既可覆盖在碳纳米管的表面也可填充在纳米管的管芯中。将熔融的五氧化二钒、氧化铝、铅等组装到多层碳纳米管中可形成纳米复合纤维。通过液相方法将氯化银-溴化银填充到单壁碳纳米管的空腔中，经光解形成银纳米线。将 C_{60} 引入碳纳米管可制备 C_{60}-碳纳米管复合材料。

首次成功制备的钒氧化物纳米管就是由碳纳米管作模板得到的。除了钒的氧化物纳米管外，用碳纳米管作模板也可以得到二氧化硅纳米管、氧化铝、氧化钼、氧化铷纳米管等。排列整齐的碳纳米管与氧化硅在1400℃下反应可以得到高度有序的碳化硅纳米棒。采用碳纳米管模板法可以制备多种金属、非金属氧化物的纳米棒，例如GeO_2、IrO_2、MoO_2、MoO_3、RuO_2、V_2O_5、WO_3以及Sb_2O_5纳米棒。

2. 多孔氧化铝模板法

多孔氧化铝(AAO)模板是高纯铝片经过除脂、电抛光、阳极氧化、二次阳极氧化、脱膜、扩孔而得到的，表面膜孔为六方形孔洞，分布均匀有序，孔径大小一致，具有良好的取向性，孔隙率一般为(1～1.2)$\times 10^{11}$个/cm，孔径为4～200nm，厚度为10～100μm。氧化膜断面中膜孔道平直且垂直于铝基体，氧化铝膜背呈清晰的六方形网格(图10-17)。

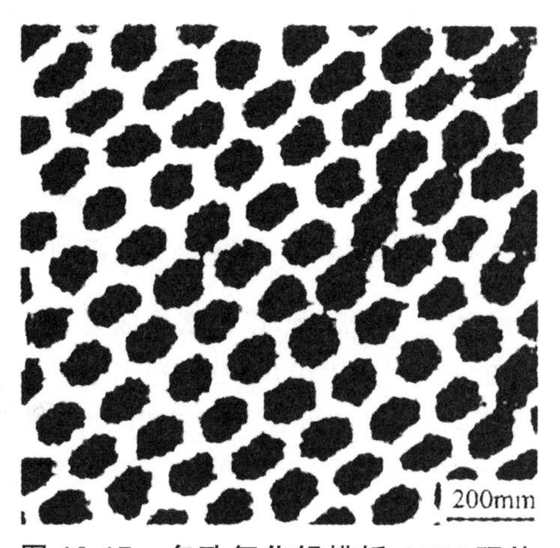

图10-17　多孔氧化铝模板AFM照片

制备多孔氧化铝时，电解液的成分、阳极氧化的电压、铝的纯度和反应时间对模板性质都有重要影响。制备阳极氧化铝膜的电解液一般采用硫酸、磷酸、草酸以及它们的混合液。这三种电解液所生成的膜孔大小与孔间距不同，顺序为磷酸>草酸>硫酸(表10-1)。因此，考虑规定大小的纳米线性材料的制备时，可采用不同的电解液。

表10-1　不同条件下多孔氧化铝膜孔径的典型值

电介质类型	电介质温度/℃	氧化电压/V	孔径/nm
1.2mol/L H_2SO_4	1	19	15
0.3mol/L H_2SO_4	14	26	20
0.3mol/L $H_2C_2O_4$	14	40	40
0.3mol/L $H_2C_2O_4$	14	60	60
0.3mol/L H_3PO_4	3	90	90

利用多孔氧化铝膜作模板可制备多种化合物的纳米结构材料，如通过溶胶—凝胶涂层技术可以合成 SiO_2 纳米管，通过电沉积法可以制备 Bi_2Te_3 纳米线。这些多孔的氧化铝膜还可以被用作模板来制备各种材料的纳米管或纳米棒的有序阵列，包括半导体（CdS、GaN、Bi_2Te_3、TiO_2、In_2O_3、CdSe、MoS_2 等）、金属（Au、Cu、Ni、Bi 等）、合金（Fe_2Ag_{1-x}）以及 $BaTiO_3$、$PbTiO_3$ 和 $Bi_{1-x}Sb_x$ 纳米线有序阵列等线形纳米材料。用硫代乙酰胺和乙酸镉为起始材料在 AAO 模板中制备多种硫化物半导体纳米线的过程如图 10-18 所示。

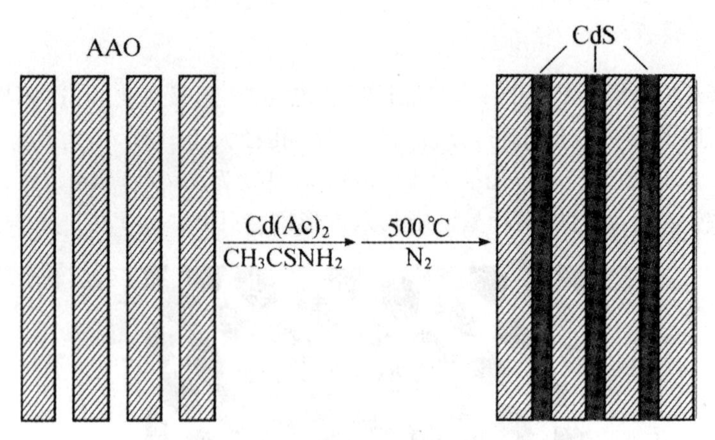

图 10-18　AAO 为模板制备 CdS 纳米线阵列的示意图

将多孔氧化铝膜制备工艺移植到硅衬底上，以硅基集成为目的，研制硅衬底多孔氧化铝模板复合结构成为一个新的研究方向。利用铝箔在酸溶液中的两次阳极氧化制备出模板，调整工艺条件可得到有序孔阵列模板，孔的尺寸可在 10～200nm 之间变化，锗通过在硅衬底上的模板蒸发得到纳米点，这种纳米点的直径为 80nm，所研制的金属—绝缘体—半导体结构有存储效应。

10.3.5　利用保护剂控制纳米粒子的尺寸

利用适当的保护剂包覆在纳米粒子表面以阻止其继续长大的方法是很多纳米粒子制备过程中都采用的，据此已经发展出一套制备单分散Ⅱ～Ⅵ族和Ⅲ～Ⅴ族半导体纳米粒子的非常成熟的方法：选择合适的前驱体，在三辛基膦（TOP）溶液中利用三辛基氧磷（TOPO）作为保护剂进行回流反应，图 10-19(a)是反应装置的示意图，图 10-19(b)和(c)分别是保护剂包覆的纳米粒子示意图和制得的纳米粒子的高分辨电镜照片。用这种方法可以得到粒径分布很窄，且大小可调的纳米粒子，这些尺寸不同的粒子的发光波长也不同[图 10-19(d)]。

除了半导体纳米粒子，此方法也可以用来制备金属纳米粒子。比如利用长链胺和长链羧酸作为保护剂，在二苯醚溶液中回流 $Fe(CO)_5$ 与其他金属的化合物就可以得到单分散的铁合金纳米粒子。

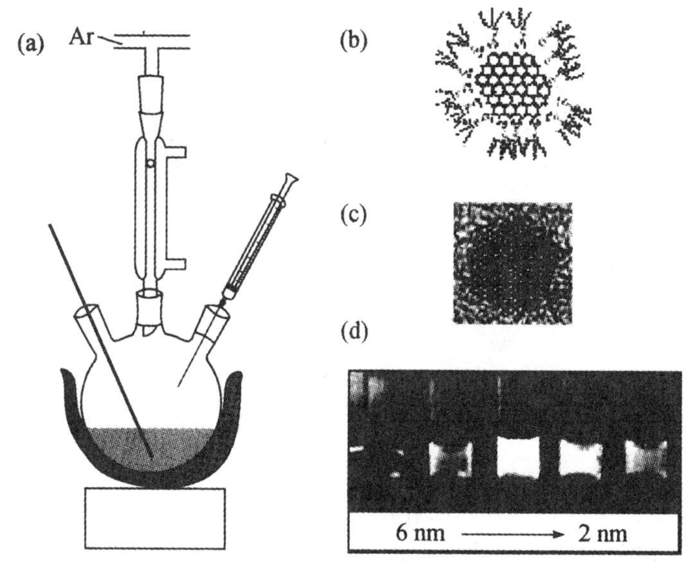

图 10-19　回流制备半导体纳米粒子的装置、制备出的粒子的结构及在紫外光激发下显示出的不同颜色的荧光

10.4　纳米材料的应用

由于纳米材料具有表面效应、量子尺寸效应、小尺寸效应和宏观量子隧道效应等特性，使纳米微粒的热、磁、光、敏感特性、表面稳定性、扩散和烧结性能，以及力学性能明显优于普通微粒。纳米材料的这些特性使它的应用领域十分广阔。它能改良传统材料，能源源不断地产生出新材料。例如纳米材料的力学性能和电学性能可以使它成为高强、超硬、高韧性、超塑性材料以及绝缘材料、电极材料和超导材料等。它的热学稳定性使它成为低温烧结材料、热交换材料和耐热材料等；它的磁学性能可用于永磁、磁记录、磁储存、磁流体、磁探测器、磁制冷材料等；它的光学性能又可用于光反射、光储存、光通信、光过滤、光开关、光折射、红外传感器等；它的燃烧性能还可用于火箭燃料添加剂、阻燃剂等。纳米材料在材料科学领域将大放异彩，在新材料、能源、信息等高新技术领域和在纺织、军事、医学和生物工程、化工、环保等方面都将会发挥举足轻重的作用。

10.4.1　纳米材料在信息能源方面的应用

1. 纳米磁记录材料

磁记录是信息储存与处理的重要手段，随着科学的发展，要求记录密度越来越高。20 世纪 80 年代日本就利用 Fe、Co、Ni 等金属超微粒制备高密度磁带。磁性纳米微粒由于尺寸小，具有单磁畴结构、矫顽力很高的特性，用它制作磁记录材料可以提高信噪比，改善图像质量。

作为磁记录单位的磁性粒子的大小必须满足以下条件：粒子的宽度（如可能长度也包括在内）应该远小于记录深度；颗粒的长度应小于记录波长；一个单位的记录体积中，应尽可能有更多的磁性粒子。

磁记录材料对纳米粒子的要求是:单磁畴针状微粒,体积要求尽量小,但不能小于变成超顺磁性的临界尺寸(约 10nm)。目前,所用的录像磁带的磁体是大小为 100～300nm(长)、10～20nm(短径)的超微粒子。磁带一般使用的磁性超微粒为铁或氧化铁的针状粒子。

磁性纳米粒子除了上述应用外,还可用作光快门、光调节器(改变外磁场,控制透光量)、激光磁艾滋病毒检测仪等仪器仪表、抗癌药物磁性载体、细胞磁分离介质材料,复印机墨粉材料以及磁墨水和磁印刷等。

2. 新型的磁性液体

纳米磁性液体也叫磁流体或铁磁流体,是一种对磁场敏感、可流动的超顺磁性液体磁性材料。磁性液体的主要特点是在磁场作用下,可以被磁化,可以在磁场作用下运动,但同时它又是液体,具有液体的流动性。在静磁场作用下,磁性颗粒将沿着外磁场方向形成一定有序排列的团链簇,从而使得液体变为各向异性的介质。当光波、声波在其中传播时(如同在各向异性的晶体中传播一样),会产生光的法拉第旋转、双折射效应、二向色性以及超声波传播速度与衰减的各向异性。此外,磁性液体在静磁场作用下,介电性质亦会呈现各向异性。这些有别于通常液体的奇异性质,为若干新颖的磁性器件的发展奠定了基础。磁性液体的应用主要表现为用于旋转轴的动态密封、新的润滑剂、增进扬声器功率、做阻尼器件等。

磁性液体还有许多其他用途,如利用磁性液体对不同密度的物体可以进行密度分离,设计出磁性液体比重计,以及仪器仪表中的阻尼器、磁性液体发电机、无声快速的磁印刷、医疗中的造影剂等等。

3. 纳米微晶软磁材料

微晶材料通常采用熔融快淬的工艺制成。Fe-Si-B 是一类重要的微晶态软磁材料,如果直接将微晶材料在晶化温度进行退火,所获得的晶粒分布往往是非均匀的,为了获得均匀的纳米微晶材料,人们在 Fe-Si-B 合金中再添加 Cu、Nb 元素,Cu 、Nb 均不固溶于 Fe-Si 合金,添加 Cu 有利于生成铁微晶的成核中心,而 Nb 却有利于细化晶粒。著名纳米微晶软磁材料组成为 $Fe_{73.5}CuNb_3Si_{13.5}B_9$,它的磁导率高达 10^5,饱和磁感应强度为 1.30T,其性能优于铁氧体与非磁性材料;作为工作频率为 30kHz 的 2kW 开关电源变压器,质量仅为 300g,体积仅为铁氧体的 1/5,效率高达 96%。

纳米微晶软磁材料目前沿着高频、多功能方向发展,其应用领域将遍及软磁材料应用的各方面,如功率变压器、高频变压器、脉冲变压器、扼流圈、可饱和电抗器、磁屏蔽、磁头、磁开关、互感器、传感器等,近来发现的纳米微晶软磁材料在高频场中具有巨磁阻抗效应,又为它作为磁敏感元件的应用增加了一个新亮点。

10.4.2 纳米材料在建筑材料中的应用

纳米材料以其特有的光、电、热、磁等性能为建筑材料的发展带来一次前所未有的革命。利用纳米材料的随角异色现象开发的新型涂料,利用纳米材料的自洁功能开发的抗菌防霉涂料、PPR 供水管,利用纳米材料具有的导电功能而开发的导电涂料,利用纳米材料屏蔽紫外线的功能可大大提高 PVC 塑钢门窗的抗老化黄变性能，利用纳米材料可大大提高塑料管材的强度等。由此可见，纳米材料在建材中具有十分广阔的市场应用前景和巨大的经济、社会效益。

1. 纳米技术在混凝土材料中的应用

纳米材料由于具有小尺寸效应、量子效应、表面及界面效应等优异特性，因而能够在结构或功能上赋予其所添加体系许多不同于传统材料的性能。利用纳米技术开发新型的混泥土可大幅度提高混凝土的强度、施工性能和耐久性能。

2. 纳米技术在建筑涂料中的应用

纳米复合涂料就是将纳米粉体用于涂料中所得到的一类具有耐老化、抗辐射、剥离强度高或具有某些特殊功能的涂料。在建材(特别是建筑涂料)方面的应用已经显示特殊魅力，包括光学应用纳米复合涂料、吸波纳米复合涂料、纳米自洁抗菌涂料、纳米导电涂料、纳米高力学性能涂料。

3. 纳米技术在陶瓷材料中的应用

工程陶瓷因其具有硬度高、耐高温、耐磨损、耐腐蚀以及质量轻、导热性能好而得到广泛的应用，但是工程陶瓷存在脆性、均匀性差等缺点。根据材料使用性能的要求，可以在微米级基体中引入纳米分散相进行复合，可使材料的断裂强度、断裂韧性大大提高(2～4 倍)，使最高使用温度提高 400℃～600℃，同时还可使材料的硬度、弹性模量、抗蠕变性和抗疲劳破坏性能提高。

10.4.3　纳米材料在医学和生物工程上的应用

纳米技术对生物医学工程的渗透与影响是显而易见的，它将生物兼容物质的开发，利用生物大分子进行物质的组装、分析与检测技术的优化，药物靶向性与基因治疗等研究引入微型和微观领域，并已取得了一些研究成果。

1. 纳米医学材料

纳米材料在骨组织工程中也具有广阔的应用前景，传统的氧化物陶瓷是一类重要的生物医学材料，在临床上已有多方面的应用，例如制造人工骨、人工齿、人工足关节、肩关节、骨螺钉、肘关节等，还用作负重的骨杆，锥体人工骨。纳米陶瓷的问世，将使陶瓷材料的强度、硬度、韧性和超塑性大为提高，因此在人工器官制造，临床应用等方面，纳米陶瓷将比传统陶瓷有更广泛的应用，并有极大的发展前景。纳米微孔二氧化硅玻璃粉已被广泛用作功能性基体材料，譬如微晶储存器、微孔反应器、化学和生物分离基质、功能性分子吸附剂、生物酶催化剂载体、药物控制释放体系的载体等。纳米碳纤维具有低密度、高比模量、高比强度、高导电性等特性，而且缺陷数量极少、比表面积大、结构致密。利用这些超常特性和它的良好生物相容性，可使碳质人工器官、人工骨、人工齿、人工肌腱的强度、硬度和韧性等多方面性能显著提高。还可利用其高效吸附特性，把它用于血液的净化系统，以清除某些特定的病毒或成分。

2. 纳米中药

“纳米中药”指运用纳米技术制造的粒径小于 100nm 的中药有效成分、有效部位、原药及其复方制剂。纳米中药不是简单地将中药材粉碎成纳米颗粒，而是针对中药方剂的某味药的有效部位甚至是有效成分进行纳米技术处理，使之具有新的功能：拓宽原药适应性、提高生物利用度、降低毒副作用、增强靶向性、丰富中药的剂型选择、减少用药量等。

纳米中药的制备要考虑到中药组方的多样性和中药成分的复杂性。要针对植物药、动物药、矿物药的不同单味药，以及无机、有机、水溶性和脂溶性的不同有效成分确定不同的技术方法。也应该在中医理论的指导下研究纳米中药新制剂，使之成为高效、速效、长效、低毒、小剂量、方便的新制剂。

聚合物纳米中药的制备有两种。一是采用壳聚糖、海藻酸钠凝胶等水溶性的聚合物。例如将含有壳聚糖和两嵌段环氧乙烷－环氧丙烷共聚物水溶液与含有三聚磷酸钠水溶液混合得到壳聚糖纳米微粒。这种微粒可以和牛血清白蛋白、破伤风类毒素、胰岛素和核苷酸等蛋白质有良好的结合性。已经采用这种复合凝聚技术制备 DNA－海藻酸钠凝胶纳米微粒。二是把中药溶入聚乳醇－有机溶液中，在表面活性剂的帮助下形成 O/W 或 W/O 型乳液，蒸发有机溶剂，含药聚合物则以纳米微粒分散在水相中，并可进一步制备成注射剂。

聚合物纳米中药具有以下优点。

1)纳米微粒表面容易改性而不团聚，在水中形成稳定的分散体。

2)采用了可生物降解的聚合材料。

3)高载药量和可控制释放。

4)聚合物本身经改性后具有两亲性，从而免去了纳米微粒化时表面活性剂的使用。

3. 纳米医疗技术

纳米技术导致纳米机械装置和传感器的产生。纳米机器人是纳米机械装置与生物系统的有机结合，在生物医学工程中充当微型医生，解决传统医生难以解决的问题。这种纳米机器人可注入人体血管内，成为血管中运作的分子机器人。它们从溶解在血液中的葡萄糖和氧气中获得能量，并按医生通过外界声信号编制好的程序探视它们碰到的任何物体。它们也可以进行全身健康检查，用类似机械功能，清除心脏动脉脂肪沉积物，疏通脑血管中的血栓，吞噬病菌，杀死癌细胞。纳米机器人还可以用来进行人体器官的修复工作，如修复损坏的器官和组织，做整容手术，进行基因装配工作，即从基因中除去有害的 DNA；或把 DNA 安装在基因中，使机体正常运转；或使引起癌症的 DNA 突变发生逆转而延长人的寿命；或使人返老还童。

纳米生物计算机的主要材料之一是生物工程技术产生的蛋白质分子，并以此作为生物芯片。在这种生物芯片中，信息以波的方式传播，其运算速度要比当今最新一代计算机快 10 到几万倍，能量消耗仅相当于普通计算机的十亿分之一，存储信息的空间仅占百亿分之一。由于蛋白质能够自我组合，再生出新的微型电路，使得纳米生物计算机具有生物体的一些特点，如能能模仿人脑的机制、发挥生物本身的调节机能自动修复芯片上发生的故障等。纳米生物计算机的发展必将使人们在任何时候、任何地方都可享受医疗，而且可在动态检测中发现疾病的先兆，从而使早期诊断和预防成为可能。

纳米技术的应用已有了原型样机，堪培拉分子工程技术合作研究中心完成了填充了直径为1.5nm离子通道的合成膜的生物传感器。专家预测，纳米技术的医学应用初期将集中于体外，如含有纳米尺寸离子通道的人工膜生物传感器将使医学检测、生物战剂侦测及环境检测改观。在此基础上建立的纳米医学，可能应用由纳米计算机控制的纳米机器，以引导智能药物到达目标场所发挥作用。

纳米技术和生物学相结合可研制生物分子器件。以分子自组装为基础制造的生物分子器件是一种完全抛弃以硅半导体为基础的电子元件。在自然界能保持物质化学性质不变的最小单位是分子，一种蛋白质分子可被选作生物芯片的理想材料。现在已经利用蛋白质制成了各种开关器件、存储器、逻辑电路、传感器、检测器以及蛋白质集成电路等生物分子器件。利用细菌视紫红质和发光染料分子研制出具有电子功能的蛋白质分子集成膜，可使分子周围的势场得到控制的新型逻辑元件；利用细菌视紫红质也可制作光导与“门”；利用发光门制成蛋白质存储器，进而研制模拟人脑联想能力的中心网络和联想式存储装置。利用它还可以开发出光学存储器和多次录抹光盘存储器。

10.4.4 纳米光学材料的应用

纳米微粒由于小尺寸效应使它具有常规大块材料不具备的光学特性，如光学非线性、光吸收、光反射、光传输过程中的能量损耗等都与纳米微粒的尺寸有很强的依赖关系。利用纳米微粒的特殊的光学特性制备成各种光学材料将在日常生活和高技术领域得到广泛的应用。

1. 红外反射材料

由金超微粒子沉积在基板上形成的膜可用作红外线传感器。金超微粒子膜的特点是对可见光到红外光整个范围的光吸收率很高，当膜的厚度达到500$\mu\cdot cm^{-2}$以上时，可吸收95%的光。在结构上，导电膜最简单，为单层膜，成本低。金属－电介质复合膜和电介质复合膜红外反射性能最好，耐热度在200℃以下。电介质多层膜红外反射性良好并且可在很高的温度下使用(小于900℃)。导电膜虽然有较好的耐热性能，但其红外反射性能稍差。

在灯泡工业上，纳米微粒的膜材料有很好的应用前景。高压钠灯以及各种用于拍照、摄影的碘弧灯都要求强照明，但是电能的69%转化为红外线，这就表明有相当多的电能转化为热能被消耗掉，仅有一少部分转化为光能来照明。同时，灯管发热也会影响灯具的寿命，如何提高发光效率，增加照明度一直是亟待解决的关键问题，纳米微粒的诞生为解决这个问题提供了一个新的途径。20世纪80年代以来，人们用纳米TiO_2和纳米SnO_2微粒制成了多层干涉膜，总厚度为微米量级，衬在有灯丝灯泡罩的内壁，结果不但透光率好，而且有很强的红外线反射能力。有人估计这种灯泡亮度与传统的卤素灯相同时，可节约15%的电。

2. 纳米隐身技术

纳米隐身技术包括反声纳、反雷达、反激光、反红外探测。基本原理是利用纳米吸波材料，将雷达波转换成为其他形式的能量(如机械能、电能和热能)而消耗掉。美国F117A型飞机蒙皮上的隐身材料，含有多种超微粒子，它们对不同波段的电磁波有强烈的吸收能力。一方面由于纳米微粒尺寸远小于红外及雷达波波长，因此纳米微粒材料对这种波的透过率，比常规材料要强得多，这就大大减少对波的反射率，使得红外探测器和雷达接收到的反射信号变得很微弱，从而达到隐身的作用。另一方面，纳米微粒材料的比表面积比常规粗粉大 3～4 个数量级，对红外光和电磁波的吸收率也比常规材料大得多，这就使得红外探测器及雷达得到的反射信号强度大大降低，因此很难发现被探测目标，起到了隐身作用。目前隐身材料虽在很多方面都有广阔的应用前景，但当前真正发挥作用的隐身材料大多使用在航空航天与军事密切关系的部件上。

吸波材料一般由基体材料(或胶粘剂)与损耗介质复合而成。当前研究的重点，包括基体材料、损耗介质和成形工艺的设计，其中损耗介质的性能、数量及匹配选择是吸波材料设计中的重要环节。目前，已研制开发并成功应用于吸波材料中的损耗介质达几十种之多，并还在不断发展新品种。根据吸收机理的不同，吸波材料中的损耗介质可分为电损耗型和磁损耗型两大类。前者包括各种导电性石墨粉、烟墨粉、碳化硅粉末或碳化硅纤维、碳粒、金属短纤维、特种碳纤维、钛酸钡陶瓷和各种导电性高分子聚合物等，其主要特点是具有较高的电损耗正切值，依靠介质的电子极化、分子极化、粒子极化，或界面极化衰减、吸收电磁波。后者包括各种铁碳体粉、羧基铁粉、超细金属粉和纳米材料等，具有较高的磁正切值，依靠磁滞损耗、畴壁共振和自然共振、后效损耗等磁极化机制衰减、吸收电磁波。结构型吸波材料是吸波材料中主要的一类。通过各种特殊的纤维，在提高材料力学性能的同时，又使它具有一定的吸波性能，实现隐身与承载双功能，这是目前吸波材料发展的主要方向。

此外，一些军事发达国家，用具有红外吸收功能的纤维研制成红外吸收隐身军服。人体释放的红外线大致在 4～6mm 的中红外频段，红外吸收纳米微粒由于粒度小，很容易填充到纤维中，在拉纤维时不会堵喷头，而且某些纳米微粒具有很强的吸收中红外频段的特性。纳米氧化铝、二氧化钛、二氧化钛和氧化铁的复合粉就具有这种功能。纳米添加的纤维还有一个特性，就是对人体红外线有强吸收作用，这就可以增加保暖作用，减轻衣服的重量。

10.4.5 纳米材料在环境保护方面的应用

纳米材料对各个领域都有不同程度的影响和渗透，特别是纳米材料在环境保护和环境治理方面的应用，给我国乃至全世界在治理环境污染方面带来了新的机会。下面讨论几种目前在环境保护和环境治理方面研究和应用较多的纳米材料。

1. 废气处理

随着人们生活水平的提高，交通工具越来越发达，汽车拥有量越来越多，汽车所排放的尾气已成为污染大气环境的主要来源之一。汽车尾气的治理成为各国政府亟待解决的难题。研究发现，纳米级稀土钙钛矿型复合氧化物 ABO_3 对汽车尾气所排放的一氧化碳、一氧化氮和碳氢化合物具有良好的催化转化作用。把它作为活性组分负载于蜂窝状堇青石载体制成的汽车尾气催化剂，其三元催化效果较好，且价格便宜，可以替代昂贵的贵金属催化剂。近年来，很多稀土钙钛矿型复合氧化物已经投放市场应用于汽车尾气的治理。

2. 废水处理

自 1976 年 J. H. Cary 等人报道了在紫外线照射下，纳米二氧化钛可使难降解的有机化合物多氯联苯脱氯的光催化氧化水处理技术后，引起了各国众多研究者的普遍重视。迄今为止，已经发现有 3000 多种难降解的有机化合物可以在紫外线的照射下通过纳米二氧化钛或氧化锌迅速降解，特别是当水中有机污染物浓度很高或用其他方法很难降解时，这种技术有着明显的优势。研究较多的是纳米二氧化钛，纳米二氧化钛不但具有纳米材料的特性，还具有优良的光催化性能，可以分解有机废水中的卤代脂肪烃、卤代芳烃、酚类、有机酚类等以及空气中的甲醇、甲醛、丙酮等有害污染物为二氧化碳和水。纳米二氧化钛在环境污染治理方面发挥着越来越大的作用。

如果把纳米微粒做成净水剂，那么这种净水剂的吸附能力是普通净水剂 $AlCl_3$ 的 10～20 倍，如此强的吸附力足以把污水中的悬浮物完全吸附和沉淀下来。若再以纳米磁性物质、纤维和活性炭净化装置相配套，就可有效地除去水中的铁锈、泥沙和异味。经过前两道净化工序后水体清澈、无异味，并且口感较好。这样的水流过具有纳米孔径的特殊水处理膜和具有不同纳米孔径的陶瓷小球组装的处理装置后，水中的细菌、病毒得以百分之百去除，达到饮用水的标准。

3. 固体垃圾处理

将纳米技术和纳米材料应用于城市固体垃圾处理主要表现在两个方面。

1)将橡胶制品、塑料制品、废旧印刷电路板等制成超微粉末，除去其中的异物，成为再生原料回收。例如把废橡胶轮胎制成粉末用于铺设田径运动场、道路和新干线的路基等。

2)应用纳米二氧化钛加速城市垃圾的降解，其降解速度是大颗粒二氧化钛的 10 倍以上，从而可以缓解大量生活垃圾给城市环境带来的巨大压力。

随着纳米材料和纳米技术基础研究的深入和实用化进程的发展，纳米材料在环境保护和环境治理方面的应用显现出欣欣向荣的景象。纳米材料与传统材料相比具有很多独特的性能，以后还会有更多的纳米材料应用于环境保护和治理，许多环保难题诸如大气污染、污水处理、城市垃圾等将会得到解决。我们将充分享受纳米技术给人类带来的洁净环境。

纳米材料在其他方面也有广阔的应用前景。美国、英国等国家已成功制备出纳米抛光液，并有商品出售。纳米微粒使抛光剂中的无机小颗粒越来越细，分布越来越窄，适应了更高光洁度的晶体表面的抛光。另外，纳米技术制备的静电屏蔽材料用于家用电器和其他电器的静电屏蔽具有良好的作用。日本松下公司已利用二氧化钛，氧化铝，氧化铬和氧化锌的纳米微粒成功研制出具有良好静电屏蔽的纳米材料，这种纳米静电屏蔽涂料不但有很好的静电屏蔽特性，而且也克服了炭黑静电屏蔽涂料只有单一颜色的单调性。

纳米粒子在工业上的初步应用也显示出了它的优越性。美国把纳米氧化铝加到橡胶中提高了橡胶的耐磨性和介电特性；日本把氧化铝纳米颗粒加入普通玻璃中，明显改善了玻璃的脆性；美国科学工作者把纳米微粒用于印刷油墨，正准备设计一套商业化的生产系统，不再依靠化学颜料而是选择适当体积的纳米微粒来得到各种颜料。

纳米材料诱人的应用前景使人们对这一崭新的材料科学领域和全新研究对象努力探索，扩大其应用范围，使它为人类带来更多的利益。

第11章 新型无机材料

11.1 功能陶瓷

功能陶瓷是指其自身具有某方面的物理化学特性，表现出对电、光、磁、化学和生物环境产生响应的特征性陶瓷，可用以制造很多功能材料。功能陶瓷具有性能稳定、可靠性高、来源广泛、可集多种功能于一体的特性。在信息技术领域具有十分重要的地位，广泛应用于各种信息的存储、转换和传导，彩色电视机中，75%的电子元器件是由陶瓷材料制造的。

11.1.1 电介陶瓷

电介质陶瓷是指电阻率大于 $10^8\Omega \cdot m$ 的陶瓷材料，能承受较强的电场而不被击穿。按其在电场中的极化特性，可分为电绝缘陶瓷和电容器陶瓷。后来，在这类材料中又相继发现了压电、铁电和热释电等性能的陶瓷，因此电介质陶瓷作为功能陶瓷又在传感、电声和电光技术等领域得到广泛应用。电介质陶瓷在静电场或交变电场中使用，衡量其特性的主要参数是体积电阻率、介电常数和介电损耗。

1. 电绝缘陶瓷

大多数陶瓷属绝缘体，少部分属半导体、导体，甚至超导体。陶瓷存在电子式载流子和离子式载流子。绝缘陶瓷的禁带很宽，其禁带宽度大于几个 eV(半导体的禁带小于 2eV)，见表11-1。因此，离子扩散而产生的离子导电是陶瓷的主要导电形式。

表 11-1 陶瓷的禁带宽度 E_g

材料	结合键	E_g/eV	材料	结合键	E_g/eV
Si	共价键	1.1	TiO_2	离子键	3.05～3.8
GaAs	共价键	1.53	ZnO	离子键	3.2
金刚石	共价键	6	Al_2O_3	离子键	10
$BaTiO_3$	离子键	2.5～3.2	MgO	离子键	>7.8

离子电导率受离子的荷电量和扩散系数的影响。荷电性和体积越小的离子，越易扩散激活能也小。碱离子，尤其是钠离子，显著降低陶瓷的绝缘性。

基于天然矿物的绝大多数氧化物陶瓷为绝缘体，如黏土、滑石陶瓷等。主晶相为 α-Al_2O_3 的氧化铝系陶瓷中，氧化铝的含量对其电性能有较大影响，随氧化铝含量降低，其力学强度降低，介电损耗变大。除化学成分上的影响，陶瓷电绝缘性还与其介观组织形态和构成有关。一般陶瓷包含主晶相、气孔相及粘接于晶粒间的无定形玻璃相，晶相与气孔相电绝缘性很好，陶瓷整体的电绝缘性由玻璃相的化学性质决定，为避免玻璃相出现大量无定形硅酸钠结构，绝缘陶瓷玻璃相应尽可能由硅玻璃、硼玻璃、铝硅玻璃及硼硅玻璃构成，以消除玻璃相无机网络中钠离子的阴离子结合位。

绝缘陶瓷除了电性能方面要求，还应具有较高的力学强度、耐热性、高导热性。来自硅酸盐材料的氧化物陶瓷是最主要的绝缘陶瓷家族，包括主晶相为莫来石（$3Al_2O_3 \cdot SiO_2$）的普通陶瓷、主晶相为刚玉的氧化铝陶瓷及主晶相为含镁硅酸盐的镁质陶瓷，可作为固定高压电线的瓷碍子。其他氧化物绝缘陶瓷还包括高导热的 BeO 绝缘陶瓷；由高岭土与碳酸钡烧制而成的钡长石瓷高温介电损耗小，用作电阻瓷。非氧化物类陶瓷包括 A1N、Si_3N、SiC、BN 等，属于高导热绝缘陶瓷。

2. 半导体电容器陶瓷

在 $BaTiO_3$、$SrTiO_3$ 高介电常数半导体陶瓷表面或晶界形成薄的绝缘层就构成半导体电容器。表面层半导体电容器的介质层厚度为 10～15μm，晶界层电容器的介质层厚 0.1～2μm。晶界层电容器的介电常数比常规瓷电容器高几倍到几十倍。

表面层电容器是在半导体瓷表面于空气中烧渗金属电极时，在陶瓷表面形成一层具有整流作用的高阻挡层。$BaTiO_3$ 表面烧渗银电极时，接触界面生成 P 型半导体的 Ag,O 与 N 型半导体的 $BaTiO_3$ 构成 P—N 结，故表面层电容器也称为 P—N 结电容器。表面层电容器的耐电强度差，为了改善其耐压特性，可采用电价补偿法。

电价补偿法是在半导体瓷表面涂覆一层受主杂质，通过热处理使受主金属离子沿半导体表面扩散，表面层则因受主杂质的补偿作用变成绝缘介质层。还原再氧化法通常是电容器先在空气中烧成，后在还原气氛下强制还原成半导体，最后在氧化气氛中把表面层重新氧化成绝缘介质层。

晶界层电容器是在 $BaTiO_3$ 的半导体陶瓷表面涂覆金属氧化物，在氧化条件下进行热处理，涂覆氧化物与 $BaTiO_3$ 形成低共熔相，沿开口气孔渗入陶瓷内部，沿晶界扩散，在晶界上形成一薄层固溶体绝缘层。

3. 铁电陶瓷

铁电陶瓷是一类较为重要的电子功能陶瓷，铁电体存在类似于磁畴的电畴。每个电畴由许多永久电偶矩构成，它们之间相互作用，沿一定方向自发排列成行，形成电畴。无电场时，各电畴在晶体中杂乱分布，整个晶体呈中性。有电场时，电畴极化矢量转向电场方向，沿电场方向极化畴长大。极化强度 P 随外电场强度 E 按图 11-1 的 OA 线增大，直到整个晶体成为单一极化畴（B 点），极化强度达到饱和，以后极化时 P 和 E 呈线性关系（BC 段）。外推线性部分交于 P 轴的截矩称饱和极化强度 P_s。电场降为零时，存在剩余极化强度 P_r。再有反向电场强度 E_c 时，P 降至零，E_c 为矫顽电场。在交流电作用下，P 和 E 形成电滞回线。铁电体存在居里点，居里点以下显铁电性。

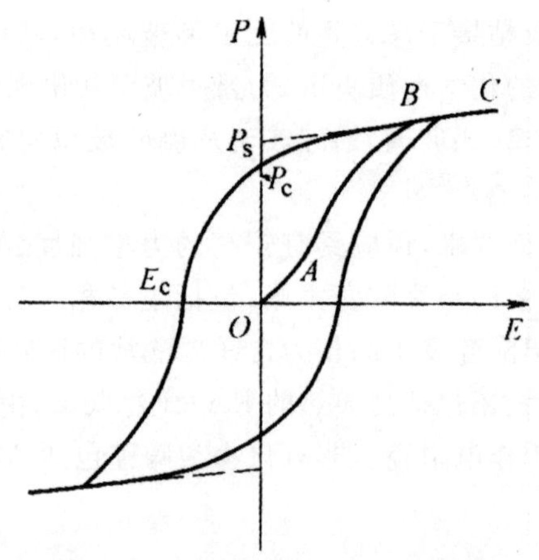

图 11-1　铁电陶瓷的电滞回线

铁电陶瓷的主晶相多属钙铁矿型，钨青铜型、焦绿石型等。铁电解质瓷具有很大的介电常数，可制成大容量电容器。介电常数与外电场呈非线性关系，可用于介质放大器。铁电陶瓷的介电常数随温度变化也呈非线性关系，用一定温度范围内的介电常数变化率或容量变化率来表示。

$BaTiO_3$ 是典型的铁电陶瓷，居里点以上是顺电的立方相，在居里点以下属铁电体的四方相。$BaTiO_3$ 中加入锶、锡、锌的化合物，居里点可调整到室温附近。

铁电解质瓷有高介铁电瓷、高压铁电瓷、低变化率铁电瓷和低损耗铁电瓷四类。

4. 反铁电陶瓷

反铁电体的晶体结构类似于铁电体，有一些共同特性，如高介电常数，介电常数与温度的非线性关系。不同是，反铁电体电畴内相邻离子沿反平行方向自发极化。每个电畴存在两个方向相反、大小相等的自发极化强度。反铁电体每个电畴总的自发极化为零。当外电场降为零时，反铁电体没有剩余极化。图 11-2 为反铁电体的双电滞回线。施加电场于反铁电体时，P 和 E 呈线性关系，类似于线性介质。但当超过 E_c 时，P 和 E 呈非线性关系至饱和，此时反铁电体相变为铁电体，E 下降时 P 也降低，形成类似铁电体的电滞回线。当 E 降至 E_p 时，铁电体又相变为反铁电体。施加反向电场时，在第 3 象限出现与之对称的电滞回线，形成双电滞回线。

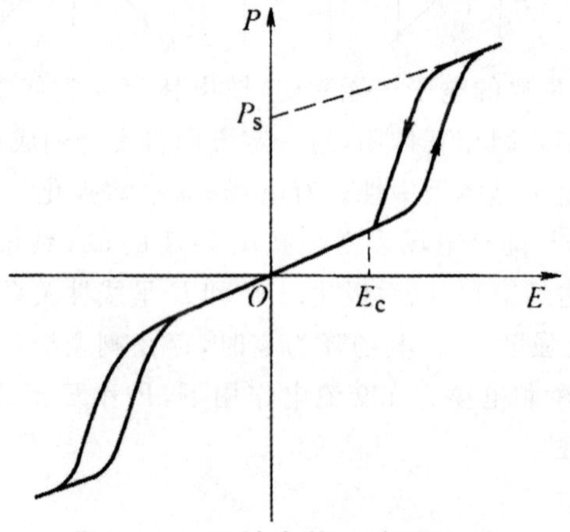

图 11-2　反铁电体双电滞回线

反铁电陶瓷种类很多，最常用的是由 $PbZrO_3$ 基固溶体组成的反铁电体。纯 $PbZrO_3$ 的相变场强 E_c 很高，当温度达居里点附近才能激发出双回线。为使在室温能激发出双回线，发展了以 $Pb(Zr,Ti,Sn)O_3$ 固溶体为基的反铁电陶瓷。

反铁电陶瓷储能密度高，储能释放充分，用作储能电容器。反铁电体发生反铁电⇔铁电相变时，应变很大。这给反铁电电容器造成困难，但可利用相变形变作成机电换能器，还可用作电压调节器和介质天线。

11.1.2　压电陶瓷

在电场作用下可引起电介质中带电粒子的相对位移而发生极化，但在某些电介质晶体中也可通过机械力作用而发生极化，并因此而引起表面电荷的现象称为压电效应。具有压电效应的晶体称为压电晶体。如果在铁电陶瓷片两侧放上电极，进行极化，使内部晶粒定向排列，陶瓷便具有压电性，成为压电陶瓷。

压电陶瓷的优点是易于制造，可成批量生产，成本低，不受尺寸和形状的限制，可在任意方向进行极化，可通过调节组分改变材料的性能，而且耐热、耐湿和化学稳定性好等。从晶体结构来看，属于钙钛矿型、钨青铜型、焦绿石型、含铋层结构的陶瓷材料具有压电性。目前应用最广泛的压电陶瓷有钛酸钡、钛酸铅、锆酞酸铅(PZT)、锆钛酸铅镧(PLZT)。

钛锆酸铅(PZT)是目前最有代表性的压电陶瓷材料，其晶格为立方晶型，其中的氧八面体中心包夹一 Ti 或 Zr 离子，此时晶胞具有高度对称性，正负电荷重心重合[图 11-3(a)]。当降低温度至其居里点以下时，晶格发生转变，由高度对称的立方晶系转变为对称性略低的四方晶系，其中变形氧八面体中包夹的 Ti 或 Zr 离子由于受到挤压，且有足够的运动空间，将不再位于晶胞中央位置，而沿 Z 轴偏离[图 11-3(b)]，导致晶胞正负电荷中心不重合，出现电极化，形成偶极子，大量的偶极子随机取向，宏观仍表现为电中性，即晶体表面均不带电荷。在外电场强制作用下，这些偶极子发生高度取向，极化同时也被强化。撤除电场后，极化取向虽有一定“消退”，但仍可能保持较高的极化取向度，该状态的晶体即具有压电性。

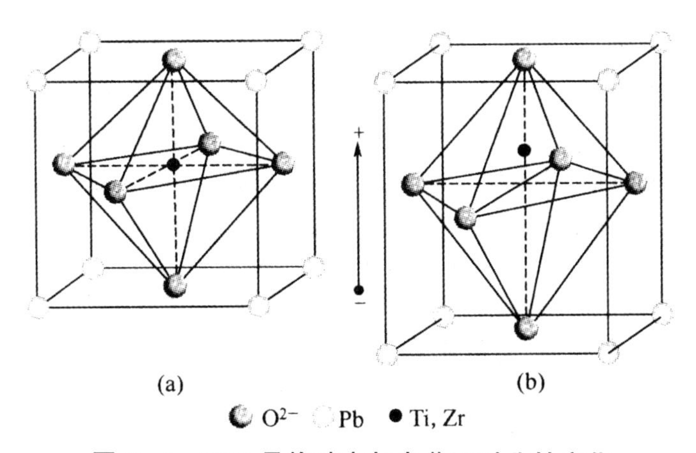

图 11-3　PZT 晶格畸变与电荷不对称性变化

压电陶瓷最为关键的是能量转换功能，可将机械能转变为电能，或逆向转换(图 11-4)，同时具有存储保留外来刺激的性能，为压电陶瓷应用提供了基础。

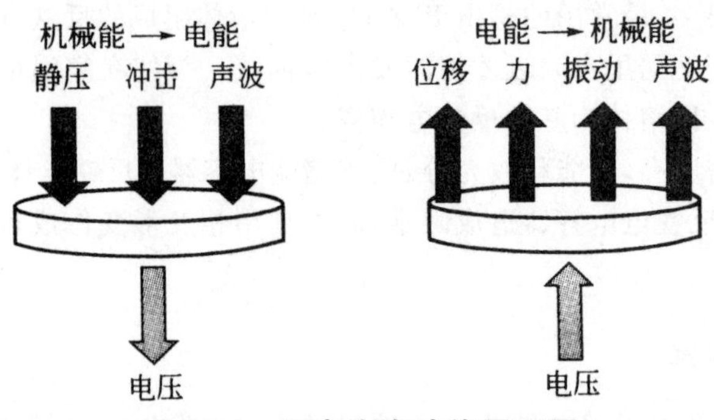

图 11-4 压电陶瓷功能原理图

压电陶瓷的应用十分广泛，目前压电陶瓷已用于传感器、驱动器、阻尼降噪等智能系统。88 层压电陶瓷片做的驱动器可在 20ms 内产生 50μm 的位移，驱动器已用于光跟踪、自适应光学系统、机器人微定位器等。压电陶瓷也用于小马达，压电陶瓷和聚合物组成的传感器已用于人工智能系统。压电陶瓷纤维复合材料，集传感器和驱动器于一身，用于自适应结构的智能系统。智能振动控制、噪声控制、安全和舒适控制在汽车上应用。压电陶瓷的电致伸缩效应也已用于制动器。

11.1.3 敏感陶瓷

敏感陶瓷是某些传感器中的关键材料之一，利用陶瓷对力、热、光、声、电、磁、气氛的敏感特性，可以制成各种敏感元件。敏感陶瓷材料性能稳定、可靠性好，成本低，易于多功能化和集成化等优点，已用作热敏、压敏、气敏、湿敏、光敏元件。

敏感陶瓷多属半导体陶瓷，半导体陶瓷一般是氧化物。在正常条件下，氧化物具有较宽的禁带($E_g>3$eV)，属绝缘体，要使绝缘体变成半导体，必须在禁带中形成附加能级，施主能级或受主能级。它们的电离能较小，在室温可受热激发产生导电载流子，形成半导体。通过化学计量比偏离或掺杂的办法，可以使氧化物陶瓷成半导体化。

在氧含量高的气氛中烧结时，陶瓷内的氧过剩，例如氧化物 MO 变成 MO_{1+x}，而在缺氧气氛中烧结时，则 MO 变成 MO_{1-x}，陶瓷内氧不足。当氧化物存在化学计量比偏离时，晶体内将出现空格点或填隙原子，产生能带畸变。

在实际生产中，通常通过掺杂使陶瓷半导化。氧化物晶体中，高价金属离子或低价金属离子的替位，都引起能带畸变，分别形成施主能级或受主能级，得到 N 型或 P 型陶瓷半导体。多晶陶瓷的晶界是气体或离子迁移的通道和掺杂聚集的地方，晶界处易产生晶格缺陷和偏析，晶粒表层易产生化学计量比偏离和缺陷，这些都导致晶体能带畸变，禁带变窄，载流子浓度增加。晶粒边界上离子的扩散激活能比晶体内低得多，易引起氧、金属及其他离子的迁移。通过控制杂质的种类和含量，可获得不同需要的半导体陶瓷。根据所利用的显微结构的敏感性，半导体陶瓷可分三类。

1)利用晶粒本身的性质。负电阻温度系数(NTC)热敏电阻、高温热敏电阻、氧气传感器。

2)利用晶界性质。正电阻温度系数(PTC)热敏电阻、ZnO 压敏电阻。

3)利用表面性质。气体传感器，湿度传感器。

11.2 半导体材料

11.2.1 半导体材料的分类

物质按其导电的难易程度可以分为导体、半导体和绝缘体。半导体材料的电阻率介于导体和绝缘体之间，数值一般在 $10^4 \sim 10^6 \Omega \cdot cm$ 范围内，但是单从电阻率的数值上来区分是不充分的，比如在仪器仪表中使用的一些电阻材料的电阻率数值也在这个范围之内，可是它们并不是半导体材料。半导体的电阻率还具有以下一些特性：加入微量的杂质、光照、外加电场、磁场、压力以及外界环境（温度、湿度、气氛）的改变或轻微改变晶格缺陷的密度都可能使其电阻率改变若干数量级。正因为半导体材料有这些特点，它才可以用来制作晶体管、集成电路、微波器件、发光器件以及光敏、磁敏、热敏、压敏、气敏、湿敏等各种功能器件，成为时代的宠儿。因此人们通常把电阻率在 $10^4 \sim 10^6 \Omega \cdot cm$ 范围内，并对外界因素，如电场、磁场、光温度、压力及周围环境气氛非常敏感的材料称为半导体材料。

半导体材料的种类十分丰富，按其成分，可分为元素半导体和化合物半导体；按其结构，可分为单晶态、多晶态和非晶态；按物质类别，可分为无机材料和有机材料；按其形态，可分为块体材料和薄膜材料；按其性能，多数材料在通常状态下就呈半导体性质，但有些材料需在特定条件下才表现出半导体性能。半导体主要分为无机半导体和有机半导体两类。

(1)元素半导体

元素半导体大约有十几种处于ⅢA 族～ⅦA 族的金属与非金属的交界处，如 Ge，Si，Se，Te 等。

(2)化合物半导体

1)二元化合物半导体。

它们由两种元素组成，且种类很多，主要有以下几种：

ⅢA 族和ⅤA 族元素组成的ⅢA-VA 族化合物半导体。即 Al，Ga，In 和 P，As，Sb 组成的 9 种ⅢA-ⅤA 族化合物半导体，如 AlP，AlAs，A1Sb，GaP，GaAs，GaSb，InP，InAs，InSb 等。

ⅣA 族元素之间组成的ⅣA-ⅣA 族化合物半导体，如 SiC 等。

ⅣA 和ⅥA 族元素组成的ⅣA-ⅥA 族化合物半导体，如 GeS，GeSe，SnTe，PbS，PbTe 等共 9 种。

ⅡB 族和ⅥA 族元素组成的ⅡB-ⅥA 族化合物半导体，即 Zn，Cd，Hg 与 S，Se，Te 组成的 12 种ⅡB-ⅥA 族化合物半导体，如 CdS，CdTe，CdSe 等。

ⅤA 族和ⅥA 族元素组成的ⅤA-ⅥA 族化合物半导体，如 $AsSe_3$，$AsTe_3$，AsS_3，SbS_3 等。

2)多元化合物半导体。

ⅠB-ⅢA-$(ⅥA)_2$ 组成的多元化合物半导体，如 $AgGeTe_2$ 等。

$(ⅠB)_2$-ⅡB-ⅣA-$(ⅥA)_4$ 组成的多元化合物半导体，如 $Cu_2CdSnTe_4$ 等。

ⅠB-VA-(ⅥA)组成的多元化合物半导体，如 $AgAsSe_2$ 等。

(3)固溶体半导体

元素半导体或化合物半导体相互溶解而成的半导体材料称为固溶体半导体。固溶体是由二个或多个晶格结构类似的元素化合物相互溶合而成。有二元系和三元系，如ⅣA-ⅣA组成的Ge-Si固溶体；VA-VA组成的Bi-Sb固溶体。

由三种组元互溶的固溶体有：(ⅢA-ⅤA)-(ⅢA-ⅤA)组成的三元化合物固溶体，如GaAs-GaP组成的镓砷磷($GaAs_{1-x}P_x$)固溶体和(ⅡB-ⅥA)-(ⅡB-ⅥA)组成的，如HgTe-CdTe两个二元化合物组成的连续固溶体碲镉汞($Hg_{1-x}Cd_xTe$)等。

(4)非晶态半导体

非晶态半导体主要有非晶Si、非晶Ge、非晶Te、非晶Se等元素半导体及GeTe，As_2Te_3，Se_2As_3等非晶化合物半导体。

11.2.2 半导体材料的结构

1. 金刚石结构

金刚石结构是一种由相同原子构成的复式晶格。元素半导体硅、锗、灰锡、都具有金刚石结构，图11-5所示为其立方晶胞结构。每个原子有四个最近邻的同种原子，彼此之间以共价键结合。

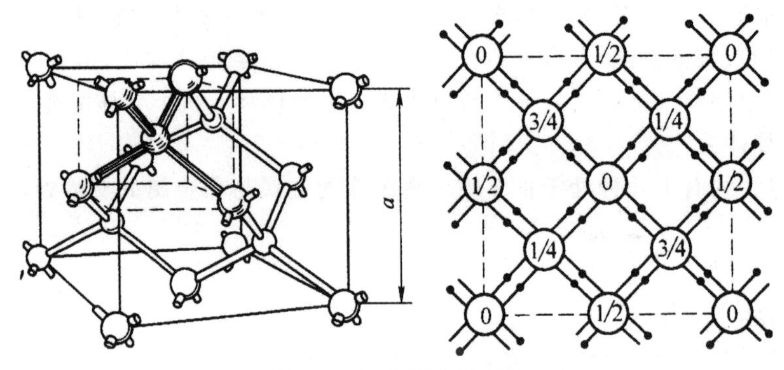

图11-5 金刚石结构

2. 闪锌矿结构

闪锌矿结构亦称立方ZnS结构，图11-6给出其立方晶胞，它是由两种不同元素的原子分别组成面心晶格套构而成，套构的相对位置与金刚石结构相对位置相同。闪锌矿结构也具有四面体结构，每个原子有4个异类原子为最近邻，后者位于四面体的顶点，具有立方对称。闪锌矿结构中两种不同原子之间的化学键主要是共价键，同时具有离子键成分，成为混合键。因此闪锌矿结构的半导体特性、电学、光学性质上除与金刚石结构有许多不同之处。闪锌矿结构中的离子键成分，使电子不完全公有，电子有转移，即“极化现象”。这与两种原子的电负性之差$\Delta X = X_A - X_B$有关，ΔX越大，离子键成分越大，极化越大。

3. 纤锌矿结构

纤锌矿结构也称六方硫化锌结构，图11-7给出其晶胞图。它是由两种不同元素的原子的hcp晶格适当位错套构而成的，也有四面体结构，具有六方对称性。纤锌矿结构在[111]方向上下两层不同原子是重叠的。纤锌矿晶体结构更适合于电负性差大的两类原子组成的晶体。如ⅢⅤ化合物 BN、GaN、InN、ⅢⅥ族化合物 ZnO、ZnS、CdS、HgS 等。

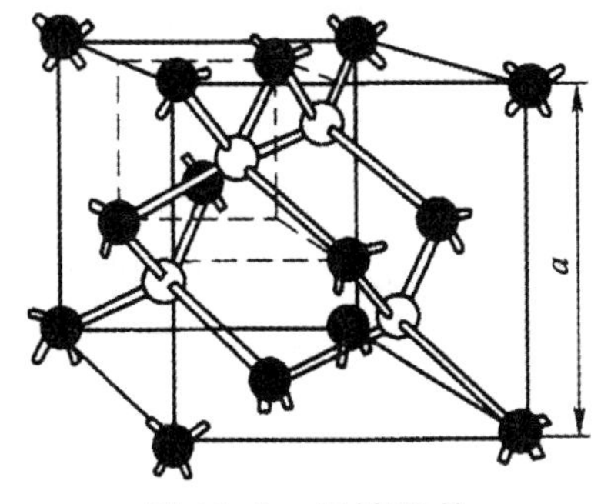

图 11-6　闪锌结构

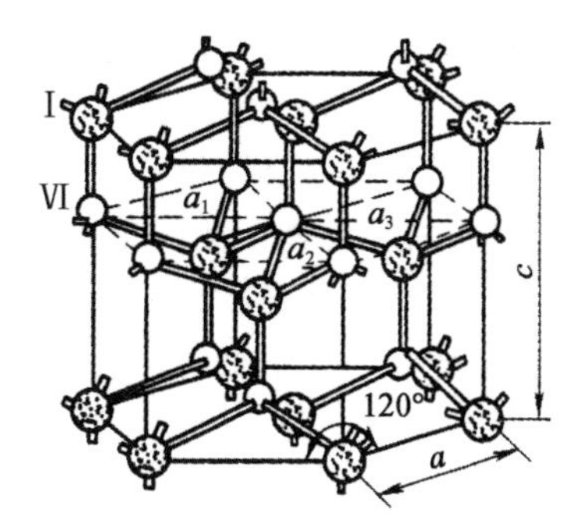

图 11-7　纤锌矿型结构

4. 氯化钠结构

氯化钠结构也是半导体材料中的晶体结构，可以看成是是由两种不同元素原子分别组成的两套面心立方格子沿 1/2[100]方向套构而成的复格子，如图 11-8 所示。这两种元素的电负性有显著的差别，分别为正离子和负离子，它们之间形成离子键。具有氯化钠结构的半导体材料，主要有 CdO、PbS、PbSe、PbTe、SnTe 等。

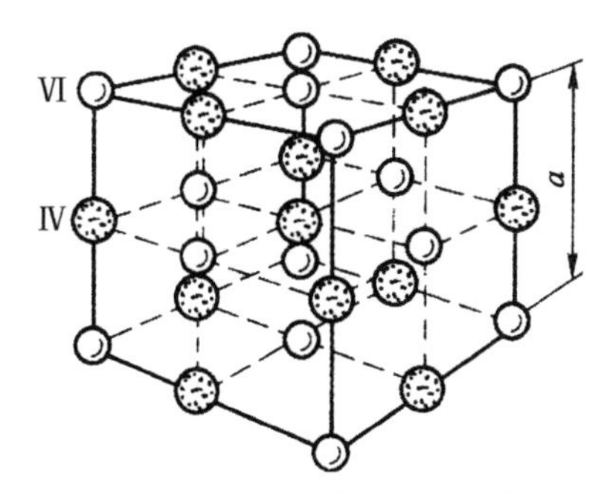

图 11-8　氯化钠晶体结构

11.2.3　典型半导体材料

1. 硅和锗材料

硅和锗都是具有灰色金属光泽的固体，硬而脆。硅和锗在常温下化学性质是稳定的，但升高温度时，很容易同氧、氯等多种物质发生化学反应，所以在自然界没有游离状态的硅和锗存在。

锗不溶于盐酸或稀硫酸，但能溶于热的浓硫酸、浓硝酸、王水及 HF-HNO_3 混合酸中。硅不溶于盐酸、硫酸、硝酸及王水，易被 HF-HNO_3 混合酸溶解。硅比锗易与碱起反应。硅与金属作用能生成多种硅化物，这些硅化物具有导电性良好、耐高温、抗电迁移等特性，可用于制备大规模和超大规模集成电路内部的引线、电阻等。

锗和硅都具有金刚石结构，化学键为共价键。锗和硅的导带底和价带顶在 k 空间处于不

同的 k 值，为间接带隙半导体。

在锗、硅中的杂质分为两类，一类是ⅢA族或ⅤA族元素，它们在锗、硅中只有一个能级，电离能小，ⅢA族杂质起受主作用使材料呈p型导电，ⅤA族杂质起施主作用使材料呈n型导电；另一类是除ⅢA、ⅤA族以外的杂质。

硅材料是目前可以获得的纯度最高、完整性最好、直径最大、用途最广和消耗量最大的半导体材料，已成为半导体工业的重要基础材料。

由于锗的载流子迁移率比硅高，在相同条件下，锗具有较高的工作频率、较低的饱和压降、较高的开关速度和较好的低温特性，主要用于制作雪崩二极管、开关二极管、混频二极管、变容二极管、高频小功率三极管等。

2. 砷化镓

砷化镓为闪锌矿结构，每个原子和周围最近邻的四个其他原子发生键合，键合形式为共价键还有离子键。砷化镓的化学键和能带结构为直接带隙结构。禁带宽度为1.43eV。砷化镓具有双能谷导带，在外电场下电子在能谷中跃迁，迁移率变化，电子转移后电流随电场增大而减小，产生“负阻效应”。砷化镓的介电常数和电子有效质量均小，电子迁移率高。

砷化镓单晶的制备主要采用两种方法。一种是在石英管密封系统中装有砷源，通过调节砷源温度来控制系统中的砷压。另一种是将熔体用某种液体覆盖，并在压力大于砷化镓离解压的气氛中合成拉晶，称为液体封闭直拉法。目前国内外在工业生产中主要采用水平区熔法和液封直拉法制备砷化镓体单晶。

由砷化镓制备的发光二极管具有发光效率高、低功耗、高速响应和高亮度等特性，用作固体显示器、讯号显示、文字数字显示等器件。

砷化镓隧道二极管具有高迁移率和短寿命等特性，用于计算机开关时，速度快、时间短。砷化镓是制备场效应晶体管最合适的材料，振荡频率目前已达数百千兆赫以上，主要用于微波及毫米波放大、振荡、调制和高速逻辑电路等方面。

3. 碳化硅

SiC是一种重要的宽禁带半导体材料。纯净的SiC无色透明，晶体结构复杂，有近百种。

SiC的硬度高，莫氏硬度为9，低于金刚石(10)而高于刚玉(8)。由于SiC单晶具有较大的热导率、宽禁带、高电子饱和速度和高击穿电压等特性，是制作高功率、高频率、高温“三高”器件的优良衬底材料，并可用于制作发蓝光的发光二极管。

4. 锗硅合金

在通常压力下，锗硅合金为立方晶系的金刚石结构。锗硅合金有无定形、结晶形和超晶格三种。

在器件的制造工艺方面，如光刻、隔离、扩散等，可以采用硅工艺，SiGe工艺与Si工艺相兼容，可采用硅衬底制造集成电路，从而提高材料的利用率，降低集成电路成本，是一种很有发展前途材料，被称为“第二代微电子技术”。

SiGe材料兼具有Si和GaAs两种材料的优点：高的载流子迁移率，在高速领域可与GaAs

相媲美，在制造工艺上又与硅平面工艺相兼容，应用前景很好。

SiGe 材料主要用作太阳能电池，转换效率达到 14.4%，它是一种优良的温差电材料，热端温度达到 1000℃～11000℃，具有效率高、抗辐射、热稳定性好、重量轻等优点，用于航天系统的温差发电器。

11.2.4 半导体材料的发展

半导体材料的发展与半导体器件紧密相连。可以说，电子工业的发展和半导体器件对材料的需求是促进半导体材料研究和开发的强大动力；而材料质量的提高和新型半导体材料的出现，又优化了半导体器件性能，产生新的器件，两者相互影响，相互交叉，相互渗透，相互促进，形成半导体科学与技术。它对国民经济乃至国家安全都具有重要的战略意义。

在半导体材料中。块体材料以硅材料，其次以砷化镓等作为发展超高速集成电路、微波单片电路、光电子器件及光电集成的基础材料而受到了广泛的重视。薄层、超薄层材料的生长技术获得了巨大发展，成功的生长出了一系列非晶态和晶态薄层、超薄层半导体微结构材料。这不仅推动了半导体物理学和材料科学的发展，而且以全新的概念改变着光、电器件的设计思想，从过去的“杂质工程”发展到“能带工程”，出现了以“电学特性和光学特性的剪裁”为特征的新范畴，为量子效应和低维结构特性的新一代半导体器件的制造打下了基础。

半导体科学技术所形成的巨大产业对国民经济有重要的意义。它以每年超过十个百分点的速度增长，据报道，在 2000 年以前的整个机电产业中，它占的份额仅小于汽车产业，汽车是第一大产业，而到 2000 年后半导体科学技术形成的产业已超过汽车产业而居首位。

11.3 无机纤维

纤维是长径比非常大、有足够高的强度和柔韧性的长形固体。生物纤维，人们已经应用几千年了，而合成纤维则是 20 世纪初的事。自那以后，人造纤维领域迅速发展，其应用范围日益扩大。纤维不仅能作为材料使用，而且还作为原料和辅助材料用来制作纤维增强复合材料。

根据化学键特征，纤维可分为无机、有机、金属三大类。而对于无机纤维，如按材料来源，可分为天然矿物纤维和人造纤维；按化学组成，可分为单质纤维（如碳纤维、硼纤维等）、硬质纤维（如碳化硅纤维、氮化硅纤维等）、氧化物纤维（如石英纤维、氧化铝纤维、氧化锆纤维等）、硅酸盐纤维（如玻璃纤维、陶瓷纤维和矿物纤维等）；按晶体结构，可分为晶须（根截面直径约 1～20μm，长约几厘米的发形或针状单晶体）、单晶纤维和多晶纤维；如按应用，还可分为光导纤维、普通纤维、增强纤维等。下面主要探讨在现代高科技领域发挥重要作用的玻璃光导纤维和先进复合材料用无机增强纤维。

11.3.1 光导纤维

在光通信电话网中，利用送话器的微音器把声音变为电信号，再由发光元件把电信号变成光信号，这种光信号由光导纤维传递到受话的一方，通过受光元件恢复成电信号，使受话器的话筒（扬声器）鸣叫。所谓光导纤维是细如毛发并可自由弯曲的导光材料。

光导纤维由中心部位折射率高的芯纤和包敷此芯纤的低折射率护套构成。芯纤的作用是将始端入射的光线传输到终端，芯纤与护套的交界边是折射率差的部位，构成光壁，使光线收笼在芯纤之中，保证芯纤的导光。其原理如图 11-9 所示。要使光线收笼在芯纤之中，就必须使入射的光线在光壁上发生全反射(如图中之光线 A)；当入射光线与芯纤轴心所成的角度大于光导纤维可接受的光的最大受光角时，就发生如图中光线 B 向护套方向散射而无法实现光导。为了保证光传递过程的损耗尽可能地低，就要求芯纤的透光性能要尽可能地好。

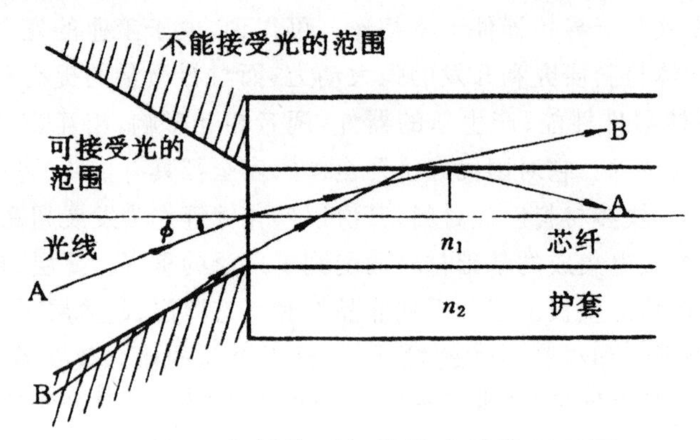

图 11-9　光纤接受与传输光线的原理图

光纤的光损耗大体可分为 2 类：由杂质及加工过程引起的外因性光损耗和材料固有的光损耗。外因引起的光损耗有羟基及铁等杂质的吸收、由各种内部缺陷所引起的吸收及散射和由在纤维化过程中发生在芯线与护套界面处的微小起伏等因结构不规整而引起的散射。这些外因是由于原料中的杂质和制作过程的不够精良造成的，应该通过提高原料纯度、改善制造工艺来降低其光损耗。材料固有的光损耗包括短波部分的瑞利散射与紫外吸收和长波部分的红外吸收。瑞利散射是由于保持热平衡的光波长数量级不同而引起折射率起伏造成的。它取决于材料的组成和凝固温度，在组成元素间无质量差、凝固温度低的情况下，折射率起伏也变小。紫外吸收是由电子在能带间跃迁引起的。红外吸收则是由组成离子共振引起的，由重离子构成的材料，离子间的结合力弱，较容易吸收波长较长的红外光。

1. 石英光纤

目前，国内外所制造的光纤绝大部分都是石英玻璃纤维，简称石英光纤，主要用于光纤通讯及与光纤通信配合的光纤放大器。

石英光纤的组成以二氧化硅为主，添加少量的二氧化镉，五氧化二磷及氟等以控制光纤的折射率。它具有资源十分丰富、化学性能极其稳定、膨胀系数小、容易在高温下加工且光纤的性能不随温度而改变等优点。为了使其损耗尽量地小，必须尽量降低纤维中过渡金属离子和羟基的含量。为此，必须把制造玻璃用的各种原料极为小心地加以精制。在气体原料送入高温区后形成氧化物微粉并逐步沉积，加热堆积物便得到透明的、具有既定折射率分布的母体，再由母体拔成细丝而制得光纤。根据玻璃的沉积状态，有如图 11-10 所示的三种典型的制备方法。

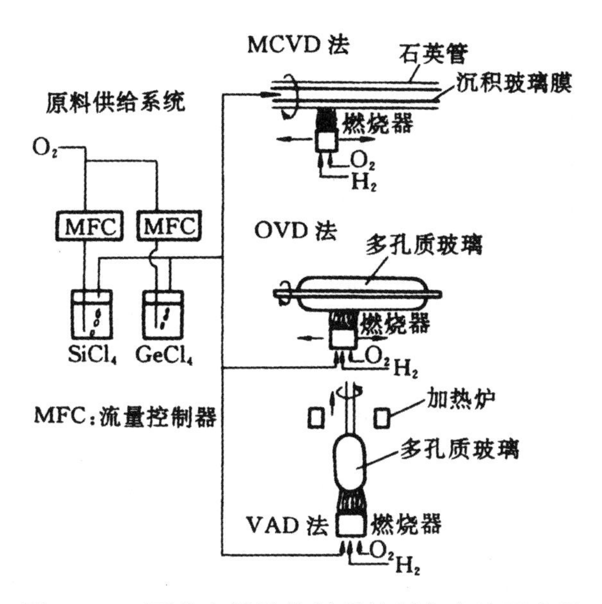

图 11-10　石英光纤母体材料的制备方法示意图

(1)MCVD 法

改进的化学沉积法(Modified—CVD)是在预先准备好的石英玻璃管外侧用氢氧焰加热到1200℃～1 400℃,并向管内吹进四氯化硅优等气体原料,由于同时有氧气送入,因此发生化学反应。生成的氧化物粘在石英玻璃管的内壁上并立即熔化形成玻璃膜。氢氧焰沿管的轴向从原料气体喷射流的上游向下游反复移动,即形成与移动次数相等的沉积层层数的玻璃膜,通过控制每一玻璃层中 GeO_2 的添加量,即可构成既定的折射率分布。待玻璃膜沉积厚度约为 1mm 后,提高氢氧焰温度将石英管加热到 1700℃,使其软化变成实心,便得到母体材料。

(2)OVD 法

气相外延沉积法(OVD)是将四氯化硅气体等喷射入氢氧焰中,加水进行分解反应,生成的氧化物微粉沉积在耐高温的中心材料周围。用这种方法可以获得类似于粉笔的多孔性玻璃体,然后再取出中心棒材加热,便可得到透明的母体材料。它的折射率分布也是通过控制每一破璃层中 GeO_2 等的添加量来调节的。

(3)VAD 法

VAD 法又叫轴向沉积,该法与化学沉积法、气相外延沉积法沿径向进行玻璃沉积不同,它是沿轴向沉积的。它与气相外延沉积法相同,都是用氢氧焰获得氧化物粉末,再将这些粉末用氢氧焰从石英玻璃棒下端面喷吹沉积而获得多孔的玻璃母体。通过安装在其上方的电炉加热到 1500℃,便得到透明的玻璃母体。氢氧燃烧器中有数个喷吹原料的喷嘴,通过各个喷嘴分别喷吹各种适当组成的原料,一次即可沿径向形成折射率分布。

2. 氟化物玻璃光纤

根据理论估算,氟化物玻璃光纤的理论损耗在 2.5μm 附近,为 10^{-2}～10^{-3}dB/km,比石英光纤的最低理论损耗低 1～2 个数量级,红外波长可延伸到 4～6μm,预计无中继距离可达

10^6km，并且色散系数小，零色散点在1.50～2.0μm之间。氟化物红玻璃纤被认为是最有前途、最有希望用于超长距离无中继光纤通信的材料体系。研究表明，以氟锆酸盐玻璃和氟铪酸盐玻璃为基础的两玻璃体系性能稳定，适合拉制光纤。

氟化物光纤的总损失主要由两部分组成：吸收损耗和光散射。目前氟化物光纤的损耗一般在1dB/km左右。氟化物玻璃的本征损耗主要来源于红外多声子吸收，据理论计算，氟化物玻璃的本征吸收损耗约为0.003dB/km。可见目前的损耗主要是杂质吸收损耗。所以红外光纤制造技术中，进一步减小散射和杂质吸收仍是最基本的问题。对损耗有较大影响的杂质有亚铁离子、钴离子、镍离子、铜离子和Nd^{3+}等阳离子，以及OH^-等阴离子。若采用化学气相纯化和升华等方法，提高氟化物原料的纯度，使阴、阳离子杂质的摩尔分数控制在5×10^{-10}以下，且消除亚微米散射，预期以ZrF_4为基础的氟锆酸盐玻璃光纤在2.55μm波长处最低损耗可到0.035dB/km。在太空中制造的掺Zr、Ba、La、Al、Np 5种元素的氟化物玻璃光纤，损耗已降到0.001dB/km，可称无损耗光纤，比石英光纤最低理论损耗值小，但离氟化物玻璃的最低理论损耗值仍有较大差距。

3. 硫化物光纤

从20世纪90年代初硫系光纤一兴起，国际上即有多家机构加入了从事硫系光纤材料的研究工作。硫系光纤是目前惟一具备光子能量低、非辐射衰落速率低和红外透过谱区宽等特点的光纤材料。

硫系光纤有自身独特的光学和机械特性，它具有以下特点：

1)折射率高，一般为2.4。

2)光谱区宽，从可见光延伸至20μm。

3)在光通信谱区具有非常大的负色散。

4)硫系光纤材料在可见光谱区有光敏性。

5)受工艺限制，目前损耗较大。

6)具有大的非线性系数，比石英材料高两个数量级。

11.3.2 增强纤维

黏结在基体内以改进其机械性能的高强度材料，称为增强材料，也称为增强体、增强相、增强剂等。增强体是高性能结构复合材料的关键组分，在复合材料中起着增加强度、改善性能的作用。在不同基体中加入性能不同的增强体，其目的为了获得性能更为优异的复合材料。增强体按来源区分有天然与人造两类，但在先进复合材料(ACM)中天然增强体已很少使用；若按形态区分则有颗粒(零维)、纤维(一维)、片状(二维)、立体编织物(三维)；如果按化学特征来区分，即有无机非金属类(共价键)、有机聚合物类(共价键、高分子链)和金属类(金属键)。可用作增强体的材料品目繁多，其中多数先进复合材料是用高性能纤维以及用这些纤维制成的二维、三维织物作为增强体。无机纤维如中高强度碳纤维和高模量碳纤维是出类拔萃的，而碳化硅纤维和硼纤维也具有很好的力学性能。

1. 碳纤维

碳纤维(CF)是先进复合材料最常用的也是最重要的增强体,是由不完全石墨结晶沿纤维轴向排列的一种多晶的新型无机非金属材料,化学组成中碳元素含量达 95%以上。碳纤维制造工艺分为有机先驱体纤维法和气相生长法。有机先驱体纤维法制得的碳纤维是由有机纤维经高温固相反应转变而成,应用的有机纤维主要有聚丙烯腈(PAN)纤维、黏胶纤维和沥青纤维等。碳纤维性能优异,不仅重量轻、比强度大、模量高,而且耐热性高以及化学稳定性好(除硝酸等少数强酸外,几乎对所有药品均稳定,对碱也稳定)。其制品具有非常优良的射线透过性,阻止中子透过性,还可赋予塑料以导电性和导热性。以碳纤维为增强剂的复合材料具有比钢强比铝轻的特性,是一种目前最受重视的高性能材料之一。它在航空航天、军事、工业、体育器材等许多方面有着广泛的用途。

当前国内外已商品化的碳纤维种类很多,一般可以根据原丝的类型、碳纤维的性能和用途进行分类。

根据碳纤维的性能分类,包括高性能碳纤维(高强度碳纤维、高模量碳纤维、中模量碳纤维等)与低性能碳纤维(耐火纤维、碳质纤维、石墨纤维等)。

根据原丝类形分类,主要有聚丙烯腈基纤维、沥青基碳纤维、黏胶基碳纤维、木质素纤维基碳纤维和其他有机纤维基碳纤维(各种天然纤维、再生纤维、缩合多环芳香族合成纤维)。

根据碳纤维功能分类,可分为受力结构用碳纤维、活性碳纤维(吸附活性)、耐焰碳纤维、润滑用碳纤维、导电用碳纤维、耐磨用碳纤维。

到目前为止,制造碳纤维的原材料有三种,即人造丝(黏胶纤维)、聚丙烯腈纤维(不同于腈纶毛线)、沥青。它们或者是通过熔融拉丝而成各向同性纤维,或者是从液晶中间相拉丝而成的具有高模量的各向异性纤维。用这些原料生产的碳纤维各有特点。制造高强度、高模量碳纤维多选聚丙烯腈为原料,聚丙烯腈基碳纤维性能好,炭化得率较高(50%～60%),因此以聚丙烯腈制造的碳纤维约占总碳纤维产量的 95%。以黏胶丝为原料制碳纤维炭化得率只有20%～30%,这种碳纤维碱金属含量低,特别适宜作烧蚀材料。以沥青纤维为原料时,炭化得率高达 80%～90%,成本最低,是正在发展的品种。

碳纤维是将原料纤维在一定的张力、温度下,经过一定时间的预氧化、炭化和石墨化处理等过程制成的。以聚丙烯腈纤维为原料的碳纤维,在预氧化过程中,聚丙烯腈原丝中含氧化合物是炭化初期分子间交链反应的主因,氧是环化反应的催化剂,加热形成热形结构。炭化和石墨化都是在氮气中进行的,炭化反应是使非碳元素借分子间交链反应挥发出来。在热处理过程中,大量气体挥发后形成更多的石墨层状结构,强度增大,模量增加,导电性也提高。纤维先由白色变为黄色,继而呈棕黄色,最后变为黑色。其石墨层状结构如图 11-11 所示。为了改进复合材料中碳纤维和树脂的粘接,须进行表面处理,即在缓和条件下进行氧化或晶须化。

碳纤维材料最突出的特点是强度和模量高、密度小,和碳素材料一样具有很好的耐酸性。热膨胀系数小,甚至为负值。具有很好的耐高温蠕变能力,一般碳纤维在 1900℃以上才呈现出永久塑性变形。此外,碳纤维还具有摩擦系数低,且具有自润滑性、导电性等特点。

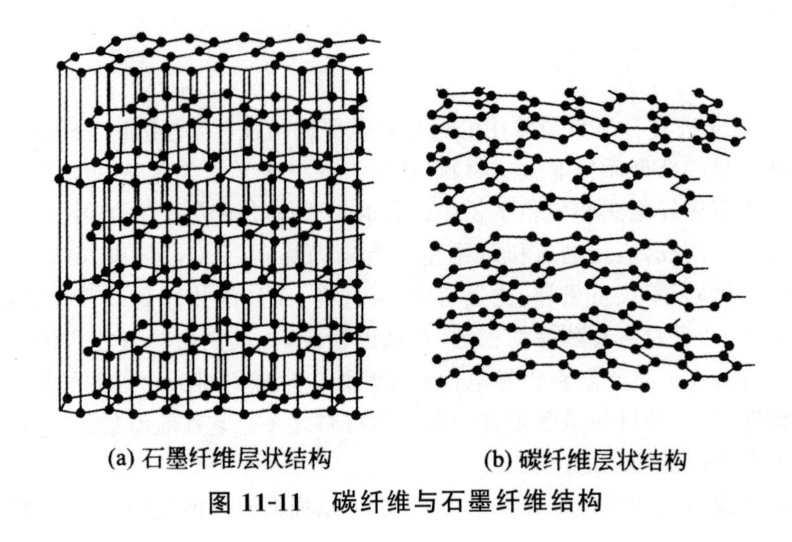

(a) 石墨纤维层状结构　　(b) 碳纤维层状结构

图 11-11　碳纤维与石墨纤维结构

2. 碳化硅纤维

先进复合材料的增强体主要是连续纤维和晶须，碳化硅晶须是尺寸细小的高纯单晶短纤维。连续碳化硅纤维是一种多晶纤维，主要由化学气相沉积法(CVD)和先驱丝法制得，目前，国外这两类纤维已实现商品化。由碳化硅纤维增强的金属基(钛基)复合材料、陶瓷基复合材料已用于制造航天飞机部件、高性能发动机等高温结构材料，是21世纪航空、航天及高技术领域的新材料。

碳化硅纤维具有良好的耐高温性能、高强度、高模量和化学稳定性，主要用于增强金属和陶瓷，制成耐高温的金属或陶瓷基复合材料。碳化硅纤维的制造方法主要有两种——化学气相沉积法和烧结法(有机聚合物转化法)。炔结法是以二甲基二氯硅烷为主要原料，其工艺过程包括聚碳硅烷的合成与纺丝、不熔化处理、烧结等。气相法是通过高温化学气相沉积过程，将碳化硅沉积在钨丝上。其生产过程为在反应器中通入硅烷气和氢气，将连续通过反应器的钨丝加热到1300℃混合气体在热钨丝上发生反应，形成钨芯碳化硅单丝。也可用碳丝取代钨丝，制成碳芯碳化硅单丝。

碳化硅纤维具有优良的耐热性能，在1000℃以下，其力学性能基本上不变，可长期使用，当温度超过1300℃时，其性能才开始下降，是耐高温的好材料。耐化学性能良好，在80℃下耐强酸，耐碱性也良好。1000℃以下不与金属反应，而且有很好的浸润性，有利于和金属复合。主要用来增强钛基、铝基及金属间化合物基复合材料。

由于碳化硅纤维具有耐腐蚀、耐高温、耐辐射的三耐性能，是一种理想的耐热材料。用碳化硅纤维编织成双向和三向织物，已用于高温的传送带、过滤材料，如汽车的废气过滤器等。

3. 硼纤维

硼纤维是利用化学气相使硼沉积在钨丝或其他纤维状芯材上制得的连续单丝。使用的原料为钨丝、三氯化硼和氢气。高温通电的钨丝厨围通过氯化硼与氢的混合气体，氢与氯化硼反应生成单质硼纤维，附着于钨丝上。化学反应式为：

$$2BCl_3 + 3H_2 \longrightarrow 2B + 6HCl$$

硼纤维是一种高性能增强纤维，具有很高的比强度和比模量，也是制造金属复合材料最早采用的高性能纤维。用硼铝复合材料制成的航天飞机主舱框架强度高、刚性好，代替铝合金骨架节省重量，取得了十分显著的效果，也有力地促进了硼纤维金属基复合材料的发展。

美、俄是硼纤维的主要生产国，并研制发展了硼纤维增强树脂、硼纤维增强铝等先进复合材料，用于航天飞机、B-1 轰炸机、运载火箭、核潜艇等军事装备，取得了巨大效益。

硼纤维具有良好的力学性能，强度高、模量高、密度小。硼纤维的弯曲强度比拉伸强度高，硼纤维在空气中的拉伸强度随温度升高而降低，在 200℃左右硼纤维性能基本不变，而在 315℃下，经过 1000h，硼纤维强度将损失 70%，650℃时硼纤维强度将完全丧失。在室温下，硼纤维的化学稳定性好，但表面具有活性，不需要处理就能与树脂进行复合，而且所制得的复合材料具有较高的层间剪切强度。对于含氮化合物，亲和力大于含氧化合物。在高温下，易与大多数金属发生反应。

4. 新型晶须

晶须是重要的一类增强体，特别适用于增强金属与陶瓷。除了碳(石墨)晶须和碳化硅晶须已经获得开发应用外，目前又继续开发出硼酸铝、钛酸钾等晶须。这是因为碳化硅晶须昂贵，也因为尚有争议的致癌问题影响到它的发展。所以开展新型晶须的研究是当前颇为热门的课题。

(1)硼酸铝晶须

硼酸铝晶须有两种结构：$9Al_2O_3 \cdot 2B_2O_3$ 和 $Al_2O_3 \cdot B_2O_3$，前者已成为商品。硼酸铝晶须是一种性能优异的新型增强体，用它制备的铝基复合材料，在强度和模量上可与 SiC 晶须增强铝相媲美，而热膨胀系数更小、耐磨性能更好，特别是价格低廉，所以受到广泛重视。但它存在容易发生界面反应的缺点，特别是在合金基体含镁时更为严重，尚待研究解决。

硼酸铝制备方法有以下几种。

1)熔融法。将 Al_2O_3 与 B_2O_3 在 2100℃熔化，再缓冷析出晶须。

2)内熔剂法。用 B_2O_3 和高硼酸钠作熔剂与 Al_2O_3 在 1200℃～1400℃反应生成。

3)气相法。将 B_2O_3 在 1000℃～1400℃气态的氟化铝气氛中通入水蒸气，使之起反应生成硼酸铝晶须。

4)适用于工业化生产的外溶剂法。在 Al_2O_3 与 B_2O_3 中加入仅作溶剂的金属氧化物、碳酸盐或硫酸盐，加热到 800℃～1000℃可得到 $2Al_2O_3 \cdot B_2O_3$，进一步加热到 1000℃～1200℃则得到 $9Al_2O_3 \cdot 2B_2O_3$。但这种方法得到的晶须制品需进一步进行解纤处理。

硼酸铝晶须属斜方晶系，其横截面呈棱镜状八面体结构、四个宽边和四个窄边，出于窄面及边角处原子排列松散不规整，所以容易起界面反应。

(2)其他新型量须

晶须的品种很多，原则上所有的氧化物、碳化物等无机材料和各种金属材料都可以制成晶须，但是就成本和性能而言，并未完全适合作为增强体使用。下面介绍几种有特点的晶须。

1)氧化锌晶须。氧化锌晶须具有一种特殊的空间四脚星状结构。作为增强体，能起到使复合材料具有各向同性的作用，从力学上考虑，这种形式的增强体将会明显改善复合材料的强度。由于氧化锌本身有一定压电性能，使复合材料具有吸振效果，另外氧化锌具有导电性，能使其增强聚合物的复合材料作为抗静电和屏蔽材料使用。

2)钛酸钾晶须。该种晶须是一种廉价而性能较好的晶须，由于用它增强铝的复合材料有很好的切削加工性能而受到关注。这种晶须的最大缺点是容易与熔融的铝液发生界面反应而生成 $\gamma\text{-}Al_2O_3$ 和 TiO_2，有待研究解决。

5. 增强纤维的研究展望

面向21世纪的高强度、高模量、高耐热性的要求以及适用高级复合材料增强的新型纤维的开发，将加速复合材料的开发和应用。制备高性能增强纤维的技术关键和改进方向，可归纳为三个方面，即分子结构、纤维结构和元素组成。

随着纤维增强体的品种规格系列化和生产规模的扩大，成本迅速下降，其应用领域不断拓宽。目前在新型建材、汽车、新能源及海洋开发等方面均取得重要进展。一些新型无机纤维增强体的用量已突破每年万吨大关，如碳纤维，而达到每年千吨规模的有沥青碳纤维，达到数百吨级的有氧化铝纤维等。

在21世纪，先进复合材料的开发与应用将进入大发展时期，因此复合材料所用增强材料的开发十分重要。新型增强纤维是先进复合材料必不可少的原材料，对开发复合材料在高技术领域中的应用起到关键作用，将引起高度的重视。

11.4 生物材料

生物材料也称为生物医学材料，是用以和生物系统结合，以诊断、治疗或替换机体中的组织、器官或增进其功能的材料。生物医学材料是生物医学工程学的四大支柱之一，是研制人工器官及一些医疗器具的物质基础，是一类与人类的生命和健康密切相关的新型材料。19世纪80年代以来，以医疗、保健、增进生活质量、造福人类为目的的生物材料取得了快速的发展。目前，生物材料主要包括医用高分子材料、生物陶瓷、医用金属材料等。生物材料有人工合成材料和天然材料。这类材料可单独或与药物一起用于人类组织或器官，起替代、增强、修复等治疗作用。对生物材料的要求是：移植在人体内不会引起急性或慢性危害，无毒、无副作用；接触人体各种体液(如唾液、血液、淋巴液)时，应有良好的耐腐蚀性能，不会在生物体内变质；具有必要的强度、耐磨性和耐疲劳性能等。至关重要的是材料与生物体组织、血液有相容性(不会引起血液凝固和溶血)；与软硬组织有良好的黏结性，不会产生吸收物和沉淀物。

尽管生物的发展可追溯到几千年以前，但实际发展应用还是在近几十年，从1886年用钢片和镀镍钢治疗骨折以来，至今对隐形外科的发展仍起着重要作用。20世纪80年代生物材料获得迅速发展，人工器官已比较广泛地应用于临床，如人工心瓣膜已拯救了成千上万的生命，人工肺使心脏外科手术进入一个新的境界，人工肾挽救了许多尿毒症患者的生命，人工关节替代各种损坏的关节，使许多患者能正常活动等。目前，生物材料研究最多、应用最广的是聚合物材料。陶瓷材料用于人体器官的替换、修补也正引起广泛兴趣和注意。

11.4.1　生物金属材料

生物医用金属材料是用作生物医学材料的金属或合金，又称外科用金属材料或医用金属材料，是一类惰性材料。这类材料具有高的机械强度和抗疲劳性能，是临床应用最广泛的承力植入材料。该类材料的应用非常广泛，遍及硬组织、软组织、人工器官和外科辅助器材等各个方面。除了要求它具有良好的力学性能及相关的物理性质外，优良的抗生理腐蚀性和生物相容性也是其必须具备的条件。医用金属材料应用中的主要问题是由于生理环境的腐蚀而造成的金属离子向周围组织扩散及植入材料自身性质的退变，前者可能导致毒副作用，后者常常导致植入的失败。已经用于临床的医用金属材料主要有不锈钢、钴基合金和钛基合金等三大类，此外，还有形状记忆合金、贵金属以及纯金属钽、铌、锆等。

(1)生物医学金属材料的特殊要求和考虑

生物医学金属材料在使用时还有一些特殊要求及需要注意和考虑的问题：

1)抗腐蚀性。

2)毒性低或无毒性。

3)高力学性能。

在应用中，还要注意和其他类型材料复合使用时的性质差异、加工工艺对材料性能影响、抗凝血或溶血、抗感染及固定松动等问题。

(2)不锈钢

不锈钢为铁基耐蚀合金，根据所含元素的不同具有多种型号。目前，最常用的是 316L 超低碳(碳含量不大于 0.03)不锈钢；含氮不锈钢医用性能更好。316 和 317 型也常用。不锈钢耐蚀性和力学性能不如钴基合金，但易加工，价格低。多用做体内植入的阴性对照材料，接骨板、骨螺钉、齿冠、齿科矫形器具。用淀硬化法制造的不锈钢 CoP-1(含磷 0.002)常用做人工关节制作材料。

(3)贵金属

以金为主的贵金属主要用于牙科修复材料。铂、铂-铱合金等多用做植入体内的器件的电极和电极导线材料。磁性铂合金也用于眼睑功能的修复。贵金属及其合金的耐腐蚀和力学性能优良，但生物相容性差。

(4)钛和钛合金

钛质轻强度高，比重与人骨相近，生物相容性好，组织反应轻微。由于钛易氧化，在表面形成十分致密的二氧化钛氧化膜，不仅极耐磨而且与生物界面结合牢固。抗疲劳性及耐蚀性均比不锈钢及钴基合金高，是一种较为理想的植入材料。已列入 ISO 标准。主要用于齿科、骨科等。加入铝和钒的钛合金，可用做人工牙根、人工下颌骨、颅骨修复网支撑、心脏瓣膜支架及脑动脉瘤止血夹等，也是手术器械、医疗仪器和人工假肢等的制作材料。1958 年美国海军武器实验室首先研制出的镍钛记忆合金，被认为是很有前途的矫形和固定的植入式器件材料。

(5)钴基合金

钴基合金是钴基奥氏体合金(奥氏体是一种金相结构，其晶体结构为面心立方体)，是医用金属材料中最优良的常用材料之一。它可锻可铸，硬度有硬、中、软之分，力学性能好，但价格高、加工难，应用不够普及。常用来制作人工关节的金属间滑动联接。钴基合金的商品牌号较多，成分大同小异，俗称钒钢或活合金。

11.4.2 生物陶瓷材料

生物陶瓷又称生物医用非金属材料，从广义上讲包括陶瓷、玻璃、碳素等主要构成成分的无机非金属材料及其制品。与高分子材料和金属材料相比，因生物陶瓷具有无毒副作用，与生物体组织有良好的生物相容性、耐腐蚀等优点，越来越受到人们的重视。生物陶瓷材料的研究与临床应用，已从短期的替换和填充发展成为永久性牢固种植，已从生物惰性材料发展到生物活性材料、降解材料及多相复合材料。

一般地，生物陶瓷材料需具有以下性能：

(1)与生物组织有良好的相容性

在人体内材料理化性能稳定，将生物陶瓷材料代替硬组织(牙齿、骨)植入人体内后，与机体组织(软组织、硬组织以及血液、组织液)接触时，材料与机体软组织具有良好的结合性。此外，还要求材料对周围组织无毒性、无刺激性、无致敏性、无免疫排斥性以及无致癌性。

(2)具有良好的加工性和临床操作性

生物陶瓷植入的目的，是通过人工材料替代和恢复各种原因造成的牙和骨的缺损，就要求植入的生物陶瓷具有良好的加工成形性，且在临床治疗过程中，操作简便，易于掌握。

(3)具有耐消毒灭菌性能

生物陶瓷材料是长期植入体内的材料，植入前须进行严格的消毒灭菌处理。因此，无论是高压煮沸、液体浸泡、气体(环氧乙烷)或γ射线消毒后，材料均不能因此而产生变性，且在液体或气体消毒后，不能含有残留的消毒物质，以保证对机体组织不产生危害。

1. 生物陶瓷材料的特性

1)由于生物陶瓷是在高温下烧结制成，具有良好的机械强度、硬度；在体内难于溶解，热稳定性好，不易氧化、不易腐蚀变质，便于加热消毒；耐磨，有一定润滑性能，不易产生疲劳现象。

2)陶瓷的组成范围比较宽，可根据应用要求设计成分配方，控制材料性能达到临床要求。

3)易于成型，可根据需要制成各种形态和尺寸，如颗粒形、柱形、管形、致密型或多孔型，也可制成骨螺钉、骨夹板，制成牙根、关节、长骨、颌骨、颅骨等。

4)易于着色，如陶瓷牙可与天然牙媲美，利于整容、美容。

2. 生物陶瓷材料的分类

生物陶瓷化学性能稳定，具有良好的生物相容性，按其生物性能，生物陶瓷一般可分为：

(1)生物惰性陶瓷

这类陶瓷材料的结构都比较稳定，且都具有较高的强度、耐磨性及化学稳定性。常用的生物惰性陶瓷包括多单晶氧化铝陶瓷、多晶氧化铝陶瓷、高密度羟基磷灰石陶瓷、碳素陶瓷、氧化锆陶瓷、氮化硅陶瓷等。它们植入生物体组织内不与生物体组织形成化学结合，在固定于生物体内时，这类材料具有较长期的稳定性。

(2)生物活性陶瓷

这类材料无毒、无刺激、不致畸、不致癌,而且植入体内后可与原骨结合成一体,形成牢固的骨性结合,在强力作用下,不在"界面"上与骨分离,即使偶然破裂也能在体内自行愈合,因此被称为生物活性材料。生物活性陶瓷作为一种移植材料,能够在材料的分界面激发特定的生物反应,最终导致在材料和组织之间的骨形成。生物活性陶瓷可以分为非吸收性陶瓷和吸收性陶瓷。生物吸收性陶瓷在生理环境中可被逐步降解和吸收,并随之为新生组织替代,从而达到修复或替换被损坏组织的目的。一般的生物活性陶瓷包括低密度羟基磷灰石类陶瓷(锆-羟基磷灰石陶瓷、氟-羟基磷灰石陶瓷、钙-羟基磷灰石陶瓷)、生物活性玻璃、磷酸钙玻璃陶瓷等。

羟基磷灰石是脊椎动物的骨和齿的主要成分,因此用这类材料制成的生物陶瓷,因为含有通过正常新陈代谢途径而进行置换的磷、钙、水、二氧化碳等元素和化合物,植入生物体内能逐渐被生物体所吸收,不会引起排斥反应。但其缺点是在被吸收过程中强度严重下降。

(3)可控表面活性陶瓷

是将生物陶瓷作表面涂层后得到具有抗疲劳强度并能与生物组织结合的一种活性陶瓷。中国科学院上海硅酸盐研究所研制成功的在金属人工骨及人工关节的表面用电弧等离子喷涂的生物陶瓷,就属于这种可控表面活性陶瓷。

除上述三类生物陶瓷材料外,近来还发展了一种金属—陶瓷多孔复合种植材料。为了克服陶瓷材料的脆性,以钛金属作增强核,并模拟骨的成分结构,在钛金属的表面复合陶瓷。这种金属—陶瓷多孔复合种植材料随植入的时间推移,X 光片所见骨密度不断增加,种植体与周围骨组织间隙消失,呈现骨的正常影像。医学家们认为,金属—陶瓷多孔复合种植材料是一种很有前途的复合种植材料。

3. 几种新型的生物陶瓷

各种新材料和新工艺的不断涌现,当前生物材料发展已从 20 世纪的第一代、第二代生物材料,发展进入具有激发、促进人体组织自身修复和再生作用的第三代生物材料时代。近年研制使用的新型的生物陶瓷包括:

(1)生物磁性材料

一种新型的生物陶瓷是 Fe_2O_3-Li_2O-P_2O_5-SiO_2-Al_2O_3-ZnO-Mg 系统的磁性材料,可用于治疗肿瘤,也可将该材料与磷酸三钙材料复合制成人工骨材料用于修复骨缺损。

(2)改性羟基磷灰石

目前,已研制出一种新型改性羟基磷灰石——含碳酸盐氟羟基磷灰石材料,经初步生物学检测,证实该材料对机体安全而无毒害作用,并且与生物活性羟基磷石具有同样良好的细胞相容性。

(3)陶瓷—金属—高分子复合陶瓷

金属、聚合体与陶瓷复合而成的生物陶瓷是较好的生物材料,它是把生物活性羟基磷灰石粒子注入超塑性钛合金中,现已通过磷酸化处理表面,成功地增强了生物纤维的性质,这种复合陶瓷可用于过滤器、人造导管等,具有很好的应用前景。

11.4.3 生物复合材料

复合生物材料同其他复合材料一样均是由两种或两种以上的不同种类材料通过复合工艺组合而成的新型材料。由于人体的绝大多数组织都可以视为复合材料，故研究与开发复合材料一直是生物材料发展中最活跃的领域之一。

1. 医用复合材料的特点

复合生物材料的特点在于其本身与组分材料都必须具有良好的生物相容性，为此复合生物材料的组分材料通常选择医用金属材料、生物陶瓷和生物高分子材料，它们既可作为复合材料的基材，又可充当其增强体或填料。常用的基材主要有医用不锈钢、医用钴基合金、医用钛及钛合金等医用金属材料；有医用生物玻璃、碳素材料、玻璃陶瓷和磷酸钙基生物活性陶瓷等生物陶瓷材料；有包括可生物降解和吸收聚合物在内的医用高分子材料。常用的增强体有不锈钢、碳纤维和钛合金纤维、生物玻璃陶瓷纤维、碳化硅晶须等纤维增强体；有氧化锆、磷酸钙基生物陶瓷和生物活性玻璃陶瓷等颗粒增强体。还有一些天然生物材料，如用天然骨与珊瑚等颗粒充当填料。

2. 复合生物材料的分类

按材料复合的目的与用途来划分，可分为医用结构复合材料和医用功能复合材料两大类，这是复合材料惯用的分类法。医用结构复合材料是作为承力结构使用的材料，其材料复合的主要目的是为了提高和改善材料的力学性能；而医用功能复合材料则是通过材料的复合赋予复合材料以新的特性或用于改善基体材料原有性能的不足。若按基体材料的性质分类，则可将复合生物材料分为陶瓷基、金属基和高分子基复合生物材料。若按增强体形态分类，则可将复合生物材料分为纤维增强型、颗粒增强型或颗粒充填型复合材料。

3. 复合生物材料的性质和应用

对于金属基复合生物材料，其基材的特点在于有足够高的强度、韧性与抗疲劳性能，故成为人工关节制造的主要材料。医用金属材料为基材的医用结构复合材料为数不多，基本上都是以提高基材的生物相容性和血液相容性为主要目的的医用功能复合材料。

医用金属材料的耐腐蚀性能较低，植入生物体后极易产生应力腐蚀和腐蚀疲劳，引发有关毒性反应。另外，医用金属材料植入血管内容易引发血栓形成，导致血管阻塞。为了提高生物金属材料的耐腐蚀性和抗凝血性能，广泛地采用了在其表面加涂生物陶瓷和生物高分子材料的方法，目前，加涂 LTI 层的人工心瓣膜和加涂羟基磷灰石涂层的人工髋关节均已应用于临床。

陶瓷基和高分子基复合生物材料多数属于生物结构复合材料。材料复合的主要目的是增韧和增强。用碳纤维、碳化硅晶须增强的生物碳和用不锈钢及钛纤维增韧的生物玻璃可用于制造人工骨。用氧化锆颗粒弥散分布增强的生物活性微晶玻璃陶瓷是迄今强度最高的生物陶瓷材料。用碳纤维增强聚甲基丙烯酸甲酯可明显提高骨水泥的生物活性，并使断裂强度和断裂形变分别达到 340MPa 和 10%，可用于制造承力的人工骨修复体。用定向排列的碳纤维增强的聚乳酸可用于制造人工韧带和肌腱修复体。用碳纤维弥散分布增强超高分子量的聚乙烯，可使其断裂强度和弹性模量提高 40%，耐磨性和抗疲劳性能均得到明显改善，已用于人工关节臼的制造。用羟基磷灰石颗粒增强聚乙烯人工骨材料。可通过调整羟基磷灰石含量使材料的弹性模量达到自然骨的水平，以克服生物陶瓷因弹性模量过高及与自然骨弹性形变不匹配而产生应力屏蔽效应。

11.4.4　生物材料的发展研究

1. 生物医学材料的研究现状

目前，世界各国对生物医学材料的研究大多处于经验和半经验的阶段，基本上是应医学上的急需进行研究的。一般以现有材料为对象，凡性质基本能满足使用要求者，则进行适当纯化，包括配方上减少有害助剂，工艺上减少单位残留量及低聚物，然后加以利用；性能不满足要求者，进行适当改性后再加以利用；有的则是把两种材料的性质结合起来以实现一定的功能。至今，真正建立在分子设计基础上，以材料结构与性能的关系，特别是与生物相容性的关系为基础的新型生物材料的设计研究尚不多见。因此，目前应用的生物医学材料，尤其是用于人工器官的材料，只是处于“勉强可用”或“仅可使用”的状态，远未满足应用的要求。

当前研究比较活跃的生物医学材料主要有：

1)高抗凝血材料，这是生物医学材料最活跃的前沿领域，主要用于人工心脏、人工血管和人工心脏瓣膜等人工器官。目前虽已开发了抗凝血性较好的材料，但仍然不能满足临床要求。

2)钛及钛合金、镍-钛记忆合金，主要用于骨科修补及矫形外科。

3)生物活性陶瓷及玻璃，主要用于人工骨、人工关节、人工种植牙等。现已开发出具有较好组织相容性的羟基磷灰石陶瓷、活性氧化铝陶瓷、β-磷酸三钙多孔陶瓷、微晶玻璃等材料，但对这类材料的生物活性表征及生物活性的可信赖机理、应力传递时弹性模量的不匹配效应、生物活性界面键合的长期稳定性等问题仍需进一步解决。

4)可生物降解与可吸收性生物材料，主要用做手术缝线、骨组织的修补、人工血管及人工韧带的临时支撑物、药物缓释包膜、防组织黏连涂层等，已开发出的可降解、可吸收和可溶性生物材料有 β-磷酸钙医用聚己内酯、聚乙二酸亚烷酯、聚己醇酸乙二醇酯、聚环氧乙烷/PET、聚乳酸、聚酸酐、聚原酸酯交联白蛋白、交联胶原/明胶等。

5)纳米生物材料，在医学上主要用做药物控释材料和药物载体。从物质性质上可以将纳米生物材料分为金属纳米颗粒、无机非金属纳米颗粒和生物降解性高分子纳米颗粒；从形态上可以将纳米生物材料分为纳米脂质体、固体脂质纳米粒、纳米囊(纳米球)和聚合物胶束。纳米材料作为基因治疗的理想载体，具有承载容量大，安全性能高的特点。近来新合成的树枝状高分子材料作为基因导入的载体值得关注。

近年来，各国对生物材料的表面修饰研究也十分重视，目的是改善与机体直接接触材料表面的生物相容性及力学相容性，采取的方法有粒子加速器、等离子束、溅射涂覆等先进技术，力求使材料表面形成逐步过渡的、与活体要求相适应的性能，如高生理惰性、高生物相容性及应力响应匹配性等，还提出了梯度生物材料的概念。

2. 生物医学材料的研究方向

生物材料除了具有巨大的经济效益和社会效益外，还具有深远的科学意义。分析认为，以下几个方面是生物材料今后研究发展的几个主要方向。

1）发展具有主动诱导激发人体组织和器官再生修复功能的，能参与人体能量和物质交换产生相互结合的功能性活性生物材料，将成为生物材料研究的主要方向之一。

2）把生物陶瓷与高分子聚合物或生物玻璃进行二元或多元复合或替代材料将成为研究的重要方向之一。

3）制备接近天然人骨形态的、纳微米相结合的用于承重的多孔型生物复合材料将成为方向之一。

4）用于延长药效时间、提高药物效率和稳定性、减少用量及减少对机体的毒副作用的药物传递材料将成为研究热点之一。

5）血液相容性人工脏器材料的研究也是突破方向之一。

6）如何能够制备出纳米尺寸的生物材料的工艺以及纳米生物材料本身将成为研究热点之一。

7）关于生物材料的综合评价技术的研究将成为该领域中的重要分支。

3. 生物医学材料发展趋势

今后生物医学材料研究的主要趋势是：继续筛选现有或新出现的材料；深入研究材料的组织相容性、血液相容性、生理机械性能和耐生物老化性，并建立它们的标准和评价方法；加强材料表面修饰和生物化处理方法的研究，以使材料与活体表面的接触面有一相容性好的过渡层；注意材料结构与性能关系的研究，积累数据资料，逐步发展生物材料的分子设计，在改性和分子设计基础上合成新的生物材料。

总之，通过分子设计、仿生模拟、表面改性、智能化药物控释等，制备出性能优异的新材料和全面生理功能的新器官，为造福人类做出贡献。

11.5 新能源材料

能源是人类社会进步最为重要的基础，能源结构的重大变革导致了人类社会的巨大进步。从经济社会走可持续发展之路和保护人类赖以生存的地球生态环境的高度来看，发展可再生资源具有重大战略意义。化石能源一直是人类社会发展的主要动力，人类所需初级能量的大部分来自化石能源。随着工业化发展和人口的增长、人类对能源的巨大需求和对化石能源的大规模的开采和消耗已导致资源基础在逐渐削弱、退化，并在化石能源开采利用过程中造成了严重的环境污染与不可逆的环境破坏。这样，不可再生的化石能源的开发利用所包含的耗竭性和不可逆性，便形成一种内在的危险性机理，威胁着经济社会发展的可持续性。开发替代的可再生能源是非常必要和迫切的。

新能源的出现与发展来源于两方面：一是能源技术本身发展的结果；二是，由于这些能源有可能解决上述的资源与环境发展同题而受到支持与推动。新能源的发展必须靠利用新的原理来发展新的能源系统，同时还必须靠新材料的开发与利用，才能使新的系统得以实现，并进一步提高效率、降低成本。

材料的作用主要有以下几方面：

(1)新材料把原来应用已久的能源变成了新能源

如人类过去利用氢气燃烧来获取能量，现在靠催化剂、电解质使氢与氧直接反应而产生电能，并在电动汽车中得到应用。

(2)新材料决定着能源的性能、安全性及环境协调性

如新型核反应堆需要耐腐蚀、耐辐射材料，这些材料的开发与应用对反应堆的安全性能和环境污染起决定性作用。

(3)新材料可以提高储能和能量转化效果

如储氢合金可以改善氢的储存条件，并将化学能转化为电能，镍氢电池、锂电池等都是靠电极材料的储能效果和能量转化而发展起来的新型二次电池。

(4)材料的组成、结构、制作与加工工艺决定着新能源的投资与运行成本

如太阳能电池所用的电极材料及电解质的质量决定着光电转化效率；燃料电池材料决定着电池的性能与寿命；锂离子电池的电极材料与电解质的质量决定着锂离子电池的性能与寿命。其工艺与设备又决定着能源的成本及能否对其进行大规模应用的关键 。

11.5.1　储氢材料

面对越来越严重的环境污染及能源危机，人类面临的紧迫任务是开发非污染而且能再生的新能源，因此以水作为原材料的氢能利用受到特别的重视，这是一种“清洁的能源”，储氢合金的发现和利用为氢能的利用创造了最为现实的条件。

1. 氢气储存与储氢合金

除核燃料外氢的发热值是所有燃料中最高的，为(1.21～1.43)$\times 10^5$kJ/kgH_2，是焦炭发热值的 4.5 倍，是汽油发热值的 3 倍。氢氧结合的燃烧产物是最干净的物质——水，没有任何污染。氢的来源非常丰富，若能从水中制取氢，则可谓取之不尽、用之不竭。但氢气的储存和运输却是个难题。储氢技术是氢能利用走向实用化、规模化的关键。总体来说，氢气储存有化学和物理两大类。化学储氢方法有：金属氢化物储存、有机液态氢化物储存、无机物储存、铁磁性材料储存等。物理储氢方法主要有：液氢储存、高压氢气储存、活性炭吸附储存、碳纤维和碳纳米管储存、玻璃微球储存等。这些储氢方式存在能耗高、储运不便、效率低、不安全等方面问题，只适合于特定场合，难以作为广普储氢方法。

最早发现的是金属钯，1 体积钯能溶解几百体积的氢气，但钯很贵，缺少实用价值。1968 年美国布鲁海文国家实验室发现镁－镍合金具有吸氢特性，1969 年荷兰菲利普实验室发现钐钴合金能大量吸收氢，随后又发现镧－镍合金($LaNi_5$)在常温下具有良好的可逆吸放氢性能，每克镧镍合金能储存 0.157L 氢气。在一定的温度和压力条件下，这些金属能够大量“吸收”氢气，反应生成金属氢化物，同时放出热量。需要时，将这些金属氢化物加热，它们又会分解，将储存在其中的氢释放出来。这些能够“吸收—释放”氢气的金属，称为储氢合金。

储氢合金是一种极其简便易行的理想储氢方法，其储氢能力很强。单位体积储氢的密度，是相同温度、压力条件下气态氢的1000倍，也即相当于储存了1000个大气压的高压氢气。由于储氢合金都是固体，既不用储存高压氢气所需的大而笨重的钢瓶，又不需存放液态氢那样极低的温度条件，需要储氢时使合金与氢反应生成金属氢化物并放出热量，需要用氢时通过加热或减压使储存于其中的氢释放出来，如同蓄电池的充、放电。

2. 储氢材料的应用

(1)储氢容器

如前所述，传统的储氢方法，如钢瓶储氢及储存液态氢都有诸多缺点，而储氢合金的出现解决了上述问题。首先，氢以金属氢化物形式存在于储氢合金之中，密度比相同温度、压力条件下的气态氢大1000倍。可见用储氢合金作储氢容器具有体积小、重量轻的优点。其次，用储氢合金储氢，无需高压及储存液氢的极低温设备和绝热措施，节省能量，安全可靠。目前主要方向是开发密度小，储氢效率高的合金。

由于储氢合金在储入氢气时会膨胀，因此通常情况下要在粒子间留出间隙，以防止合金破碎。为此出现了一种“混合储氢容器”，也就是在高压容器中装入储氢合金。通过与高压容器相配合，这种空隙不仅可有效用于储氢，而且整个容器也将增加单位体积的储氢量。此外，通过对氢气加高压，还能增加合金自身的储氢量。储氢容器设想使用普通的轻量高压容器。这种容器用碳纤维强化塑料包裹着铝合金衬板(底板)。装到容器中的储氢合金采用储氢量为重量2.7%、合金密度为5g/cm^{3}的材料。对能够储入5kg氢气的容器条件进行了推算。与压力相同(但没有采用储氢合金)的高压容器相比，重量增加了30%～50%，但是能够将体积缩小30%～50%。

(2)氢气的回收与纯化

利用$TiMn_{5.5}$储氢合金，可将氢气提纯到99.9999%以上。可回收氨厂尾气中的氢气以及核聚变材料中氘，利用它可分离氕、氘和氚。

(3)加氢反应

一氧化碳、丙烯腈的加氢，烃的氨解、芳烃的氢化。

(4)氢化物电极

$LaNi_5$和TiNi等储氢合金具有阴极储氢能力，而且对氢的阴极氧化也有催化作用。但由于材料本身性能方面的原因，使储氢合金没有作为电池负极的新材料而走向实用化。之后，由于$LaNi_5$基多元合金在循环寿命方面的突破，用金属氢化物电极代替Ni-Cd电池中的负极组成的Ni/MH电池才开始进入实用化阶段。

负极为氢化物电极，正极为$Ni(OH)_2$电极，电解质为氢氧化钾水溶液，组成的Ni/MH电池如图11-12气所示。

充电时，氢化物电极作为阴极储氢——M作为阴极电解氢氧化钾水溶液时，生成的氢原子在材料表面吸附，继而扩散入电极材料进行氢化反应生成金属氢化物MH_x；放电时，金属氢化物MH_x作为阳极释放出所吸收的氢原子并氧化为水。由此可知，充放电过程只是氢原子从一个电极转移到另一个电极的反复过程。

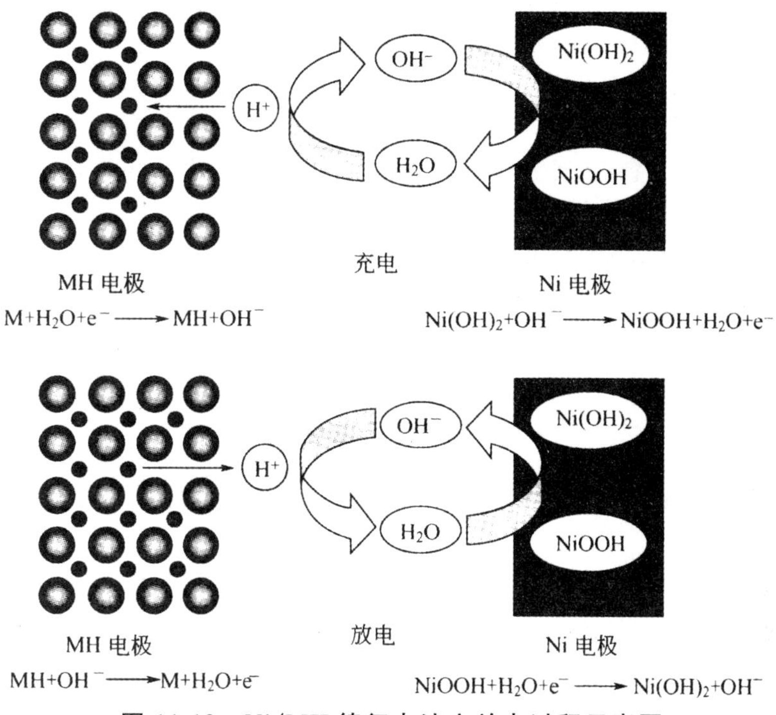

图 11-12 Ni/MH 镍氢电池充放电过程示意图

与 Ni-Cd 电池相比，Ni/MH_x 电池具有如下优点：

1)无重金属 Cd 对人体的危害。

2)比能量为 Ni-Cd 电池的 1.5～2 倍。

3)主要特性与 Ni/Cd 电池相近，可以互换使用。

4)良好的耐过充、放电性能。

5)无记忆效应。

决定氢化物电极性能的最主要因素是储氢材料本身。作为氢化物电极的储氢合金必须满足如下基本要求：

1)高的阴极储氢容量。

2)合适的室温平台压力。

3)在碱性电解质溶液中良好的化学稳定性。

4)良好的电极反应动力学特性。

5)良好的电催化活性和抗阴极氧化能力。

其中储氢合金的化学稳定性即氢化物电极的循环工作寿命是储氢合金作为电极材料能否实用的一个重要指标，要求其工作寿命必须大于 500 次。

(5)功能材料

化学能、热能和机械能可以通过氢化反应相互转换，这种奇特性质可用于热泵、储热、空调、制冷、水泵、气体压缩机等方面。总之，储氢材料是一种很有前途的新材料，也是一项特殊功能技术，在 21 世纪将会在氢能体系中发挥巨大作用。

目前，储氢合金在应用时存在以下几个主要问题：储氢能力低；对气体杂质的高度敏感性；初始活化困难；氢化物在空气中自燃；反复吸释氢时氢化物产生歧化。

11.5.2 锂离子电池

锂离子电池是继镉/镍、金属氢化物/镍电池之后的最新一代蓄电池，具有电压高、比能量高、无记忆效应、无环境污染等特点，在人们的生活中得到广泛的应用。

锂离子电池与锂电池在原理上的相同之处是，在两种电池中都采用了一种能使锂离子嵌入和脱嵌的金属氧化物或硫化物作为正极，采用一种有机溶剂－无机盐体系作为电解质。不同之处是，在锂离子电池中采用使锂离子嵌入和脱嵌的碳材料代替纯锂作负极。因此，锂离子电池的工作原理更加简单，在电池工作过程中，仅仅是锂离子从一个电极（脱嵌）后进入另一个电极（嵌入）的过程。

具体来说，当电池充电时锂离子是从正极中脱嵌，在碳负极中嵌入，放电时反之。在充放电过程中没有晶形变化，故具有较好的安全性和较长的充放电寿命。

1. 锂离子电池的性能

锂离子电池与镉镍及镍氢电池相比具有突出的优点（表 11-2）：

1）容量大。为同等镉镍蓄电池的两倍，更能适应战时长时间的通信联络。

2）质量轻。是镉镍或镍氢电池质量的 60％。

3）荷电保持能力强。在（20±5）℃下，以开路形式贮存 30 天后，电池的常温放电容量大于额定容量的 85％。

4）安全性高。具有短路、过充、过放、冲击（10kg 重物自 1m 高自由落体）、振动、枪击、针刺（穿透）、高温（150℃）不起火、不爆炸等特点。

5）无环境污染不含有镉、铅、汞这类有害物质，是一种洁净的“绿色”能源。

6）比能量高。是镉镍电池的 5 倍，是镍氢电池的 2 倍。

7）无记忆效应。可随时反复充、放电使用，尤其在战时和紧急情况下更显示出其优异的使用性能。

8）循环使用寿命长。连续充放电 50 次后，电池的容量依然不低于额定值的 60％，具有长期使用的经济性。

锂离子电池的主要缺点是低温放电性能要比镉镍或镍氢电池差，目前一般的锂离子电池在低温－25℃时，只能放出额定容量的 30％。

表 11-2　锂离子电池与镍氢、镉镍电池主要性能对比

	锂离子电池	镍氢电池	镉镍电池
工作电压/V	3.6	1.2	1.2
质量比能量/($Wh \cdot kg^{-1}$)	100～140	65	50
体积比能量/($Wh \cdot L^{-1}$)	270	200	150
充放电寿命/次	500～1000	300～700	300～600

续表

	锂离子电池	镍氢电池	镉镍电池
自放电率/(%/月)	6～9	30～50	25～30
电池容量	高	由	低
高温性能	优	差	一般
低温性能	差	优	优
记忆效应	无	无	有
电池质量/g	轻	重	重
安全性	具有过充、过放、短路等自保护功能	无前述功能，尤其是无短路保护功能	无前述功能，尤其是无短路保护功能

2. 锂离子电池正极材料

发展高能锂离子电池的关键技术之一是正极材料的开发。最具代表性的三种锂离子电池正极材料是锂钴氧化物、锂镍氧化物及锂锰氧化物。

(1)锂钴氧化物

其生产工艺相对较简单，传统合成方法主要有低温固相合成法、高温固相合成法、氧化还原溶胶一凝胶法。锂钴氧化物作为锂离子电池正极材料能够大电流放电，并且放电电压高，放电平稳，比能量大、循环寿命长，因此成为最早用于商品化的锂离子电池正极材料。但是由于Co原料的稀有，使得$LiCoO_3$的成本较高。

(2)锂镍氧化物

与锂钴氧化物相比，其价格低廉，性能与锂钴氧相当，具有较优秀的嵌锂性能，自放电率低，没有环境污染，对电解液的要求较低，但合成电化学活性优良、具有化学计量比的$LiNiO_2$较为不易，难以产业化。

(3)锂镍氧化物

锂锰氧化物价格更为低廉，无污染，制备也相对容易，而且其耐过充安全性能好，锂锰氧化物中除了尖晶石型的$LiMn_2O_4$外还有一种层状的$LiMnO_2$，作为一种具有巨大潜力的锂离子电池正极材料，目前已引起众多电池厂家的广泛关注。但纯锂锰氧的电容量较低，需要采用掺杂和改性的方式，形成多元型改性锂锰氧如锂锰钴氧复合型正极材料，能极大地改善锂锰氧的电化学性能，因而具有广泛的市场应用前景。

3. 锂离子电池负极材料

目前，商用锂离子电池使用石墨及各类经过改性的碳材料作为负极材料。高比容量的无定形碳材料可以提高锂离子的比容量，但是部分裂解的碳化物有一个明显的缺陷，即电压滞后。此外，碳材料的性能受制备工艺的影响较大，因此，必须寻找性能更好的负极材料。纳米材料是当今材料科学研究的前沿课题，在锂离子电池中也得到了广泛的应用。由于纳米材料特殊的微观结构，使锂离子的嵌入深度小、过程短，并且能够为锂离子提供较大的嵌入空间。

例如,在碳基纳米复合材料、碳纳米管以及碳材料中所形成的纳米基孔洞会使锂离子在这些材料中大量储存。这都有利于提高锂离子电池的充放电容量和电流密度。

金属合金的容量是碳材料无法比拟的,某些金属嵌入锂时将会形成锂量很高的锂合金,而金属的密度比碳的密度大得多,因此某些金属的理论体积比容量是惊人的,而且合金还具有导电性好、加工性能好、对环境敏感性没有碳材料明显等优点,因此,合金的负极在未来很有希望取代碳材料负极。

迄今为止,以锂合金为负极的锂电池还未真正进入市场。主要的原因是在循环过程中,Li-M 合金的可逆生成与分解伴随着巨大的体积变化,引起合金的机械分裂,最后导致电极分裂。研究表明,小粒径的金属或合金无论在容量上还是在循环性能上都有很大的提高。纳米合金负极研究成功后,锂离子电池的循环性能、低温性能、充放电性能将得到很大的改善,电池的进一步微型化也有望实现。因此,制备纳米级合金负极材料具有广阔的应用前景。

参考文献

[1]杨华明,宋晓岚,金胜明.新型无机材料.北京:化学工业出版社,2004.
[2]李延希,张文丽.功能材料导论.长沙:中南大学出版社,2011.
[3]曾兆华,杨建文.材料化学.北京:化学工业出版社,2008.
[4]殷景华,王雅珍,鞠刚.功能材料概论.哈尔滨:哈尔滨工业出版社,2009.
[5]张骥华.功能材料及其应用.北京:机械工业出版社,2009.
[6]薛冬峰,李克艳,张方方.材料化学进展.上海:华东理工大学出版社,2011.
[7]唐小真.材料化学导论.北京:高等教育出版社,1997.
[8]季慧明.无机材料化学.天津:天津大学出版社,2010.
[9]李奇,陈光巨.材料化学(第2版).北京:高等教育出版社,2010.
[10]史鸿鑫.现代化学功能材料.北京:化学工业出版社,2009.
[11]贡长生,张克立.新型功能材料.北京:化学工业出版社,2001.
[12]曾燕伟.无机材料科学基础.武汉:武汉理工大学出版社,2012.
[13]胡福增.材料表面与界面.上海:华东理工大学出版社,2006.
[14]杨久俊.无机材料科学.郑州:郑州大学出版社,2009.
[15]潘群雄,王路明,蔡安兰.无机材料科学基础.北京:化学工业出版社,2007.
[16]吴树森,严有为.材料形成界面工程.北京:化学工业出版社,2006.
[17]林建华,荆西平.无机材料化学.北京:北京大学出版社,2006.
[18]黄惠忠等.纳米材料分析.北京:化学工业出版社,2003.
[19]宋晓岚,黄学辉.无机材料科学基础.北京:化学工业出版社,2005.
[20]张其土.无机材料科学基础.上海:华东理工大学出版社,2007.
[21]李奇,黄元河,陈光巨.结构化学.北京:北京师范大学出版社,2008.
[22]李松林,黄劲松,周忠诚等.材料化学.北京:化学工业出版社,2008.
[23]朱静,范守善,戴宏杰等.纳米材料和器件.北京:清华大学出版社,2003.
[24]朱道本.功能材料化学进展.北京:化学工业出版社,2005.